湿法冶金学

李洪桂等　编著

中南大学出版社
www.csupress.com.cn
·长沙·

内容提要

　　本书全面论述了湿法冶金过程的基本理论,在此基础上分析和介绍了其在提取金属和制备新型材料等方面的工艺,全面收集和归纳了其最新的研究成果,内容全面深入,取材新颖。本书可作为冶金工程、无机非金属材料、金属材料等有关专业的工程技术人员、设计人员、科研人员的参考书,也可作为高等学校高年级学生及研究生的教材。

前 言

按照传统的观念，湿法冶金属于提取冶金领域，即研究主要在水溶液中处理各种冶金原料以提取金属的过程。但是随着科学技术的发展，近年来人们广泛采用湿法制取各种新型材料和治理"三废"，它们不仅在原理上与传统的湿法冶金相同，而且在工艺上亦大同小异，因此从学科的角度来看，应属于湿法冶金的一个组成部分，在内容上应有机融合在一起。本书是作为这方面的尝试，在全面介绍上述过程共同基础理论的基础上，再分别地分析和介绍了有关的工艺，力争能有利于读者举一反三，开阔视野，启迪思维。

湿法冶金作为一个在近年来得到迅速发展的领域，其有关资料甚多，在内容取舍上，本书在全面归纳其经过实践考验的基本理论的同时，还重点介绍了近年来湿法冶金领域中研究较活跃的萃取、离子交换、浸出过程强化、新型材料制备等方面的基本理论，也包括作者在长期教学科研中所取得的有关成果。关于工艺过程的介绍，则着重于有关的提取冶金过程和新型材料制备过程，至于"三废"治理过程的工艺则由于其与提取冶金过程相似，故未专门介绍。

原则上来说，在水溶液中进行的电解过程亦属于湿法冶金的范畴，但考虑到其他作者另有专门著作即将问世，故未纳入本书。

参加本书编著的有李洪桂(第一、二、三章，第六章第五节)，郑清远(第四章)，张启修(第五章)，郑蒂基(第六章第一、二、三、四节)。全书由李洪桂统一修改定稿。

由于作者水平有限，书中错误在所难免，请广大读者指正。

编著者

目　录

第1章　绪　论 ………………………………………… (1)

1.1　湿法冶金的概念 ……………………………………… (1)
1.2　湿法冶金的主要阶段 ………………………………… (3)
1.3　用湿法冶金方法从原料制取 ………………………… (4)
 1.3.1　用湿法从硫化锌精矿生产金属锌的原则流程
  ………………………………………………………… (5)
 1.3.2　拜耳法处理铝土矿生产 Al_2O_3 的原则流程
  ………………………………………………………… (5)
 1.3.3　从镍氧化矿生产金属镍的原则流程 ………… (7)
 1.3.4　用 NaOH 浸出法处理钨矿物原料生产仲钨酸铵的
  原则流程 ……………………………………………… (8)
 1.3.5　用氰化法提金的原则流程 …………………… (10)
1.4　用湿法冶金方法制取无机材料简介 ………………… (11)
 1.4.1　金属粉末的制取 ……………………………… (11)
 1.4.2　非金属材料及陶瓷材料粉末制取 …………… (12)
 1.4.3　电镀法制取新型材料薄膜及电成型 ………… (12)
 1.4.4　化学镀(亦称非电电镀) ……………………… (13)
参考文献 …………………………………………………… (14)

第2章　浸　出 ………………………………………… (15)

2.1　概　述 ………………………………………………… (15)
 2.1.1　浸出过程的意义 ……………………………… (15)
 2.1.2　浸出过程的化学反应 ………………………… (16)
 2.1.3　浸出过程的分类 ……………………………… (18)

1

2.1.4 各种不同类型的矿物原料及冶金中间产品可供选择的浸出方法简介 ……………………………… (20)
2.2 浸出过程的热力学基础 ………………………… (21)
 2.2.1 浸出反应的标准吉布斯自由能变化 $\Delta_r G_T^\ominus$ ……………………………………………… (22)
 2.2.2 浸出反应的平衡常数 K 和表观平衡常数 K_C ……………………………………………… (26)
  2.2.2.1 基本概念及应用 …………………… (26)
  2.2.2.2 表观平衡常数及平衡常数的测定 …… (29)
  2.2.2.3 平衡常数的计算 …………………… (33)
 2.2.3 电势-pH 图在浸出过程热力学研究中的应用 ……………………………………………… (38)
  2.2.3.1 金属-水系的 φ-pH 图,金属及其氧化物的浸出 ……………………………… (39)
  2.2.3.2 复杂体系的 φ-pH 图,金属含氧盐的浸出 ……………………………………… (50)
  2.2.3.3 金属-硫-水系的 φ-pH 图、硫化物的浸出 ………………………………………… (55)
 2.2.4 三元体系溶解度图在浸出过程热力学分析中的应用 ……………………………………… (64)
 2.2.5 选择性浸出 ……………………………… (66)
2.3 浸出过程的动力学基础 ………………………… (69)
 2.3.1 浸出过程的历程及其速度的一般方程 …… (69)
 2.3.2 化学反应控制 …………………………… (74)
  2.3.2.1 化学反应控制的动力学方程 ……… (74)
  2.3.2.2 化学反应控制的特征 ……………… (78)
  2.3.2.3 化学反应控制时,提高分解分数(浸出率)的途径 ………………………………… (78)

        2.3.2.4 浸出化学反应的机理 ……………… (79)
    2.3.3 外扩散控制 ………………………………… (80)
        2.3.3.1 外扩散控制的动力学方程式 ………… (80)
        2.3.3.2 外扩散控制的特征 …………………… (81)
        2.3.3.3 外扩散控制时,提高浸出率的途径…… (81)
    2.3.4 内扩散控制 ………………………………… (81)
        2.3.4.1 内扩散控制的动力学方程 …………… (81)
        2.3.4.2 内扩散控制的特征 …………………… (85)
        2.3.4.3 内扩散控制时,影响浸出率的因素…… (86)
    2.3.5 有两种浸出剂参加反应的扩散控制过程 … (87)
    2.3.6 混合控制 …………………………………… (90)
    2.3.7 浸出过程控制步骤的判别 ………………… (92)
    2.3.8 有气体反应剂参加的浸出过程 …………… (96)
    2.3.9 浸出过程的强化 …………………………… (99)
        2.3.9.1 矿物原料的机械活化 ………………… (100)
        2.3.9.2 超声波活化 …………………………… (117)
        2.3.9.3 热活化 ………………………………… (118)
        2.3.9.4 辐射线活化 …………………………… (119)
        2.3.9.5 催化剂在浸出过程中的应用 ………… (120)
2.4 浸出过程的工程技术 ……………………………… (123)
    2.4.1 浸出的方法及设备 ………………………… (123)
        2.4.1.1 搅拌浸出 ……………………………… (123)
        2.4.1.2 高压浸出 ……………………………… (128)
        2.4.1.3 渗滤浸出 ……………………………… (129)
        2.4.1.4 堆浸 …………………………………… (130)
    2.4.2 浸出工艺 …………………………………… (131)
        2.4.2.1 间歇浸出 ……………………………… (131)
        2.4.2.2 连续并流浸出 ………………………… (131)

湿法冶金学

2.4.2.3 连续逆流浸出	(133)
2.4.2.4 错流浸出	(134)
2.5 浸出过程在提取冶金中的应用	(134)
2.5.1 碱性浸出	(134)
2.5.1.1 某些碱性浸出剂的特性	(134)
2.5.1.2 碱性浸出在提取冶金中的应用概况	(136)
2.5.1.3 铝土矿的碱溶出	(137)
2.5.1.4 钨精矿的 NaOH 浸出	(140)
2.5.2 酸性浸出	(146)
2.5.2.1 某些酸性浸出剂的主要性质	(146)
2.5.2.2 酸性浸出在提取冶金中应用概况	(148)
2.5.2.3 锌焙砂的浸出	(148)
2.5.3 硫化矿的直接浸出	(155)
2.5.3.1 有色金属硫化矿的高压氧浸	(156)
2.5.3.2 氯化浸出(氯盐浸出)	(163)
2.5.4 氨浸出	(164)
2.5.4.1 氨浸法在有色冶金中应用简况	(164)
2.5.4.2 红土矿还原焙砂的氨浸	(165)
2.5.4.3 硫化矿的氨浸	(168)
参考文献	(169)
第3章 沉淀与结晶	**(171)**
3.1 概 述	(171)
3.2 沉淀与结晶过程的物理化学基础	(173)
3.2.1 物质的溶解度	(173)
3.2.1.1 溶度积	(173)
3.2.1.2 影响溶解度的因素	(174)
3.2.2 过饱和溶液及结晶(沉淀)的生成	(185)

　　　　3.2.2.1　过饱和溶液 …………………… (185)
　　　　3.2.2.2　晶核的成形 …………………… (188)
　　　　3.2.2.3　晶粒的长大 …………………… (191)
　　　　3.2.2.4　沉淀物的形态及其影响因素 …… (192)
　　　　3.2.2.5　陈化过程 ……………………… (195)
　　3.2.3　共沉淀现象 ……………………………… (196)
　　　　3.2.3.1　共沉淀产生的原因 …………… (196)
　　　　3.2.3.2　影响共沉淀的因素 …………… (198)
　　　　3.2.3.3　减少共沉淀的措施与均相沉淀 … (199)
3.3　主要沉淀方法及其在 ……………………………… (200)
　　3.3.1　水解沉淀法 ……………………………… (201)
　　　　3.3.1.1　氢氧化物沉淀 ………………… (201)
　　　　3.3.1.2　碱式盐沉淀 …………………… (207)
　　3.3.2　硫化物沉淀法 …………………………… (209)
　　　　3.3.2.1　基本原理 ……………………… (209)
　　　　3.3.2.2　硫化物沉淀法在提取冶金中的应用 … (214)
　　3.3.3　弱酸盐沉淀法 …………………………… (218)
　　　　3.3.3.1　基本原理 ……………………… (218)
　　　　3.3.3.2　弱酸盐沉淀法在提取冶金中的应用 … (220)
　　3.3.4　有机化合物沉淀法 ……………………… (221)
　　3.3.5　沉淀方法的发展 ………………………… (226)
3.4　结晶过程在提取冶金中的应用 …………………… (229)
　　3.4.1　从钨酸铵溶液中结晶仲钨酸铵 ………… (229)
　　3.4.2　分步结晶法分离相似元素 ……………… (229)
3.5　用沉淀法或共沉淀法 ……………………………… (231)
　　3.5.1　影响粉末成分、粒度、形貌的因素及其控制
　　　　……………………………………………… (232)
　　3.5.2　用沉淀法制取化合物粉末的工艺 ……… (237)

5

参考文献 ……………………………………………………（248）

第4章 离子交换法 ……………………………………（250）

4.1 概述 ………………………………………………（250）
4.2 离子交换树脂及其性能 …………………………（251）
4.2.1 离子交换树脂的结构 ………………………（251）
4.2.2 离子交换树脂的分类 ………………………（253）
4.2.3 树脂的基本性能 ……………………………（256）
4.2.3.1 物理性能 ………………………………（256）
4.2.3.2 化学性能 ………………………………（258）
4.3 离子交换平衡 ……………………………………（260）
4.3.1 选择系数 ……………………………………（260）
4.3.2 分配比 ………………………………………（264）
4.3.3 分离因数 ……………………………………（265）
4.3.4 离子交换等温线 ……………………………（265）
4.4 离子交换动力学 …………………………………（267）
4.4.1 离子交换的历程 ……………………………（267）
4.4.1.1 膜扩散的动力学方程 …………………（267）
4.4.1.2 颗粒扩散动力学方程 …………………（269）
4.4.2 影响交换速度的因素 ………………………（270）
4.4.2.1 颗粒扩散为控制步骤时的影响因素 …（270）
4.4.2.2 膜扩散为控制步骤时的影响因素 ……（271）
4.5 柱上离子交换 ……………………………………（272）
4.5.1 柱上离子交换过程 …………………………（272）
4.5.2 柱上离子交换技术分类 ……………………（275）
4.6 简单离子交换法在提取冶金中的应用 …………（276）
4.6.1 纯铀化合物的提取 …………………………（276）
4.6.2 离子交换法在钨钼冶金中的应用 …………（279）

       4.6.2.1 粗钨酸钠溶液的净化与转型 …………（279）
       4.6.2.2 纯钼化合物的制取 ………………………（282）
       4.6.2.3 离子交换法分离钨钼 …………………（285）
    4.6.3 离子交换法提取贵金属 ………………………（287）
    4.6.4 稀散金属的回收 ………………………………（290）
    4.6.5 纯水的制备 ……………………………………（292）
  4.7 离子交换色层法分离稀土元素 …………………（292）
    4.7.1 离子交换色层法分离稀土元素基本原理 …（294）
       4.7.1.1 工艺过程 ………………………………（294）
       4.7.1.2 淋洗剂 …………………………………（295）
       4.7.1.3 延缓离子 ………………………………（298）
    4.7.2 用 EDTA 淋洗分离镨、钕 …………………（299）
       4.7.2.1 基本过程 ………………………………（299）
       4.7.2.2 影响分离效果的主要因素 ……………（302）
       4.7.2.3 分离实践 ………………………………（305）
    4.7.3 离子交换色层法分离重稀土元素 …………（308）
       4.7.3.1 铽镝分离 ………………………………（308）
       4.7.3.2 制取高纯氧化钇 ………………………（309）
    4.7.4 理论塔板数和塔板当量高度的确定 ………（309）
       4.7.4.1 理论塔板数的确定 ……………………（309）
       4.7.4.2 理论塔板当量高度的确定 ……………（310）
       4.7.4.3 影响理论塔板当量高度的因素 ………（311）
  4.8 离子交换膜及其在提取冶金中的应用 …………（314）
    4.8.1 离子交换膜概念及工作原理 ………………（314）
       4.8.1.1 离子交换膜概念 ………………………（314）
       4.8.1.2 离子交换膜的工作原理 ………………（314）
    4.8.2 离子交换膜的分类 …………………………（316）
    4.8.3 离子交换膜应用举例 ………………………（316）

参考文献 ………………………………………………… (319)

第5章 溶剂萃取 ………………………………………… (321)

5.1 概述 ……………………………………………… (321)
5.1.1 基本概念 ……………………………………… (321)
5.1.2 溶剂及其互溶规则 …………………………… (322)
5.1.3 常用萃取剂及其分类 ………………………… (328)
5.2 萃取过程的化学原理 …………………………… (333)
5.2.1 分配平衡 ……………………………………… (333)
5.2.1.1 分配定律 ………………………………… (333)
5.2.1.2 萃取过程的参数 ………………………… (334)
5.2.1.3 萃取等温线，饱和容量与饱和度 …… (335)
5.2.2 萃取体系 ……………………………………… (336)
5.2.3 萃取过程的影响因素 ………………………… (346)
5.2.4 萃取过程动力学 ……………………………… (354)
5.3 萃取工程技术 …………………………………… (359)
5.3.1 萃取体系与方式的选择 ……………………… (359)
5.3.1.1 萃取体系的选择 ………………………… (359)
5.3.1.2 萃取方式的选择 ………………………… (361)
5.3.2 逆流萃取的计算 ……………………………… (365)
5.3.3 分馏萃取的计算方法 ………………………… (369)
5.3.3.1 阿尔德斯公式 …………………………… (369)
5.3.3.2 徐光宪串级萃取理论 …………………… (370)
5.3.4 串级模拟实验 ………………………………… (376)
5.3.4.1 逆流萃取模拟实验 ……………………… (376)
5.3.4.2 分馏萃取模拟实验 ……………………… (380)
5.3.5 萃取设备的选择 ……………………………… (382)
5.3.5.1 萃取设备的分类 ………………………… (382)

5.3.5.2　冶金工程应用的萃取设备 ………………（382）
　　　5.3.5.3　工业萃取设备的选择 …………………（391）
　　5.3.6　溶剂萃取过程的乳化、泡沫的形成及其消除
　　　　…………………………………………………（395）
　　　5.3.6.1　基本概念 …………………………………（395）
　　　5.3.6.2　萃取过程乳化、泡沫产生原因的初步分析
　　　　………………………………………………（396）
　　　5.3.6.3　乳化与泡沫的预防和消除 ………………（401）
　5.4　溶剂萃取在提取冶金中的应用 ………………（405）
　　5.4.1　铜的溶剂萃取 …………………………………（408）
　　5.4.2　稀土元素的溶剂萃取 …………………………（414）
　　　5.4.2.1　P_{204}萃取分组 …………………………（415）
　　　5.4.2.2　季胺萃取分离制取纯氧化钇 ……………（418）
　　5.4.3　钴镍溶剂萃取 …………………………………（421）
　5.5　液膜萃取与萃取色层分离法 …………………（428）
　　5.5.1　液膜萃取 ………………………………………（428）
　　　5.5.1.1　乳化液膜萃取 ……………………………（429）
　　　5.5.1.2　支持液膜萃取 ……………………………（434）
　　5.5.2　萃取色层分离法 ………………………………（435）
　参考文献 ………………………………………………（441）

第6章　还　原 ……………………………………（442）

　6.1　概　述 ……………………………………………（442）
　6.2　金属还原剂还原法 ………………………………（444）
　　6.2.1　基本原理 ………………………………………（444）
　　　6.2.1.1　置换反应的热力学 ………………………（444）
　　　6.2.1.2　置换过程的动力学 ………………………（449）
　　　6.2.1.3　影响置换过程速度的因素 ………………（452）

9

6.2.1.4 置换沉积过程的副反应 ……………… (453)
　6.2.2 置换沉积法在提取冶金中的应用 ………… (456)
　　6.2.2.1 金属提取 ……………………………… (456)
　　6.2.2.2 溶液净化 ……………………………… (460)
6.3 气体还原剂还原法 …………………………………… (464)
　6.3.1 高压氢还原 ……………………………………… (464)
　　6.3.1.1 基本原理 ……………………………… (464)
　　6.3.1.2 高压氢还原法在提取冶金中的应用
　　　　　 ……………………………………………… (469)
　6.3.2 二氧化硫还原法 ………………………………… (474)
　　6.3.2.1 基本原理 ……………………………… (474)
　　6.3.2.2 二氧化硫还原法在有色冶金中的应用
　　　　　 ……………………………………………… (476)
6.4 有机物还原法 ………………………………………… (480)
　6.4.1 联胺还原法 ……………………………………… (480)
　6.4.2 甲醛还原法 ……………………………………… (481)
　6.4.3 草酸还原法 ……………………………………… (482)
6.5 还原法在新型材料制备中的应用 ………………… (484)
　6.5.1 特种金属粉末的制备 …………………………… (484)
　6.5.2 化学镀 …………………………………………… (488)
　　6.5.2.1 基本原理 ……………………………… (489)
　　6.5.2.2 化学镀镍 ……………………………… (491)
　　6.5.2.3 化学镀铜 ……………………………… (494)
参考文献 ……………………………………………………… (495)

第 1 章 绪 论

1.1 湿法冶金的概念

按照传统的观念，湿法冶金仅属于提取冶金的范畴，即它是指主要在水溶液中进行的提取冶金过程，包括在水溶液中浸出(或分解)矿物原料或冶金中间产品或废旧物料以从中提取有价金属、含有价金属水溶液的净化除杂及其中相似元素的分离、从水溶液中析出金属化合物或金属。随着科学技术的进步，用湿法冶金的方法制取某些材料，如磁性材料、陶瓷材料等的先导体(粉末)都已取得越来越突出的效果。另外许多"三废"的治理方法与湿法冶金方法实际上是相同的。湿法冶金技术已由传统的提取冶金延伸到材料领域及某些"三废"的治理。因此，按照近代的观念，湿法冶金是指水溶液中提取金属及其化合物、制取某些无机材料及处理某些"三废"的过程。

随着科学技术的发展，湿法冶金技术在金属提取及材料工业中具有日益重要的地位。目前 80% 以上的锌、15%~20% 的铜、全部 Al_2O_3 都是用湿法冶金的方法生产的。除钛锆以外几乎所有稀有金属矿物原料的处理及其纯化合物的制备、贵金属的提取等也都是用湿法冶金的方法完成的。此外，近年来许多领域采用

(或正在研究采用)湿法冶金的方法制取具优异性能的材料(或粉末),如纳米级复合金属粉、超导材料、陶瓷材料等。因此,研究湿法冶金技术对科学技术的发展具有重大意义。

湿法冶金技术的广泛采用与其一系列优点是分不开的,这些优点主要有:

(1)湿法冶金过程有较强的选择性,即在水溶液中控制适当条件使不同元素能有效地进行选择性分离。例如用 NaCN 溶液浸出含金矿物原料时,能使其中的金以 $NaAu(CN)_2$ 形态进入溶液,而其他伴生元素保留在渣中,在水溶液中的净化过程往往能在保证主要金属有较高回收率的情况下使有害杂质含量降到十万分之一以下(相对于主金属而言),利用离子交换法或有机溶剂萃取法能从水溶液中将性质极为相似的元素如稀土元素等彼此分离。当前冶金原料愈来愈复杂,而对产品成分要求却愈来愈严格,在这种情况下,湿法冶金更显示出其突出的优越性。

(2)有利于综合回收有价元素。由于上述强选择性,因而可使原料中有价元素与脉石有效分离,亦能使有价元素彼此有效分离。因此,它有利于综合回收,对解决当前愈来愈迫切的低品位复杂矿处理问题有较大的优势。

(3)劳动条件好、无高温及粉尘危害,一般有毒气体排放较少。

(4)对许多矿物原料的处理而言,湿法冶金的成本较低,这些与其高选择性、宜处理价廉的低品位复杂矿有关。

(5)采用湿法冶金的方法制备各种新型材料或其原料更有其突出的优点,主要是:在水溶液中可达到分子(或离子)间的均匀混合,故制品成份均匀;可按任意比例进行配料,相应地制品的成分易于调整和控制;在水溶液中各种参数(如温度、溶液成分等)容易控制,因而容易按人们的要求控制产品的物理性能;与金属或其化合物生产过程直接相结合,故成本低,设备简单等。

但湿法冶金过程亦有其不足之处,主要是:常温下反应速度一般较慢,相应地占用的设备容积及厂房面积较大;流程一般较长等,但随着冶金技术的发展,这些都是在逐步改进中。

1.2 湿法冶金的主要阶段

湿法冶金一般包括以下主要阶段。

1. 原料的预处理

其目的主要是改变原料的物理化学性质,为后续的浸出过程创造良好的热力学和动力学条件,或预先除去某些有害杂质。预处理主要包括:

(1)粉碎 经过粉碎后,原料粒度变细,具有较大的比表面积,这样可以提高浸出反应的速度。

(2)预活化 利用机械活化、热活化等手段,提高待浸物料的活性,例如锂辉石在用 H_2SO_4 分解前预先在 950~1100℃下煅烧,使之由 α-型转变为结构较疏松的活性较强的 β-型结构。

(3)矿物的预分解 原料中的有价金属有时呈稳定的化合物形态存在,难以直接被常用的浸出剂浸出。预分解就是通过某些化学反应破坏原料的稳定结构,而变为易浸出的形态。

预分解可在高温下进行,例如某些硫化矿预先在高温下进行氧化焙烧,使之变为易溶于酸的氧化物;亦可在水溶液中进行,例如白钨矿预先用盐酸分解,使其中的钨由 $CaWO_4$ 形态变为易溶于 NH_4OH 的 H_2WO_4 形态:

$$CaWO_{4(s)} + 2HCl_{(aq)} = H_2WO_{4(s)} + CaCl_{2(aq)}$$

在水溶液中进行的分解过程通常称为"湿法分解"。"湿法分解"过程的原理和工艺与浸出过程相同,两者在学术上也没有严格的区别。

(4) 预处理除有害杂质　此过程往往与矿物的分解、高温预活化等过程结合在一起。

2. 浸出

在水溶液中，利用浸出剂(如酸溶液、碱溶液、水等)与原料作用，使其中有价元素变为可溶性化合物进入水相，并与进入渣相的伴生元素初步分离。浸出过程亦可用于浸出物料中的某些有害杂质，而将有价元素保留在固相，实现两者的分离。

3. 溶液的净化和相似元素分离

该过程是按照用户或后续工序的要求，利用化学沉淀、离子交换、萃取等方法除去溶液中的有害杂质，同时，也可将其中的相似元素例如稀土元素、钽-铌、锆-铪、镍-钴等彼此分离。

4. 析出化合物或金属

从溶液中析出具有一定化学成分和物理形态的化合物或金属，这些化合物或金属可以是冶金的中间产品，也可以是材料工业的半成品如铁氧体粉末、某些复合材料粉末等。

在上述各阶段之间，往往设液固分离过程，如过滤、澄清等。

1.3　用湿法冶金方法从原料制取金属的流程简介

在工业实践中，总是根据原材料的特点、具体金属及其化合物的物理化学性质、产品要求等将火法冶金和湿法冶金方法有机配合，组成技术上可行、经济上合理的工艺流程，因此严格说来很少有单纯的湿法冶金流程，但某些冶金流程中以湿法为主，以下简单介绍某些带典型性的以湿法为主的流程。

1.3.1 用湿法从硫化锌精矿生产金属锌的原则流程

为从硫化锌精矿生产金属锌，目前在工业上有火法及湿法两种工艺，其中从硫化锌精矿湿法炼锌的经典流程如图 1-1 所示。

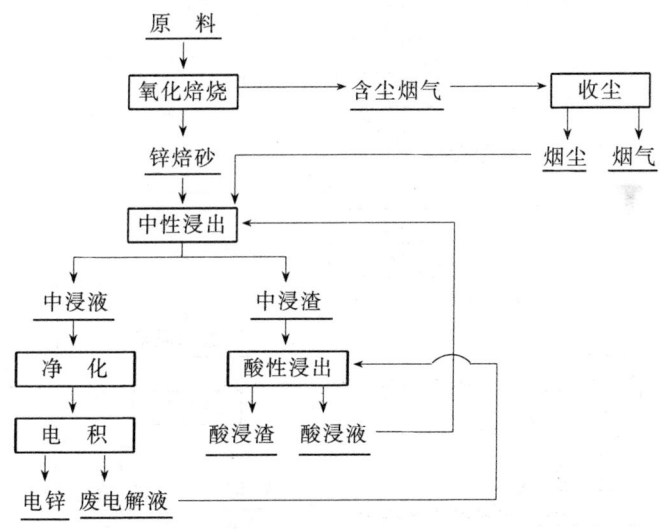

图 1-1 从硫化锌精矿湿法炼锌的经典流程图

硫化锌精矿首先在流态化焙烧炉(沸腾焙烧炉)内进行氧化焙烧，使锌由难以浸出的 ZnS 形态转化为易溶于 H_2SO_4 的 ZnO 及部分 $ZnSO_4$，焙砂再用废电解液(主要是 H_2SO_4 及 $ZnSO_4$)进行两段逆流浸出，中性浸出液净化除去有害杂质后进行电积得金属锌，酸性浸出渣再用烟化法回收残余的锌及其他有价元素。

1.3.2 拜耳法处理铝土矿生产 Al_2O_3 的原则流程

拜耳法处理铝土矿生产氧化铝的原则流程如图 1-2 所示。铝土矿经破碎后，与 NaOH 一道进行湿磨，湿磨后的矿浆在高压釜内进行溶出，其反应可简单用下式表示：

$$AlOOH[或 Al(OH)_3]_{(s)} + NaOH_{(aq)} = NaAlO_{2(aq)} + H_2O$$

溶出温度随矿中氧化铝的形态而异，对一水铝石而言为 205～230℃，在溶出过程中 Fe_2O_3 等伴生物质进入渣相与 Al_2O_3 分离。

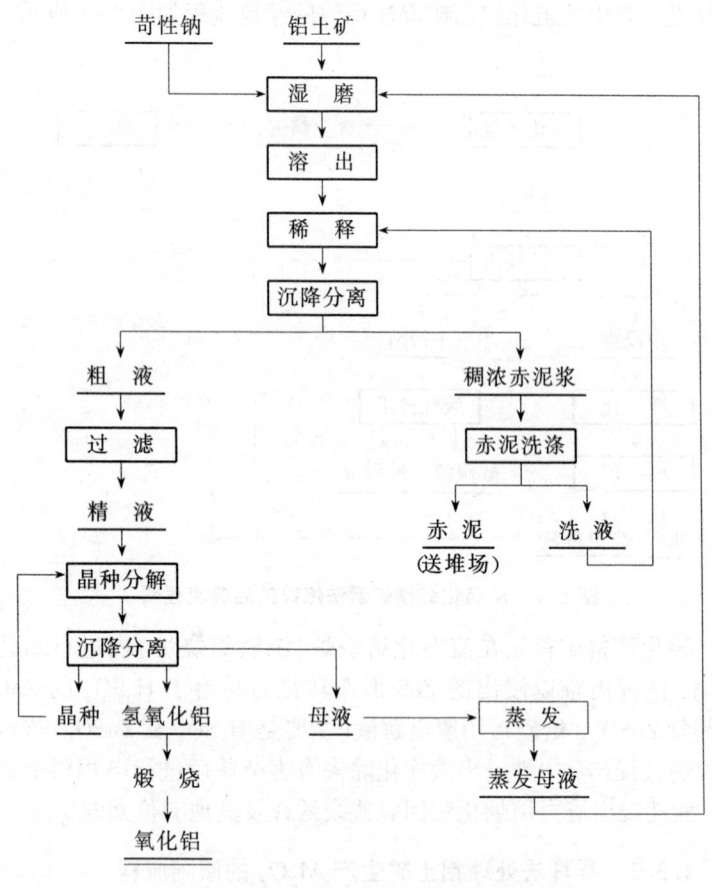

图 1-2　拜耳法生产氧化铝的原则流程图

溶出后所得的矿浆经稀释过滤后，加入 $Al(OH)_3$ 晶种，则溶液中 40%～50% 左右的 $NaAlO_2$ 分解得固体 $Al(OH)_3$，$Al(OH)_3$

煅烧得 Al_2O_3，分解后的含部分 $NaAlO_2$ 的 NaOH 母液则经蒸发后返回湿磨和溶出过程。

1.3.3 从镍氧化矿生产金属镍的原则流程

某些工厂从红土矿（含 Ni 1%左右、Fe 48%~50%）提取镍的原则流程如图 1-3 所示。

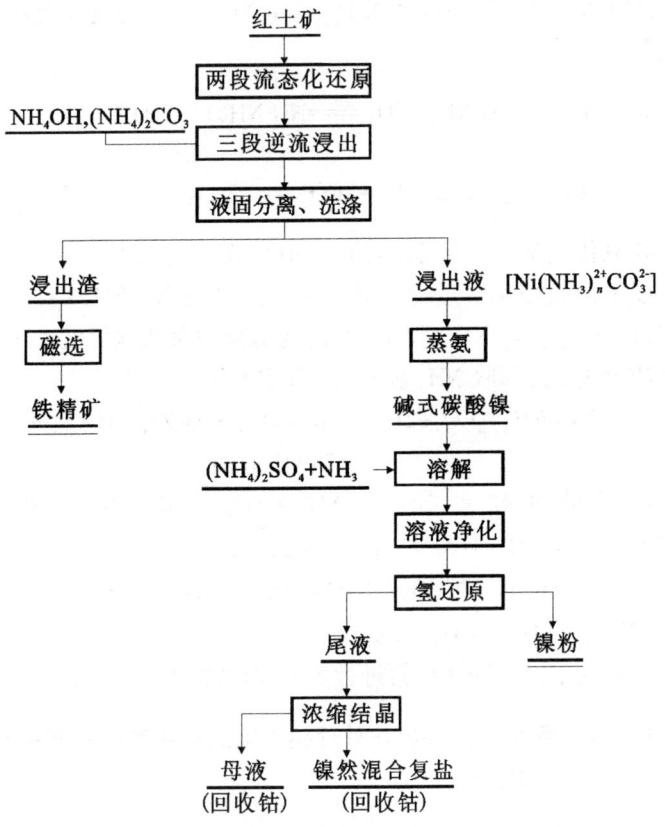

图 1-3 处理含镍红土矿的焙烧-氨浸-氢还原的原则流程图

湿法冶金学

原矿中镍、钴、铁主要以氧化物形态存在，首先在流态化炉内进行还原，使镍、钴的氧化物还原成金属形态。

$$NiO+CO=\!=\!=Ni+CO_2$$
$$CoO+CO=\!=\!=Co+CO_2$$

在还原过程中 Fe_2O_3 等则主要还原成 FeO，少量成金属铁。

还原料用 $(NH_4)_2CO_3$-NH_4OH 溶液在氧存在下进行浸出，使镍、钴以 $Ni(NH_3)_n^{2+}$、$Co(NH_3)_n^{2+}$、$Co(NH_3)_n^{3+}$ 形态进入溶液，其反应为：

$$Ni+\frac{1}{2}O_2+nNH_3+CO_2=\!=\!=Ni(NH_3)_n^{2+}+CO_3^{2-}$$

$$2Co+1\frac{1}{2}O_2+2nNH_3+3CO_2=\!=\!=2Co(NH_3)_n^{3+}+3CO_3^{2-}$$

在氧化气氛下，金属铁成 $Fe(OH)_3$ 沉淀进入渣。

浸出液过滤后，进行蒸氨，其目的是使 $Ni(NH_3)_nCO_3$、$Co(NH_3)_nCO_3$、$[Co(NH_3)_n]_2(CO_3)_3$ 等分解得碱式盐沉淀，与溶液中杂质分离，并回收 NH_3 和 CO_2，其主要反应为：

$$2Ni(NH_3)_nCO_3+2H_2O=Ni(OH)_2\cdot NiCO_3\cdot H_2O\downarrow+2nNH_3+CO_2$$

碱式碳酸盐再溶于 $(NH_4)_2SO_4$-NH_4OH 溶液，以 $Ni(OH)_2\cdot NiCO_3\cdot H_2O$ 为例，其反应为：

$$Ni(OH)_2\cdot NiCO_3\cdot H_2O+(2n-4)NH_3+4NH_4^+=\!=\!=2Ni(NH_3)_n^{2+}+3H_2O+CO_3^{2-}+2H^+$$

所得的溶液经净化后再进行氢还原得镍粉，并回收钴。

1.3.4 用 NaOH 浸出法处理钨矿物原料生产仲钨酸铵的原则流程

处理各种钨矿物原料（包括黑钨精矿、白钨精矿、白钨—黑钨混合中矿）生产仲钨酸铵的通用工艺为机械活化（热球磨）

NaOH 浸出后再净化转型，其原则流程如图 1-4 所示。

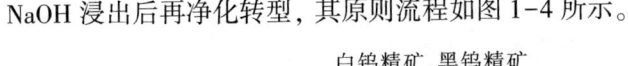

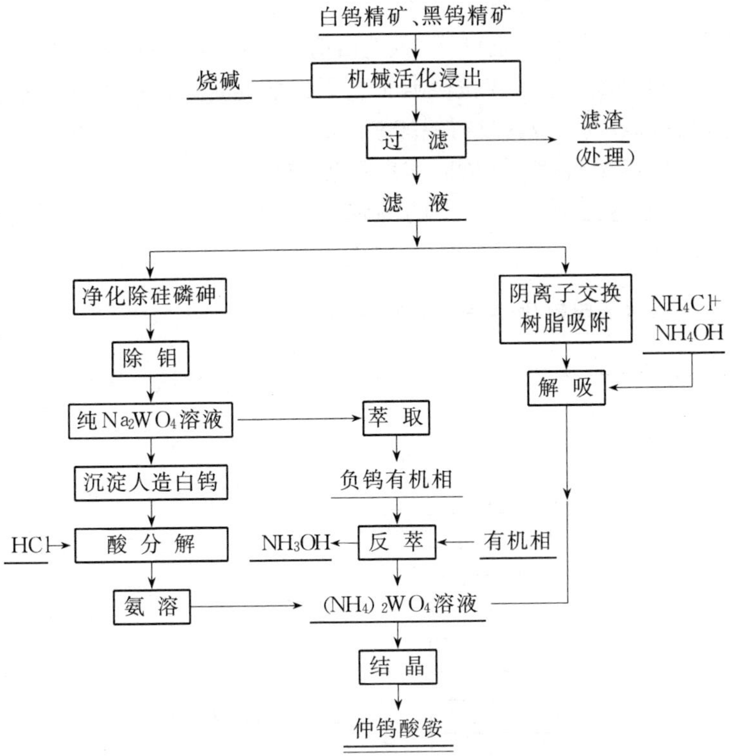

图 1-4　NaOH 浸出法处理钨矿物原料生产仲钨酸铵的原则流程图

首先，在机械活化及 150~160℃ 温度的条件下，黑钨矿及白钨矿被 NaOH 浸出生成 Na_2WO_4 进入溶液，其反应分别为：

$$CaWO_{4(s)} + 2NaOH_{(aq)} = Na_2WO_{4(aq)} + Ca(OH)_2$$

$$(Fe_x, Mn_{(1-x)})WO_{4(s)} + 2NaOH_{(aq)} = Na_2WO_{4(aq)} + xFe(OH)_{2(s)} + (1-x)Mn(OH)_{2(s)}$$

NaOH 浸出后，经过滤得粗钨酸钠溶液，为从粗钨酸钠溶液制得合格的仲钨酸铵，主要应解决下列问题：①净化除去杂质；②将钨酸钠溶液转型成钨酸铵溶液。为此，当前工业上有三种工艺：

（1）经典工艺即首先用化学沉淀法除去其中硅、磷、砷、钼等杂质，然后经沉淀人造白钨、人造白钨酸分解、氨溶得钨酸铵溶液。

（2）萃取工艺首先按经典工艺用化学沉淀法除去杂质，然后通过有机溶剂萃取转型得钨酸铵溶液。

（3）离子交换工艺同时实现除杂和转型。

按上述三种方法所得的纯钨酸铵溶液经蒸发结晶得仲钨酸铵。

1.3.5 用氰化法提金的原则流程

为从金矿提金，当前应用较广的方法为氰化法，其原则流程如图1-5所示。

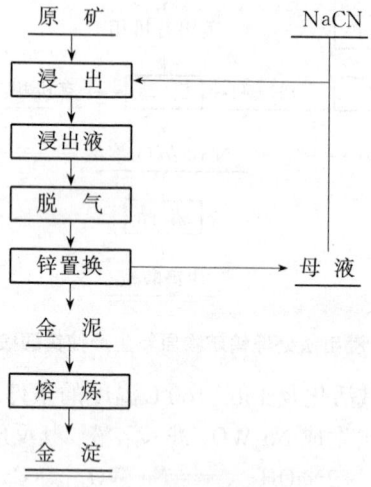

图1-5 氰化法提金的原则流程图

原矿在有氧存在下用NaCN溶液浸出，其主要反应为：
$$4Au + 8CN^- + O_2 + 2H_2O \rlap{=}= 4Au(CN)_2^- + 4OH^-$$

$$4Ag+8CN^-+O_2+2H_2O = 4Ag(CN)_2^-+4OH^-$$

所得的含金、银的溶液经脱除其中所含氧后,用锌还原

$$2Au(CN)_2^-+Zn = 2Au+Zn(CN)_4^{2-}$$

$$2Ag(CN)_2^-+Zn = 2Ag+Zn(CN)_4^{2-}$$

所得金泥经熔炼进一步除去杂质并熔化铸锭后,得金锭。

1.4 用湿法冶金方法制取无机材料简介

湿法冶金的方法除用于提取冶金领域从原料提取金属以外,越来越广泛地用于制取各种材料。

1.4.1 金属粉末的制取

为了制取具有各种特殊性能的金属粉末,常用水溶液电解和水溶液中还原法。

水溶液电解法为制取铜、银、铁、镍等金属粉末的主要方法之一,控制电解参数和电解质成分,可得到不同特性、各种粒级的铜粉,电解产出的铜粉常用于电器设备的导电部件、刹车垫和自润滑轴承。此外,RTC Choo 成功地用脉动电流沉积了纳米级镍粉,且具有一定的工业价值。

在水溶液中还原法常用以制取微电子工业用的贵金属粉末,控制原始溶液的成分、还原剂和添加剂的种类和数量即可制得粒度,形貌一致的亚微粉末,亦可根据用户要求制得同时具有两种不同形貌的粉末,例如在制取金粉时,同时用羟基喹宁和草酸两种还原剂则得到均匀球形和片状的混合金粉。这些粉末广泛用于微电子工业。

水溶液还原法亦用以制取各种包覆粉,例如制取镍包覆在石

墨、铝、WC 等核心上的包覆粉，铂包覆在 ZrO_2 等材料上的包覆粉，后者已广泛用于弥散强化合金，此外不少学者亦在广泛研究用水溶液还原法制取纳米级包覆粉。

1.4.2 非金属材料及陶瓷材料粉末制取

由于用沉淀或共沉淀法制取的粉末可具有化学成分均匀、结构及粒度可在很大范围内控制等特点，因此广泛用于制取非金属材料及陶瓷材料粉末，用共沉淀法生产铁氧体粉末已达到工业化，相对于其他的生产方法而言，它不仅性能较优越，而且成本较低，此外，F. A. Tourinha 等用共沉淀法在液体介质中生产悬浮的铁氧体颗粒的方法制取了液态磁性体，S. R. Shean 等从三乙基胺—草酸盐介质中制取了具有高温超导性的 Ba-Y-Cu-O 粉末，这些都反映出共沉淀法在制取新型粉末方面的巨大潜力。

沉淀法和共沉淀法另一个重要的应用领域是制取新型结构陶瓷(Advanced Structure Cerammics, ASCS)粉末，国内外许多学者研究了用共沉淀法制取具有优良性能的部分稳定高温相的 ZrO_2 [$ZrO_2(Y_2O_3)$]粉及其与 Al_2O_3 的复合粉末，亦有不少学者研究成功了从水溶液中直接制取烧结性能优良的陶瓷氧化物，如氧化稀土、氧化铪、氧化铀等，因此在新型陶瓷材料生产中，沉淀法及共沉淀法亦具有重大的意义。

1.4.3 电镀法制取新型材料薄膜及电成型

电镀为传统的冶金工艺，长期以来，它已成为一个重要的产业部门，由于通过改变电解质的成分及各种参数可在很大范围内改变电积物的成分和结构，因而90年代以来，人们研究了用它制取超导或半导体薄膜等新型材料，从而大幅度简化了工艺，降低了成本，如 S. H. Pawar 用脉冲电积法在基底材料上先电积了成分为 1∶2∶3 的 Y-Ba-Cu(或 Sm-Ba-Cu 等)合金薄膜，经氧化处理后，得到 90K 以下具有超导性能的制品；V. Krishan 等通过控制电解质成分和电积条件合成了 Cd-Zn-Se 合金，其成分和性质可在一定范围内予以调节；同样许多学者合成了 InP 等半导体薄膜，这些在日光电池、薄膜晶体管和光电元件中得到应用。因此电镀已超出了其原有的范围成为制取新型材料的重要手段。

电镀法亦用于制件的成型(电成型)，特别是制取某些用加工法难以制取的复杂制件，如某些医疗器械的部件、印刷板等，目前用以电成型的金属有铜、镍、铬、金、银、铂及其合金等，电成型的特点是：通过控制电积的参数和电解质组成可在很大范围内调节制件的性质(如脆性、硬度等)，同时可在制件中嵌入非金属的组分、制品尺寸控制的精度高，而且成本较低，因此得到广泛采用。

1.4.4　化学镀(亦称非电电镀)

化学镀是利用基底材料本身的催化作用使含有金属离子和还原剂(如联胺、次磷酸等)的溶液中金属优先在基底上还原沉积形成镀层，化学镀的特点是形成的镀层比电镀均匀，特别是能在非金属材料如陶瓷等的表面直接得到金属镀层，目前广泛用于在各种表面沉积镍、钯、铂等金属或其合金的镀层，例如在发动机某些部件表面镀 Co-Zn-P 膜或 Ni-Zn-P 膜，其耐腐性能优于电镀膜。化学镀亦用以制取弥散有某些非金属材料颗粒的复合膜，例如在镍镀层中含 SiC、聚四氟乙烯、钻石等的颗粒，这些分散颗粒可改善膜的耐磨性能或其他物理性能，近年来人们亦研究成功用莱塞诱发上述金属离子的还原反应，使之选择性地在其底材料上还原沉积，因而提高了化学镀的精密性。

此外，随着材料学科的发展，涌现了许多新兴的材料，而湿法冶金方法则是制取这些新兴材料的原料的重要手段，例如人们普遍认为纳米材料的发展可能给材料工业带来重大的变革，而湿法冶金方法则是制取纳米材料的基本原料——纳米级粉末的主要手段。目前应用湿法冶金技术已能有效地在相当大的规模下制取多种纳米粉末,包括镍及其类似金属的粉末及 MoS_2 粉等,仿生材料为人们很感兴趣的新兴材料,而仿生材料所需的许多原始材料如特种性能和形状的粉末需用湿法冶金的方法予以制备,因此,湿法冶金方法为材料学科的发展提供了基础。

随着上述各种材料及其原料制备的发展,除传统的湿法冶金方法外,亦发展了在水溶液中制备材料的新工艺和技术,例如 20 世纪 80 年代以来已逐步将原有的溶胶—凝胶技术(Sol—Gel Process)推向了工业化阶段,用此法在低成本的情况下成功地制备了包括氧化物、铁氧体在内的各种材料粉末,所得粉末具有给定的形貌和均匀的粒度,其直径可为 50nm 至 20μm。此外,该技术亦用以制取复合材料、陶瓷纤维和光导纤维,用以制取厚度为 50nm 至 20nm 的镀膜,这些镀膜用于光波导管、热电传感器。用此技术制备的窗玻璃镀膜能随着光照的不同而自动改变其颜色。另外 M. P. Pileni 指出在微型反应器(microreactor)(例如在油包水乳浊液中的水相微粒)中改变反应的条件能使反应的速度提高几个数量级,相应地它远超过核心长大的速度,有利于形成细颗粒,用这种方法制备了 3nm 至 5nm 的铜、铂等金属粉末和 6nm 的 AgCl 等粉末,利用类似的原理制取了纳米级铁、银和 Al_2O_3 粉及铁氧体、Ba-Y-Cu 超导粉。

综上所述,湿法冶金技术不仅广泛用于材料制备领域,而且在制取这些材料的同时,有关技术和工艺也超出了传统湿法冶金的范围。因此材料及其特殊性能的原料的制备是当前湿法冶金的最活跃领域,有着很大的发展前景。

参考文献

[1] 赵天从. 有色重金属冶金学. 北京:冶金工业出版社,1981:1-76
[2] Mooiman M B. JOM June, 1994, 18-28

第 2 章 浸　出

2.1 概　述

2.1.1 浸出过程的意义

浸出过程就是在水溶液中利用浸出剂与固体原料(如矿物原料、冶金过程的固态中间产品、废旧物料等)作用,使有价元素变为可溶性化合物进入水溶液,而主要伴生元素进入浸出渣,例如图 1-1 所示的锌焙砂的中性浸出和酸性浸出主要是使焙砂中的 ZnO 与浸出剂 H_2SO_4 作用变成 $ZnSO_4$ 进入水溶液,图 1-4 中黑钨精矿的 NaOH 浸出就是通过下列反应:

$$(Fe_x, Mn_{(1-x)})WO_{4(s)} + 2NaOH_{(aq)} = Na_2WO_{4(aq)} + xFe(OH)_{2(s)} + (1-x)Mn(OH)_{2(s)} \quad (反应 2-1)$$

破坏黑钨矿的稳定结构,使钨成可溶性的 Na_2WO_4 进入溶液,铁、锰成氧化物进入渣中,实现两者的分离。

浸出过程亦用以从固体物料中除去某些杂质或将固体混合物分离,例如锆英石($ZrO_2 \cdot SiO_2$)精矿经等离子分解后得 ZrO_2 与 SiO_2 的混合物,为使两者分离,常用 NaOH 浸出,使 SiO_2 以 Na_2SiO_3 形态进入溶液,而 ZrO_2 则保留在固相中。在材料工业中浸出过程亦用以除去在加工过程中带入的某些夹杂物。

浸出过程为湿法冶金中应用最多的过程，目前生产的全部 Al_2O_3、占总产量 80%以上的锌、15%以上的铜生产都首先要通过浸出过程使有价金属进入溶液，几乎所有稀有金属的生产流程中都包括有一个或多个浸出工序，浸出过程的指标在很大程度上决定了整个金属冶炼的效益。同样在材料工业中它也日益显示出其重要地位，许多学者研究直接用浸出的方法制取材料工业的原料，显示了较好的前景，例如 I. C. Santons 直接用 HCl 浸出和 H_2F_2 浸出处理纯度（质量分数）为 98%的粗硅，得纯度（质量分数）为 99.9%的纯硅，可用于制造日光电池。Juneja 报导用 H_2F_2 在 50℃下浸出粗硅，产品纯度（质量分数）达 99.95%，成本仅为硅烷法的几分之一。有报道可用 $HNO_3-H_2O_2$ 高压浸出法从稻壳制取高纯超细 SiO_2，因此研究浸出过程的理论和工艺对改善和发展提取冶金过程和材料工业都具有重大的意义。

2.1.2 浸出过程的化学反应

浸出过程是通过一系列化学反应实现的，这些反应繁多，可归纳为以下几类：

1. 简单溶解

原料中某些本来就易溶于水的化合物，在浸出时简单溶入水中（当然也伴随着水合反应），如烧结法生产 Al_2O_3 时，烧结块中 $NaAlO_2$ 的溶出和锌焙砂浸出时焙砂中 $ZnSO_4$ 的溶出。

2. 无价态变化的化学溶解

主要有：

（1）化合物（主要是氧化物）直接溶于酸或碱，例如锌焙砂浸出时，其中的 ZnO、$ZnO·Fe_2O_3$ 等直接与 H_2SO_4 作用，生成相应的硫酸盐进入溶液、钛铁矿（$FeO·TiO_2$）用盐酸或稀硫酸选择性浸出 FeO 等。

（2）复分解反应，主要是原料中的难溶化合物与浸出剂之间的复分解反应，又分为两种情况：

a. 将组成该难溶化合物的一种元素或离子团浸入溶液而其他元素或离子团转化进入另一难溶化合物，如上述黑钨矿的 NaOH 浸出反应（见反应 2-1）。

b. 将组成该难溶化合物的一种元素或离子团浸入溶液而其他的成气体进入气相、或变成难电离物进入溶液，例如精矿酸浸时，其伴生矿物方解石的的反应：

$$CaCO_{3(s)} + 2HCl_{(aq)} = CaCl_{2(aq)} + H_2O + CO_2 \uparrow \quad （反应2-2）$$

3. 有氧化还原反应的化学溶解

即浸出反应中有价态变化，如闪锌矿等有色金属硫化矿的高压氧浸：

$$ZnS_{(s)} + H_2SO_{4(aq)} + \frac{1}{2}O_2 = ZnSO_{4(aq)} + S_{(s)} + H_2O$$

辉锑矿等有色金属硫化矿的氯盐浸出（或氯化浸出）：

$$Sb_2S_{3(s)} + 6FeCl_{3(aq)} = 2SbCl_{3(aq)} + 6FeCl_{2(aq)} + 3S_{(s)}$$

$$\quad （反应2-3）$$

$$FeCl_{2aq} + \frac{1}{2}Cl_2 = FeCl_{3(aq)}$$

原生铀矿的碳酸盐浸出：

$$UO_{2(s)} + Na_2CO_{3(aq)} + 2NaHCO_{3(aq)} + \frac{1}{2}O_2 =$$

$$Na_4UO_2(CO_3)_{3(aq)} + H_2O$$

4. 有络合物生成的化学溶解

即有价金属不仅发生上述浸出反应，同时生成络合物进入溶液，如红土矿经还原焙烧后的氨浸出：

$$Ni_{(s)} + nNH_3 + CO_2 + \frac{1}{2}O_2 = Ni(NH_3)_n^{2+} + CO_3^{2-}$$

$$Co_{(s)} + nNH_3 + CO_2 + \frac{1}{2}O_2 = Co(NH_3)_n^{2+} + CO_3^{2-}$$

自然金矿的氰化物浸出

$$4Au_{(s)} + 8NaCN_{(aq)} + O_2 + 2H_2O = 4NaAu(CN)_{2aq} + 4NaOH_{(aq)}$$

在某种意义上说，钽铌铁矿的氢氟酸分解亦属此类：

$$(Fe_x, Mn_{(1-x)})[(Ta_y, Nb_{(1-y)}O_3]_{2(s)} + 12HF_{(aq)} = xFeF_{2(s)} + (1-x)MnF_{2(s)} + 2yTaF_5 + 2(1-y)NbF_5 + 5H_2O$$

$$TaF_5 + 2HF_{(aq)} = H_2TaF_{7(aq)}$$

2.1.3 浸出过程的分类

目前浸出过程分类的方案繁多，其中最常用的是按浸出剂的类型分类，主要有：

1. 酸浸

主要是用盐酸或硫酸或硝酸将物料中的碱性化合物溶入溶液，如上述锌焙砂的硫酸浸出。

2. 碱浸

主要是用 NaOH 将物料中的酸性化合物浸入溶液，如铝土矿或黑钨矿的 NaOH 浸出等，此外人们往往将 Na_2CO_3 浸出亦归入碱浸之列。至于 NH_4OH 浸出，在某些场合下属于碱浸范畴，如用 NH_4OH 浸出钨酸或钼焙砂（MoO_3），主要利用了 NH_4OH 的碱性。但在某些场合下却主要是利用其络合性质，如镍、钴、铜硫化矿的氨浸等，则不应归入碱浸之列。

3. 氧浸

主要用于金属硫化矿的湿法氧化，同时配合其他浸出剂，亦用于将单质金属或低价化合物浸出，例如上述预还原后红土矿的浸出、预还原钛铁矿的酸浸等。

4. 氯化浸出(或氯盐浸出)

主要利用氯作为氧化剂进行重金属硫化矿的浸出,氯作为氧化剂时,一般通过变价金属的氯化物进行,如上述辉锑矿的湿法氯化。

5. 细菌浸出

它是利用细菌的作用直接从矿石中浸出有价金属,例如氧化铁硫杆菌能破坏硫化矿中的铁和硫,强化其氧化反应使难溶的硫化矿变成可溶性的硫酸盐,在黄铜矿湿法氧化时,由于氧化铁硫杆菌的作用,将使下列反应的速度提高 10 倍以上,甚至达到 1000 倍。

$$CuFeS_2 + 4O_2 \xrightarrow{细菌} CuSO_4 + FeSO_4$$

$$2FeS_2 + 7O_2 + 2H_2O \xrightarrow{细菌} 2FeSO_4 + 2H_2SO_4$$

$$Fe_2(SO_4)_3 + Cu_2S + 2O_2 \xrightarrow{细菌} 2FeSO_4 + 2CuSO_4$$

从上述反应可以看出,细菌的作用强化了浸出速度,而细菌则利用上述反应释放的能量进行生活、生长和繁殖。

细菌浸出通常采用地下浸出法或堆浸法,在 25~40℃下进行,目前主要用于从低品位难选铜矿及含铜废石中回收铜,从铀矿中回收铀。

6. 电化浸出

即在电场作用下利用阳极氧化作用将硫化矿氧化,它用于辉钼矿及某些重金属硫化矿如辉锑矿的氧化,但未见工业生产的报道。

应当指出,现实的浸出过程有时不能按上述方法严格区分,例如某些浸出过程既有酸(或碱)参加,同时亦有氧参加,从不同角度考虑可分别属酸浸(或碱浸)或氧浸。

2.1.4 各种不同类型的矿物原料及冶金中间产品可供选择的浸出方法简介

当矿物原料或冶金中间产品进行浸出(或湿法分解)时,其浸出方法的选择一方面应根据原料中矿物的物理化学性质和有价金属的形态,另一方面应充分考虑伴生矿物的性质,以保证有价金属矿物能优先浸出,而伴生矿物及脉石不反应,这一点在处理低品位物料时尤其重要。

当前有色冶金浸出原料中有价金属的形态及主要浸出(湿法分解)方法如表2-1所示。

表2-1 有色冶金浸出原料中有价金属形态及其主要浸出方法

原料种类	举 例	主要浸出(湿法分解)方法
有色金属呈硫化物形态	闪锌矿(ZnS)精矿、辉钼矿(MoS_2)精矿、硫化锑精矿、镍锍(含Ni_3S_2等硫化物)	当前硫化矿主要是氧化焙烧转化为氧化物(焙砂)后浸出,当直接浸出时,其主要方法有: (1)氧化浸出,利用氧或其他氧化剂(如HNO_3等)进行氧化,如闪锌矿、辉钼矿精矿的高压氧浸、辉钼矿精矿的HNO_3浸出等。 (2)对锑、锡的硫化物而言,可用Na_2S浸出。 (3)细菌浸出,如低品位的复杂硫化铜矿。 (4)电化浸出。 (5)氯化浸出(见反应2-3)
有色金属呈氧化物形态	铝土矿(Al_2O_3)、锌焙砂、钼焙砂、晶质铀矿($UO_2 \cdot xUO_3$)、铜的氧化矿	视氧化物酸碱性的不同分别采用酸浸(如锌焙砂)、碱浸(如铝土矿的$NaOH$浸出及钼焙砂的NH_4OH浸出) 铜氧化矿视脉石的不同分别采用酸浸或氨浸

续表 2-1

原料种类	举 例	主要浸出(湿法分解)方法
有色金属呈含氧阴离子形态	白钨矿：$CaWO_4$；黑钨矿：$(Fe, Mn)WO_4$ 钛铁矿：$FeTiO_2$；钽铌铁矿：$(Fe, Mn)(Ta, Nb)_2O_6$ 褐钇铌矿：$(Y, Yb, Dy, Nd)(Nb, Ta, Ti)O_4$（对其中的 Ta、Nb、Ti 而言）	(1) 用碱或碱金属碳酸盐浸出，进行复分解反应使有色金属成可溶性的碱金属盐类进入水相，主要伴生元素（如 Fe、Mn、Ca 等）成氢氧化物或难溶盐入渣相，如黑钨矿的 NaOH 浸出 (2) 预先用酸分解，使主要伴生元素溶解入水相，有色金属成含水氧化物入渣相，再用碱从渣相浸出有色金属（如白钨矿的盐酸分解后再氨溶），或成络合物，进入水相（如钽铌铁矿的氢氟酸分解等）
有色金属呈阳离子形态	独居石：$(Ce, La\cdots)PO_4$ 褐钇铌矿：$(Y, Yb, Dy, Nd)(Nb, Ta, Ti)O_4$（对其中稀土而言） 氟碳铈矿：$(Ce, La, Pr\cdots)FCO_3$ 磷钇矿：YFO_4	对磷酸盐、碳酸盐矿而言，可： (1) 预先用碱分解使 PO_4^{2-}、CO_3^{2-} 成相应的碱金属盐进入水相，有色金属成氢氧化物保留在渣相，再用酸从渣相浸出有色金属，如独居石的碱分解后再酸浸 (2) 酸浸出使有色金属成可溶于水的盐进入水相，如氟碳铈矿的硫酸分解
呈金属形态存在	自然金矿，经还原焙烧后的含镍红土矿	在有氧及络合剂存在下浸出，如氰化法
呈离子吸附形态	离子吸附稀土矿	用电解质溶液（如 NaCl 溶液）解吸

2.2 浸出过程的热力学基础

浸出过程的热力学主要是研究在一定条件下浸出反应进行的可能性、进行的限度及使之进行所需的热力学条件，并从热力学的角度探索新的可能的浸出方案，为解决这些问题，重要的方法是求出反应的标准吉布斯自由能变化 $\Delta_r G_T^\ominus$、给定条件下反应的吉布斯自由能变化 $\Delta_r G_T$ 及反应的平衡常数 K，同时许多学者运用热力学原理及已有的热力学数据绘制了大量的电势-pH 图，这些图是直接研究浸出反应特别是有氧化还原的浸出反应的有效工具，分别介绍如下。

2.2.1 浸出反应的标准吉布斯自由能变化 $\Delta_r G_T^\ominus$

浸出反应的标准吉布斯自由能变化是判断在标准状态下它能否自动进行的标志，同时也是计算给定条件下反应的吉布斯自由能变化($\Delta_r G_T$)和浸出反应的平衡常数的重要数据。为求任意温度下的 $\Delta_r G_T^\ominus$ 值，一般是根据反应物和生成物的热力学参数，运用热力学原理进行计算。设浸出时被浸物料中 A 物质与溶解在水相中的浸出剂 B 反应生成 C 和 D，即：

$$a A_{(s)} + b B_{(aq)} = c C_{(s)} + d D_{(aq)}$$

其中 B、D 可为化合物或离子，此反应的 $\Delta_r G_T^\ominus$ 的计算方法有：

(1) 当已知反应物及生成物的标准摩尔吉布斯自由能，或其标准摩尔生成吉布斯自由能，则：

$$\Delta_r G_T^\ominus = c \overline{G}_{m(C)T}^\ominus + d \overline{G}_{m(D)T}^\ominus - a \overline{G}_{m(A)T}^\ominus - b \overline{G}_{m(B)T}^\ominus \quad (2-1)$$

或

$$\Delta_r G_T^\ominus = c \Delta_f \overline{G}_{m(C)T}^\ominus + d \Delta_f \overline{G}_{m(D)T}^\ominus - a \Delta_f \overline{G}_{m(A)T}^\ominus - b \Delta_f \overline{G}_{m(B)T}^\ominus \quad (2-2)$$

式中 $\overline{G}_{m(A)T}^\ominus$、$\overline{G}_{m(C)T}^\ominus$——分别为 A、C 物质在 $T(K)$ 时的标准摩尔吉布斯自由能，kJ/mol；

$\Delta_f \overline{G}_{m(A)T}^\ominus$、$\Delta_f \overline{G}_{m(C)T}^\ominus$——分别为 A、C 物质在 $T(K)$ 时的标准摩尔生成吉布斯自由能，kJ/mol；

$\overline{G}_{m(B)T}^\ominus$、$\overline{G}_{m(D)T}^\ominus$——分别为处于水溶液状态的 $B_{(aq)}$、$D_{(aq)}$ 的标准摩尔吉布斯自由能，kJ/mol；

$\Delta_f \overline{G}_{m(B)T}^\ominus$、$\Delta_f \overline{G}_{m(D)T}^\ominus$——分别为处于水溶液状态的 $B_{(aq)}$、$D_{(aq)}$ 的标准摩尔生成吉布斯自由

能，kJ/mol。

对处于水溶液状态的物质而言，一般以假想的 1 mol/kg 理想溶液为其标准状态，其 $\bar{G}_m^\ominus$、$\Delta_f \bar{G}_m^\ominus$ 值均采用该标准状态下的数值。$\bar{G}_m^\ominus$ 实际上为该标准状态下该物质的偏摩尔吉布斯自由能值。

(2) 当已知反应物及生成物在 298 K 时的标准摩尔生成焓 ($\Delta_f H_{m\,298}^\ominus$) 或标准摩尔焓 ($H_{m\,298}^\ominus$)、标准摩尔熵 ($S_{m\,298}^\ominus$) 以及其标准摩尔热容 ($C_{pm}^\ominus$) 与温度关系式。

已知上述热力学数据时，则可首先按照热力学的方法计算出 298 K 时反应的标准焓变化 $\Delta_r H_{298}^\ominus$、标准熵变化 $\Delta_r S_{298}^\ominus$、标准吉布斯自由能变化 $\Delta_r G_{298}^\ominus$ 以及反应的标准摩尔热容变化 $\Delta_r C_p^\ominus$ 与温度的关系，进而按下式求 $\Delta_r G_T^\ominus$。

$$\Delta_r G_T^\ominus = \Delta_r H_{298}^\ominus + \int_{298}^T \Delta_r C_p^\ominus dT - T \Delta_r S_{298}^\ominus -$$
$$T \int_{298}^T (\Delta_r C_p^\ominus / T) dT \qquad (2-3)$$

$$\Delta_r G_T^\ominus = \Delta_r G_{298}^\ominus - (T - 298) \Delta_r S_{298}^\ominus +$$
$$\int_{298}^T \Delta_r C_p^\ominus dT - T \int_{298}^T (\Delta_r C_p^\ominus / T) dT \qquad (2-4)$$

应当指出，对处于溶液状态的反应物和生成物而言，其标准摩尔焓、标准摩尔熵和标准摩尔热容均应用其对应于水溶液标准状态下的值，或者说用其水溶液中的标准偏摩尔值。

同时应当指出，式 2-3、式 2-4 仅适用于在 298~T 的温度范围内反应物和生成物均无相变，否则应考虑相变的热效应及相变带来的 $\Delta_r C_p^\ominus$ 值的改变。

计算 $\Delta_r G_T^\ominus$ 所需的原始数据如物质的 $\Delta_f H_{m\,298}^\ominus$ 等可从有关手册中查得，遗憾的是许多离子的 $\bar{C}_{pm}^\ominus$ 值与温度的关系尚研究得不多，因此对某些有离子参与的浸出反应而言，按式 2-3、式 2-4 计算有困难。但是在温度范围不太大的情况下，物质的标准摩尔热容可近似地视为常数，且等于其 298K 至 $T(K)$ 之间标准摩尔热容的

平均值 $\tilde{C}_{pm}^{\ominus}|_{298}^{T}$，则式 2-4 可简化为：

$$\Delta_r G_T^{\ominus} = \Delta_r G_{298}^{\ominus} - (T-298)\Delta_r S_{298}^{\ominus} + $$
$$(T-298)\Delta_r \tilde{C}_{pm}^{\ominus}|_{298}^{T} - T\ln(T/298)\Delta_r \tilde{C}_{pm}^{\ominus}|_{298}^{T} \quad (2-5)$$

式中，$\Delta_r \tilde{C}_{pm}^{\ominus}|_{298}^{T}$ 为生成物在 298K 与 $T(K)$ 之间的平均摩尔热容与反应物在 298K 与 $T(K)$ 之间的平均摩尔热容之差(J/mol·K)。对许多元素和化合物而言，其 $C_{pm}^{\ominus}$ 与温度的关系为已知，故容易导出其 $\tilde{C}_{pm}^{\ominus}|_{298}^{T}$ 值，对离子而言，根据离子熵对应原理，可按下式计算：

$$\tilde{C}_{pm(i)}^{\ominus}|_{298}^{T} = \alpha_T + \beta_T \overline{S}_{m(i)298}^{\ominus}(\text{绝对}) \quad (2-6)$$

式中 $\tilde{C}_{pm(i)}^{\ominus}|_{298}^{T}$ 为 i 离子在 298K 和 $T(K)$ 之间标准偏摩尔热容的平均值(J/mol·K)；$\overline{S}_{m(i)298}^{\ominus}(\text{绝对})$ 为 i 离子在 298K 时的标准偏摩尔绝对熵，简称 i 离子在 298 K 的绝对熵(J/mol·K)。

其数值可按下式计算：

$$\overline{S}_{m(i)298}^{\ominus}(\text{绝对}) = \overline{S}_{m(i)298}^{\ominus}(\text{相对}) + \overline{S}_{m(H^+)298}^{\ominus}(\text{绝对}) \times (Z_+ \text{ 或 } Z_-)$$

式中，$\overline{S}_{m(i)298}^{\ominus}(\text{相对})$ 为 i 离子在 298K 的相对熵，一般可在手册中查得；$\overline{S}_{(H^+)298}^{\ominus}(\text{绝对})$ 为 H^+ 在 298K 的绝对熵，为 -20.9 J/(mol·K)；Z_+、Z_- 为 i 离子的价数，阳离子取正号，阴离子则取负号；α_T、β_T 是根据离子熵对应原理求出的常数，它与温度 T 及离子种类有关，具体数值见表 2-2。

为简化离子标准偏摩尔热容值的计算，D. F. Taylor 将离子熵对应原理的原始数据进一步进行处理，得出近似公式：

$$\overline{C}_{pm(i)T}^{\ominus} = [a_2 + b_2 \overline{S}_{m(i)\,298}^{\ominus}(\text{绝对})]T \quad (2-7)$$

式中 $\overline{C}_{pm(i)T}^{\ominus}$——i 离子在 $T(K)$ 时的标准摩尔热容，J/mol·K；

a_2、b_2——对应于不同离子的常数。

D. F. Taylor 推算了简单阴离子值的 a_2、b_2 值，杨显万推算了其他离子的 a_2、b_2 值如表 2-3 所示。式 2-7 可应用到 300℃。

表 2-2　不同离子的 α_T、β_T 值

温度/K	简单阴离子 α_T	简单阴离子 β_T	简单阴离子及 OH⁻ α_T	简单阴离子及 OH⁻ β_T	含氧阴离子 [AO_n^{m-} 型] α_T	含氧阴离子 [AO_n^{m-} 型] β_T	酸性含氢含氧阴离子 [$AO_n(OH)^{m-}$ 型]** α_T	酸性含氢含氧阴离子 [$AO_n(OH)^{m-}$ 型]** β_T
333	146.37	-0.41	-192.37	-0.28	-531.1	1.96	-510.2	3.44
373	192.37	-0.55	-242.56	00.00	-577.1	2.24	-564.6	3.97
423	192.37	-0.59	255.10	-0.03	-556.2	2.27	(-598.0)	(3.95)
473	(209.1)*	(-0.63)	(-271.83)	(-0.04)	(-606.4)	(2.53)	(-635.7)	(4.24)

* 括弧内数据为按外延法求出的，误差较大；
** 根据文献，$AO_n(OH)^{m-}$ 型阴离子实际上是指 HPO_3^{2-}、$H_2PO_4^-$、HSO_4^- 等酸式含氧阴离子

表 2-3　不同类型离子的 a_2、b_2 值

系数	离子类型			
	简单阳离子	简单阴离子及 OH^-	含氧阴离子 $[AO_n^{m-}]$ 型	酸式含氧阴离子 $[AO_n(OH)^{m-}]$ 型
a_2	5.56×10^{-1}	-7.19×10^{-1}	-1.601	-1.67
b_2	-1.65×10^{-3}	-1.12×10^{-4}	5.831×10^{-3}	-1.12×10^{-2}

2.2.2　浸出反应的平衡常数 K 和表观平衡常数 K_C

2.2.2.1　基本概念及应用

浸出反应的平衡常数指浸出反应达到平衡后，生成物与反应物的活度商，例如对反应：

$$aA_{(S)} + bB_{(aq)} = cC_{(aq)} + dD_{(aq)}$$

$$K = a_C^c a_D^d / a_B^b$$

式中　a_B、a_C、a_D——分别为反应平衡后 B、C、D 的活度。

根据热力学原理知 K 与温度有关，与系统中物质的浓度无关。K 值的大小反映着反应进行的可能性的大小及限度，K 值愈大则进行的可能性愈大，愈能进行彻底。

但在浸出实践中，由于体系的复杂性，难以求出有关组分的活度系数和活度，因此难以用平衡常数 K 直接地定量地分析系统的热力学问题，而实践中最容易获得、最有现实意义的是物质的浓度，因此许多学者近似地直接用浓度表示平衡状态，即测得在给定条件(温度、浓度)下，反应平衡后生成物和反应物的浓度商 K_C(K_C 亦称为表观平衡常数)，用 K_C 判断给定条件下反应进行的可能性和限度，对上述反应而言：

$$K_C = [C]^c [D]^d / [B]^b$$

式中，[C]、[B] 和 [D] 分别为平衡后 C、B、D 的浓度。

对非电解质溶液而言，K 与 K_C 的关系为：

$$K = a_C^c \cdot a_D^d / a_B^b = r_C^c [C]^c \cdot r_D^d [D]^d / r_B^b [B]^b = K_C \cdot r_C^c \times r_D^d / r_B^b$$

式中 r_C、r_D、r_B 分别为系统中 C、D、B 的活度系数。对电解质溶液而言，亦可求出 K、$r_\pm$、K_C 之间的类似关系式。由于活度系数与溶液中所有组分的浓度有关，因此，K_C 不仅与温度有关，亦与溶液组成及浓度有关。作者与其同事从正向和反向(逆反应)测定了 150℃ 时反应 2-4 的 K_C 值与 NaOH 质量摩尔浓度的关系，如表 2-4 所示。

$$CaWO_{4(s)} + 2NaOH_{(aq)} \Longrightarrow Ca(OH)_{2(s)} + Na_2WO_{4(aq)}$$

(反应 2-4)

表 2-4　反应 2-4 的 K_C 与 NaOH 浓度的关系(150℃)

NaOH 浓度/(mol·kg^{-1})	2.0	2.56	3.19	4.06
$K_C \times 10^3$/(kg·mol^{-1})	11.0	13.9	16.2	20.5

$$CaWO_{4(s)} + Na_2CO_{3(aq)} \Longrightarrow CaCO_{3(s)} + Na_2WO_{4(aq)} \quad (\text{反应 2-5})$$

苏联学者从反应 2-5 的正反应测定了其 K_C 与苏打用量(浓度)的关系，如表 2-5 所示。

K_C 值除可以用来判断反应进行的可能性和限度外，亦可用以计算将浸出反应进行到底所需浸出剂的最小过量系数，如对下反应而言：

表 2-5　反应 2-5 的 K_C 与苏打用量的关系

温度/℃	90	175	\multicolumn{3}{c	}{200}	\multicolumn{3}{c	}{225}	\multicolumn{3}{c	}{250}
苏打用量	1	1	1	1.5	2.0	2.5	0.75	1.0	1.5	2.0	1.0	1.5	2.0
K_C	0.46	1.21	1.45	1.19	0.96	0.67	1.56	1.52	1.49	0.99	1.85	1.61	0.97

注：苏打用量的单位为理论量的倍数。

$$aA_{(s)} + bB_{(aq)} = cC_{(s)} + dD_{(aq)}$$

浸出剂 B 的加入量至少为下列两者之和：

a. 反应消耗量：$m_{B(耗)} = (b/a)m_A = (b/d)m_D$

式中　m_A、m_D——分别为待浸出料 A 和生成物 D 的摩尔数；

$m_{B(耗)}$——为反应消耗的浸出剂摩尔数。

b. 与溶液中 D 保持平衡所需的量 $m_{B(剩)}$

故最小过剩系数　$\beta = m_{B(剩)}/m_{B(耗)} = m_{B(剩)}/[(b/d)m_D]$

已知溶液中物质浓度之比等于其摩尔数之比，同时已知平衡时有

$$[D]^d/[B]^b = K_C$$

$$[B] = ([D]^d/K_C)^{\frac{1}{b}}$$

故　$\beta = m_{B(剩)}/\dfrac{b}{d}m_D = [B]/\dfrac{b}{d}[D] =$

$$([D]^d/K_C)^{\frac{1}{b}}/\dfrac{b}{d}[D] \tag{2-8}$$

根据式(2-8)可知，对白钨矿苏打浸出反应(反应 2-5)而言，$a = b = c = d = 1$

故　$\beta = 1/K_{C(2-5)}$

但是应当指出，若原料中除含白钨外还含黑钨，则将同时进行下反应：

$$(Fe, Mn)WO_{4(s)} + Na_2CO_{3(aq)} \Longleftrightarrow (Fe, Mn)CO_{3(s)} + Na_2WO_{4(aq)}$$

(反应 2-6)

此时计算 β 值应取 $K_{C(2-5)}$ 和 $K_{C(2-6)}$ 中最小者，同时，计算 $m_{Na_2CO_3(耗)}$ 时应按原料中总 WO_3 计。

对独居石 NaOH 分解反应而言

$$REPO_{4(s)} + 3NaOH_{(aq)} \Longleftrightarrow RE(OH)_{3(S)} + Na_3PO_{4(aq)}$$

(反应 2-7)

由于　$a = c = d = 1$　且 $b = 3$

故 $$\beta = \frac{1}{3}[Na_3PO_4]^{-\frac{2}{3}} K_C^{-\frac{1}{3}} \quad (2-7)$$

从上式可知,对本体系而言,β 不仅随 K_C 的增大而减小,同时随最终 Na_3PO_4 浓度的增大而减小,即适当减小浸出的液固比,相应地增大系统的浓度,有利于减少 NaOH 的用量。

2.2.2.2 表观平衡常数及平衡常数的测定

1. 表观平衡常数 K_C 的测定

测定 K_C 值一般是将待浸出物料(A)与浸出剂(B)在给定条件下在反应器内进行反应:

$$aA_{(S)} + bB_{(aq)} = cC_{(aq)} + dD_{(aq)}$$

达到平衡后,测定 B、C 和 D(设 C、D 均为溶液状态)的浓度,按下式计算,即可得给定条件下的 K_C 值

$$K_C = [C]^c[D]^d / [B]^b$$

具体测定时不但要保证系统内确实达到平衡状态,而且还要保证在整个取样及试样处理过程中不因条件的改变(如温度改变等)而使平衡迁移。为此需采取下列措施:

(1)为证实反应是否已达到平衡状态,许多学者是将待浸出物料(A)与浸出剂(B)进行反应,每隔一定时间取样分析溶液成分,当它不再随时间的延长而改变时,则认为已达到平衡。这种方法是不够准确的,因反应进行一定程度后,有时因为动力学的原因(如固体生成物膜将 A 包裹、A 物质由于反应的消耗以致数量很少、反应面积变小、B 物质浓度变小等),此时虽未达到平衡,但速度已很慢,在取样间隔时间不太长的情况下,很难发现其成分的改变。准确的方法是一方面进行上述正反应,测定实际浓度商随时间的改变;另一方面将 C 和 D 混合进行上述反应的逆反应,在同样条件下测定其实际浓度商随时间的改变情况,当上述正反应与逆反应测定值相近时,则可认为达到平衡,如图 2-1 所示。

1—正反应；2—逆反应。

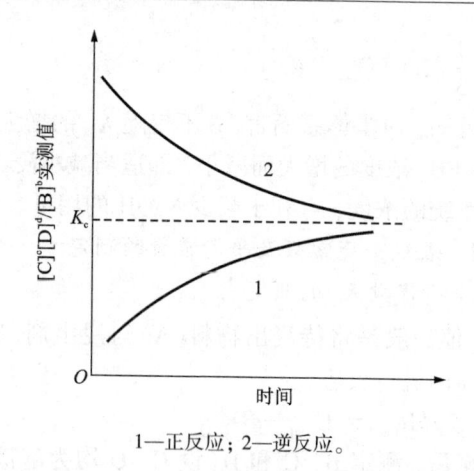

图 2-1　正、逆反应配合测定 K_C 值示意图

（2）在配料时，浸出剂 B 的用量应远少于按待浸物料 A 量计算的理论量，以保证浸出过程中始终有足够量的 A 与 B 作用，使 B 的浓度有可能降至平衡值，若 B 超过理论量，以致后期 A 消耗将尽，此时 B 浓度虽然不再随时间延长而降低，但是，这种情况不是由于达到平衡状态，而是由于 A 物质缺乏，显然所求的 K_C 值不准且偏低。

（3）为保证在取样及过滤过程中不致因条件改变而发生平衡的迁移，有人采取急降温以降低逆反应速度的方法，这种方法的效果是有限的，特别是它有可能导致某些溶解物质的结晶析出；正确的方法应是在作业温度下，能在反应器内直接取样过滤，因而对试验设备的结构提出了严格的要求，特别是在工作温度超过 100℃、工作压力超过 101 kPa 时，则难度更大。近年来作者及其同事设计并制造了带自动取样过滤器的反应器，其特点是在反应器内设有自动过滤取样装置，该装置由金属陶瓷过滤管、调压口、取样勺组成，正常反应时，取样装置悬在上部空间不与矿浆接触，反应达到预定时间后，将取样装置伸入矿浆，并通过调压口调节取样装置内的压力使之适当低于反应器内的压力，矿浆中溶液在压力差的作用下通过过滤管进入取样室，实现了液固分离，再用一定体积的取样勺从中取样，取样后的剩余溶液还可通过调节压力使之返回反应器继续反应，从而完全避免了取样过程的温度波动及逆反应和结晶过程带来的误差，用这种设备我们成功地在150~200℃研究了钨矿物碱浸出中的一系列平衡问题。

2. 平衡常数的测定

平衡常数测定的方法有：

(1)在测定表观平衡常数的基础上外延，由于在溶液中离子强度I接近零时，各组分的活度系数均接近1，即$K_C \approx K$，因此为求K值，一般是测定不同I值下的K_C值，将K_C对$\sqrt{I}$作图，再外延到$I=0$，即得K值，如图2-2所示。

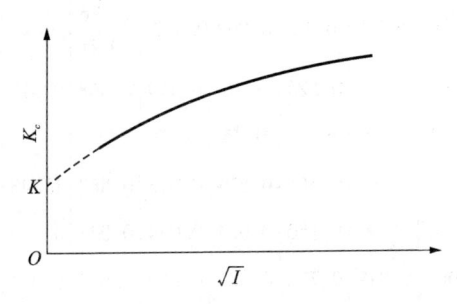

图2-2 从K_C求K值的示意图

(2)测定平衡后溶液的成分，再根据已知的活度系数，求出各组分的活度，进而求出平衡常数值。

25℃下某些与浸出过程有关的电解质溶液的平均活度系数及某些浸出剂溶液的平均活度系数与温度的关系如表2-6、表2-7所示。

根据溶液的平衡成分和活度系数求平衡常数的方法目前有其不足之处，即一方面表2-6、表2-7中的平均活度系数是指该电解质单独存在时的数值，未考虑到溶液中其他组分的影响，因此计算时往往有误差，另一方面目前已有的活度系数值许多都限于25℃左右，其他温度下的数值缺乏，因而难以求其他温度下的平衡常数。

表 2-6　某些电解质溶液的平均活度系数(25℃)

电解质	浓度, mol/kg								
	0.01	0.05	0.1	0.5	1.0	1.6	2.0	3.0	4.0
$AgNO_3$	—	—	0.731	0.534	0.428	0.352	0.315	0.252	0.210
$CaCl_2$	0.731	0.583	0.523	0.457	0.509	0.657	0.800	1.483	2.93
$CdSO_4$	0.383	0.199	0.150	0.0615	0.0415	0.034	0.0321	0.033	—
$CoCl_2$	—	—	0.526	0.465	0.538	0.706	0.884	1.46	2.2
$CuCl_2$	—	—	0.501	0.405	0.411	0.442	0.466	0.520	0.574
$CuSO_4$	0.41	0.20	0.16	0.062	0.0423	0.0365 (1.4)	—	—	—
$FeCl_2$	—	—	0.525	0.46	0.519	0.668	0.817	—	—
$FeCl_3$	0.59	0.47	0.41	0.35	0.42	—	—	—	—
$MgCl_2$	—	—	0.565	0.514	0.613	0.867	1.143	—	—
$MnSO_4$	—	—	0.150	0.064	0.044	0.037	0.035	0.037	0.047
$NaCl$	0.902	0.819	0.778	0.682	0.658	0.659	0.671	0.720	0.792
Na_2CO_3	0.729	0.565	0.466	0.313	0.264	0.227	—	—	—
$(NH_4)_2SO_4$	—	—	0.423	0.248	0.189	0.156	0.144	0.125	0.116
$NiSO_4$	0.455	0.246	0.180	0.063	0.043	0.035	0.034	—	—
$UOSO_4$	—	—	0.150	0.061	0.044	0.038	0.037	0.038	0.043
$ZnSO_4$	0.387	0.202	0.150	0.063	0.044	0.036	0.036	0.041	—
$ZnCl_2$	0.731	0.578	0.515	0.429	0.337	0.300	0.282	0.287	0.301

表 2-7　某些常用浸出剂的平均活度系数($\gamma_\pm$)

浸 出 剂	浓度,/(mol·kg^{-1})	温度/℃					
		20	30	40	50	60	70
		$\gamma_\pm$					
氢氧化钠溶液	2.0	0.709	0.712	0.707	0.696	0.677	0.652
	4.0	0.916	0.911	0.895	0.872	0.839	0.800
	6.0	1.35	1.32	1.27	1.21	1.14	1.07
	8.0	2.17	2.06	1.93	1.78	1.63	1.48
	10.0	3.61	3.31	3.00	2.67	2.34	2.03
	12.0	5.80	5.11	4.43	3.79	3.19	2.65
硫酸溶液	3.0	0.151	0.132	0.117	0.104	0.093	
	6.0	0.289	0.242	0.205	0.174	0.150	
	9.0	0.527	0.425	0.346	0.285	0.237	
	12.0	0.840	0.656	0.521	0.418	0.339	
	15.0	1.254	0.957	0.741	0.583	0.462	
	17.5	1.703	1.275	0.972	0.752	0.589	
盐酸溶液	1.0	0.816	0.802	0.786	0.770	0.754	
	2.0	1.024	0.990	0.960	0.933	0.907	
	3.0	1.345	—	—	—	—	
	4.0	1.812	—	—	—	—	

2.2.2.3　平衡常数的计算

根据已有的热力学数据,可直接计算出浸出反应的平衡常数值,主要方法有:

1. 根据浸出反应的标准吉布斯自由能变化 $\Delta_r G^\ominus_T$

由等温方程 $\Delta_r G^\ominus_T = -RT \ln K$,故已知 $\Delta_r G^\ominus_T$ 即可求出 $T(\mathrm{K})$ 时的平衡常数值。

2. 根据反应物及生成物的溶度积

此方法主要适用于浸出反应为产生一种难溶化合物的复分解反应的情况，在冶金中常见的为以 NaOH 或钠盐作浸出剂浸出含氧盐，现以此为代表进行介绍。

设待浸出物为 M^{n+} 与 A^{m-} 组成的盐 M_mA_n，浸出剂为 Na_kB（其中 B 为 $-k$ 价），反应生成可溶性钠盐 Na_mA 和难溶化合物 M_kB_n，故反应式为：

$$kM_mA_{n(s)} + mnNa_kB_{(aq)} = mM_kB_{n(s)} + nkNa_mA_{(aq)}$$

写成离子反应式，则为：

$$kM_mA_n + mnB^{k-} = mM_KB_n + nkA^{m-}$$

平衡常数 $K = a_{A^{m-}}^{nk} / a_{B^{k-}}^{mn}$

式中，$a_{A^{m-}}$、$a_{B^{k-}}$ 分别为 A^{m-}、B^{k-} 的活度。

将分子分母同时乘以 M^{n+} 活度的 mk 次方，即乘以 $a_{M^{n+}}^{mk}$

则 $K = \alpha_{A^{m-}}^{nk} \cdot \alpha_{M^{n+}}^{mk} / (\alpha_{B^{k-}}^{mn} \cdot \alpha_{M^{n+}}^{mk}) =$
$(\alpha_{A^{m-}}^{n} \cdot \alpha_{M^{n+}}^{m})^k / (\alpha_{B^{k-}}^{n} \cdot \alpha_{M^{n+}}^{k})^m =$
$K_{sp(M_mA_n)}^k / K_{sp(M_kB_n)}^m$ （2-9）

式中，$K_{sp(M_mA_n)}$、$K_{sp(M_kB_n)}$ 分别为 M_mA_n、M_KB_n 的溶度积。因此已知两者的溶度积即可计算出平衡常数，例如对白钨的 NaOH 浸出（反应 2-4）而言，$k = m = 1$

故 $K = K_{sp[CaWO_4]} / K_{sp[Ca(OH)_2]}$

对白钨矿的 Na_3PO_4 浸出反应

$$3CaWO_{4(s)} + 2Na_3PO_{4(aq)} = Ca_3(PO_4)_{2(s)} + 3Na_2WO_{4(aq)}$$

而言，$k = 3$，$m = 1$

故 $K = K_{sp[CaWO_4]}^3 / k_{sp[Ca_3(PO_4)_2]}$

根据式 2-9 计算出某些浸出反应的 K 值如表 2-8 所示。

通过溶度积计算平衡常数较简单，但遗憾的是目前难以找到高温下的溶度积数据。因此，难以分析实际浸出过程（其温度一般都高于 80℃）。

表 2-8　某些浸出反应的平衡常数

名称	反应式	K	注
白钨矿苏打浸出	$CaWO_{4(s)} + Na_2CO_{3(aq)} = CaCO_{3(s)} + Na_2WO_{4(aq)}$	$K = \dfrac{K_{sp(CaWO_4)}}{K_{sp(CaCO_3)}} = \dfrac{2.13 \times 10^{-9}}{5 \times 10^{-9}} = 0.426$	20℃
白钨矿NaOH浸出	$CaWO_{4(s)} + NaOH_{(aq)} = Ca(OH)_{2(s)} + Na_2WO_{4(aq)}$	$K = \dfrac{K_{sp(CaWO_4)}}{K_{sp[Ca(OH)_2]}} = \dfrac{2.13 \times 10^{-9}}{5.5 \times 10^{-6}} = 3.9 \times 10^{-4}$	20℃
白钨矿NaF浸出	$CaWO_{4(s)} + 2NaF_{(aq)} = CaF_{2(s)} + Na_2WO_{4(aq)}$	$K = \dfrac{K_{sp(CaWO_4)}}{K_{sp(CaF_2)}} = \dfrac{2.13 \times 10^{-9}}{3.45 \times 10^{-11}} = 61.7$	20℃
白钨矿Na_3PO_4浸出	$3CaWO_{4(s)} + 2Na_3PO_{4(aq)} = Ca_3(PO_4)_{2(s)} + 3Na_2WO_{4(aq)}$	$K = \dfrac{K_{sp(CaWO_4)}^3}{K_{sp[Ca_3(PO_4)_2]}} = \dfrac{(2.13 \times 10^{-9})^3}{2.6 \times 10^{-25}} = 3.70$	20℃
钨铁矿NaOH浸出	$FeWO_{4(s)} + 2NaOH_{(aq)} = Fe(OH)_{2(s)} + Na_2WO_{4(aq)}$	$K = \dfrac{K_{sp(FeWO_4)}}{K_{sp[Fe(OH)_2]}} = \dfrac{9.1 \times 10^{-12}}{4.8 \times 10^{-16}} = 1.9 \times 10^4$	20℃
白钨矿草酸钠浸出	$CaWO_{4(s)} + Na_2C_2O_{4(aq)} = CaC_2O_{4(s)} + Na_2WO_{4(aq)}$	$K = \dfrac{K_{sp(CaWO_4)}}{K_{sp(CaC_2O_4)}} = \dfrac{2.13 \times 10^{-9}}{3 \times 10^{-9}} = 0.71$	20℃

续表 2-8

名称	反应式	K	注
钨锰矿 NaOH 浸出	$MnWO_{4(S)} + 2NaOH_{(aq)}$ $= Mn(OH)_{2(s)} + Na_2WO_{4(aq)}$	$K = \dfrac{K_{sp(MnWO_4)}}{K_{sp[Mn(OH)_2]}} = \dfrac{3.8\times10^{-8}}{4\times10^{-14}} = 9.5\times10^5$	20℃
钨锰矿 苏打浸出	$MnWO_{4(s)} + Na_2CO_{3(aq)}$ $= MnCO_{3(S)} + Na_2WO_{4(aq)}$	$K = \dfrac{K_{sp(MnWO_4)}}{K_{sp(MnCO_3)}} = \dfrac{3.8\times10^{-8}}{5.05\times10^{-10}} = 75.2$	20℃
钼酸钙矿 NaOH 浸出	$CaMoO_{4(s)} + 2NaOH_{(aq)}$ $= Ca(OH)_{2(s)} + Na_2MoO_{4(aq)}$	$K = \dfrac{K_{SP(CaMoO_4)}}{K_{SP[Ca(OH)_2]}} = \dfrac{2.95\times10^{-9}}{5.5\times10^{-6}} = 5.36\times10^{-4}$	20℃
钼酸钙矿 苏打浸出	$CaMoO_{4(s)} + Na_2CO_{3(aq)}$ $= CaCO_{3(s)} + Na_2MoO_{4(aq)}$	$K = \dfrac{K_{SP(CaMoO_4)}}{K_{SP(CaCO_3)}} = \dfrac{2.95\times10^{-9}}{5\times10^{-9}} = 0.59$	20 ℃
独居石 苏打浸出	$2REPO_{4(s)} + 3Na_2CO_{3(aq)}$ $= RE_2(CO_3)_{3(s)} + 2Na_3PO_4$	$K = \dfrac{K_{sp(REPO_4)}^2}{K_{sp[RE_2(CO_3)_3]}} = \dfrac{(1.13\times10^{-24})^2}{10^{-30}} = 1.13\times10^{-18}$	①25℃; ②近似用铈化合物数据
独居石 NaOH 浸出	$REPO_{4(s)} + 3NaOH_{(aq)}$ $= RE(OH)_{3(s)} + Na_3PO_{4(aq)}$	$K = \dfrac{K_{sp(REPO_4)}}{K_{sp[RE(OH)_3]}} = \dfrac{1.13\times10^{-24}}{5.3\times10^{-22}} = 2.1\times10^{-3}$	①25℃; ②近似用铈化合物数据

3. 根据反应的标准电动势

主要适用于有氧化还原的浸出反应,设浸出反应为还原态 A 物质 $A_{(Re)}$ 被氧化态的 B 物质 $B_{(ox)}$ 氧化为氧化态的 $A_{(ox)}$,则反应为:

$$mA_{(Re)} + pB_{(ox)} = kA_{(ox)} + fB_{(Re)}$$

此浸出反应可分解为两个电极反应:

$$kA_{(ox)} + Ze = mA_{(Re)}$$

$$\varphi_{(1)} = \varphi_{(1)}^{\ominus} + \frac{RT}{ZF} \ln\left(\frac{a_{A(ox)}^k}{a_{A(Re)}^m}\right)$$

$$pB_{(ox)} + Ze = fB_{(Re)}$$

$$\varphi_{(2)} = \varphi_{(2)}^{\ominus} + \frac{RT}{ZF} \ln\left(\frac{a_{B(ox)}^p}{a_{B(Re)}^f}\right)$$

其反应的电动势

$$E = \varphi_{(2)} - \varphi_{(1)} =$$

$$\varphi_{(2)}^{\ominus} - \varphi_{(1)}^{\ominus} + \frac{RT}{ZF} \ln\left(\frac{a_{B(ox)}^p \cdot a_{A(Re)}^m}{a_{B(Re)}^f \cdot a_{A(ox)}^k}\right)$$

而 $\varphi_{(2)}^{\ominus} - \varphi_{(1)}^{\ominus}$ 为反应的标准电动势 $E^{\ominus}$,当反应平衡时 $E = 0$,

可得

$$E^{\ominus} = -\frac{RT}{ZF} \ln\left(\frac{a_{B(ox)}^p \cdot a_{A(Re)}^m}{a_{B(Re)}^f \cdot a_{A(ox)}^k}\right) = \frac{RT}{ZF} \ln K \quad (2-10)$$

例如蓝铜矿的 $FeCl_3$ 溶液浸出反应为:

$$CuS + 2Fe^{3+} = Cu^{2+} + S + 2Fe^{2+}$$

已知 25℃时电极反应

$$CuS = Cu^{2+} + S + 2e \qquad \varphi^{\ominus} = +0.59V$$

$$Fe^{3+} + e = Fe^{2+} \qquad \varphi^{\ominus} = +0.77V$$

故 25℃时,$\ln K = (0.77 - 0.59)zF/RT = 0.18 \times 2F/RT$

$$\lg K = 0.18 \times 2 \times 96500 / 2.303 \times 8.134 \times 298 = 6.088$$

可得 $K = 1.22 \times 10^6$

有色冶金浸出中常见的某些电极反应的标准电极电势如表 2-9 所示。

表 2-9　有色冶金浸出中某些电极反应的标准电极电势（单位 V）

电 级 反 应	$\varphi^{\ominus}$	电 级 反 应	$\varphi^{\ominus}$
$MnO_4^- + 8H^+ + 5e = Mn^{2+} + 4H_2O$	1.51	$Sn^{2+} + S + 2e = SnS$	0.29
$Cl_2 + 2e = 2Cl^-$	1.36	$2In^{3+} + 3S + 6e = In_2S_3$	0.275
$MnO_2 + 4H^+ + 2e = Mn^{2+} + 2H_2O$	1.23	$Zn^{2+} + S + 2e = ZnS$	0.264
$O_2 + 4H^+ + 4e = 2H_2O$	1.23	$CuS + Fe^{2+} + S + 2e = CuFeS_2$	0.215
$Fe^{3+} + e = Fe^{2+}$	0.77	$Co^{2+} + S + 2e = CoS$	0.152
$Cu^{2+} + S + 2e = CuS$	0.59	$Ni^{2+} + S + 2e = NiS(\alpha)$	0.134
$Fe^{2+} + 2S + 2e = FeS_2$	0.423	$3Ni^{2+} + 2S + 6e = Ni_3S_2$	0.097
$Pb^{2+} + S + 2e = PbS$	0.354	$Fe^{2+} + S + 2e = FeS$	0.065
$Ni^{2+} + S + 2e = NiS(\gamma)$	0.34	$Mn^{2+} + S + 2e = MnS$	0.023
$Cd^{2+} + S + 2e = CdS$	0.326		

注：温度，25℃

2.2.3　电势-pH 图在浸出过程热力学研究中的应用

浸出反应的标准吉布斯自由能变化 $\Delta_r G^{\ominus}$ 及平衡常数 K 都是在已知浸出的具体反应的情况下，研究该反应的热力学条件。对于许多浸出体系，由于其复杂性，系统中金属的稳定形态可能因条件的不同而分别为金属阳离子、氧化物、含氧阴离子或其他络离子或氢氧化物，也可能发生氧化还原反应而成为高价或低价化合物。因此，研究浸出过程的热力学，首先是查明在一定条件下可能进行什么反应，进而才研究该反应进行的热力学条件。而根据已有热力学数据绘制的电势-pH 图（φ-pH 图），它直观地表明了体系中各种形态化合物（或离子）相互平衡的情况及一定条件下其稳定存在的形态。因此，φ-pH 图是解决上述问题的重要手段，以下着重用 φ-pH 图分析金属、氧化物、含氧盐及硫化物浸出的反应其热力学条件。

2.2.3.1 金属-水系的 φ-pH 图，金属及其氧化物的浸出

金属及其氧化物的浸出条件可用金属-水系的 φ-pH 图进行分析。

1. 25℃金属-水系的 φ-pH 图，金属及其氧化物的浸出条件分析

(1) φ-pH 图的原理。典型的金属-水系的 φ-pH 图，以 Zn-H_2O 系、Cu-H_2O 系、Au-H_2O 系等为代表，如图 2-3~2-5 所示。现将图中各平衡线的意义简单介绍如下：

在金属-水系中可能存在的反应可用下面总反应式概括

$$aA + nH^+ + ze \Longrightarrow bB + cH_2O$$

它可分为三种情况：

① 有 H^+ 参加但无氧化还原过程，即无电子转移

$$aA + nH^+ \Longrightarrow bB + cH_2O \qquad (反应 2-8)$$

反应 2-8 的吉布斯自由能变化：

$$\Delta_r G_{(2-8)T} = \Delta_r G^{\ominus}_{(2-8)T} + RT \ln [a_B^b/(a_A^a \cdot a_{H^+}^n)] =$$
$$\Delta_r G^{\ominus}_{(2-8)T} + RT \ln [a_B^b/a_A^a] + 2.303 nRT \text{pH}_T$$

在平衡状态下 $\Delta_r G_{(2-8)T} = 0$ 相应地

$$\text{pH}_T = \frac{-\Delta_r G^{\ominus}(2-8)T}{2.303 nRT} - \frac{1}{n} \lg \frac{a_B^b}{a_A^a} \qquad (2\text{-}11)$$

将 $a_A = a_B = 1$ 时的 pH_T 定义为 $\text{pH}^{\ominus}T$

即 $\text{pH}^{\ominus}T = -\Delta_r G^{\ominus}_{(2-8)T}/(2.303 nRT)$

故 $\text{pH}_T = \text{pH}^{\ominus}_T - (1/n) \lg (a_B^b/a_A^a)$

说明此类型反应(反应 2-8)在 φ-pH 图上的平衡可用一条与电势无关的线表示。例如图 2-3 中的线 1、1′、1″是 298K 下 Zn^{2+} 活度分别为 1、10^{-2}、10^{-4} 时反应：

$$ZnO + 2H^+ = Zn^{2+} + H_2O$$

的平衡线。将此反应的 $\Delta_r G^{\ominus}_{298}$ 代入式 2-11 得 298K 时

$$\text{pH} = 5.8 - \frac{1}{2} \lg a_{Zn^{2+}}$$

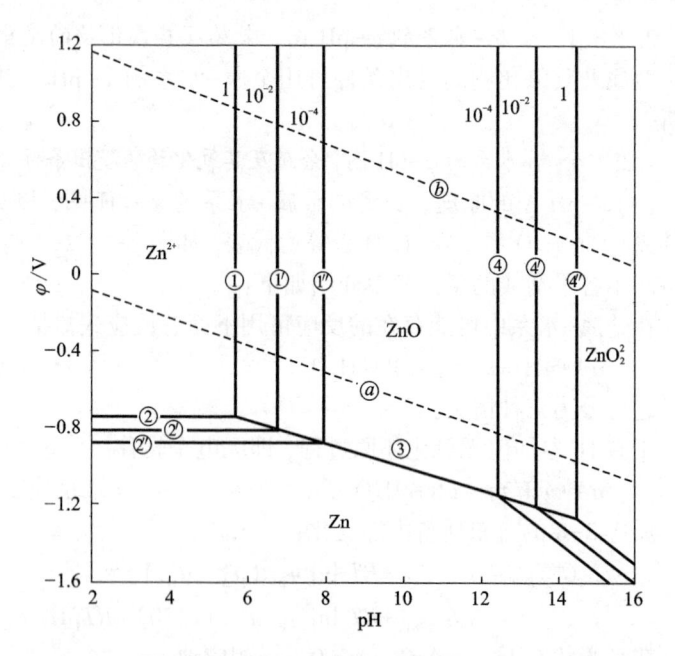

图 2-3 Zn-H₂O 系的 φ-pH 图(25℃)

同样图 2-3 中线 4、4′、4″是 298K 下 ZnO_2^{2-} 活度分别为 10^{-4}、10^{-2}、1 时的反应

$$ZnO_2^{2-}+2H^+ \rightleftharpoons ZnO+H_2O$$

的平衡线，其具体方程式为：

$$pH = 14.55+0.5 \lg a_{ZnO_2^{2-}}$$

②有氧化还原过程(即有电子转移)，但无 H^+ 参加，即

$$aA+ze \rightleftharpoons bB \qquad (反应2-9)$$

$$\Delta_r G_{(2-9)T} = \Delta_r G^{\ominus}_{(2-9)T} + RT \ln(a_B^b/a_A^a)$$

其电势 $\varphi_T = -\Delta_r G_{(2-9)T}/zF$

$$= \frac{-\Delta_r G^{\ominus}_{(2-9)T}}{zF} - \frac{RT}{zF} \ln\left(\frac{a_B^b}{a_A^a}\right)$$

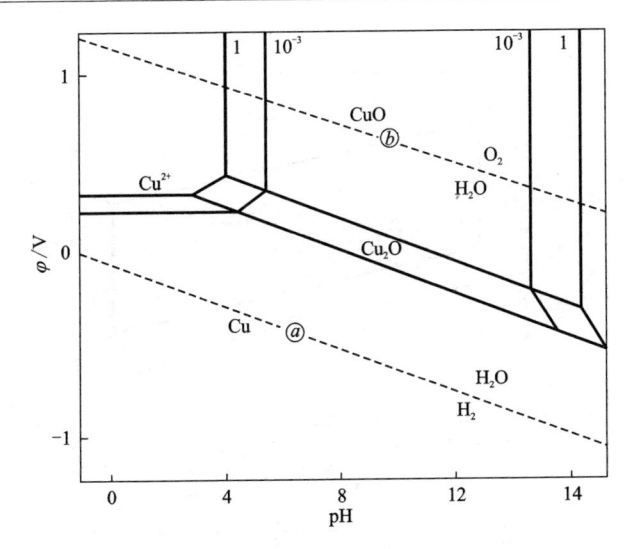

图 2-4 Cu-H₂O 系的 φ-pH 图(25℃)

当 $a_A = a_B = 1$ 时，电势为标准电势 $\varphi^\ominus$ r

$$\varphi_T^\ominus = -\Delta_r G^\ominus_{(2-9)T}/zF$$

故

$$\varphi_T = \varphi_T^\ominus - \frac{RT}{zF}\ln\left(\frac{a_B^b}{a_A^a}\right) \tag{2-12}$$

298K 时，

$$\varphi_{298} = \varphi^\ominus_{298} - \frac{0.0591}{Z}\lg\left(\frac{a_B^b}{a_A^a}\right) \tag{2-13}$$

因此，在 φ-pH 图上反应 2-9 的平衡线为与 pH 无关的水平线，例如图 2-3 中线 2、2′、2″，是 298K 下 Zn^{2+} 活度分别为 1、10^{-2}、10^{-4} 时下反应：

$$Zn^{2+} + 2e \rightleftharpoons Zn$$

的平衡线，将此反应 298K 时的 $\Delta_r G^\ominus$ 代入得

$$\varphi_{298} = -0.76 + (0.0591/2)\lg a_{Zn^{2+}}$$

③有电子转移，同时又有 H^+ 参加，即

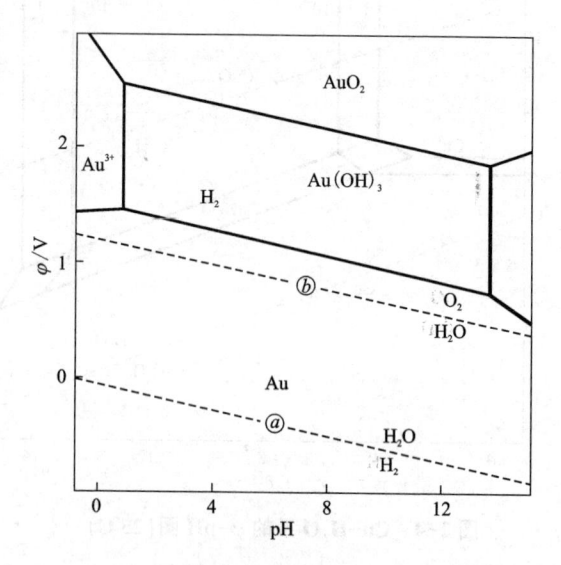

图 2-5 Au-H$_2$O 系的 φ-pH 图(25℃, Au 离子活度为 10^{-3})

$$aA + nH^+ + ze \Longrightarrow bB + cH_2O \qquad (\text{反应 2-10})$$

$$\Delta_r G_{(2-10)T} = \Delta_r G^{\ominus}(2-10)T + RT\ln[a_B^b/(a_A^a \cdot a_{H^+}^n)] = $$
$$\Delta_r G^{\ominus}_{(2-10)T} + RT\ln[a_B^b/a_A^a] + 2.303nRT\text{pH}_T$$

其电势

$$\varphi_T = (-\Delta_r G^{\ominus}_{(2-10)T} - RT\ln[a_B^b/a_A^a] - 2.303nRT\text{pH}_T)/zF \qquad (2-14)$$

其标准电势 $\varphi_T^{\ominus} = -\Delta_r G^{\ominus}(2-10)T/zF$

298 K 时 $\varphi_{298} = \varphi_{298}^0 - \dfrac{0.0591}{z}\lg[a_B^b/a_A^a] - \dfrac{0.0591n}{z}\text{pH}_T$

故在 φ-pH 图上平衡线为一条与电势及 pH 有关的直线,例如,图 2-3 中线 3 为反应

$$ZnO + 2H^+ + 2e \Longrightarrow Zn + H_2O$$

的平衡线,将 298K 的有关数据代入,得其方程式为

$\varphi_{298} = -0.42 - 0.0591\text{pH}$

图中 a、b 线分别为以下反应的平衡线

a 线　　$2H^+ + 2e \Longleftrightarrow H_2$

　　$\varphi_a = -0.0591\text{pH}$（氢分压为 101kPa）

b 线　　$O_2 + 4H^+ + 4e \Longleftrightarrow 2H_2O$

　　$\varphi_b = 1.23 - 0.591\text{pH}$（氧分压为 101kPa）

因此水溶液中当电势低于 a 线，水将分解析出 H_2，高于 b 线则析出 O_2，只有在 a、b 线之间 H_2O 才是稳定的。

图 2-4、图 2-5 中各平衡线的方程，亦可类推。

（2）氧化物的浸出。分析图 2-3~2-5 可知，一般说来对金属氧化物而言，在 pH 很小或很大的条件下，可分别以阳离子或含氧阴离子形态溶入溶液，因此可用酸或碱浸出，但碱浸法除对某些两性金属氧化物（如 Al_2O_3）以及酸性较强的氧化物（如 WO_3）外，对大多数金属氧化物而言，所需碱浓度过大（pH 达 15 以上），这是不现实的，所以主要讨论氧化物酸浸出条件：

对于金属氧化物酸浸出的反应（以二价金属为例）：

$$MO + 2H^+ \Longleftrightarrow M^{2+} + H_2O$$

从上述 φ-pH 图分析可知，反应向右进行的条件为溶液中的电势和 pH 处于 M^{2+} 的稳定的区内，即溶液的 pH 应小于平衡 pH。当 M^{2+} 的活度为 1 时，要求 $\text{pH} < \text{pH}^\ominus$，$M-H_2O$ 体系内 $\text{pH}^\ominus$ 越大，则其氧化物越容易被浸出，某些金属氧化物的 $\text{pH}^\ominus$ 如表 2-10 所示。

表 2-10　某些金属氧化物的 $\text{pH}^\ominus$

氧化物	MnO	CdO	CoO	NiO	ZnO	CuO	In_2O_3	Fe_3O_4	Ca_2O_3	Fe_2O_3	SnO_2
$\text{pH}^\ominus_{298}$	8.98	8.69	7.51	6.06	5.80	3.95	2.52	0.89	0.74	-0.24	-2.10
$\text{pH}^\ominus_{373}$	6.79	6.78	5.58	3.16	4.35	3.55	0.97	0.04	-0.43	-0.99	-2.90
$\text{pH}^\ominus_{473}$	-	-	3.89	2.58	2.88	1.78	-0.45	-	-1.41	-1.58	-3.55

应当指出，以上仅是指无价态变化的溶解过程，对变价金属的某些氧化物而言，为使其浸出还要创造一定的氧化还原条件，如铀的氧化物的浸出，根据 U–H$_2$O 系的电势-pH 图（图2-6）知，欲使 UO$_2$ 浸出，可能有三种方案：

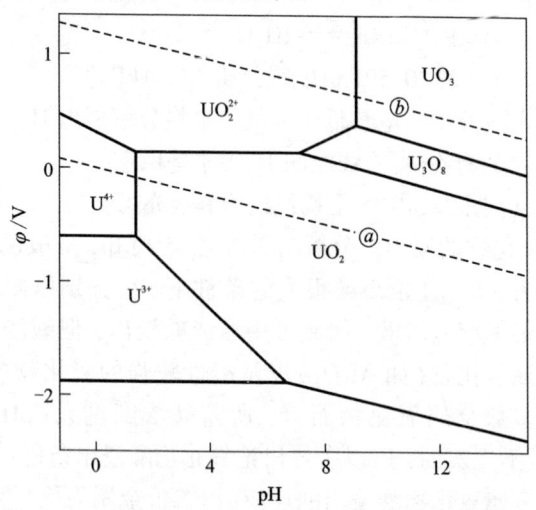

图 2-6　U–H$_2$O 系的 φ-pH 图（25℃，铀活度为 10^{-3}）

①简单的化学溶解：

$$UO_2 + 4H^+ \rightleftharpoons U^{4+} + 2H_2O$$

显然当溶液中 U^{4+} 活度为 1 时，上述反应进行的条件是溶液 pH<pH$^\ominus$(1.45)。

②氧化溶解：

$$UO_2 \rightleftharpoons UO_2^{2+} + 2e$$

其条件是应有氧化剂存在，氧化剂的氧化还原电势应高于 $\varphi^\ominus$(UO$_2^{2+}$/UO$_2$)（即高于 0.22V），常用的氧化剂有 Fe^{3+}、O$_2$ 等。

③还原溶解，即有还原剂存在下被还原成 U^{3+} 进入溶液

$$UO_2 + e + 4H^+ \rightleftharpoons U^{3+} + 2H_2O$$

这种方案在实践中不用,因从图2-6可知,欲使UO_2还原成U^{3+}所需还原剂的还原电势应低于a线,此时它将同时分解水析出H_2。

对于U_3O_8而言,从图可知只能在控制一定pH的条件下进行氧化浸出,即

$$U_3O_8 + 4H^+ \Longrightarrow 3UO_2^{2+} + 2H_2O + 2e$$

(3) 金属的浸出

从图2-3~2-5可知,金属的浸出可分为三种情况:

①其$\varphi_{(M^{n+}/M)}^{\ominus}$线在$a$线以下(如锌),即它比氢更负电性,因此能直接置换水中氢,而本身被氧化进入溶液,例如

$$Zn + 2H^+ \Longrightarrow Zn^{2+} + H_2 \uparrow$$

从热力学角度分析,凡符合上述条件的金属均可按此方式浸出,但有时由于动力学的原因(如氢的超电势),在酸度不够大的情况下,置换反应实际上不能进行。

②$\varphi_{(M^{n+}/M)}^{\ominus}$线在$a$、$b$线之间(如铜),不能通过置换氢而溶解,但通过适当的氧化剂氧化而进入溶液。例如

$$Cu + (1/2)O_2 + 2H^+ \Longrightarrow Cu^{2+} + H_2O$$

③$\varphi_{(M^{n+}/M)}^{\ominus}$线在$b$线以上(如Au),这种金属不能被氧化进入溶液。相反,当溶液中有其离子存在时,因其氧化性能极强,将使H_2O的氧气析出,而本身被还原为金属,故金属在水中是稳定的。

2. 高温下金属-水系φ-pH图,温度对浸出平衡的影响

高温下金属-水系的φ-pH图的绘制原理与25℃的基本相同,所不同的是式(2-11~2-14)中不用298K下的$\Delta_r G_{298}^{\ominus}$值,而用给定温度下的$\Delta_r G_T^{\ominus}$值。至于不同温度下$\Delta_r G_T^{\ominus}$值的计算方法在本章2.1节中已介绍,在此不详述。

对金属-水系而言,随着温度升高,由于$\Delta_r G^{\ominus}$值的改变,其某些平衡线将发生迁移,而这些迁移往往带有某些共同的规律性,主要有:

（1）由于金属氧化物溶于酸的过程及某些两性金属氧化物溶于碱的过程常常为放热过程，根据吕·查德里原理可知：温度升高，对溶解反应不利，即 M_2O_n 与 M^{n+} 的平衡线将向低 pH 方向迁移（参见表 2-10），M_2O_n 与 MO_n^{n-} 的平衡线将向高 pH 方向迁移。

（2）从式（2-14）知，φ-pH 线的斜率与 T 成正比，因此，在高温下其斜率增大。

根据计算，80℃ 时 Fe-H_2O 系 φ-pH 图如图 2-7 所示，且从图中可看出上述规律。从热力学的角度分析，温度的升高对金属氧化物的浸出是不利的，但出于动力学的原因，为保证足够的浸出速度实践中往往将其浸出过程在高温下进行。

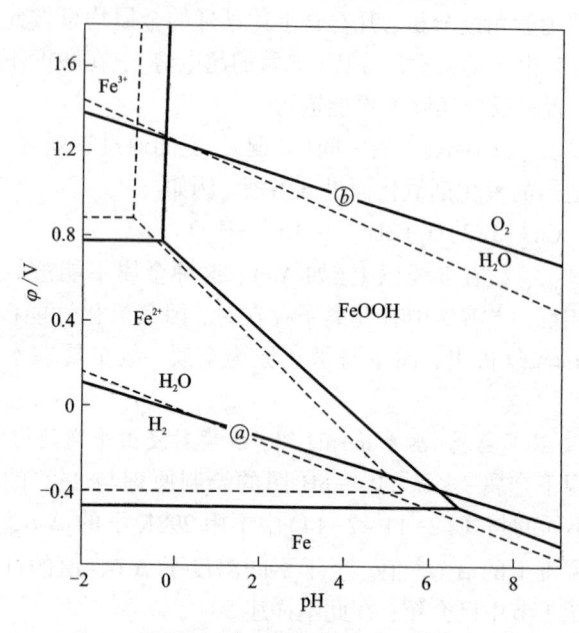

实线：25℃；虚线 80℃；$a=1$。

图 2-7　Fe-H_2O 系的 φ-pH 图

3. 金属—配位体-水系的 φ-pH 图，配位体（络合剂）对浸出平衡的影响

在金属-水系中若加入能与金属离子形成络合物的配位体，由于形成络合物，金属离子的活度将大大降低。根据式 2-11 及式 2-12 可知，在金属-配位体-H_2O 系的 φ-pH 图中，金属离子的稳定区将扩大，相应地有利于浸出过程。

金属-配位体-水系的 φ-pH 图的绘制，远较金属-水复杂，主要是由于配位体的存在，溶液中离子组成变得复杂，离子活度的计算十分繁琐，以 $Au-CN^--H_2O$ 系为例，溶液中将同时存在 Au^+、Au^{3+}、$Au(CN)_2^-$、H^+、CN^- 等离子，根据同时平衡原理，所有含金的离子均同时与金电极保持平衡，而且溶液中各组分亦相互处于平衡状态，即同时存在下列平衡反应：

$$H^+ + CN^- \rightleftharpoons HCN \quad K = 10^{9.4}$$
$$Au^+ + 2CN^- \rightleftharpoons Au(CN)_2^- \quad K_{络} = 10^{38.3}$$

因此，为了绘制 $Au-CN^--H_2O$ 系的 φ-pH 图，应先求出溶液中 Au^+ 或 Au^{3+} 的活度，再根据式 2-11、式 2-12 求有关平衡线的方程式，现具体介绍如下（为简单起见下面的分析均用离子浓度代替其活度）。

(1) 由于系统中 Au^+ 与 Au^{3+} 同时与金属金保持平衡，即两者电极电势相等，故 298K 时

$$\varphi^{\ominus}_{(Au^+/Au)} + 0.0591 \lg[Au^+] = \varphi^{\ominus}_{(Au^{3+}/Au)} + \frac{0.0591}{3} \lg[Au^{3+}]$$

$$1.73 + 0.0591 \lg[Au^+] = 1.58 + \frac{0.0591}{3} \lg[Au^{3+}]$$

整理得 $[Au^{3+}] = 10^{7.8}[Au^+]^3$ \hfill (2-15)

(2) 由于溶液中 Au 的总浓度等于各种形态金离子浓度之和，故

$$[Au]_T = [Au^+] + [Au(CN)_2^-] + [Au^{3+}] =$$

$$[Au^+](1+K_{络}[CN^-]^2)+[Au^{3+}] \quad (2-16)$$

(3)由于系统中 CN^- 的总浓度为游离 CN^-、$Au(CN)_2^-$ 以及 HCN 中 CN^- 总和,故

$$[CN]_T = [CN^-] + 2K_{络}[CN^-]^2[Au^+] +$$
$$K \cdot [H^+][CN^-] \quad (2-17)$$

将式 2-15 代入式 2-16,可得

$$[Au]_T = [Au^+](1+K_{络}[CN^-]^2) + 10^{7.8}[Au^+]^3 \quad (2-18)$$

式 2-17、式 2-18 中 $[CN]_T$、$[Au]_T$、K、$K_{络}$ 均为已知,$[H^+]$、$[CN^-]$、$[Au^+]$ 为未知数,联立式 2-17、式 2-18,消去未知数 $[CN^-]$,可得 $[H^+]$ 与 $[Au^+]$ 的关系式,后者即可进一步转化得 pH 与电势的关系式,进而绘出整个 φ-pH 图。在 $[Au]_T$ 为 10^{-4} mol/L,$[CN]_T$ 为 10^{-2} mol/L 时,Au-CN^--H_2O 系的 φ-pH 图如图 2-8 所示。图中还用点划线标出了在 $[Au]_T$ 为 10^{-4} mol/L 时 Au-H_2O 系的 φ-pH 图。

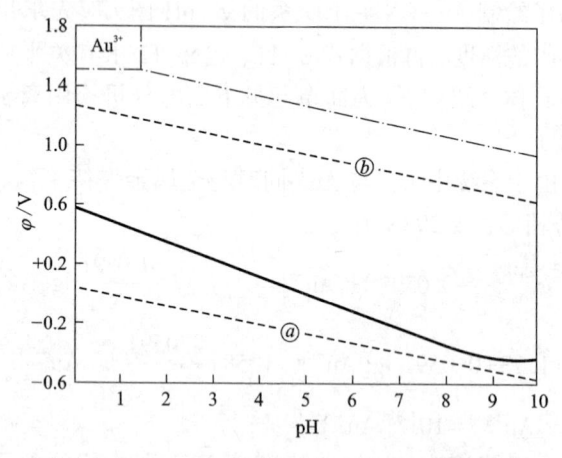

25℃;$[Au]_T = 10^{-4}$ mol/L;$[CN]_T = 10^{-2}$ mol/L。

图 2-8 Au-CN^--H_2O 系的 φ-pH 图

第 2 章 浸 出

分析图 2-8 可知,当无 CN^- 存在时,金的氧化还原电势在水的稳定区以上,故在水溶液中不可能被氧化,但有 CN^- 时,氧化还原电势降至水的稳定区内,因此有可能被氧或其他氧化剂氧化,这就是氰化法提金的热力学基础。

上述原理广泛用于有色冶金中以改善浸出的热力学条件。由于 Cu^{2+}、Cu^+、Ni^{2+} 等能与 NH_3 形成稳定络合物($Cu-NH_3-H_2O$ 系的 φ-pH 图如图 2-9 所示),因而工业上常用氨络合浸出法从铜、镍、钴的硫化矿、氧化矿中提取铜、镍、钴。

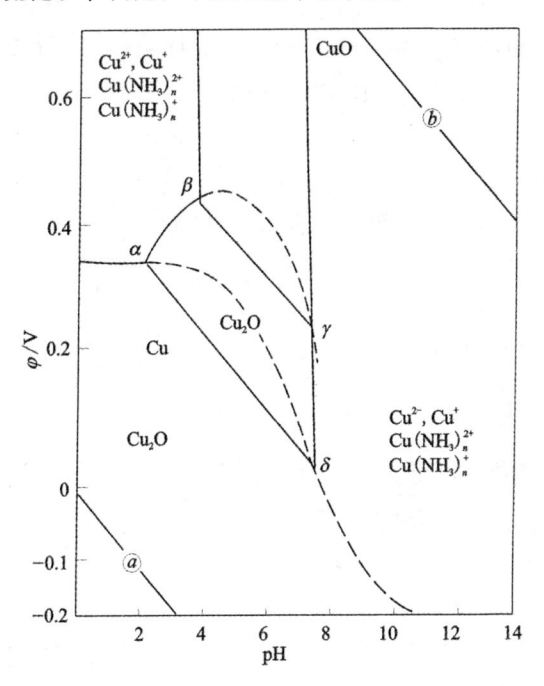

25℃;$[NH_3] = 5\ mol/L$;$[Cu]_r = 1\ mol/L$。

图 2-9 $Cu-NH_3-H_2O$ 系的 φ-pH 图

2.2.3.2 复杂体系的 φ-pH 图，金属含氧盐的浸出

1. 复杂体系的 φ-pH 图

这里所说的复杂体系是指系统内除 H_2O 以外，还含两种或两种以上的金属元素或非金属元素，且这两种元素的氧化物之间生成复杂化合物，例如，$Zn-Fe-H_2O$ 系中，存在化合物 $ZnO \cdot Fe_2O_3$，$Fe-As-H_2O$ 系中就存在化合物 $FeAsO_4$，所以，在此类体系内存在金属氧化物与 H^+、金属离子等之间的平衡。例如在 $Zn-Fe-H_2O$ 系中存在下列平衡：

$$ZnO \cdot Fe_2O_3 + 2H^+ \Longleftrightarrow Zn^{2+} + Fe_2O_3 + H_2O \quad （反应 2-11）$$
$$ZnO \cdot Fe_2O_3 + 8H^+ + 2e \Longleftrightarrow Zn^{2+} + 2Fe^{2+} + 4H_2O$$
$$（反应 2-12）$$

复杂体系的 φ-pH 的计算和绘制，与 2.2.3.1 中所述相似。例如反应 2-11 的平衡线可参照式 2-11 得

$$pH_T = -\Delta_r G^{\ominus}_{(2-11)T} / (2.303 \times 2 \times RT) - \frac{1}{2} \lg a_{Zn^{2+}}$$

将 298 K 时的 $\Delta_r G^{\ominus}_{(2-11)}$ 值代入，得

$$pH_{298} = 3.37 - \frac{1}{2} \lg a_{Zn^{2+}}$$

依此类推，可得 25℃ 和 100℃ 时 $Zn-Fe-H_2O$ 系的 φ-pH 图如图 2-10 所示，图中 Ⅰ、Ⅱ、Ⅲ、Ⅳ 区分别为 $ZnO \cdot Fe_2O_3$、$Zn^{2+} + Fe_2O_3$、$Zn^{2+} + Fe^{3+}$、$Zn^{2+} + Fe^{2+}$ 的稳定区。

2. 金属含氧盐的浸出

待浸原料中的有价金属，有时存在于含氧盐中，其具体形态有两种 a、呈阳离子；b、呈含氧阴离子。下面分别用复杂体系的 φ-pH 图分析其浸出过程。

（1）有价金属呈阳离子的含氧盐的浸出。有价金属在含氧盐中呈阳离子形态的主要有铁酸盐、砷酸盐、硅酸盐等。现在以

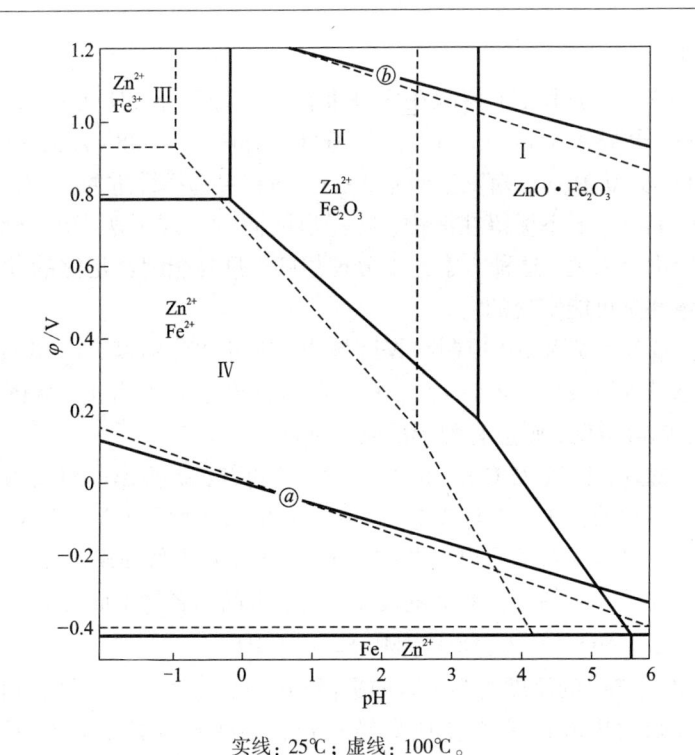

图 2-10 ZnO·Fe₂O₃-H₂O 系的 φ-pH 图

实线：25℃；虚线：100℃。

ZnO·Fe₂O₃ 为例，运用 Zn-Fe-H₂O 系的 φ-pH 图，分析其中锌的浸出过程。分析图 2-10 可知：当电势和 pH 控制在 Ⅰ 区域内，则 ZnO·Fe₂O₃ 为稳定的，即其中的锌不能被浸出，但改变电势和 pH，在不同的条件下能发生不同的浸出反应。

①当控制电势、pH 在区域 Ⅲ 内，即在 25℃时电势大于 0.77 V，pH 小于 -0.24，或 100℃时电势大于 0.86 V，pH 小于 -0.98，则锌、铁将分别以 Zn^{2+}、Fe^{3+} 形态进入溶液直至 Zn^{2+}、Fe^{3+} 的活度达 1 为止。目前锌湿法冶金工业上的高温高酸工艺实际上就是利

用此原理。

②当电势和 pH 控制在区域 Ⅱ 内,即 25℃下 pH 为 -0.24 ~ 3.37,电势为 0.77 ~ 0.13 V,或 100℃下 pH 为 -0.98 ~ 2.3,电势为 0.86 ~ 0.10 V,则发生反应 2-11,即锌将选择性进入溶液,而铁以 Fe_2O_3 形态保留在渣中,在浸出的同时实现了两者的分离。从理论上来说,这种方案是十分理想的,只要能创造足够的动力学条件是可能实现的。

③当电势和 pH 控制在 Ⅳ 区域内,则锌铁分别以 Zn^{2+} 和 Fe^{2+} 形态进入溶液(反应 2-12),直至两者活度达到 1 为止。从图可知,电势愈低,则愈有利于反应的进行。

此外,比较 25℃ 和 100℃ 的平衡线可知,提高温度对浸出反应是不利的,这一点与 2.2.3.1 中所述的氧化物浸出是一致的。

许多铁酸盐的浸出都具有与 $ZnO \cdot Fe_2O_3$ 类似的规律性。

为了简单估计铁酸盐的浸出条件,有的学者将下面反应

$$MO \cdot Fe_2O_3 + 8H^+ = M^{2+} + 2Fe^{3+} + 4H_2O$$

在 M^{2+},Fe^{3+} 的活度均为 1 时的平衡 pH 命名为其 $pH^\ominus$。显然 $pH^\ominus$ 愈大则意味着该铁酸盐愈易被浸出,某些铁酸盐的 $pH^\ominus$ 列于表 2-11。

表 2-11 某些铁酸盐的 $pH^\ominus$

$MO \cdot Fe_2O_3$	$CuO \cdot Fe_2O_3$	$CoO \cdot Fe_2O_3$	$NiO \cdot Fe_2O_3$	$ZnO \cdot Fe_2O_3$
$pH^\ominus_{298}$	1.58	1.21	1.23	0.68
$pH^\ominus_{373}$	0.56	0.35	0.21	-0.15

对砷酸盐、硅酸盐而言,其酸浸反应分别为(以二价金属为例):

$$M_3(AsO_4)_2 + 6H^+ = 3M^{2+} + 2H_3AsO_4$$
$$MSiO_3 + 2H^+ = M^{2+} + H_2SiO_3$$

同样当生成物均为标准状态(对溶解状态的物质而言活度为1)时,平衡 pH 为 $pH^\ominus$。根据计算某些砷酸盐、硅酸盐的 $pH^\ominus$ 如表 2-12 所示。

表 2-12 某些砷酸盐、硅酸盐的 $pH^\ominus$

化合物	$Zn_3(AsO_4)_2$	$Co_3(AsO_4)_2$	$Cu_3(AsO_4)_2$	$FeAsO_4$	$PbSiO_3$	$FeSiO_3$	$ZnSiO_3$
$pH^\ominus_{298}$	3.29	3.16	1.92	1.03	2.64	2.86	1.79
$pH^\ominus_{373}$	2.44	2.38	1.32	0.19	—	—	—

(2)有价金属成含氧阴离子形态的含氧盐的浸出。这类盐的分子式可近似用 $MM'O_m$ 表示,其中 M' 为有价金属,M 为伴生金属,属于这一类的主要有黑钨矿[(Fe·Mn)WO_4]、白钨矿[$CaWO_4$]、钛铁矿[$FeTiO_3$]等稀有高熔点金属矿物。

由于下列原因:(a)这类含氧阴离子在酸性条件下往往能聚合成各种不同的同多酸根离子,其存在形态复杂;(b)这些金属均为变价元素,随着电势的不同,将出现不同价态的化合物;(c)有关体系的热力学数据十分缺乏,使这类物料浸出的电势-pH 图比较复杂,而且研究的很不够,不过其电势-pH 图一般都有以下共同规律(参见图 2-11、2-12)。

① 由于这些金属均为两性金属,因而在水中随着 pH 的改变,将发生以下变化:

$$M'O_X^{Y+} \leftarrow M^{n+} + H_nM'O_m \leftarrow MM'O_m \rightarrow M(OH)_n + M'O_m^{n-}$$

降低　　　　　　　　　←pH→　　　　　　　　　增加

即在酸性范围内,随着 pH 的降低,它将变成难溶的含氧酸并进而变成 $M'O_X^{Y+}$ 型阳离子,在碱性范围内随着 pH 的升高它将变成含氧阴离子进入溶液。因此,可考虑的浸出方法有:

a. 碱浸。使 M' 变成 $M'O_m^{n-}$ 进入溶液与 $M(OH)_n$ 分离;

b. 酸浸。M' 变成 $H_nM'O_m$ 进入固相,伴生金属 M 变成 M^{n+}

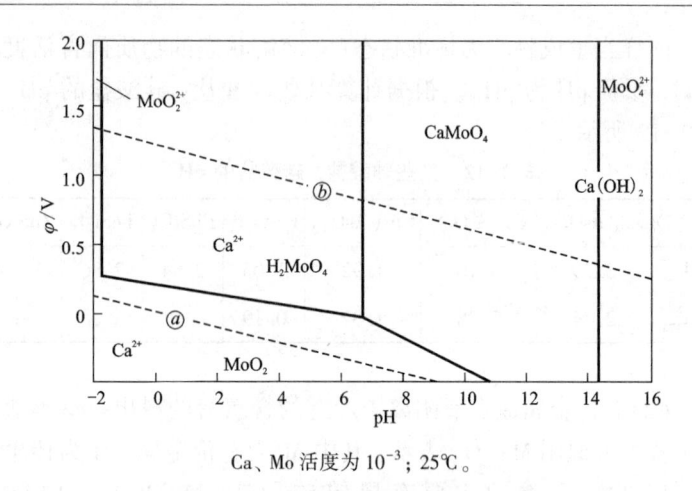

图 2-11 Ca-Mo-H$_2$O 系的 φ-pH 图

（Ca、Mo 活度为 10^{-3}；25℃）

进入溶液，实现两者分离。

②由于 M′为变价金属，其伴生金属有时亦为变价金属（如铁）。因此，浸出时加入适当的氧化剂或还原剂，改变其价态，有时对浸出是有利的。如图 2-12 所示，当有氧化剂存在时，Mn 将由二价氧化为 Mn_3O_4、Mn_2O_3，使 $MnWO_4$ 的稳定区缩小。

以上是一般规律，对具体化合物而言，其浸出所需的 pH 及氧化还原电势往往差别很大，而且各金属化合物的水溶性质差别亦很大（如钽铌酸钠盐就难溶于水）。因此，是否采用湿法浸出工艺、以及其浸出条件都应随实际情况而定。

应当指出 MM′O$_m$ 型矿物有时不是采用酸或碱浸出，而是加入其他阴离子如 CO_3^{2-}，PO_4^{3-} 与 MM′O$_m$ 进行复分解反应，使 M′O$_m^{n-}$ 进入溶液（如白钨矿的 Na_2CO_3 浸出）。但由于 CO_3^{2-}、PO_4^{3-} 等阴离子在水溶液中将与 H$^+$ 结合成酸式离子，如：

$$CO_3^{2-} + H^+ \rightleftharpoons CO_3^-$$

故溶液中 CO_3^{2-}、PO_4^{3-} 等的实际浓度与溶液 pH 有关，因此，其浸

Ca、W 活度为 10^{-3}；25℃。

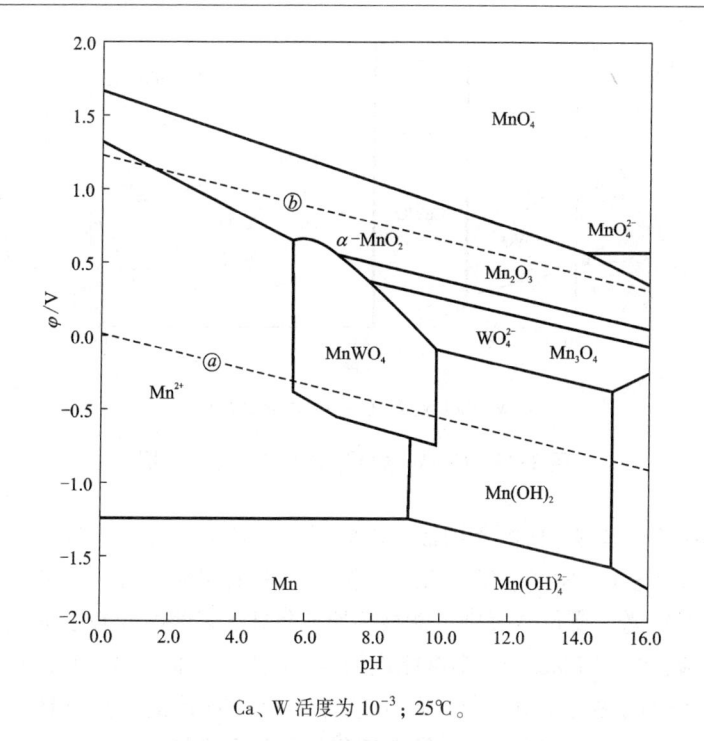

图 2-12 Mn-W-H$_2$O 系的 φ-pH 图

出过程亦与 pH 有关，同样也可用电势-pH 图研究其浸出过程。Ca-W-CO$_3^{2-}$-H$_2$O 系的电势-pH 图如图 2-13 所示。从图 2-13 可知，CaWO$_4$ 只有在 pH>8 左右才能被 Na$_2$CO$_3$ 浸出。

在所有含氧盐的浸出过程中，温度及配位体的存在对浸出的热力学条件都会带来一定影响，其规律性与氧化物的浸出相同，不再赘述。

2.2.3.3 金属-硫-水系的 φ-pH 图、硫化物的浸出

1. 金属-硫-水系的 φ-pH 图

金属硫化物浸出时，硫化物中的硫及金属元素将随系统中氧

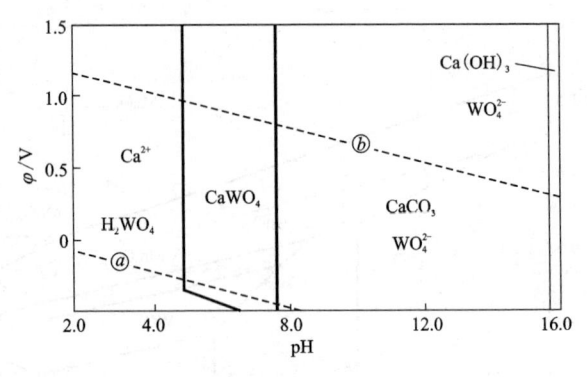

W、Ca 活度为 10^{-3}；CO_3^{2-} 活度为 1。

图 2-13　Ca-W-CO_3^{2-}-H_2O 系的 φ-pH 图

化还原电势及 pH 的不同而有不同形态。其中硫的可能形态有 S、H_2S、HSO_4^-、SO_4^{2-}、HS^- 等，而金属元素的可能形态有 M^{n+}、M$(OH)_n$ 等，变价金属则可能被还原或氧化，某些酸性较强的金属的硫化物(如 MoS_2)，则可能成为含氧酸根。因此，欲了解硫化物浸出时的热力学规律性，首先应通过 S-H_2O 系的电势-pH 图了解其中的硫的行为，进而结合硫化物的热力学性质了解整个硫化物的行为。

25℃时 S-H_2O 系的电势-pH 图如图 2-14 所示。其中，Ⅰ区为元素硫的稳定区，随着氧化还原电势的提高，视 pH 的不同，硫将氧化成 HSO_4^-(Ⅱ区)或 SO_4^{2-}(Ⅲ区)。随着氧化还原电势的降低，硫将还原成 H_2S 或 HS^-。在高 pH 范围内，HS^- 直接氧化成 SO_4^{2-}。

对金属-硫-水系的电势-pH 图，虽然各种金属的具体图形互不相同，但其主要反应及有关平衡线的走向大体相似，结合上述 S-H_2O 系的电势-pH 图，可知 M-S-H_2O 系中将有下列类型反应(以二价金属 MS 为例)。

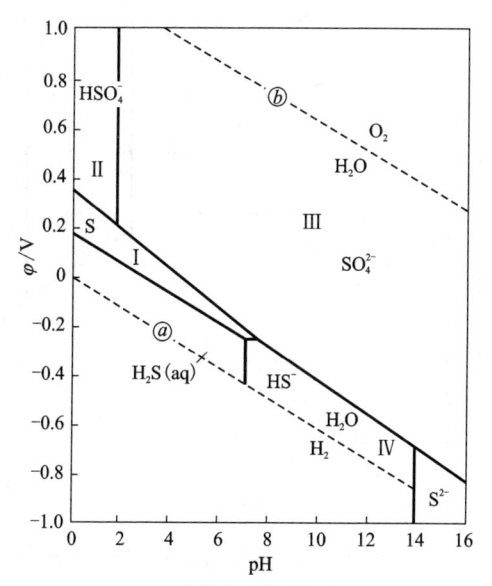

25℃；硫化物离子的活度为0.1。

图 2-14 S-H$_2$O 系的 φ-pH 图

(1) $M^{2+}+S+2e \rightleftharpoons MS$ （反应 2-13）

其平衡状态与 pH 无关，平衡线平行于横轴，且一定在图 2-14 所示的硫的稳定区内，参照式 2-12，可知其通式为：

$$\varphi_{(2-13)T} = (-\Delta_r G^{\ominus}_{(2-13)T} + 2.303RT \lg a_{M^{2+}})/2F = \varphi^{\ominus}_{(2-13)T} + 2.303RT \lg a_{M^{2+}}/2F$$

298K 时 $\varphi_{(2-13)298} = \varphi^{\ominus}_{(2-13)298} + \dfrac{0.0591}{2} \lg a^{2+}_M$

(2) $MS+2H^+ \rightleftharpoons M^{2+}+H_2S$ （反应 2-14）

其平衡与电势无关，平衡线平行于纵轴，且一定在图 2-15 所示的 H$_2$S 稳定区内，参照式 2-11 知其方程式为：

$$pH_T = -\Delta_r G^{\ominus}_{(2-14)T}/(2 \times 2.303RT) - \frac{1}{2} \lg a_{M^{2+}} - \frac{1}{2} \lg P_{H_2S}$$

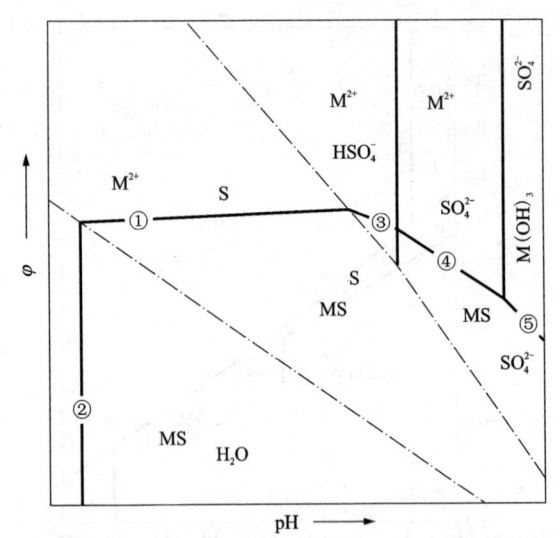

图 2-15 金属—硫—水系的 φ-pH 图的原则图形

应当指出，某些硫化物在进行析出 H_2S 的反应的同时，发生氧化还原反应，例如：

$$FeS_2 + 4H^+ + 2e = Fe^{2+} + 2H_2S$$

$$Ni_3S_2 + 4H^+ - 2e = 3Ni^{2+} + 2H_2S$$

此时其平衡线为既与 pH 有关又与电势有关的斜线。

(3) $HSO_4^- + M^{2+} + 7H^+ + 8e = MS + 4H_2O$ （反应 2-15）

其平衡与 pH、电势有关，平衡线为斜线，且一定在图 2-14 所示的 HSO_4^- 稳定区内，参照反应 2-14 知其方程式为：

$$\varphi_{(2-15)T} = (-\Delta_r G^\ominus_{(2-15)T} - 2.303 \times 7RT\mathrm{pH}_T + RT\ln a_{M^{2+}} + RT\ln a_{HSO_4^-})/(8F) =$$

$$\varphi^\ominus_{(2-15)T} - (2.303 \times 7RT\mathrm{pH}_T - RT\ln a_{M^{2+}} - RT\ln a_{HSO_4^-})/(8F)$$

298K 时 $\varphi_{(2-15)298} = \varphi^\ominus_{(2-15)298} - 0.0517\mathrm{pH}_{298} +$

$$0.0074(\lg a_{M^{2+}} + \lg a_{HSO_4^-})$$

（4） $SO_4^{2-} + M^{2+} + 8H^+ + 8e \Longrightarrow MS + 4H_2O$ （反应 2-16）

其平衡既与 pH 有关，又与电势有关，平衡线为一斜线，且一定在 SO_4^{2-} 稳定区内，其平衡线的方程式为：

$$\varphi_{(2-16)T} = (-\Delta_r G^{\ominus}_{(2-16)T} - 2.303 \times 8RT pH_T + RT \ln a_{M^{2+}} + RT \ln a_{HSO_4^{-2}})/8F$$

298K 时 $\varphi_{(2-16)298} = \varphi^{\ominus}_{(2-16)298} - 0.0591 pH_{298} +$
$$0.0074(\lg a_{M^{2+}} + \lg a_{HSO_4^{2-}})$$

（5） $SO_4^{2-} + M(OH)_2 + 10H^+ + 8e = MS + 6H_2O$ （反应 2-17）

与反应 2-16 相似，其平衡线为一斜线，且一定在 SO_4^{2-} 稳定区内，其方程式为：

$$\varphi_{(2-17)T} = (-\Delta_r G^{\ominus}_{(2-17)T} - 2.303 \times 10RT pH_T + RT \ln a_{SO_4^{2-}})/(8F) =$$
$$\varphi^{\ominus}_{(2-17)T} - (2.303 \times 10RT pH_T - RT \ln a_{SO_4^{2-}})/8F$$

298K 时 $\varphi_{(2-17)298} = \varphi^{\ominus}_{(2-17)298} - 0.074 pH_{298} + 0.0074 \lg a_{SO_4^{2-}}$

根据上述分析知 M-S-H_2O 系的 φ-pH 图的原则图形如图 2-15 所示，图中两点划线之间的区域为元素硫的稳定区。线②①③④⑤包围的范围为硫化物的稳定区。

2. 硫化物的浸出

为了分析硫化物的浸出过程，将各种常见金属—硫—水系的 φ-pH 图的反应 2-13、2-14、2-15 的平衡线归纳于图 2-16，分析图 2-16 可得如下结论。

（1）对 MnS，FeS，NiS 等硫化物而言，其浸出可有以下方案

①简单酸浸出。即在通常工业上易于达到的酸度条件下，按反应 2-14 变成 M^{2+} 和 H_2S。例如在工业上直接用酸处理高镍锍，使其中镍的硫化物按反应 2-14 分解，而铜的硫化物进入渣相。

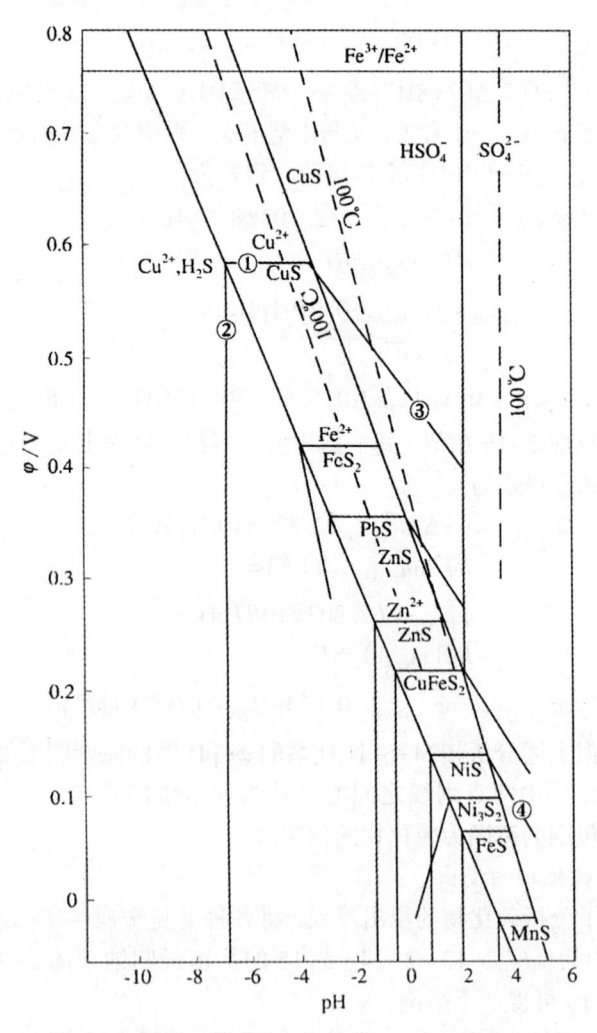

图中①、②、③分别为反应2-13、2-14、2-15的平衡线；
实线为25℃；虚线为100℃。

图2-16 某些金属—硫—水系的 φ-pH 图

②控制适当 pH 进行氧化浸出。按反应 2-16 生成 M^{2+} 和 SO_4^{2-} 或生成 $M(OH)_2$ 和 SO_4^{2-}。

(2)对 ZnS、PbS、$CuFeS_2$ 等硫化物而言,其进行反应 2-14 所需的 pH 很低(对 ZnS 而言为-1.586),因此实际上是不可能进行简单酸浸的。但从图 2-16 可知,这些硫化物按反应 2-13 氧化成 M^{2+} 和 S 所需的 pH,在现实中是可达到的,即在适当电势和 pH 下可氧化成 M^{2+} 和元素硫。这一点已得到实践证实。有人在工业规模下,150℃进行闪锌矿的高压氧浸,结果锌浸出率达 97%以上,硫总量的 88%以上以元素硫形态回收。据报道,国外有的工厂以 $FeCl_3$ 或 $CuCl_2$ 为氧化剂浸出硫化铜精矿,其中 70%~90%的硫能以元素硫形态回收。

此外,从图 2-16 还可以看出,在氧化气氛下,控制较高的 pH,上述硫化物也可按反应 2-16 氧化成 M^{2+} 和 SO_4^{2-} 而进入溶液中。

(3)对 FeS_2、CuS 等硫化物而言,其进行反应 2-13、2-14 所需的 pH 都很低,在通常工业条件下都难以达到,因此不可能按上述反应进行浸出,只能在氧化的条件下按反应 2-16 进行浸出得 M^{2+} 和 HSO_4^- 或 SO_4^{2-}。

(4)根据图 2-16 并参照图 2-14 可知,作为有色金属硫化矿的氧化剂可以是 O_2、Fe^{3+} 等,此外已知在一定条件下 $CuCl_2$、$SbCl_5$ 等亦可作为相应金属硫化矿的氧化剂。25℃ 时 $\varphi_{Cl_2/Cl^-}^{\ominus}$ 达 1.35V,是硫化物的强氧化剂。

应当指出,以上仅是指25℃及没有络合剂存在的情况。正如前面指出的,在高温下各平衡线的位置将发生迁移,有配位体存在的条件下,金属络离子的稳定区将比 M^{n+} 的稳定区扩大许多。因此,某些按图 2-16 分析难以进行的反应将有可能进行。

此外还应当指出,对某些酸性较强的金属的硫化物而言(如 MoS_2),它在通常可达到的酸度范围内,不可能成金属阳离子形

湿法冶金学

态存在,而是成含氧阴离子形态,因此其电势-pH 图与图 2-15、2-16 大不一样。根据现有热力学数据,作者绘制了 100℃和 200℃下 Mo-S-H$_2$O 系的电势-pH 图,如图 2-17、图 2-18 所示。从图可知,在通常可达到的 pH 范围内,MoS$_2$ 将随 pH 的不同分

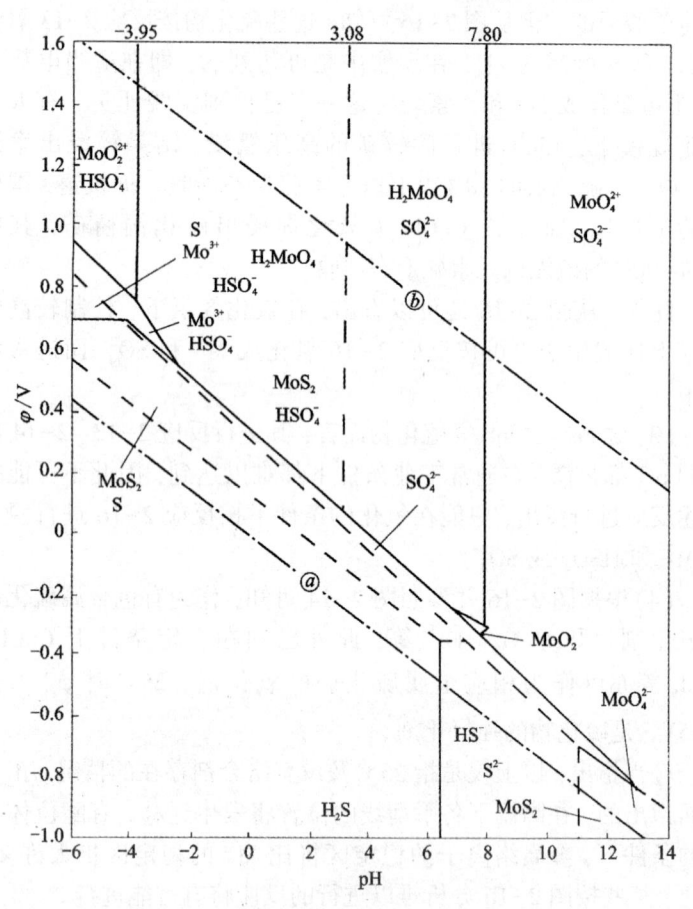

图 2-17 Mo-S-H$_2$O 系的 φ-pH 图(100℃)

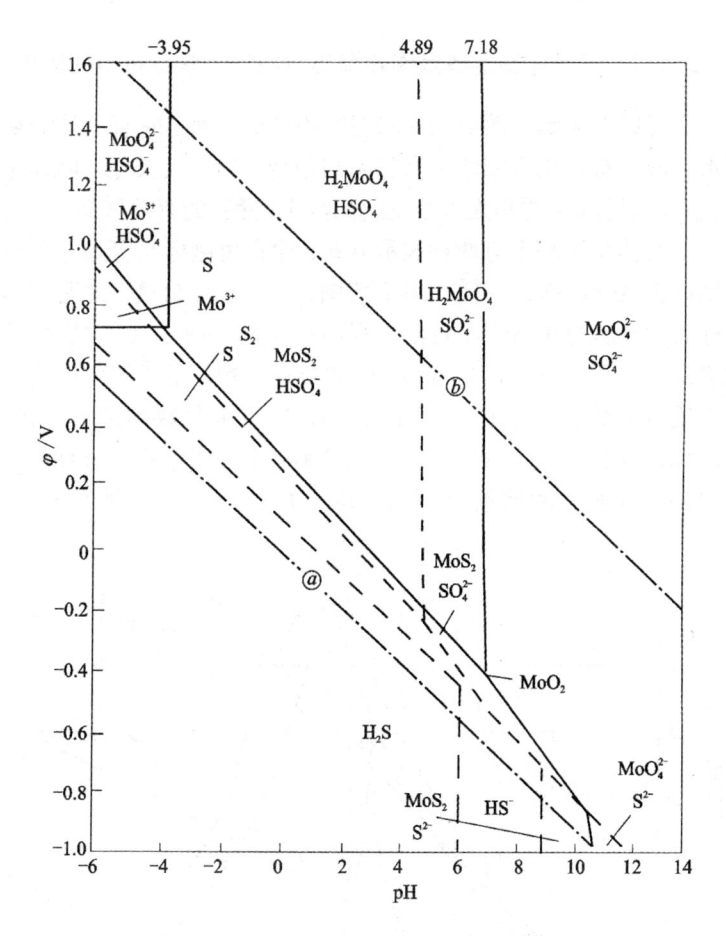

图 2-18 Mo-S-H$_2$O 系的 φ-pH 图(200℃)

别氧化成 H$_2$MoO$_4$+HSO$_4^-$、H$_2$MoO$_4$+SO$_4^{2-}$、MoO$_4^{2-}$ 和 SO$_4^{2-}$。根据计算,即使用氧化性能较 O$_2$、Cl$_2$ 等差的 Fe^{3+} 作氧化剂,其氧化反应的平衡常数均为 10^{100} 左右,因此从热力学的角度来说,反应能进行完全。

2.2.4 三元体系溶解度图在浸出过程热力学分析中的应用

三元体系溶解度图属三元状态平衡图的一种,它直观地表明了水溶液及有关化合物的平衡状态与组成、温度的关系,因此是研究浸出过程(主要是无价态变化的浸出过程)的有效依据。

三元体系溶解度有两种表示方式,即直角座标与等边三角形座标。以 Al_2O_3-Na_2O-H_2O 系平衡图(图 2-19)为例,说明直角座标表示法在分析 Al_2O_3 浸出过程中的应用。图 2-19 中纵座标和横座标分别表示 Al_2O_3 和 Na_2O 的质量分数,至于图中给定点的水质量分数则由 100% 与 Al_2O_3、Na_2O 质量分数的差值算出。OB、OB′、OB″分别为 30℃、150℃、200℃下三水铝石[$Al(OH)_3$]在 NaOH 溶液中的溶解度曲线,BC、B′C′、B″C″分别为 30℃、

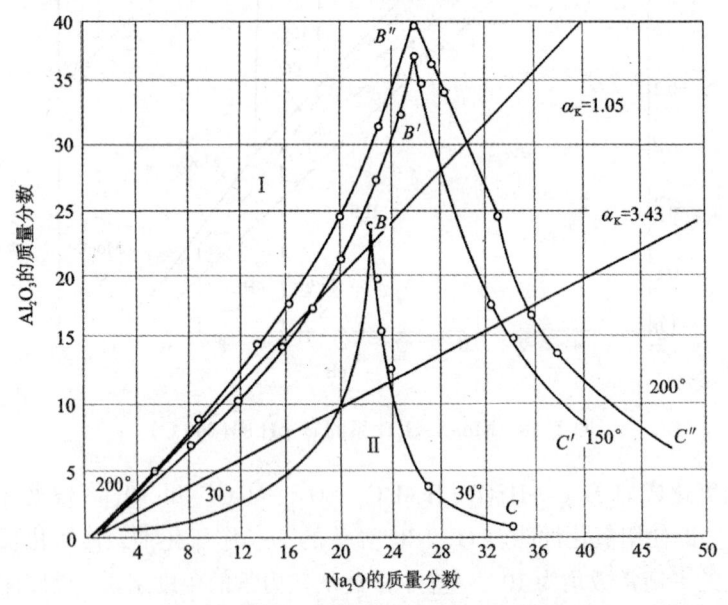

图 2-19 Al_2O_3-Na_2O-H_2O 系平衡图

第 2 章 浸 出

150℃、200℃下水合铝酸钠的溶解度曲线。因此，在这些曲线上分别为 Al(OH)$_3$ 或 NaAlO$_2$ 的饱和溶液，I区为三水铝石与其饱和溶液共存，Ⅲ区为未饱和溶液。图中斜线是不同成分下系统的 $α_K$ 值。

根据图 2-19 可得 Al$_2$O$_3$ 在 NaOH 溶液中浸出的条件如下：

① 系统的成分应维持在未饱和区即Ⅱ内；

② 温度升高，Ⅲ区扩大，故升高温度有利于浸出反应的进行；

③ Na$_2$O 浓度增加，或在 Na$_2$O 浓度一定时增加 $α_K$ 值，系统与平衡状态的距离(例如 200℃下与 OB'' 线的距离)增加，有利于浸出过程的进行。

图 2-20 为以等边三角形座标表示的 V$_2$O$_5$-Na$_2$O-H$_2$O 系的平衡图，它表明在 Na$_2$O-H$_2$O 侧存在化合物 Na$_3$VO$_4$·6H$_2$O，升

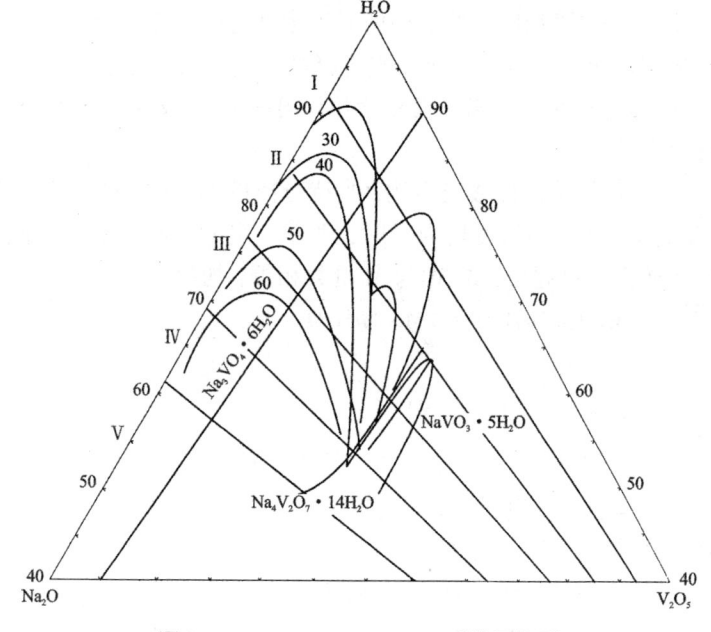

图 2-20 V$_2$O$_5$-Na$_2$O-H$_2$O 系的平衡图

高温度其水溶液稳定区扩大，有利于 V_2O_5 的浸出。

同样对氧化物的 H_2SO_4 浸出、HNO_3 浸出都可用相应的三元平衡图说明。

2.2.5 选择性浸出

浸出过程中往往控制适当条件使主金属与伴生元素分别进入溶液相或渣相，从而达到初步分离的目的，称之为选择性浸出。例如独居石碱分解所得的碱饼在进一步盐酸浸出时，控制 pH 为 4.0~4.5，使稀土主要成氯化物进入溶液相，而钍、铀的氧化物保留在残渣中，从而在浸出的同时就达到初步分离的目的。选择性浸出法可进行固体物料中某些相似元素的选择性分离。

设以浸出平衡时的溶液中两元素浓度之比作为选择性浸出效果的标志，研究不同情况下影响选择性浸出效果的因素。

1. 当原料中待分离的两元素均以同一形态（如氧化物或硫化物）独立存在时

以氧化物选择性酸浸为例，当待分离的 M 与 M' 都以氧化物形态独立存在，即活度均为 1 时，则在一定 pH 下将发生以下溶解反应（为简单起见，设 M' 与 M 价数相等，均为 n 价）。

$$M_2O_n + 2nH^+ \rightleftharpoons 2M^{n+} + nH_2O$$

$$K_1 = a_{M^{n+}}^2 / a_{H^+}^{2n}$$

$$2\lg a_{M^{n+}} = \lg K_1 - 2n\text{pH}$$

根据第 2.2.3.1 节，定义 $a_{M^{n+}}$ 为 1 时的平衡 pH 为 $\text{pH}_{M_2O_n}^\ominus$，故

$$2\lg a_{M^{n+}} = 2n\text{pH}_{M_2O_n}^\ominus - 2n\text{pH}$$

同理，对 M' 而言有以下反应：

$$M'_2O_n + 2nH^+ \rightleftharpoons 2M'^{n+} + nH_2O$$

$$2\lg a_{M'^{n+}} = 2n\text{pH}_{M'_2O_n}^\ominus - 2n\text{pH}$$

所以平衡后

$$\lg a_{M^{n+}} - \lg a_{M'^{n+}} = n(pH_{M_2O_n}^{\ominus} - pH_{M'_2O_n}^{\ominus})$$

即
$$\lg(a_{M^{n+}}/a_{M'^{n+}}) = n(pH_{M_2O_n}^{\ominus} - pH_{M'_2O_n}^{\ominus})$$

当近似以浓度代替活度时则

$$\lg[M^{n+}]/[M'^{n+}] = n(pH_{M_2O_n}^{\ominus} - pH_{M'_2O_n}^{\ominus})$$

上式说明,从热力学角度分析,其分离效果主要决定于两种氧化物的性质($pH^{\ominus}$)。当其价态相等时,与所控制的具体 pH 无关。由于 $pH^{\ominus}$ 与温度有关,因此分离效果亦与温度有关。

此原理同样适用于其他类型化合物的选择性分离。作者曾进行从白钨矿中用 NaOH 浸出法选择性除钼的研究。在 NaOH 浸出时,$CaWO_4$ 和 $CaMoO_4$ 将分别进行下列反应:

$$CaWO_{4(s)} + 2NaOH_{(aq)} = Ca(OH)_{2(s)} + Na_2WO_{4(aq)}$$
$$CaMoO_{4(s)} + 2NaOH_{(aq)} = Ca(OH)_{2(s)} + Na_2MoO_{4(aq)}$$

根据两反应的平衡常数与温度的关系,当 $CaWO_4$、$CaMoO_4$ 在固相的活度相同时,可算出溶液中 MoO_3 与 WO_3 活度比在 150℃、170℃、200℃、及 225℃时分别为 23.3、83.0、240 和 670。这表明 $CaMoO_4$ 将优先被浸出进入溶液,实验证明在处理某白钨精矿时,精矿中 MoO_3 和 WO_3 的摩尔比为 3.6/100(MoO_3 以类质同相形态存在于 $CaWO_4$ 晶格中),用浓度为 1.5 mol/L 的 NaOH,在 200℃、液固比=1:1 的条件下浸出 2 h,则浸出液中 MoO_3/WO_3 的摩尔比达 88/100。因此,控制适当条件,实现从白钨中除钼是有可能的。

2. 当原料中 M 与 M′形成复杂化合物(例如铁酸盐、铝酸盐等)时

现以 $ZnO \cdot Fe_2O_3$ 的选择性浸出为例,研究其分离效果。

$ZnO \cdot Fe_2O_3$ 浸出时,若控制 pH 在图 2-10 的 II 区内,则将发生下列反应:

$$ZnO \cdot Fe_2O_3 + 2H^+ = Zn^{2+} + Fe_2O_3 + H_2O$$

根据 2.2.3.2 中的分析知,$a_{Zn^{2+}}$ 与溶液 pH 的关系为:

$$\lg a_{Zn^{2+}} = 2(K_{ZnO \cdot Fe_2O_3} - pH)$$

式中，$K_{ZnO \cdot Fe_2O_3}$ 为取决于 $ZnO \cdot Fe_2O_3$ 性质和温度的常数。

上述反应所产生的 Fe_2O_3，亦可发生下反应：

$$Fe_2O_3 + 6H^+ \rightleftharpoons 2Fe^{3+} + 3H_2O$$

$$\lg a_{Fe^{3+}} = 3(pH_{Fe_2O_3}^{\ominus} - pH)$$

所以 $\lg(a_{Zn^{2+}}/a_{Fe^{3+}}) = 2K_{ZnO \cdot Fe_2O_3} - 3pH_{Fe_2O_3}^{\ominus} + pH$

这里分离效果既与两者的性质（$pH_{Fe_2O_3}^{\ominus}$ 及 $K_{ZnO \cdot Fe_2O_3}$）有关，亦与溶液的 pH 有关，因为两者价态不相等。

实践证明，采用这种原理进行复杂化合物中某种组分的选择性浸出是完全可能的，作者曾在处理锌焙砂酸性浸出残渣（主要成分为 $ZnO \cdot Fe_2O_3$）时，酸用量为 Fe、Zn 全部浸出的理论量的 60%，控制温度为 95℃，则 $ZnO \cdot Fe_2O_3$ 中锌的浸出率为 85% 左右，而铁的浸出率仅 13%。

在具体实施选择性浸出时，应当注意的是：

（1）在进行选择性浸出分离不同元素时，易浸出的组分首先要通过固相扩散由矿粒内部扩散到矿粒表面，才能达到浸出的目的，而固相扩散的速度往往是很慢的，因此在实践中实现此过程，应有良好的内扩散条件，如较高的温度，很细的粒度等。

（2）以上选择性浸出的原理仅限于利用同系列诸化合物（如同为氧化物）在同一种浸出剂中浸出性能的不同。但由于各种原因，一般其效果有限。在实际生产中为了有效地进行选择性浸出，除利用上述原理外，更重要的是要灵活应用所处理的各化合物的性质特点，运用物理化学方法，改变其形态，扩大它们在性质上的差异。例如在盐酸分解含钼的白钨矿时，钨变成 H_2WO_4 进入固相，而其中的钼变成 H_2MoO_4，后者在盐酸中有一定溶解度，故可选择性浸出与钨分离，但这种分离的效果有限，为提高这种选择性浸出的效果，可利用在 HCl 溶液中钼的化合物比钨的化合物易还原成溶解度大的低价化合物，这一特点，在酸分解时加入硅铁作还原剂，使 H_2MoO_4 还原成更易溶于 HCl 的 $MoOCl_3$ 溶解，而钨成 H_2WO_4 仍保留在固相，从而提高了选择性浸出分离的效果。

2.3　浸出过程的动力学基础

相对于火法冶金过程而言，湿法冶金过程中的温度较低，化学反应速度及扩散速度都较慢，因此，很难达到平衡状态。实际生产过程的最终结果往往不是决定于热力学条件，而是决定于反应的速度，即决定于动力学条件。如白钨精矿苏打浸出，在225℃时的"表观平衡常数" K_C = 1.56，按热力学计算，为保证 $CaWO_4$ 完全被分解所需的 Na_2CO_3 仅为理论量的1.64倍，但实际上由于动力学上的原因，为保证足够的浸出率应为理论量的2.5~3倍，因此，研究浸出过程动力学，对于强化浸出过程的速度，具有较大的实际意义。

2.3.1　浸出过程的历程及其速度的一般方程

浸出过程属多相反应过程，例如白钨矿的盐酸分解：

$$CaWO_{4(S)} + 2HCl_{(aq)} = H_2WO_{4(S)} + CaCl_{2(aq)}$$

为液固相之间的反应。某些有气态组分参加的反应，例如闪锌矿的高压氧浸则为气-液-固相之间的反应。为了简单起见，先讨论液-固反应的动力学规律。

按照核收缩模型，液-固反应过程如图2-21所示。其中 a 为未反应的矿粒核；b 为反应生成的固体膜或浸出的固体残留物；c 为浸出剂的扩散层；在扩散层的外缘浸出剂浓度为 C_0，而在固相表面降为 C_s。扩散层的厚度随温度、溶液的粘度、搅拌速度等因

素而异,同时不同溶质的扩散层厚度不同。从图2-21可知,整个浸出过程经历下列步骤:

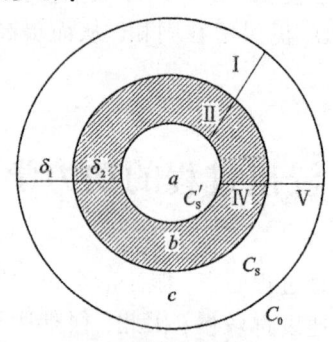

a—未反应的矿粒核;b—反应生成的固体膜或浸出的固体残留物;c—浸出剂的扩散层;C_0—浸出剂在水中的浓度;C_s—浸出剂在固体表面处的浓度;C'_s—浸出剂在反应区内的浓度;δ_1—浸出剂扩散层的有效厚度;δ_2—固膜厚度。

图2-21 湿法分解精矿过程示意图

Ⅰ. 浸出剂通过扩散层向矿粒表面扩散(外扩散);
Ⅱ. 浸出剂进一步扩散通过固体膜(内扩散);
Ⅲ. 浸出剂与矿粒发生化学反应,与此同时亦伴随有吸附或解吸过程;
Ⅳ. 生成的不溶产物层使固体膜增厚,而生成的可溶性产物扩散通过固体膜(内扩散);
Ⅴ. 生成的可溶性产物扩散到溶液中(外扩散)。

设浸出过程的浸出反应为:

$$a\mathrm{A}_{(s)} + b\mathrm{B}_{(aq)} \Longleftrightarrow c\mathrm{C}_{(s)} + d\mathrm{D}_{(aq)}$$

其中,A为被浸出的矿,B为浸出剂,C为生成的固体产物,D为生成的易溶产物。现研究各步骤的速度及其与总浸出速度的关系。由于浸出过程中各物质均按上式所示的摩尔比例进行,它们间的量可互相换算,为统一起见,速度单位统一换算成单位时间单位面积上消耗浸出剂 B 的摩尔数。

步骤Ⅰ：为简单起见，设扩散层内浸出剂的浓度梯度近似为常数，根据菲克第一定律可得浸出剂通过扩散层的速度为：

$$v_1 = \mathscr{D}_1(C_0 - C_s)/\delta_1$$

式中　$\mathscr{D}_1$——浸出剂在水中的扩散系数(25℃左右时，许多电解质在水中的 $\mathscr{D}_1$ 值约 $10^{-5} \sim 10^{-6}$ cm^2/sec)。

　　　δ_1——浸出剂扩散层的有效厚度(δ_1 随搅拌速度的增加而减小)。

上式可写改为：

$$C_0 - C_s = v_1\delta_1/\mathscr{D}_1 \tag{2-19}$$

步骤Ⅱ：根据菲克第一定律，浸出剂通过固膜扩散的速度为：

$$v_2 = \mathscr{D}_2(\mathrm{d}C/\mathrm{d}r)$$

式中　$\mathscr{D}_2$——浸出剂在固膜中的扩散系数；

　　　$\mathrm{d}C/\mathrm{d}r$——浸出剂在固膜中的浓度梯度($\mathrm{d}C/\mathrm{d}r$ 为正值)。

为简单起见，设浸出剂在固膜中的浓度梯度为常数，则：

$$v_2 = \mathscr{D}_2(C_s - C'_s)/\delta_2$$

式中　C'_s——浸出剂在反应区的浓度。

上式可改写为：

$$C_s - C'_s = v_2\delta_2/\mathscr{D}_2 \tag{2-20}$$

步骤Ⅲ：化学反应速度为正反应速度与逆反应速度之差，设正、逆反应均为一级反应，则：

$$v_3 = k_+ C'_s - k_- C'_{(\mathrm{D})s}$$

式中　k_+、k_-——分别为正反应和逆反应的速度常数；

　　　$C'_{(\mathrm{D})s}$——可溶性生成物(D)在反应区的浓度。

上式可改写为：

$$C'_s - C'_{(\mathrm{D})s} k_-/k_+ = v_3/k_+ \tag{2-21}$$

步骤Ⅳ：可溶性生成物(D)通过固膜的扩散速度可近似用下式表示：

$$v_{(D)4} = \mathscr{D}'_2(C'_{(D)s} - C_{(D)s})/\delta_2$$

式中 $C_{(D)s}$——可溶性生成物(D)在矿物粒表面的浓度;

$\mathscr{D}'_2$——可溶性生成物(D)在固膜内扩散系数。

从反应式可知,生成 1 摩尔 D 物质应消耗 b/d 摩尔的 B 浸出剂,若令 $b/d = \beta$,则按浸出剂摩尔数计算的速度为:

$$v_4 = \beta \mathscr{D}'_2 (C'_{(D)s} - C_{(D)s})/\delta_2$$

上式可写为:

$$(C'_{(D)s} - C_{(D)s})k_-/k_+ = \frac{v_4 \delta_2}{\beta \mathscr{D}'_2} \times \frac{k_-}{k_+} \tag{2-22}$$

步骤Ⅴ:按照步骤Ⅳ的类似分析知:

$$v_5 = \beta \mathscr{D}'_1 (C_{(D)s} - C_{(D)0})/\delta'_1$$

式中 $C_{(D)0}$——生成物(D)在水中的浓度;

$\mathscr{D}'_1$——生成物(D)在水中的扩散系数;

δ'_1——生成物(D)的扩散层厚度。

上式可改写成:

$$(C_{(D)s} - C_{(D)0})k_-/k_+ = \frac{v_5 \delta'_1}{\beta \mathscr{D}'_1} \times \frac{k_-}{k_+} \tag{2-23}$$

将式 2-19、2-20、2-21、2-22、2-23 相加并考虑到在稳定条件下各步骤的速度相等,且等于浸出过程的总速度 v_0,整理后得:

$$v_0 \left[\frac{\delta_1}{\mathscr{D}_1} + \frac{\delta_2}{\mathscr{D}_2} + \frac{1}{k_+} + \frac{K_-}{\beta k_+} \left(\frac{\delta_2}{\mathscr{D}'_2} + \frac{\delta'_1}{\mathscr{D}'_1} \right) \right] = C_0 - C_{(D)0}(k_-/k_+)$$

或 $v_0 = [C_0 - C_{(D)0}(k_-/k_+)] / \left[\frac{\delta_1}{\mathscr{D}_1} + \frac{\delta_2}{\mathscr{D}_2} + \frac{1}{k_+} + \frac{k_-}{\beta k_+} \left(\frac{\delta_2}{\mathscr{D}'_2} + \frac{\delta'_2}{\mathscr{D}'_1} \right) \right]$

$$\tag{2-24}$$

分析式 2-24 可得如下结论:

(1)浸出速度随式中分母项的增大而减小,整个分母项可视为反应的总阻力。总阻力为浸出剂外扩散阻力($\delta_1/\mathscr{D}_1$)、浸出剂内扩散阻力($\delta_2/\mathcal{D}_2$)、化学反应阻力($1/k_+$)以及生成物向外扩散阻力之和。

(2)当反应平衡常数很大,即基本上不可逆,则$k_+ \gg k_-$,上式可简化为:

$$v_0 = C_0 \Big/ \left(\frac{\delta_1}{\mathcal{D}_1} + \frac{\delta_2}{\mathcal{D}_2} + \frac{1}{k_+} \right)$$

即反应速度决定于浸出剂的内扩散和外扩散阻力,以及化学反应的阻力,而生成物的向外扩散对浸出过程的速度影响可忽略不计。

(3)浸出速度决定于上述最慢的步骤,例如当外扩散步骤最慢,以至外扩散的阻力

$$\frac{\delta_1}{\mathcal{D}_1} \gg \frac{\delta_2}{\mathcal{D}_2}, \quad \frac{\delta_1}{\mathcal{D}_1} \gg \frac{1}{k_+}$$

此时 $\quad v_0 = C_0 \Big/ \left(\frac{\delta_1}{\mathcal{D}_1} \right) = C_0 \mathcal{D}_1 / \delta_1$

即浸出过程总速度决定于外扩散步骤,外扩散成为控制性步骤,或者说过程为外扩散控制。同理若化学反应步骤最慢,反应步骤阻力$1/k_+$远大于$\delta_1/\mathcal{D}_1$、$\delta_2/\mathcal{D}_2$,则:

$$v_0 = C_0 \Big/ \left(\frac{1}{k_+} \right) = C_0 k_+$$

浸出过程总速度决定于化学反应速度,化学反应步骤成为其控制性步骤,或者说过程为反应控制。对内扩散步骤亦可类推。

若其中两个步骤的速度大体相等,且远小于第三步骤,则过程为两者混合控制,或称过程在过渡区进行。

(4)从上可知,不论哪一个步骤成为控制性步骤,浸出过程的速度总是近似于溶液中浸出剂的浓度C_0除以该控制步骤的阻力。

应当指出,对一个浸出过程而言,其控制步骤不是一成不变的,随着条件的改变它也会发生转移。例如某过程在低温下处于反应控制,但如果升高温度,其化学反应速度将大幅度提高,以

73

致超过扩散步骤,此时过程转为扩散控制。同样若在搅拌速度较慢时为外扩散控制,但当搅拌速度加快到一定程度后,控制步骤也可能由外扩散转为其他步骤。

研究浸出过程动力学的主要任务就是查明浸出过程的控制步骤,从而有针对性地采取措施进行强化。为此应先从理论上了解各种控制步骤的特征,再用实际浸出过程的特征与之对照,进行分析。

2.3.2 化学反应控制

2.3.2.1 化学反应控制的动力学方程

这里主要研究浸出过程为化学反应控制的浸出分数与时间的关系。

设有一浸出过程,若通过扩散层及固膜的扩散阻力很小,以致反应速度受化学反应控制,则:

$$\frac{-\mathrm{d}N}{\mathrm{d}\tau} = kSC^n \tag{2-25}$$

式中 N——固体矿粒在时刻 τ 的摩尔数;

S——固体矿粒表面积;

C——浸出剂的浓度;

k——化学反应速度常数;

n——反应级数。

在反应的过程中,颗粒的表面积 S 将发生改变。设矿粒为球形且致密无孔隙,并设其半径为 r,密度为 ρ,M 为矿物的摩尔质量,则

$$S = 4\pi r^2$$

$$N = \frac{4}{3}\pi r^3 \rho / M$$

$$\frac{-\mathrm{d}N}{\mathrm{d}\tau} = \frac{-4\pi r^2 \rho}{M} \times \frac{\mathrm{d}r}{\mathrm{d}\tau}$$

第2章 浸 出

代入式 2-25 可得：

$$\frac{-4\pi r^2 \rho}{M} \times \frac{dr}{d\tau} = 4\pi r^2 k C^n$$

即

$$-\frac{dr}{d\tau} = \frac{kMC^n}{\rho} \qquad (2\text{-}26)$$

设过程中浸出剂过量很大，在浸出过程中其浓度 C 可视为不变，保持为 C_0，则：

$$-\int_{r_0}^{r} dr = \frac{kC_0^n M}{\rho} \int_{0}^{\tau} d\tau$$

积分得

$$r_0 - r = \frac{kC_0^n M}{\rho}\tau$$

式中 r_0——矿粒的原始半径；

r——矿粒在时刻 τ 的半径。

因为矿粒的半径不便于测定，通常用反应浸出分数 $\mathscr{R}$ 与 τ 的关系表示动力学方程式。假设 N_0 为开始时矿粒的摩尔数，则

$$\mathscr{R} = \frac{N_0 - N}{N_0} = \frac{\frac{4}{3} \times \frac{\pi r_0^3 \rho}{M} - \frac{4}{3} \times \frac{\pi r^3 \rho}{M}}{\frac{4}{3} \times \frac{\pi r_0^3 \rho}{M}} = 1 - \frac{r^3}{r_0^3}$$

可得：

$$r = r_0 (1-\mathscr{R})^{1/3} \qquad (2\text{-}27)$$

代入上式，得：

$$r_0 - r_0(1-\mathscr{R})^{1/3} = \frac{kC_0^n M}{\rho}\tau$$

即

$$1 - (1-\mathscr{R})^{1/3} = \frac{kC_0^n M}{r_0 \rho}\tau$$

当浓度 C_0 视为不变，则可改写成：

$$1 - (1-\mathscr{R})^{1/3} = k'\tau \qquad (2\text{-}28)$$

式中 $k' = kC_0^n M / (\rho r_0)$

式 2-28 适用于球形的均匀的致密颗粒，由于颗粒的形状直接影响到表面积大小，因此对其他形状的致密颗粒而言，应修正为：

$$1-(1-\mathscr{R})^{1/F_P} = \frac{kC_0^n M}{r_P \rho}\tau = k'\tau \qquad (2-29)$$

式中　　F_P——形状系数，对球形及立方体及三个坐标方向尺寸大体相同的颗粒而言 $F_P=3$；对长的圆柱体而言，$F_P=2\sim3$，对平板状而言 $F_P=1$。

r_P——当量半径。可近似用下式计算

$$r_P = F_P V_P / S_P$$

其中，V_P、S_P 分别为颗粒的体积和表面积。

因此，当过程属化学反控制，同时颗粒均匀、致密，反应为不可逆反应，则其函数 $1-(1-\mathscr{R})^{1/F_P}$ 与时间成直线关系，且直线过原点，有人在研究 UO_2 粉末的 Na_2CO_3 浸出时，当 Na_2CO_3 大大过量，发现符合上述规律。如图 2-22 所示。

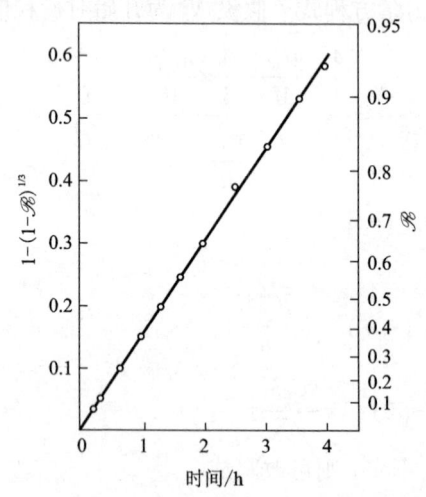

图 2-22　UO_2 粉末在碳酸钠中的溶解的动力学曲线

第2章 浸 出

式 2-29 仅适用于矿粒均匀、致密,同时浸出剂过量很大或连续补充,以致过程中浸出剂浓度可视为不变;反应的平衡常数很大,以致逆反应可忽略不计的情况,当浸出过程中其浓度的改变不可忽视时,则应作如下修正。

浸出过程中浸出剂的浓度 C 与浸出分数 $\mathscr{R}$ 的关系为:

$$C = C_0 - N_0 \alpha \mathscr{R}/V_L = C_0(1 - N_0 \mathscr{R}\alpha/V_L C_0)$$

式中　V_L——浸出液总体积;
　　　α——1 摩尔矿浸出时消耗的浸出剂摩尔数。

根据式 2-26 和 2-27 知

$$-\frac{dr}{d\tau} = -\frac{r_0 d(1-\mathscr{R})^{1/3}}{d\tau} = \frac{kMC^n}{\rho}$$

将 C 值代入,可得

$$\frac{-(1-\mathscr{R})^{-2/3}d(1-\mathscr{R})}{3d\tau} = \frac{kMC_0^n}{r_0\rho}(1-N_0\mathscr{R}\alpha/V_L C_0)^n$$

当浸出剂的用量为按化学计算的理论量时,$C_0 V_L = \alpha N_0$,则

$$\frac{-(1-\mathscr{R})^{-2/3}d(1-\mathscr{R})}{3d\tau} = \frac{kMC_0^n}{r_0\rho}(1-\mathscr{R})^n$$

即

$$\frac{-(1-\mathscr{R})^{-(n+2/3)}d(1-\mathscr{R})d(1-\mathscr{R})}{3} = \frac{kMC_0^n}{r_0\rho}d\tau$$

积分得

$$\frac{(1-\mathscr{R})^{-(n-1/3)}}{3n-1} = \frac{kMC_0^n}{r_0\rho}\tau + \text{Const}$$

当 $\tau = 0$ 时,$\mathscr{R} = 0$,求出 $\text{Const} = \dfrac{1}{3n-1}$

代入上式,两边同乘 $3n-1$,并令 $K' = (3n-1)k$

整理得

$$(1-R)^{-(n-1/3)} = \frac{K'MC_0^n}{r_0\rho}\tau + 1 \tag{2-30}$$

式 2-30 适用于矿粒为均匀致密的球形,同时浸出剂用量为理论量的情况。

2.3.2.2 化学反应控制的特征

综上所述,可知化学反应控制的特征为:

(1)根据式2-29可知,对粒度均匀致密,且浸出剂浓度可视为不变的过程而言,当其受化学反应控制时,服从方程

$$1-(1-\mathscr{R})^{1/F_P}=k'\tau$$

即 $1-(1-\mathscr{R})^{1/F_P}$ 值与浸出时间呈直线关系且过原点;

(2)浸出过程的速度或浸出率随温度的升高而迅速增加,根据不同温度下的 k 值或 k' 值,按阿累尼乌斯公式求出的表观活化能应大于 41.8 kJ/mol;

(3)反应速度与浸出剂浓度的 n 次方成比例;

(4)搅拌过程对浸出速度无明显影响。

当给定的浸出过程具有上述特征,特别是具有(1)、(2)项特征时,可认为该过程为化学反应控制。

2.3.2.3 化学反应控制时,提高分解分数(浸出率)的途径

分析式 2-28、2-29 知,对化学反应控制的浸出过程而言,提高其反应分数 $\mathscr{R}$ (或者说精矿分解过程的分解率)的途径主要为:

(1)提高温度 T

因 $\mathscr{R}$ 随速度常数 k 的增加而提高,根据阿累尼乌斯公式:

$$\ln k = \frac{-E}{RT}+B$$

式中 E ——活化能,J/mol;

B ——常数;

R ——气体常数,$R=8.31$ J/K·mol。

对于化学反应过程而言,E 值达 41.8 kJ/mol 以上;故温度升高,k 值大大增加,相应地 $\mathscr{R}$ 值大大增加:

(2)提高浸出剂浓度 C_0;

(3)降低颗粒的原始半径。

2.3.2.4 浸出化学反应的机理

目前在这方面研究不够,根据已有资料,人们提出的理论主要有:

1. 活化络合物机理

活化络合物机理亦称为过渡状态理论,它假定反应物中的活性分子首先作用形成活化络合物,后者再分解成反应的产物,过程可用下式表示:

$$A_{(s)} + B_{(aq)} \underset{}{\overset{I}{\rightleftharpoons}} S \cdot B \xrightarrow{II} 产物$$

一般认为第 I 步很快,迅速达到平衡,生成的活化络合物不稳定,它可进行第 I 步的逆反应而重新变成 A 和 B,也可进行第 II 步变成产物,第 II 步的速度较慢,因此整个过程的速度决定于第 II 步的速度。

若已知活化络合物的结构,根据量子理论和统计规律,从理论上可计算出第 II 步的速度常数,进而估算整个过程中的速度,故活化络合物理论又称为绝对速度理论。

有人根据实测结果,认为黄铁矿、方铅矿、辉钼矿等的氧浸过程属于活化络合物机理。

2. 电化腐蚀机理

它类似于金属的电化腐蚀,以 ZnS 在 100~130℃ 下在酸性介质中氧浸出为例,其机理可能为:在矿粒表面形成阴极区和阳极区,在阴极区溶于水中的氧接受电子并与 H^+ 形成 H_2O,阳极区则 ZnS 失电子成 Zn^{2+}。其反应为:

阴极 $O_2 + 2H^+ + 2e = H_2O_2$

          $H_2O_2 + 2H^+ + 2e = 2H_2O$

阳极 $ZnS = Zn^{2+} + S + 2e$

          $ZnS + 4H_2O = Zn^{2+} + SO_4^{2-} + 8H^+ + 8e$

根据人们的研究,金、银的氰化浸出、铜的氨浸、NiS 矿的氨浸均属于电化腐蚀机理。

2.3.3 外扩散控制

2.3.3.1 外扩散控制的动力学方程式

设单位时间内浸出的矿物量决定于浸出剂通过扩散层的扩散速度(当决定于生成物的向外扩散时,情况基本相同)。参照式2-19,并已知外扩散控制时 $C_s \approx 0$,得单位时间扩散通过扩散层的浸出剂摩尔数为:

$$J = v_1 S = C_0 \mathscr{D}_1 S / \delta_1$$

已知1摩尔矿物浸出时消耗 α 摩尔浸出剂,故单位时间内浸出的矿物摩尔数为:

$$\frac{-\mathrm{d}N}{\mathrm{d}\tau} = C_0 \mathscr{D}_1 S / (\alpha \delta_1)$$

式中　S——包括固膜在内的矿粒表面积。

S 值随时间的改变而改变,其改变的规律随具体情况而异:

(1)当浸出过程中生成固体膜,而且包括固体膜在内的矿粒总尺寸基本不变,则 S 值为常数,此时

$$\frac{-\mathrm{d}N}{\mathrm{d}\tau} = 常数$$

即浸出速度与时间无关,浸出率与时间成正比。

(2)当浸出过程不生成任何固体膜,则 S 即为未反应核的表面积,它随着浸出的进行而不断缩小,此时

$$\frac{-\mathrm{d}N}{\mathrm{d}\tau} = C_0 \mathscr{D}_1 S / (\alpha \delta_1) = k_1 S C_0$$

式中　k_1——常数,$k_1 = \mathscr{D}_1 / \alpha \delta_1$。

参照从式2-25到式2-29推导过程可得出在上述条件下外扩散控制的动力学方程为:

$$1 - (1-\mathscr{R})^{1/F_P} = \frac{\mathscr{D}_1 C_0 M}{\alpha \delta_1 r_p \rho} \tau = k'' \tau \tag{2-31}$$

2.3.3.2 外扩散控制的特征

根据上述分析知外扩散控制的主要特征为：

(1) 当不存在固体膜时，其浸出率与时间的关系服从式 2-31。应当指出，式 2-31 的形式与化学反应控制的动力学方程式(式 2-29)相似，因此仅根据动力学方程式不足以判断控制步骤为外扩散步骤还是化学反应步骤；

(2) 其表观活化能较小，约 4~12 kJ/mol；

(3) 加快搅拌速度和提高浸出剂浓度能迅速提高浸出速度。

当浸出过程具有上述特征时，则可认为该过程为外扩散控制。

2.3.3.3 外扩散控制时，提高浸出率的途径

分析式 2-31 可知，当为外扩散控制时，提高浸出率的途径主要有：

① 加强搅拌、减小扩散层厚度 δ_1 加强搅拌、加快溶液与固体颗粒表面的相对速度，则能减小扩散层的厚度，加快溶液与固体颗粒间的传质速度，根据计算，强烈搅拌下 δ_1 可减小到到静止时的 1/5~1/50；

② 提高浸出剂浓度 C_0；

③ 提高温度：由于扩散系数 $\mathscr{D}_1$ 随温度的升高而增大，所以，提高温度亦能加快外扩散的速度，提高浸出率，但其提高的幅度远比上述化学反应控制时小。

温度对过程速度影响的大小主要反映在表观活化能的大小上，对外扩散而言，其表观活化能约 4~12 kJ/mol。

2.3.4 内扩散控制

2.3.4.1 内扩散控制的动力学方程

若浸出过程中生成致密的固体产物膜，而且它对浸出剂或反应产物的扩散阻力远大于外扩散，与此同时若化学反应速度很快，则浸出过程受浸出剂或反应产物通过固膜扩散的控制。现以

湿法冶金学

浸出剂的扩散为例研究这种情况下的动力学方程。

生成固体产物的球形矿粒浸出过程如图 2-23 所示，设在单位时间内扩散通过固体产物层的浸出剂摩尔数为 J，则

$$J = v_2 S = S\mathscr{D}_2 \frac{\mathrm{d}C}{\mathrm{d}r} \quad (\mathrm{d}C/\mathrm{d}r \text{ 为正值})$$

式中，$\mathscr{D}_2$ 为浸出剂在固体产物层中的扩散系数。

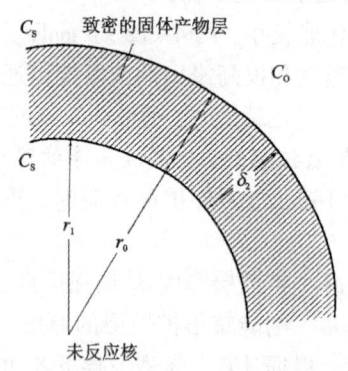

图 2-23　生成固体产物膜的球形矿粒浸出过程示意图

单位时间内反应的矿物的摩尔量

$$\frac{-\mathrm{d}N}{\mathrm{d}\tau} = \frac{J}{\alpha} = S\mathscr{D}_2 \frac{\mathrm{d}C}{\mathrm{d}r} \times \frac{1}{\alpha} \tag{2-32}$$

式 2-32 在不同的简化条件下有不同的解

1. 抛物线方程

设固体产物层内浸出剂的浓度梯度 $\frac{\mathrm{d}C}{\mathrm{d}r}$ 为常数，在内扩散控制时 $C_s \approx C_0$，$C'_s \approx 0$，故式 2-32 可写成

$$\frac{-\mathrm{d}N}{\mathrm{d}\tau} = S \cdot \mathscr{D}_2 \frac{C_s - C'_s}{\alpha \delta_2} = S\mathscr{D}_2 \frac{C_0}{\alpha \delta_2}$$

式中，δ_2 为固体产物层厚度，若浸出分数 $\mathscr{R}$ 不太大，即 δ_2 相对于颗粒半径甚小时，则图 2-23 中 $r_1 \approx r_0$，δ_2 与已反应的量（$N_0 -$

N)成正比,当浸出分数不大时可视 S 为不变。则上式可简化为:

$$\frac{-\mathrm{d}N}{\mathrm{d}\tau} = \frac{k''}{(N_0 - N)}$$

积分并考虑到 $\tau = 0$ 时,$N = N_0$,得

$$\frac{(N_0 - N)^2}{2} = k''\tau$$

两边同时除以 N_0^2,得

$$\frac{\mathscr{R}^2}{2} = k''\tau \tag{2-33}$$

式中 2-33 表明浸出分数与时间成抛物线关系。它仅在下列条件下才是准确的,即反应分数 $\mathscr{R}$ 不大,反应产物层相对于矿粒半径而言很小,反应产物的体积与消耗的矿物体积相近,浸出剂过量很大,以致其浓度可视为不变。它一般适用于片状颗粒的反应初期。

2. 克兰克-金斯特林-布劳希特因方程

克兰克-金斯特林-布劳希特因方程,常简称为克-金-布方程。在推导该方程的过程中克服了上述抛物方程将 r_0 与 r_1 视为相等的缺点,但仍设生成物的体积与反应的矿物的体积相等,即反应过程中颗粒的体积不变,保持为 r_0,则

$$J = S\mathscr{D}_2 \frac{\mathrm{d}C}{\mathrm{d}r} = 4\pi r^2 \mathscr{D}_2 \frac{\mathrm{d}C}{\mathrm{d}r}$$

移项,积分

$$\int_{C_S'}^{C_S} \mathrm{d}c = \frac{J}{4\pi \mathscr{D}_2} \int_{r_1}^{r_0} \frac{\mathrm{d}r}{r^2}$$

对于内扩散控制而言:$C_S \approx C_0$,$C_S' \approx 0$,故

$$J = 4\pi \mathscr{D}_2 \left(\frac{r_0 r_1}{r_0 - r_1}\right) C_0$$

在任意时刻 τ,未反应核的摩尔数为

$$N = \frac{4}{3}\pi r_1^3 \frac{\rho}{M}$$

所以 $\dfrac{dN}{d\tau}=\dfrac{dN}{dr_1}\dfrac{dr_1}{d\tau}=\dfrac{4\pi\rho}{3M}\times 3r_1^2\dfrac{dr_1}{d\tau}=\dfrac{4\pi\rho r_1^2}{M}\times\dfrac{dr_1}{d\tau}$

已知每浸出 1 摩尔矿消耗 α 摩尔浸出剂，故

$$J=4\pi\mathscr{D}_2\left(\dfrac{r_0 r_1}{r_0-r_1}\right)C_0=-4\pi\alpha\dfrac{\rho}{M}r_1^2\dfrac{dr_1}{d\tau}$$

整理上式：

$$-\dfrac{M\mathscr{D}_2 C_0}{\alpha\rho}d\tau=\dfrac{r_1(r_0-r_1)dr_1}{r_0}=\left(r_1-\dfrac{r_1^2}{r_0}\right)dr_1$$

$$\dfrac{M\mathscr{D}_2 C_0}{\alpha\rho}\int_0^\tau d\tau=\int_{r_0}^{r_1}\left(r_1-\dfrac{r_1^2}{r_0}\right)dr_1$$

$$-\dfrac{M\mathscr{D}_2 C_0}{\alpha\rho}\tau=\dfrac{r_1^2}{2}-\dfrac{r_0^2}{2}-\dfrac{r_1^3}{3r_0}+\dfrac{r_0^3}{3r_0}=\dfrac{1}{2}r_1^2-\dfrac{1}{6}r_0^2-\dfrac{1}{3}\dfrac{r_1^3}{r_0}$$

将 r_1 用反应分数 $\mathscr{R}$ 表示，则

$$-\dfrac{M\mathscr{D}_2 C_0}{\alpha\rho}\tau=\dfrac{1}{2}r_0^2(1-\mathscr{R})^{2/3}-\dfrac{1}{6}r_0^2-\dfrac{1}{3}\dfrac{r_0^3}{r_0}(1-\mathscr{R})=$$

$$\dfrac{1}{2}r_0^2(1-\mathscr{R})^{2/3}-\dfrac{1}{6}r_0^2-\dfrac{1}{3}r_0^2(1-\mathscr{R})$$

$$-\dfrac{M\mathscr{D}_2 C_0}{\alpha\rho r_0^2}\tau=\dfrac{1}{2}(1-\mathscr{R})^{2/3}-\dfrac{1}{6}-\dfrac{1}{3}(1-\mathscr{R})$$

$$\dfrac{2M\mathscr{D}_2 C_0}{\alpha\rho r_0^2}\tau=-(1-\mathscr{R})^{2/3}+\dfrac{1}{3}+\dfrac{2}{3}(1-\mathscr{R})=$$

$$1-(2/3)\mathscr{R}-(1-\mathscr{R})^{2/3} \tag{2-34}$$

式 2-34 即为内扩散控制时的克-金-布方程，它比抛物线方程准确。但是，由于在推导过程中假设颗粒为均匀球形且 r_0 不变，因此仍有一定限制，一般在 $\mathscr{R}\leqslant 0.90$ 以内才比较准确。

3. 范伦希方程

考虑到固体产物的体积与反应消耗的矿粒的体积可能不同，范伦希引入系数 Z

$$Z = \frac{V_{mP}}{\sigma V_{mk}}$$

式中，V_{mP}、V_{mk} 分别为固体生成物和矿粒的摩尔体积；σ 为计量系数，即 1 摩尔产物需消耗矿物的摩尔数。因此 Z 值实际上为固体生成物体积与消耗矿物的体积之比，若 $Z=1$，则说明反应过程中体积不变，半径维持为 r_0。

引入 Z 值后，可求出反应过程中颗粒(包括固体产物和未反应核)的半径 r_2 与未反应核半径 r_1 的关系为

$$r_2 = [Zr_0^3 + r_1^3(1-Z)]^{1/3}$$

已知 r_2，再按式 2-34 推导的类似方法可求出动力学方程为：

$$Z + 2(1-Z)\frac{M\mathscr{D}_2 C_0}{\sigma \rho r_0^2}\tau = [1+(Z-1)\mathscr{R}]^{2/3} + (Z-1)(1-\mathscr{R})^{2/3} \quad (2-35)$$

式 2-35 即范伦希方程，由于它考虑到了反应过程中颗粒体积的变化，因此比克-金-布方程更准确，但同样它只有在浸出剂浓度可视为不变，同时物料由均匀的球形颗粒组成的情况下才能适用。

2.3.4.2　内扩散控制的特征

根据上述分析知内扩散控制的主要特征为：

1) 其浸出分数与时间的关系服从式 2-34 或 2-35，即函数 $1-(2/3)\mathscr{R}-(1-\mathscr{R})^{2/3}$ 或函数 $[1+(Z-1)\mathscr{R}]^{2/3}+(Z-1)(1-\mathscr{R})^{2/3}$ 与反应时间 τ 成直线关系；

2) 表观活化能小，一般仅 4~12 kJ/mol；

3) 原矿粒度对浸出率有明显影响；

4) 搅拌强度对浸出率几乎没有影响。

当给定的浸出过程具有上述特征(特别是其中 1、2)，则可认为过程属内扩散控制。

例如有人将 $CuFeS_2$ 矿粉用 $Fe_2(SO_4)_3$ 溶液浸出，发现基本上符合式 2-34，如图 2-24 所示。因此可认为上述浸出过程属固

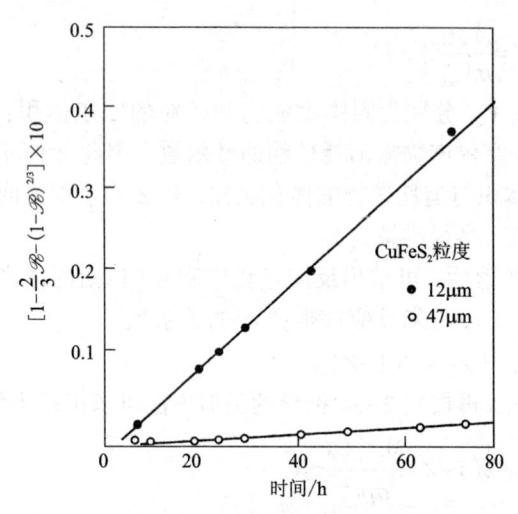

图 2-24　用 $Fe_2(SO_4)_3$ 浸出 $CuFe_2S_2$ 时函数 $1-\frac{2}{3}\mathscr{R}-(1-\mathscr{R})^{2/3}$ 与时间的关系

膜内扩散控制，这是因为以下反应

$$CuFeS_2 + 4Fe^{3+} = Cu^{2+} + 5Fe^{2+} + 2S$$

在矿粒表面形成致密的元素硫层的缘故。

2.3.4.3　内扩散控制时，影响浸出率的因素

1. 矿粒的粒度

在一定浸出分数时，所需的浸出时间 τ 与 r_0^2 成反比，故降低原料粒度有利于缩短时间或加快速度。这种情况是由两方面原因造成的：一方面 r_0 减小则总表面积加大；另方面 r_0 减小则在浸出率一定时，固膜厚度减小。

2. 固膜厚度

对这类过程，若能采取适当措施使固膜减薄或使固膜消除，都能大幅度提高浸出率，例如采用热球磨浸出法，在进行浸出的同时，不断利用磨矿作用消除其生成的固膜，将使浸出率或分解率大幅度提高。白钨矿盐酸分解时采用热球磨设备与搅拌浸出设备的分解率大不一样,如图 2-25 所示。

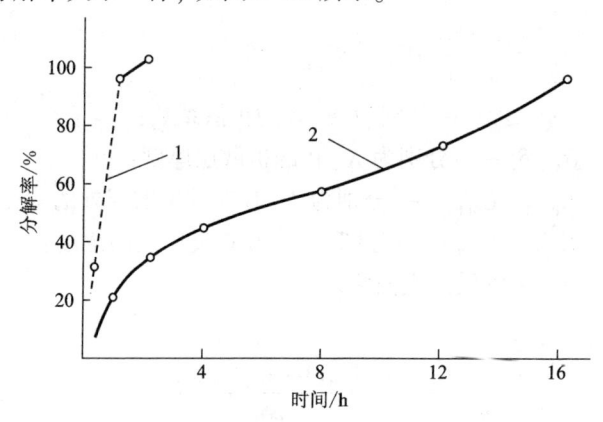

图 2-25 在热球磨机和机械搅拌槽中分解白钨精矿的比较
1—球磨浸出;2—搅拌浸出(根据彭少方实验)。

3. 温度

随着温度的升高,扩散系数 $\mathscr{D}_2$ 增加,相应地使浸出过程速度增加,其影响程度与外扩散控制相类似。

2.3.5 有两种浸出剂参加反应的扩散控制过程

冶金中有些浸出过程为两种或两种以上溶于水的浸出剂参与反应,例如在有氧参与下金、银的氰化浸出过程和晶质铀矿(UO_2)的硫酸浸出,后者的反应为:

$$UO_2 + O_{(aq)} + H_2SO_{4(aq)} = UO_2SO_{4(aq)} + H_2O$$

若这类浸出过程为扩散控制,则浸出剂的浓度对浸出速度的影响较复杂,设反应为:

$$aA_{(aq)} + bB_{(aq)} + cC_{(s)} = dD_{(aq)}$$

扩散控制时,单位时间浸出 C 的摩尔数:

$$\frac{-\mathrm{d}N}{\mathrm{d}\tau} = \frac{c}{a} \times \frac{\mathscr{D}_A}{\delta_A}[C_{0(A)} - C_{s(A)}] \times S$$

或

$$\frac{-\mathrm{d}N}{\mathrm{d}\tau} = \frac{c}{b} \times \frac{\mathscr{D}_B}{\delta_B}[C_{0(B)} - C_{s(B)}] \times S$$

式中 $\mathscr{D}_A$、$\mathscr{D}_B$——分别为 A、B 的扩散系数；

δ_A、δ_B——分别为 A、B 的扩散层厚度；

$C_{0(A)}$、$C_{0(B)}$——分别为 A、B 在其扩散层外的浓度；

$C_{s(A)}$、$C_{s(B)}$——分别为 A、B 在反应区的浓度；

S——物质的表面积。

因此

$$\frac{\mathscr{D}_A[C_{0(A)} - C_{s(A)}]}{a\delta_A} = \frac{\mathscr{D}_B[C_{0(B)} - C_{s(B)}]}{b\delta_B} \tag{2-36}$$

分析式 2-36 可得出以下结论：

(1) 当维持一定的 B 浓度 $C_{0(B)}$，而 $C_{0(A)} = 0$，则 $\frac{\mathrm{d}N}{\mathrm{d}\tau} = 0$，即反应速度为零，相应地反应区 B 的浓度 $C_{s(B)}$ 保持为 $C_{0(B)}$，即 $C_{0(B)} = C_{s(B)}$。如图 2-26 所示。

随着 $C_{0(A)}$ 由零逐渐增加，则在 $C_{0(A)}$ 较小的范围内（小于图中 e 点），由于 $C_{0(A)}$ 小，其扩散至反应区的 A 量相对于 B 而言较少，故 $\frac{\mathrm{d}N}{\mathrm{d}\tau}$ 决定于 A 的扩散，$C_{0(A)}$ 增加则 $\frac{\mathrm{d}N}{\mathrm{d}\tau}$ 增加，如图 2-26a 所示。此范围内扩散至反应区的 A 立即被消耗，$C_{s(A)}$ 维持为零，如图 2-26b 所示。而 $C_{s(B)}$ 随着 $C_{0(A)}$ 的增加（即 $\frac{\mathrm{d}N}{\mathrm{d}\tau}$ 的增加）而降低，如图 2-26c 所示。在此区域内增加浸出剂 B 的浓度对反应速度影响不大。

(2) 当 $C_{0(A)}$ 达到或超过 e 点，反应区 B 的浓度已降为零，若进一步增加 $C_{0(A)}$ 就只能导致 A 在反应区的积累，对 $\frac{\mathrm{d}N}{\mathrm{d}\tau}$ 无明显影

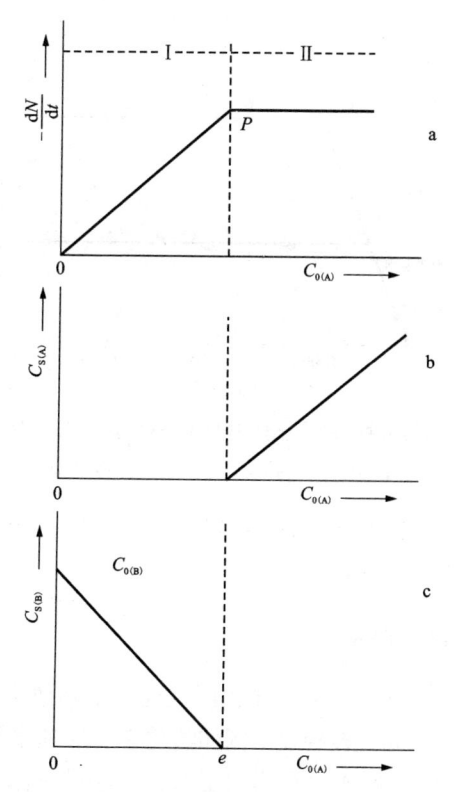

图 2-26 当 $C_{0(B)}$ 一定时，$\dfrac{dN}{d\tau}$、$C_{s(A)}$、$C_{s(B)}$ 与 $C_{0(A)}$ 的关系

响，欲进一步提高浸出速度，应将 A、B 浓度成比例增加。此比例关系可从式 2-36 求出：令式 2-36 中 $C_{s(A)} = C_{s(B)} = 0$

则

$$\frac{C_{0(A)}}{C_{0(B)}} = \frac{a\mathscr{D}_B\delta_A}{b\mathscr{D}_A\delta_B}$$

实际上许多有 O_2 参加的浸出过程，如金、银的氰化、铜的氨浸、硫化锌精矿的高压氧浸等均符合上述规律。晶质铀矿有 O_2 参加下的 H_2SO_4 浸出过程中浸出速度与 H_2SO_4 浓度及氧分压的

关系如图 2-27 所示。

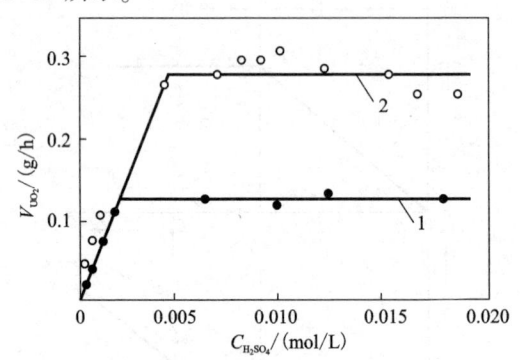

图 2-27 晶质铀矿的浸出速度与 H_2SO_4 浓度及氧分压的关系

1—P_{O_2} = 0.68 MPa；2—P_{O_2} = 1.36 MPa

应当指出，上述分析主要针对外扩散控制，对内扩散控制而言，亦可求出类似的关系式。

2.3.6　混合控制

当某两个步骤的阻力大体相同且远大于其他步骤时，则属两者混合控制或中间过渡控制。例如当化学反应速度与外扩散速度有相同数量级，同时不存在固膜层时，则过程为化学反应与外扩散混合控制。

当过程为化学反应与外扩散混合控制时，在扩散层形成浓度梯度$(C_0-C_s)/\delta_1$，从外扩散的角度来看

则
$$-\frac{dN}{d\tau}=\frac{(C_0-C_s)\mathscr{D}_1 S}{\delta_1 \alpha}=k_1 S(C_0-C_s) \tag{2-37}$$

从化学反应的角度来看

则
$$-\frac{dN}{d\tau}=kSC_s^n$$

当 $n=1$ 时

则
$$-\frac{dN}{d\tau} = kSC_s \qquad (2-28)$$

式 2-37 和式 2-38 均有未知数 C_s。将两式联立解出得

$$C_s = \frac{k_1}{k_1 + k} C_0$$

将 C_s 值代入得反应速度

$$\frac{-dN}{d\tau} = \frac{kk_1}{k + k_1} SC_0$$

对于球形颗粒，$S = 4\pi r^2$，故反应速度为

$$\frac{-dN}{d\tau} = \frac{kk_1}{k + k_1} 4\pi r^2 C_0$$

与式 2-29 的推导一样进行积分，并用反应分数 $\mathscr{R}$ 代替矿粒半径 r

则
$$1 - (1 - \mathscr{R})^{1/3} = \frac{k_1 k}{k + k_1} \times \frac{C_0 M}{r_0 \rho} \tau \qquad (2-39)$$

分析式 2-39 可知，当化学反应速度常数 $k \gg k_1$ 时，则此式可简化成

$$1 - (1 - \mathscr{R})^{1/3} = \frac{k_1 C_0 M}{r_0 \rho} \tau = \frac{C_0 M \mathscr{D}_1}{r_0 \rho \delta_1 \alpha} \tau$$

即相当于式 2-31，过程属扩散控制。同样当 $k \ll k_1$，则式 2-39 简化为

$$1 - (1 - \mathscr{R})^{1/3} = \frac{kC_0 M}{r_0 \rho} \tau$$

这种情况相当于式 2-29，过程转化为化学反应控制。

在低温下 $k < k_1$，一般属化学反应控制，而随温度的升高 k 迅速增加，往往变成 $k \gg k_1$，因此过程在高温下转化为扩散控制。

混合控制的特征是表观活化能在 12~41.8 kJ/mol 之间，搅拌速度及温度等因素对浸出速度都有一定影响。

2.3.7 浸出过程控制步骤的判别

1. 改变搅拌强度法

当总速度为外扩散所控制时,加强搅拌可以降低扩散层的厚度,从而加快反应速度。此时反应速度与搅拌强度的关系将如下:当搅拌强度不大时,随着搅拌强度的增加,扩散层厚度降低,反应加快。当搅拌强度增大到一定程度后,外扩散速度已很快,它不再成为控制步骤,故进一步加强搅拌对反应速度影响不大。

当总速度受生成的致密固膜扩散即内扩散控制时,扩散层是固相产物而且致密,它的厚度 δ_2 用普通搅拌方法不能有效地降低,故提高搅拌强度对反应速度基本上没有影响。

可见,从改变搅拌强度对反应速度的影响可以大体判别其控制步骤。例如 P. B. Queneau 等在不同搅拌速度下研究了 Na_2CO_3 浸出白钨矿时浸出量与时间的关系,如图 2-28 所示。

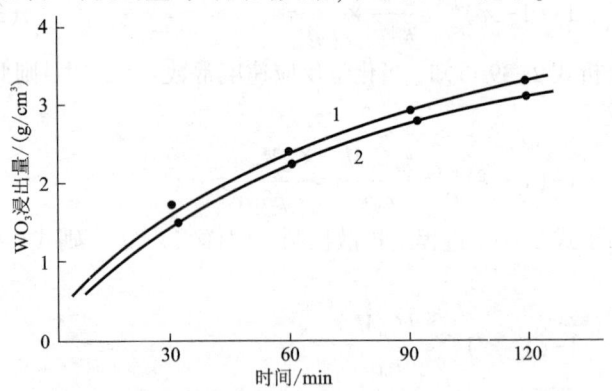

1—搅拌转速 50 r/min,CO_3^{2-} 浓度 0.94 mol/L 温度 135℃;
2—搅拌转速 380 r/min,其他条件同线 1 的。

图 2-28 不同搅拌速度下,Na_2CO_3 分解白钨矿的浸出量与浸出时间的关系(根据 P. B. Queneau 实验)

从图 2-28 可知浸出量与时间的关系是抛物线形,类似于式 2-33。对照线 1 与线 2 可知,转速对浸出量影响不大,说明反应不是受外扩散控制,而是受固膜扩散控制。

若浸出反应改在热球磨反应器中进行,会显著提高反应速度,可以大体认为在搅拌槽中进行时属于固膜扩散所控制。

2. 改变温度法

控制步骤不同的反应,温度的影响是不同的。当受化学反应步骤控制时,随着温度的升高,反应速度急剧增加,若测出不同温度下的反应速度常数 k 代入阿累尼乌斯方程式,可求出表观活化能 E

$$k = A\mathrm{e}^{-E/RT}$$

即 $\ln k = -E/RT + B$

式中 A——常数;

E——表观活化能。

化学反应控制时 E 值 42~800 kJ/mol。

受扩散步骤控制时,反应速度正比于扩散系数 $\mathscr{D}$,而温度对 $\mathscr{D}$ 的影响远不及对化学反应速度的影响大。扩散系数 $\mathscr{D}$ 与温度的关系,一般可用类似于阿累乌尼斯方程的公式表示:

$$\mathscr{D} = A' \mathrm{e}^{-E'/RT}$$

式中 A'——常数;

E'——扩散活化能。

E' 值 4~12 kJ/mol,比化学反应的表现活化能小得多。可见,随着温度的升高,$\mathscr{D}$ 值的增加率较化学反应速度小。

因此,测定反应速度与温度的关系,计算其表观活化能,亦可判断控制步骤。若表观活化能值大,达 42 kJ/mol 左右,则说明控制步骤为化学反应步骤;若反应速度随温度变化不大,表观活化能与扩散活化能相近,则控制步骤为扩散步骤。

同一反应在不同的温度范围内,控制步骤可以不同。一般在低温下化学反应速度往往比较小，故整个过程受化学反应步骤控制。随着温度的升高，化学反应速度迅速增加，以致超过扩散速度，因此转而受扩散步骤控制。若以 $\lg k$ 对 $1/T$ 作图，将出现如图 2-29 所示的转折。其中 AB 表示高温区受扩散控制，CD 表示低温区受化学反应控制，BC 表示过渡区。

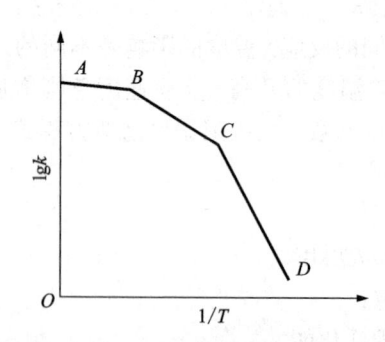

图 2-29　反应随温度上升由化学反应控制转到扩散控制示意图

3. 尝试法

如前所述，不同的速度控制步骤有不同的动力学方程式。将实验所得的数据，分别代入各种动力学方程式中，找出相适应的方程式，即可确定属于哪种控制步骤。例如根据式 2-34 知，如果控制步骤为固膜扩散控制步骤，则函数 $1-(2/3)\mathscr{R}-(1-\mathscr{R})^{2/3}$ 与时间 τ 成直线关系，且直线通过原点；相反地若控制步骤为化学反应步骤，则根据式 2-29 可知，应当是函数 $1-(1-\mathscr{R})^{1/3}$ 与时间 τ 成直线关系，且此直线通过原点。因而通过这种方法可以判断其控制步骤。现根据某人在 20℃ 下，于机械搅拌槽中用盐酸分解白钨精矿的实验数据分析如下。

实验中所得分解分数及其与分解时间的关系如表 2-13 所示。

表 2-13　盐酸分解白钨精矿的实验结果(20℃)

时间/h	2	4	8	12	16
分解分数($\mathscr{R}$)	0.36	0.47	0.58	0.72	0.95

将表中的 $\mathscr{R}$ 值分别代入式 2-34 及式 2-29，算出函数 $1-(2/3)\mathscr{R}-(1-\mathscr{R})^{2/3}$ 及 $1-(1-\mathscr{R})^{1/3}$ 值，并以它们为纵坐标，以时间为横坐标作图分别得图 2-30 中线 2、1。从图可知，线 1 是曲线且不通过原点。而线 2 为直线且通过原点，表明其反应速度服从式 2-34 的规律。因此得出结论：20℃用盐酸分解白钨精矿属于固膜扩散步骤控制。

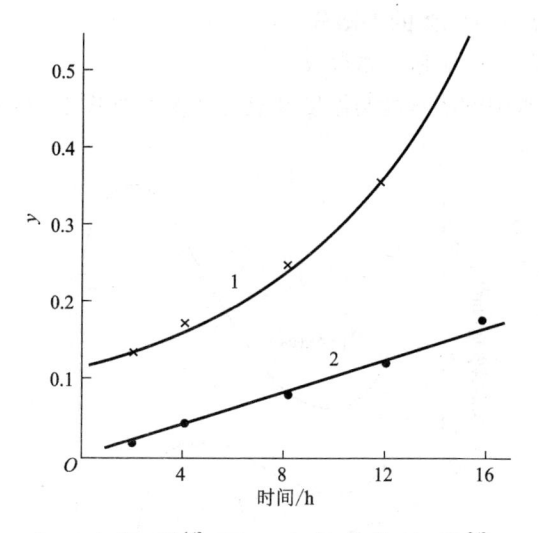

1—$y=1-(1-\mathscr{R})^{1/3}$；(2—$y=1-(2/3)\mathscr{R}-(1-\mathscr{R})^{2/3}$。

图 2-30　白钨矿分解的动力学曲线

2.3.8 有气体反应剂参加的浸出过程

有气体反应剂参加时,浸出过程的历程首先是气体在气—液界面上溶于水,然后由气-液界面向溶液中心扩散,接着是通过外扩散、内扩散到矿粒反应区进行反应,生成的可溶性化合物通过内扩散、外扩散进入溶液中,后几个步骤的规律性与前面所述大同小异。本文主要介绍气体的溶解和向溶液中扩散。

1. 气体的溶解

气体在水中的溶解度与其气相分压的关系服从亨利定律,即

$$C_h = P \times k_h$$

式中　　C_h——气体在水中的溶解度;

　　　　P——气体的平衡分压;

　　　　k_h——亨利定律常数。

氧在水中的溶解度与温度及氧分压关系如图2-31所示。从

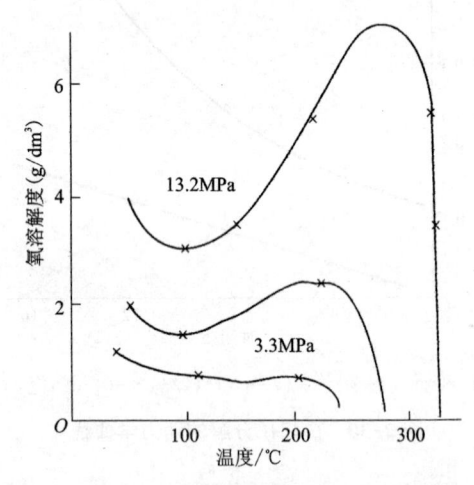

图2-31　氧在水中溶解度与氧的压力及温度的关系

图可知,氧的溶解度随氧分压增加而增大。具体来说,当氧分压分别为 0.021 和 0.1MPa 时,在温度 25℃ 条件下的溶解度分别为 8.26 和 40.3 mg/L。水中溶有其他物质时,溶解度下降,例如氧分压为 0.1 MPa,温度为 25℃ 时氧在浓度为 1 mol/L H_2SO_4 中溶解度仅 33 mg/L。温度对氧在水中的溶解度影响情况较复杂,温度较低时随着温度的升高而降低,高温下则相反。应当指出浸出时非气体浸出剂(如 NaOH、H_2SO_4 等)的实际浓度达 0.5~5 mol/L,即比氧的饱和浓度大 2~3 个数量级。

2. 由气—液界面向溶液中心的扩散

根据菲克第一定律,其扩散速度可近似用下式表示:

$$v_g = \mathscr{D}_g(C_h - C_0)/\delta_g$$

式中:$\mathscr{D}_g$——气体在水中的扩散系数;
C_0——气体在水相中心浓度;
δ_g——气-液界面液相中气体扩散层厚度;
C_h——气体在水中的溶解度。

由于 C_h 值很小,比其他非气体浸出剂小 2~3 个数量级,$\mathscr{D}_g$ 值与其他浸出剂的扩散系数大体上为同一数量级(常用浸出剂在水中的扩散系数列于表 2-14)。因此其他非气体浸出剂的扩散速度比气体在水中的扩散速度 v_s 大 2~3 个数量级。故提高气体的扩散速度有重要意义。

表 2-14 某些浸出剂及某些气体在水中的扩散系数

物 质	温 度 /℃	浓 度 /(mol/L)	$\mathscr{D} \times 10^5$ /(cm²/s)
NaOH	12	0.1	1.28
	12	0.9	1.21
	12	3.9	1.14

续表 2-14

物　质	温　度 /℃	浓　度 /(mol/L)	$\mathscr{D} \times 10^5$ /(cm²/s)
Na₂CO₃	10	2.4	0.45
HCl	25	0.1	3.05
		0.5	3.18
		1.0	3.4
		2.0	4.05
		4.0	5.17
HNO₃	5.5	0.84	1.74
	6	3.0	1.78
	9	2.0	2.24
H₂SO₄	18	0.85	1.55
		2.85	1.85
		4.85	2.20
		9.85	2.74
NH₃	5	3.5	1.24
O₂	20	—	2.08
Cl₂	30	0.083	1.62

由于单位时间内扩散的总量为 v_g 与气-液相界面面积 S_g 之积，为了加强传质过程，应增加 S_g，可将气体以鼓泡的形式通入。鼓泡对气-液界面大小的影响可用下式说明：

$$S_g = [Q/(4/3)\pi r^3] 4\pi r^2 = 3Q/r$$

式中　r——气泡的半径；

Q——溶液中的气体总体积，$Q = q\tau = qH/u$；

q——通气速度；

τ——气泡在溶液中的停留时间；

H——反应器高度；

u——气泡上升速度，与气泡半径有关。当 $r<1$ mm 时，则 u 与 r^2 成正比；当 $r>1$ mm 时，则 u 基本为常数(空气在水中上升速度为 30 cm/s 左右)。

代入得

$$S_g = 3qH/(ur)$$

当通气速度 q 及反应器高度 H 一定时，可得

$$S_g \propto 1/r^{1\sim 3}$$

从上式可知，S_g 将与 r 的 1~3 次方成反比。

人们的研究表明，气-液相间的传质系数亦与 r 有关，当 r 很小(0.1~1 mm)时，传质系数与 $r^{1/2}$ 成正比，当 r 较大的时传质系数与 r 基本无关。

根据上述两方面的影响，对小气泡而言，传质速度约反比于 $r^{2.5}$，对大气泡而言约反比于 r^1。

综上所述，对有气体反应剂参加的浸出过程，若控制步骤为气体的溶解或向溶液中心的扩散，则强化过程的措施主要为增加气体的分压、将气体以小气泡形式鼓入、增加反应器高度。

2.3.9 浸出过程的强化

浸出过程的速度对冶金过程有很大的意义。提高浸出速度，则在一定的浸出时间内能保证得到更高的浸出率，或在保证一定的浸出率的情况下，能缩短浸出时间，提高设备生产能力或减少浸出剂的用量。因此研究浸出过程的强化为当前湿法冶金的重要课题之一。

为强化浸出过程，其主要途径之一是找出过程的控制步骤，针对其控制步骤，采取适当的措施，例如当过程属化学反应控制

时，就适当提高温度和浸出剂的浓度，减小矿粒的粒度；若属外扩散控制，则除减小粒度外，还应加强搅拌，这些已分别在第2.3.2.3节、2.3.3.3节、2.3.4.3节中介绍了，这里不重复。

以上措施在一定条件下都可取得一定效果，但都有一定限度，且都可能带来一定的副作用。例如浸出温度超过溶液的沸点以后，则应在密闭设备内在高压下进行，而且温度越高则溶液的蒸气压越大。例如纯水的温度为220℃时，蒸气压达2.29 MPa，这给设备的设计加工以及安全操作带来困难；增加浸出剂的浓度往往带来浸出剂用量增加，而且过剩的浸出剂在排放前还要处理，如碱浸时其过剩碱在排放前还要用酸中和；增加搅拌速度不仅带来能耗的增加，而且搅拌速度大到一定程度之后，扩散层厚度不再随搅拌速度的进一步增加而减小，即不能取得进一步的效果；将原矿细磨以减小粒度，不仅增加能耗，而且还受现有磨矿设备和技术的限制，此外还可能给过滤过程带来困难。因此为了强化浸出过程有必要采取其他有效措施。以下简单介绍人们在这方面的研究成果。

2.3.9.1 矿物原料的机械活化

1. 概述

机械活化属于新兴的边缘学科机械化学（mchanical cheminsтry，亦称力化学）的一部分，它主要是在机械力的作用下使矿物晶体内部产生各种缺陷，使之处于不稳定的能位较高的状态，相应地增大其化学反应的活性。早在20年代，人们研究磨矿后晶体的活性时，就发现磨矿所消耗的能量不是全部转化为热能或表面能，有5%~10%储存在晶格内，使之化学活性增加。这种活化方法迅速扩展到钨、铝、钼矿物的浸出过程强化研究。国内外学者在这方面取得明显的效果，举例如表2-15所示。

表 2-15 某些精矿机械活化的研究结果

作者及发表年代	研究对象及活化条件	浸出条件	浸出率/% 未活化	浸出率/% 经活化	活化效果 其他
A.H. 节里克曼 (A.H. Зеликман) (1987)	白钨精矿,行星式离心磨机活化 15 min,固体与液体的质量比为 1:1	Na_2CO_3 为理论量两倍,固体与液体的质量比为 1:4	84.9	96.9	反应的表观活化能由 52.7 kJ/mol 降为 16.7 kJ/mol
A.H. 节里克曼 (1980)	白钨精矿	NH_4F+NH_4OH 0.5 h,150℃	22.38	83.78	表观活化能由 60 kJ/mol 降为 34 kJ/mol
A.H 节里克曼 (1982)	白钨精矿	质量分数为 17.5% 的 HNO_3,2 h,80℃	53	~100	表观活化能由 53.5 kJ/mol 降为 25.5 kJ/mol
A.H. 节里克曼 (1985)	黑钨精矿干活化	质量分数为 10% 的 NaOH 浸出 20 min,90℃	12	99	
李军等(1985)	黑钨精矿球磨活化	质量浓度为 200~400 g/L 的 NaOH,75~105℃			球磨活化后表观活化能为 77.37,退火后表观活化能为 95.77 kJ/mol

101

续表 2-15

作者及发表年代	研究对象及活化条件	浸出条件	活化效果 浸出率/% 未活化	活化效果 浸出率/% 经活化	其他
赵中伟等(1996)	黄铁矿，振动磨干活化 20 min	60 ℃，60 min 浸出剂成分对未活化矿为 HNO_3 浓度 1.5 mol/L，H_2SO_4 的浓度 1.5 mol/L；活化矿 HNO_3 浓度 1.5 mol/L，H_2SO_4 浓度 1.5 mol/L	33	92	表观活化能由 73.9 kJ/mol 降为 53.9 kJ/mol
赵中伟等(1996)	砷黄铁矿，行星式离心磨，10 g 10 min	60℃，30 min，浸出剂同上	<5	88	表观活化能由 54.5 kJ/mol 降为 39.0 kJ/mol
A. H. 节里克曼等(1979)	锆英石精矿中 ZrO_2 的质量分数为 66.6%，行星式离心磨活化 5~7 min	活化料经与 $CaCO_3$ 高温烧结后浸出			为达到相同的分解效果，活化可使烧结温度由 1400~1500℃降至 1100℃

续表 2-15

作者及发表年代	研究对象及活化条件	浸出条件	浸出率/% 未活化	浸出率/% 经活化	其他
T. A. 普利亚辛娜（T. A. прина）(1985)	钛铁矿，行星式离心磨机活化	质量分数为 89% H_2SO_4 140 ℃	7.5	79.1	TiO_2 经 10、30、40、60 min 活化后，氧指数分别降为 1.99、1.98、1.97、1.95
		160 ℃	12.5	90.9	
		200 ℃	33.2	98.5	
A. M. 波戈莫罗夫 (A. M. Богомолов) (1991)	辉钼矿，ру-74 磨机活化 10～12 kg/h，1200 r/min	质量分数为 30% HNO_3，87～92℃，10 min	60	95	原矿比表面积 16.5～20 m^2/g，磨后 19～20 m^2/g
P. 巴拉兹 (P. Baláž) (1991)	闪锌矿，振动磨机，振幅 6.6 mm，活化 7.5～240 min	稀 H_2O_2 溶液浸 60 min	~10	~75 (活化 150 min)	
В. Г. 库列巴金 (В. Г. Кудеьбакин) (1988)	镍硫化矿，电磁磨机活化	高压氧浸，氧分压 0.2 MPa，108℃，2 h	11.4	68.7	

从表2-15可知，通过机械活化，矿物的浸出速度和浸出率都有大幅度提高，反应的表观活化能明显降低，这种效果已引起冶金工作者的极大兴趣，而用来活化所有固相参与的反应过程，如浸出过程，合金化过程，工程材料的合成过程，非晶态材料制备过程等。

2. 基本原理

机械活化过程使矿物原料的浸出速度明显提高的原因不能单纯归之于磨矿过程使矿物的粒度变细，比表面积增加。A. H. 节里克曼等对黑钨矿分别在空气中(干式)和水中(湿式)进行活化，其比表面积与时间τ的关系及用质量分数为10%的NaOH溶液在90℃浸出的起始速度与活化时间τ的关系，如图2-32所示。从

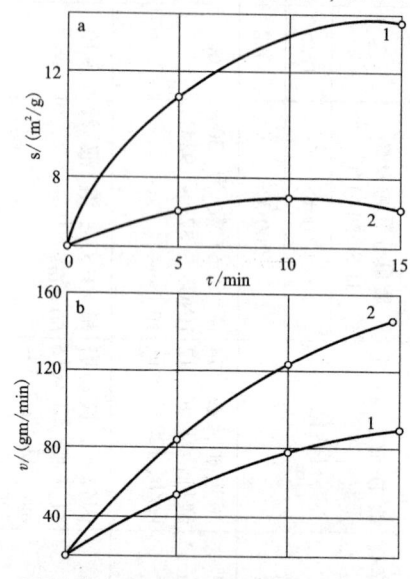

质量分数为10%的NaOH溶质；温度为90℃
1—湿式；2—干式。

图2-32 黑钨矿干式活化及湿式活化后的比表面积(s)及浸出起始速度(v)与活化时间(τ)的关系

图中明显看出，虽然干式活化后比表面积远小于湿式活化，但其反应速度却远比湿式活化大。

B. A. 瓦里涅克等在研究 SnO_2 的机械活化时，也发现活化时间为 10 min 以内时，比表面积随时间的增加而急剧增加，进一步延长时间则增加不明显，但 SnO_2 的溶解性能则随活化时间的进一步延长而不断增加，其增加的趋势与样品的核磁共振谱的变化趋势一致，如图 2-33 所示。T. A. 普利亚辛娜在研究机械活化对金红石在 H_2SO_4 中溶解性能的影响时，亦发现溶解性能随活化时间的改变趋势与晶格的显微变畸的改变趋势相一致。所有这些都表明浸出速度增加的原因主要不是粒度的变细，而是与晶体内部结构有关。

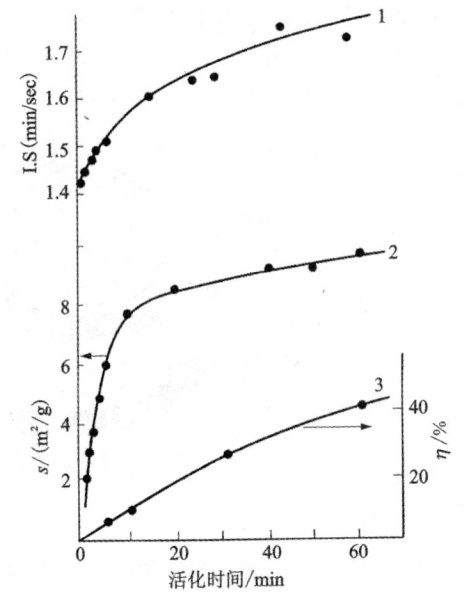

1—穆斯堡尔谱的同质异能移 $I.S$；
2—比表面积 S；3—浸出率 η。

图 2-33 SnO_2 的性质与机械活化时间的关系

在机械活化过程中，机械力将对物质产生一系列作用，首先在物质表面研磨介质将对物料产生强烈的摩擦和冲击作用，同时在物质内部可能产生塑性变形或断裂，这些都将对其结构带来明显的影响。

关于表面冲击和摩擦，其作用可用"摩擦等离子模型"概括，如图 2-34 所示。在研磨介质对物料发生高速冲击时，在极短的时间和极小的空间范围内，使固体结构破坏，同时局部产生高温，形成等离子区，这种状态维持仅 $10^{-8} \sim 10^{-7}$ s。然后体系的能量迅速降低，大部分以热能形式散出，少部分则储蓄在固体晶格内，使之发生塑性变形或其他形式缺陷。

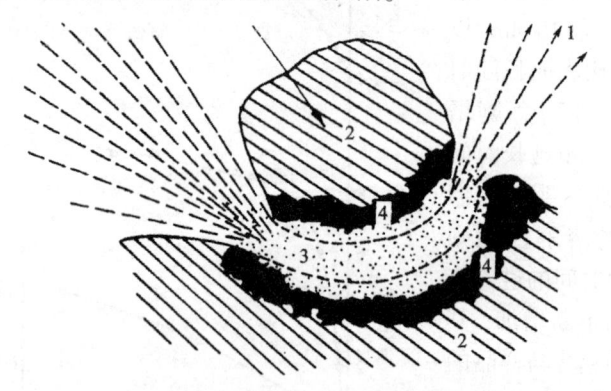

1—外激电子放出；2—正常结构；3—等离子区；4—结构不完全区。

图 2-34 摩擦等离子区模型

至于内部产生裂纹的断裂过程，许多学者的测定表明，在裂纹延伸的过程中，能量主要集中在裂纹尖端，尖端温度急剧升高，升高程度与材料的硬度及裂纹扩展速度有关，魏赫特（Weichert）绘制了玻璃体内当裂纹扩展速度为 1000 m/s 时裂纹尖端附近的温度分布，如图 2-35 所示。从图可知最高温度可达 1600K，但这种温度产生的时间极短暂，升温时间约 10 ps，在 100 ps 时间内即降低，其影响的范围仅 10 nm 左右。

由于上述冲击摩擦作用、局部高温等离子区的产生以及断裂时的热冲击，使晶体内部发生一系列变化，主要有：

（1）晶格中应力增加、能量增加。它一方面表现在矿物活化后，其浸出反应的表观活化能降低。A. H·节里克曼得出白钨矿

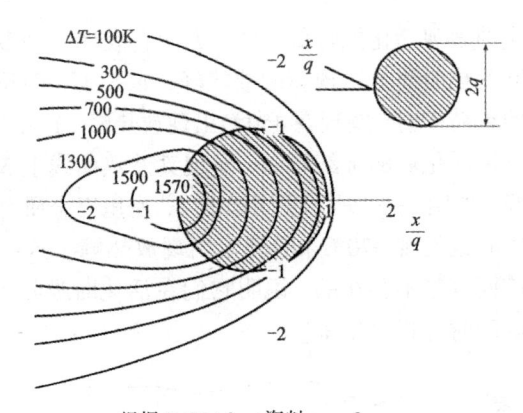

根据 R. Weichert 资料　$q = 3$ nm。

图 2-35　玻璃在断裂速度为 1000m/s 时，裂纹尖端的温度场分布

苏打高压浸出的表观活化能与活化时间的关系如图 2-36 所示。从图 2-36 可知，随着白钨矿活化时间的增加，其浸出反应的表观活化能降低。同样从表 2-15 亦可看出许多矿物经机械活化后

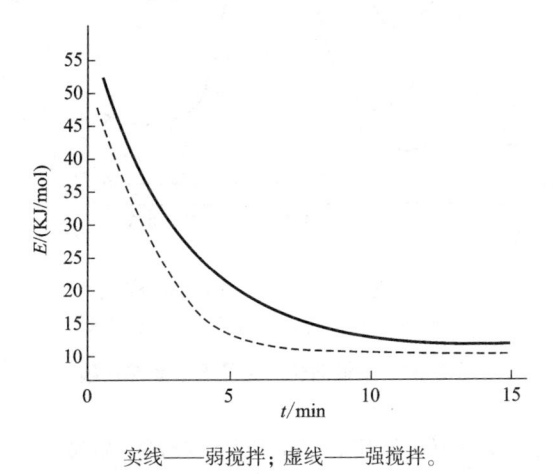

实线——弱搅拌；虚线——强搅拌。

图 2-36　白钨矿苏打高压浸出的表观活化能与其机械活化时间的关系

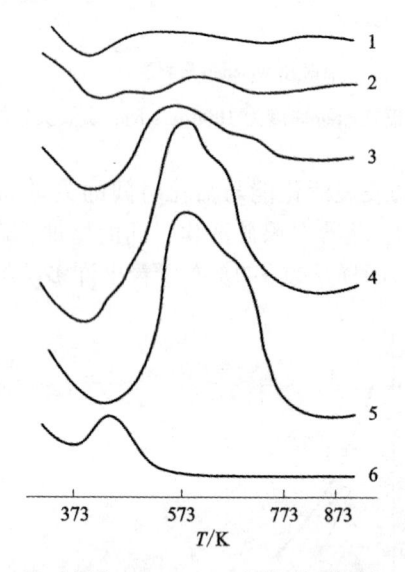

其浸出反应的表观活化能降低；另一方面它表现在许多矿进行机械活化后其差热曲线上出现新的放热峰，如 A.H·节里克曼等研究活化后的钨精矿时，发现在 450℃出现放热峰，T.A·普里亚辛娜在研究机械活化后的金红石时，发现其差热曲线上 300~400℃出现放热峰，如图 2-37 所示；同样 B.Г. 库里巴金研究活化后的铜镍硫化矿时也发现 370℃和 465℃出现放热峰。这些峰对于未活化的原矿而言是不存在的，说明它们在活化时吸收了能量，而升到一定温度时又释放出来。

1—未活化；2、3、4、5—活化时间分别为 10、20、30、60 min；6—在氩气气氛中的曲线。

图 2-37 机械活化后金红石的差热曲线

(2) 晶格中缺陷(如位错、空位等)增加，晶格变形，且出现非晶化倾向。据 T.A·普利亚辛娜的试验，金红石的 X 衍射图谱与其机械活化的时间关系如图 2-38 所示。由图 2-38 可知，随着机械活化时间的延长,其衍射线变宽,且特征峰强度愈来愈小,说明其结晶愈不完整。赵中伟等在行星式离心磨中研究黄铁矿的机械活化时,亦发现类似情况。黄铁矿(600)晶面衍射图随机械活化时间的改变情况如图2-39所示。

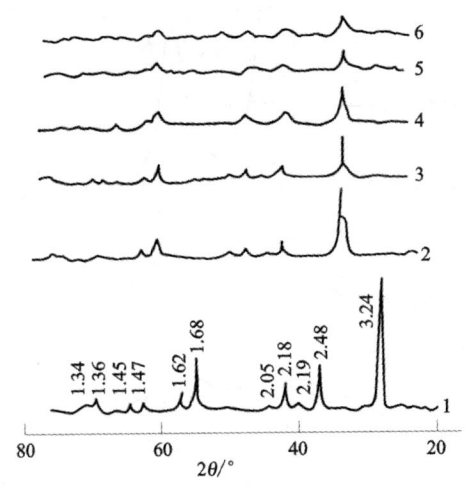

1~6活化时间分别为0、4、6、8、15、30min,
比值分别降为1.99、1.98、1.97和1.95。

图2-38 不同机械活化时间下金红石的X衍射谱线

(3)对某些矿物,机械活化还可能导致产生化学成分上的改变。T.A·普里亚辛娜等对金红石进行机械活化时,发现金红石中氧与钛的摩尔比随着活化时间的延长而减小,活化时间分别为10、30、40、60min,则上述比值分别为1.99、1.98、1.97和1.95。Е.Г阿瓦库莫夫(Е.Г.Аввакумов)等用电子顺磁共振法研究活化后的金红石样品,发现其中有Ti^{3+}存在。同样他们在研究锡石的机械活化时,发现活化时间分别为20 min、40 min和60 min时,样品中氧与锡的摩尔比分别为1.986、1.976、1.963,

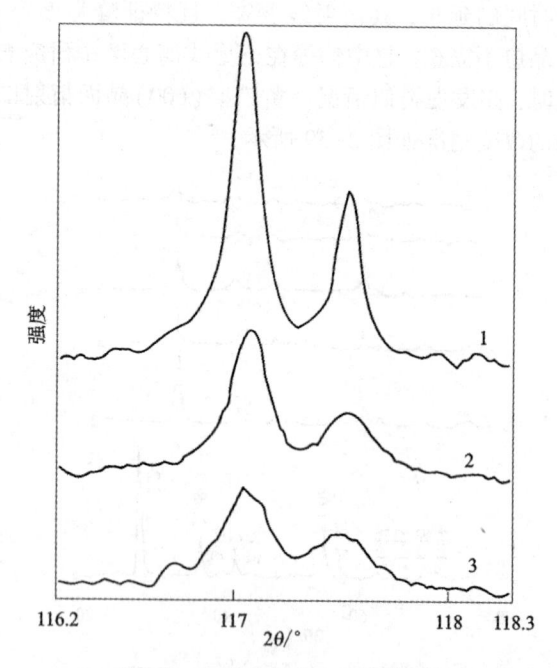

1—未活化；2—活化 10min；3—活化 40 min。

图 2-39　黄铁矿(600)晶面衍射图随活化时间的变化

他们在用行星式离心磨机研究 $\beta\text{-}PbO_2$ 的机械活化时，发现常温下 $\beta\text{-}PbO_2$ 依次发生晶形变化和离解。

$$\beta\text{-}PbO_2 \longrightarrow \alpha\text{-}PbO_2 \longrightarrow PbO_{1.57} \longrightarrow PbO_{1.44} \longrightarrow PbO$$

而对未活化的 $\beta\text{-}PbO_2$ 而言，其离解过程应在 653K 以上才能进行，这些都说明机械活化过程导致了晶格中产生化学缺陷，甚至产生化学变化。

以上各种变化使物料的化学活性增加，在动力学方面使其反应速度加快，赵中伟等在用 DTA 法研究黄铁矿的机械活化时，发现活化 40 min 后，表征其迅速氧化的放热峰由未活化的 546.7℃

降为410.6℃,说明黄铁矿活化后氧化速度加快。

机械活化也给反应的热力学条件带来有利影响,由于活化后物料处于自由能比标准状态更高的非标准状态,因此反应的吉布斯自由能变化值将更负,有利于反应的进行。

机械活化的效果受着一系列因素的影响,主要有:

a. 磨机类型。各种磨机(如行星式离心磨机、振动磨机等)在磨矿过程中对物料都有一定活化作用,但效果各不相同,一般认为行星式离心磨机效果较好,因其工作靠离心力作用,加速度可达重力加速度的10倍以上,而普通滚筒式球磨机效果最差,它完全靠重力作功。作者曾系统对比振动磨(重力加速度的9.7倍)、行星式离心磨、振动磨样机、滚筒磨对黄铁矿的活化效果,系统测定上述设备将黄铁矿活化后,黄铁矿与$HNO_3-H_2SO_4$溶液反应的表观活化能和表观反应级数,其中表观活化能如表2-16所示。

表2-16 不同设备活化后黄铁矿与$HNO_3-H_2SO_4$
溶液反应的表观活化能　　　单位:kJ/mol

活化设备	活化时间/min				
	10	20	40	60	120
振动磨	58.9	59.3	47.5		
振动磨样机		61.1			
行星式离心磨	57.7	52.5			
滚筒磨				57.6	56.4

注:未活化矿浸出反应的表观活化能为73.9 kJ/mol

从表2-16可知,行星式离磨活化后表观活化能最小。表观反应级数的改变亦有类似规律。

b. 活化时间。一般说来,活化时间延长,则活化效果增加,某难处理钛原料用H_2SO_4分解时,其分解率与活化时间的关系如图2-40所示。从图2-40可知,随着活化时间的延长,分解率提高。但 P·巴拉兹在研究闪锌矿活化时,发现时间过长,则浸出率有降低现象,如图 2-41 所示。许多学者的研究结果亦有类似情况,其原因有待进一步研究。

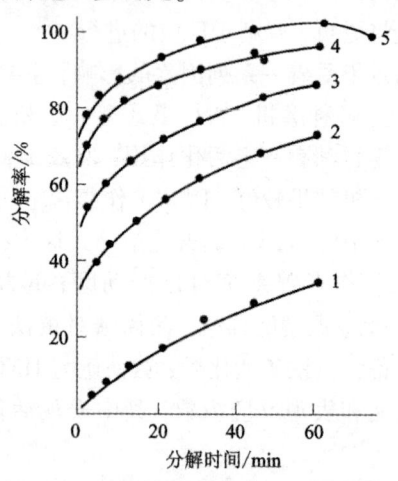

1—未活化;2、3、4、5—活化时间分别为 10, 30, 60, 90 min。
分解条件:H_2SO_4 的质量分数为 89%,温度 200℃。(据 T·A·普利亚辛娜)。

图 2-40　钛原料的活化时间与分解率的关系

c. 活化介质。一般说来在水中进行湿式活化(湿磨)与在空气中进行干式活化(干磨)效果不同,湿式活化时,矿浆对球的缓冲作用,使矿粒的活化效果变差。A.H·节里克曼在不同介质中将黑钨矿进行活化后,其 X 衍射线对比,如图 2-42 所示。从图可知,干式活化后,其谱线的改变较湿式大,所以湿式的效果不及干式,许多学者的研究结果亦反映出类似规律。但湿式磨矿的细磨效果一般比干式磨矿为好,所以,最终体现在浸出效果上,则往往是上述两因素的综合结果。在许多场合下,干式活化后,浸出率比湿式活化为高。A.H·节里克曼将黑钨分别用干式和湿式机械活化后,用质量分数为 20% 的 H_2SO_4 浸出,其结果如图 2-43 所

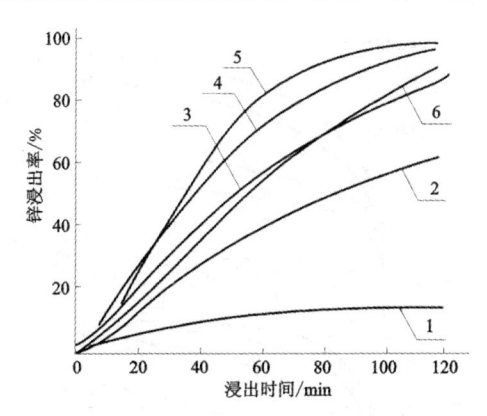

活化时间：1—0 min；2—7.5 min；3—15 min；
4—60 min；5—150 min；6—240 min。

图 2-41 闪锌矿活化时间对浸出率的影响

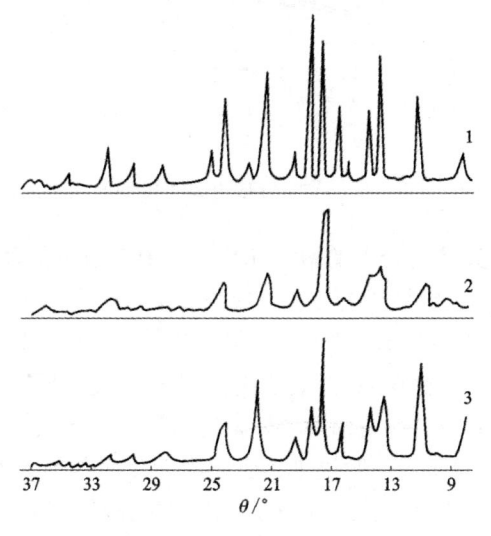

1—未活化；2—干式活化；3—湿式活化。

图 2-42 黑钨矿的 X 衍射线

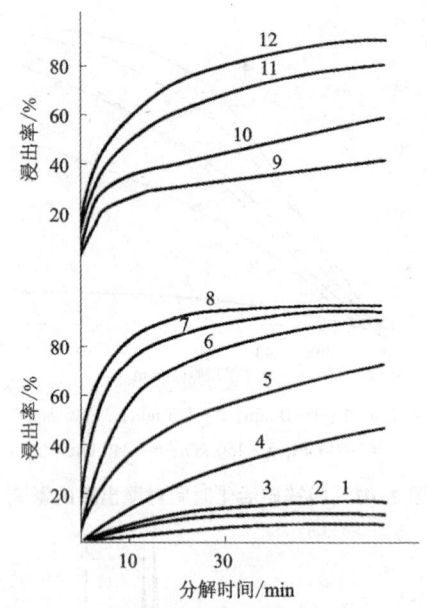

1, 2, 3, 4—未活化；5, 6, 7, 8—在行星式离心球磨机中干式活化 15 min；
9, 10, 11, 12—湿式活化。

图 2-43 黑钨精矿用质量分数为 20%H$_2$SO$_4$ 溶液浸出效果

示。但是在某些场合下的情况相反。A.H·节里克曼在 225℃下用 Na$_2$CO$_3$ 浸出钨锰矿的效果，如图 2-44 所示。从图 2-44 可看出，湿式活化的效果超过干式活化。节里克曼认为是由于浸出温度高，在高温下存在退火(去活化)过程，因此使原料活化的效果相对降低，而使颗粒变细的效果相对增加所致。

d. 活化温度。一般说来，在高温活化时同时存在去活化过程，故高温活化效果较低温为差。同理机械活化后的物料，若长期存放将发生去活化过程。

e. 矿石的类型。不同类型的矿在活化过程的行为不尽相同。对于性脆的白钨矿，活化时能量主要消耗在矿粒的细化、表面能的增加,同时嵌镶块尺寸的减小。而对于难磨的黑钨矿,其能量主要消耗于晶格的变形及产生各种缺陷,因此两者的活化效果不尽相同。A.H·节里克曼分别将黑钨及白钨活化2分钟后,用苏打浸出(用量为理论量的2倍),其效果如图2-45所示。

总之,机械活化过程复杂,其影响因素尚在进一步深入研究中。

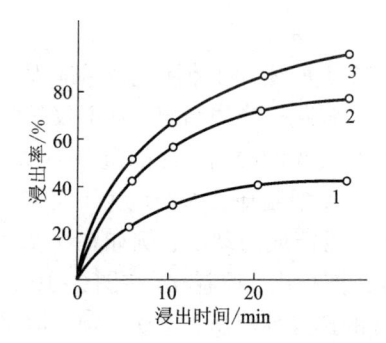

含钨锰矿中 WO_3, MnO、FeO、SiO_2 的质量分数分别为 62.31%、15.53%、7.78%、2.5%。
1—未活化;2—干式活化 15 min;
3—湿式活化 15 min。

图 2-44 用 Na_2CO_3 分解钨锰矿的效果

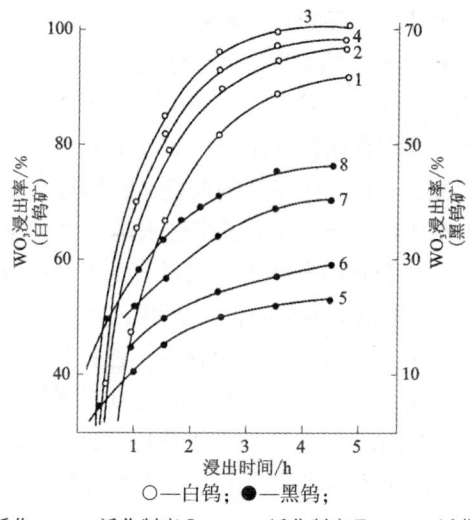

○—白钨;●—黑钨;
1.5—未活化;2.6—活化制度Ⅰ;3.7—活化制度Ⅱ;4.8—活化制度Ⅲ。

图 2-45 黑钨及白钨机械活化后的浸出效果

3. 应用展望

综上所述，机械活化技术能大幅度提高浸出速度，实现浸出过程的强化。应当指出，它不仅是强化现有浸出过程的手段，而且是开发新的浸出方法的重要手段。某些热力学上可能而仅由于反应速度限制却被人们认为不可能实现的过程，采用机械活化技术后，可能成为现实，例如在2.2.3.2节根据 $Zn-Fe-H_2O$ 系的 $\varphi-pH$ 图指出，控制 pH 在图 2-10 的 II 区内，可实现 $ZnO \cdot Fe_2O_3$ 中锌的选择性浸出，与铁分离，但采用常规浸出方法时，由于 II 区内酸度很低，反应速度慢，因而实际上不可能实现。我们在研究锌焙砂酸性浸出渣的选择性浸出时，预先将渣在振动磨机内活化 20 min，再在酸用量为理论量 50%、95℃的条件下浸出 2 小时，$ZnO \cdot Fe_2O_3$ 相中锌的浸出率达 85%，铁的总浸出率仅 13% 左右，基本上实现了选择性浸出。因此不应仅将机械活化视为强化现有过程的手段，而且应该视为开拓新浸出方法的手段。

由于经济和技术上的原因，机械活化技术的工业应用应首先着眼于那些规模较小而产值较高的稀有金属冶金领域和贵金属冶金领域，近年来我们将该技术用于钨矿物原料碱分解，配合对体系的热力学研究，进行工艺参数的调整，以创造必要的热力学条件，开发了机械活化碱分解工艺，使过去国内外专家普遍认为白钨矿不能被 NaOH 分解的看法得到纠正。本工艺已成为处理各种钨矿物原料（含白钨精矿和低品位黑白钨混合中矿）的通用工艺，已在国内钨冶金工厂广泛采用。现在本工艺亦横向推广到独居石和氟碳铈矿的碱分解获及明显效果，因此可以预计机械活化技术在稀有金属冶金领域中有着广泛的工业应用前景，随着技术的发展和经验的积累，亦有可能推广到其他有色金属冶金领域。

在工艺上，机械活化浸出的实施可能有两种方案：①机械活化过程与浸出过程分开，即先在活化设备内进行干式活化，然后再转入浸出槽进行浸出；②机械活化与浸出结合在同一磨机中进行。前者的优点是干式活化,效果好,同时活化设备没有必要控制一定的反应温度,也没有浸出剂的腐蚀。因此易于设计和加工,其不足处是流程长、粉状物料转运繁琐,同时已活化料的转运过程中难免有自动退火过程使活化效果降低。将机械活化与浸出结合在同一设备进行的优点是工艺过程简单,但其设备既要满足活化过程的要求,又要满足浸出过程要求(如加热、防腐等),因此复杂难以设计加工。至于其活化效果,一方面湿式活化效果比干式差,另一方面由于在活化时浸出剂同时存在,可充分利用矿与球互相冲击瞬间高温、高能量的机遇进行反应。因此最终体现在浸出方面的效果还有待于进一步研究。总的说来,当设备的耐腐材料不难解决时,将活化与浸出过程结合可能有其一定的优越性。

至于在工业规模下的活化设备,行星式离心磨的活化效果虽好,但在大型化方面难度较大,如果要求将活化与浸出结合在一起进行,则更困难;振动磨是可供选择的较好的方案,作者系统对比了多种活化设备的活化效果,表明振动磨属比较好的(参见表2-16),同时作为磨矿设备,它已经工业化,适当的进行改造就能适应浸出方面的要求。

2.3.9.2 超声波活化

超声波目前广泛用于物体的表面清洗及某些破碎过程。早在20世纪50年代,人们就发现超声波能强化浸出过程。60年代中期,Н. Н·哈夫斯基等开始研究用超声波强化白钨矿的苏打浸出过程,发现能使浸出率成倍提高。А. А·别尔希茨基等在研究白钨矿的硝酸分解过程时,证明由于超声波破坏了矿粒表面的H_2WO_4膜,从而使过程由固膜扩散控制过渡到化学反应控制。在90~95℃,HNO_3过量50%,硝酸的质量分数为30%的条件下,经过1小时,分解率达99%。В. Н·什马列依等在工业条件下研究表明:在HNO_3分解白钨精矿时,当不用超声波活化,在90℃,

HNO₃用量为理论量的360%的条件下分解4小时，分解率仅93%；而用超声波活化时，在80℃，HNO₃用量为理论量的150%的条件下，分解1.5 h，分解率达99.4%。我国彭少方等在研究白钨精矿盐酸分解时，发现当温度为40℃，初始盐酸浓度为2 mol/L，分解时间为2 h，则无超声波作用时，分解率32.7%；有超声波作用时，分解率达98.8%。并且使白钨矿与盐酸反应的表观活化能由83.05 kJ/mol降为13.72kJ/mol。与此同时，苏联学者在用超声波强化白钨矿苏打分解速度的工业设计与制造有关工业设备方面取得一定进展。

超声波活化的机理尚在研究中，当超声波在水中传播过程时，水相每一个质点都发生强烈的振荡，每个微区都反复经受着压缩与拉伸作用，导致空腔的反复形成与破裂，在其破裂的瞬间，从微观看来，其局部温度升高达1000℃左右，压力亦升高许多(空腔效应)。许多学者认为在这种情况下，它对浸出过程的作用将一方面表现为"力学"的：使水相具有湍流的水力学特征，外扩散阻力大幅度降低，大幅度加速了固体表面以及其裂纹中的传质过程；使气体反应剂分散同时乳化；与此同时对反应的固体生成物膜产生剥离作用，清洗了反应表面；对固体颗粒产生粉碎作用，产生裂纹和孔隙，已经发现在超声波作用下，被浸出矿粒表面是凹凸不平的；另一方面在氧化还原反应中也不能排除超声波的化学作用，在空腔效应中，亦可能使水分解为活性基：

$$H_2O \xrightarrow{超声波} H \cdot OH \cdot H_2O_2$$

这些活性基将直接参与氧化还原过程，导致过程的强化。

2.3.9.3 热活化

将矿物原料预加热到高温，然后急冷，往往能提高其与浸出剂反应的活性，强化其反应速度。造成热活化的原因主要是由于相变及物料本身的急冷急热而在晶格中产生热应力和缺陷，同时在颗粒中产生裂纹。例如锂辉石($Li_2O \cdot Al_2O_3 \cdot 4SiO_2$)的低温相α-锂辉石基本上不与酸作用,但升温至1100℃时由α型转为β型,体积膨胀约24%,冷却后β-锂辉石成为细粉末,易与硫酸反应。

同样前苏联学者发现将白钨精矿加热到600~700℃,迅速冷却后再用Na_2CO_3高压浸出,其浸出率可提高2%~3%。

将物料高温锻烧不仅有活化作用,同时能除掉某些挥发性杂质以及精矿中残留的浮选剂。

2.3.9.4 辐射线活化

在一定的辐射线照射下,使矿物原料在晶格体中产生各种缺陷,同时也可能使水溶液中某些分子离解为活性较强的原子团或离子团,从而加速化学反应。

在辐射线中最强的为γ射线。γ射线通过物质时,其一部分能量被吸收,所吸收的能量中约50%消耗于使物质的分子或原子处于激活状态,约50%消耗于使原子离子化。这些使物质的化学反应活性增加,往往能使浸出过程加速。

以U_3O_8的H_2SO_4浸出为例,一般情况是在浸出时加入氧化剂如Fe^{3+}、HNO_3等(相应地加入了杂质),使铀氧化为6价才能有足够的浸出速度。但在γ射线的作用下,水中产生HO_2、OH、H_2O_2等原子团,对铀起氧化作用:

$$U(Ⅳ)+HO_2+H^+ \longrightarrow U(Ⅵ)+OH+OH^-$$

$$U(Ⅳ)+OH \longrightarrow U(Ⅴ)+OH^-$$

因而保证足够的浸出速度。根据 А.Е.Медведев 的试验,有γ射线照射与无γ射线照射时,U_3O_8在浓度为1~2 mol/L H_2SO_4溶液中浸出速度对比,如图2-46所示。

与γ射线一样,用微波照射往往能使物质活化并加速传质过程,加快浸出速度。彭金辉等研究$FeCl_3$浸出闪锌矿时,用微波辐射加热与用传统方式加热时,其锌的浸出率与时间的关系对比,如图2-47所示。

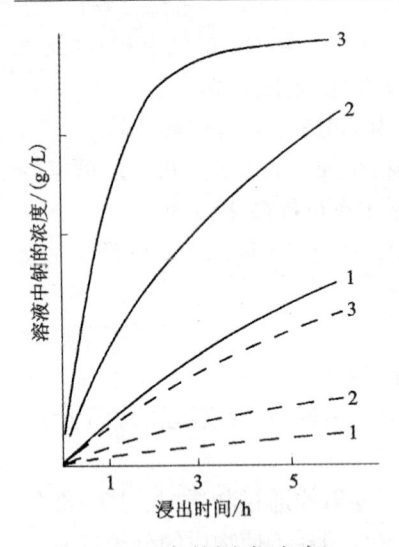

图 2-46 U_3O_8 在 2 mol/L H_2SO_4 中的浸出速度

——有 γ 射线($15.48×10^{-2}$ C/kg·s)照射；
----无 γ 射线照射。
1—重铀酸铵在 900℃下锻烧 3h，慢冷却；
2—$UO_2(NO_3)_2$ 在 800℃锻烧 3h 迅冷速却；
3—$UO_2(NO_3)_2$ 在 700℃锻烧 1h，慢冷却。

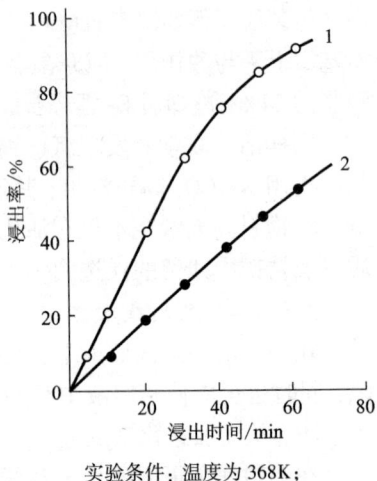

实验条件：温度为 368K；$FeCl_3$ 浓度为 1.0 mol/L。
1—微波辐射；
2—传统方式加热。

图 2-47 微波辐照与传统加热方式下的 Zn 浸出率与加热时间 τ 的关系

2.3.9.5 催化剂在浸出过程中的应用

当浸出过程受化学反应控制时，在某些情况下加入某种催化剂能强化浸出过程。

目前，催化剂主要用于强化那些有氧化还原反应的浸出过程。发现在许多硫化矿的氧化浸出过程中，HNO_3 有良好的催化作用。例如辉钼矿的高压氧浸时，如果加入 10%~20% 理论量的 HNO_3 时，浸出率将大幅度提高，其催化作用可用下列反应式解释：

$$MoS_2 + 6HNO_3 = H_2MoO_4 + 2H_2SO_4 + 6NO$$

$$6NO+3O_2 \Longrightarrow 6NO_2$$
$$6NO_2+3H_2O \Longrightarrow 3HNO_2+3HNO_3$$
$$3HNO_2 \Longrightarrow HNO_3+2NO+H_2O$$

因此，HNO_3 实际上起着中间反应的作用。

在闪锌矿高压氧浸、含金黄铁矿氧化预处理时，加入 HNO_3 也都能大幅度提高其反应速度。这种催化作用已广泛用于硫化矿的氧浸过程。

在硫化矿的氧浸和酸浸过程加入 Cu^{2+}、Fe^{3+}，在 UO_2 矿碱性氧化浸出时加入 Fe^{3+}，对反应都有催化作用。T. R · 斯科特（T. R. Scott）等曾按下列两种方案进行闪锌矿的高压氧浸：

a. 在酸性介质中：$ZnS+\dfrac{1}{2}O_2+H_2SO_4 \Longrightarrow ZnSO_4+S°+H_2O$

b. 在水中：$ZnS+2O_2 \Longrightarrow ZnSO_4$

发现在酸性介质中，Cu^{2+}、Fe^{3+}、Bi^{3+}、MoO_4^{2-} 离子都有催化作用，锌的浸出量与溶液中 Cu、Fe 离子浓度的关系如图 2-48 所示。

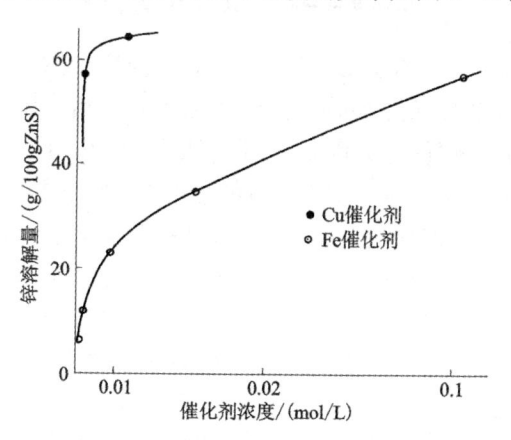

图 2-48　闪锌矿在酸性介质中高压氧浸时，浸出速度与 Cu、Fe 离子浓度的关系（113℃，1h）

在水中进行高压氧浸，铜离子、钴离子、银离子同样有催化作用，铜离子的影响如图2-49所示。

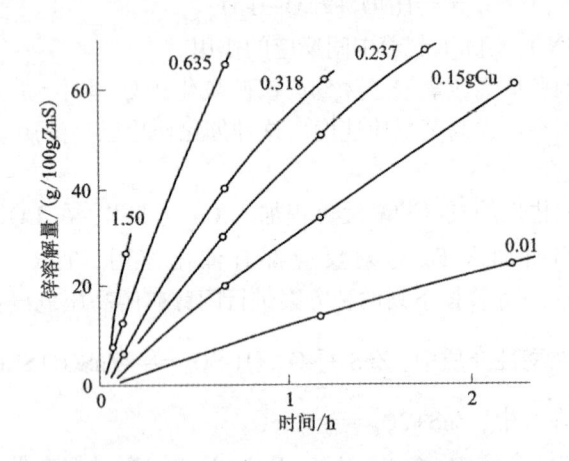

图2-49 闪锌矿在水介质中高压氧浸时，浸出速度与溶液中铜质量含量的关系

其他硫化矿亦有类似的规律性，W·缪拉克(W. Mulak)在研究Ni_3S_2硝酸浸出时，发现向溶液中加入Cu^{2+}后，其浸出速度迅速增加。B·佩西克(B. Pesic)在研究斑铜矿(Cu_2FeS_4)的高压氧浸时，亦发现Fe^{2+}，Fe^{3+}能提高铜的浸出率，如图2-50所示。

综上所述，对氧化还原反应的浸出过程而言，许多金属离子(特别是变价金属)都有一定的催化作用。这些催化作用可以强化冶金反应。至于催化的机理，目前研究不够充分，不同学者有不同看法，同时对不同的矿物原料亦不尽相同，有待进一步研究。

总之，矿物原料的活化和催化剂的应用，为浸出过程的强化显示了良好的前景，预计它将为提高浸出过程的效益发挥大的作用。

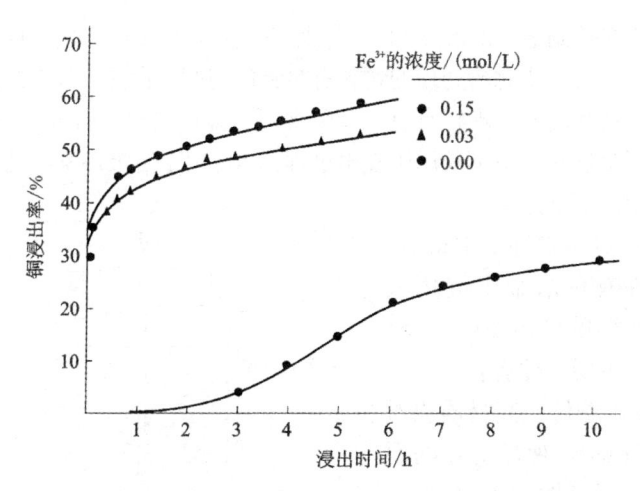

P_{O_2} = 0.1 MPa；[H^+] = 0.1mol/L；90℃；矿粒度 0.043~0.038 mm。

图 2-50　斑铜矿氧浸出时，Fe^{3+}对浸出率的影响

2.4　浸出过程的工程技术

2.4.1　浸出的方法及设备

2.4.1.1　搅拌浸出

搅拌浸出法为冶金中应用最广泛的浸出方法，其实质是将原料充分磨细(0.04~0.1 mm)，以保证足够的比表面积，然后与浸出剂混合，在激烈搅拌并保证一定温度的条件下进行反应。因而两相间接触面积大，传质条件好，浸出速度快。

作为搅拌浸出的设备，一方面在结构上要求其搅拌效果好，相应地液—固(或液—固—气)相间有良好的传质条件，同时能按

工艺要求控制适当的温度和压力；另一方面应有足够的强度且在作业条件下其材质对所处理的物料有足够的耐腐蚀性能，即应选择适当的材料和内衬。现将有色冶金中常用的搅拌浸出设备介绍如下，应当指出这些设备不仅用于浸出过程，亦可用于溶液净化、结晶等其他湿法冶金过程。

1. 机械搅拌浸出槽

在有色冶金中应用最广，其简单结构如图2-51所示，主要部件有：

(1) 槽体。其材质应对所处理的溶液有良好的耐腐性。对碱性、中性的非氧化性介质而言，可用普通碳素钢；对酸性介质可用搪瓷，但在高温及浓盐酸的条件下特别是当原料中含氟化物时，搪瓷的使用寿命很短，一般系在钢壳上衬环氧树脂后再砌石墨砖，或内衬橡胶；对 HNO_3 介质、NH_4OH - $(NH_4)_2SO_4$ 介质而言，可用不锈钢。对 $H_2SO_4-O_2$ 体系同时含有足够的铜离子时，亦可用不锈钢。浓硫酸体系在常温下可用铸铁、碳钢，高温下应用高硅铁。

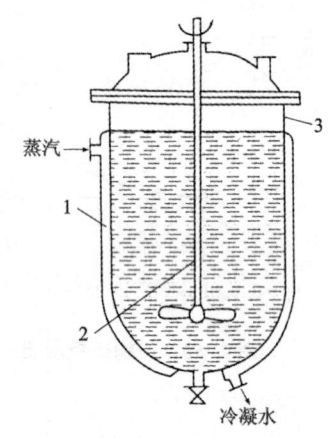

1—夹套；2—搅拌器；3—槽体。

图2-51 机械搅拌浸出槽结构示意图

(2) 加热系统。一般除内衬石墨或橡胶、环氧树脂的槽以外，均可用夹套或螺管通蒸气间接加热，而对衬橡胶或石墨砖的槽，一般用蒸气直接加热。对一般钢槽亦可用工频感应加热。

(3) 搅拌系统。机械搅拌桨常有涡轮式、锚式和螺旋式、框式、耙式等不同类型。搅拌的转速、功率随槽尺寸及处理的矿浆性质而定，兹举某搪瓷反应器系列的数据如表2-17所示。

表 2-17　某搪瓷反应器系列的基本数据

公称容积/L	100	300	500	1000	1500	2000	3000
反应器内径/mm	600	800	900	1200	1300	1300	1600
反应器高度/mm	565	870	1070	1270	1470	1815	1810
搅拌器型式	锚	锚	锚,框	锚,框	框	框	框
搅拌器转速/(r/min)	85	63,85	63,85	63,85	63,85	63,85	63,85
搅拌功率/kW	0.8	3	3	4	4	4	5,5

2. 空气搅拌浸出槽(帕秋卡槽)

其简单结构如图 2-52 所示。槽内设两端开口的中心管,压缩空气导入中心管的下部,气泡沿管上升的过程中将矿浆由管的下部吸入并上升,由其上端流出,在管外向下流动,如此循环。相对于机械搅拌浸出而言,帕秋卡槽的特点为结构简单,维修和操作简便,有利气—液或气—液—固相间的反应,但其动力消耗大,约为机械搅拌槽的 3 倍左右。此设备常用于贵金属的浸出。帕秋卡槽的高径比一般为(2~3):1,有的达 5:1。

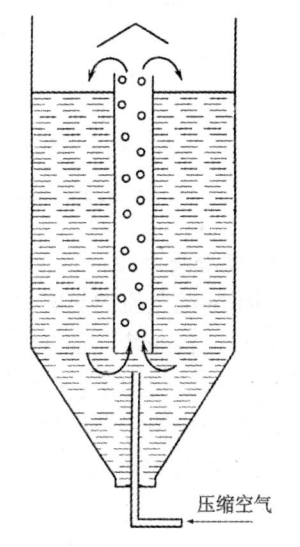

图 2-52　空气搅拌浸出槽

3. 管道浸出器

其工作原理如图 2-53 所示。

混合好的矿浆利用隔膜泵以较快的速度(0.5~5 m/s)通过反应管,反应管外有加热装置对矿浆进行加热,在反应管的前部主要利用已反应后的矿浆的余热用夹套加热,后部则用高压蒸气或工频感应加热到浸出所需的最高温度(如铝土矿浸出需 290℃)。因而矿浆在沿管道通过的过程中温度逐步升高并进行反应。管道反应器的特点是由于矿浆快速流动,管内处于高度紊流状态,传质及传热效果良好,加上温度高,因而浸出效率高,一般反应时间远比搅拌浸出短。

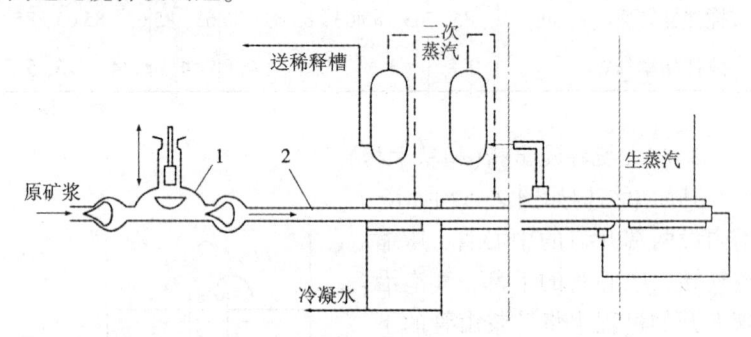

1—隔膜泵;2—反应管。

图 2-53　管道浸出器工作原理示意图

4. 热磨浸出器

用于酸性介质的热磨浸出器的结构,如图 2-54 所示。

这种设备的特点是在磨矿的同时进行浸出,它将磨矿过程对矿物的机械活化作用、对矿粒表面固态生成物膜的剥离作用、对矿浆的搅拌作用与浸出的化学反应有机结合,因而浸出速度及浸出率远比机械搅拌浸出高,特别是当过程为固膜控制时更为明显。该设备根据浸出液的不同特点,内衬不同的耐腐介质,同时在采取严格的密封和耐压措施时,亦可在高温高压下工作。目前它已在工业上用于白钨精矿的酸分解以及各种钨矿物原料的 NaOH 分解和独居石的 NaOH 分解。

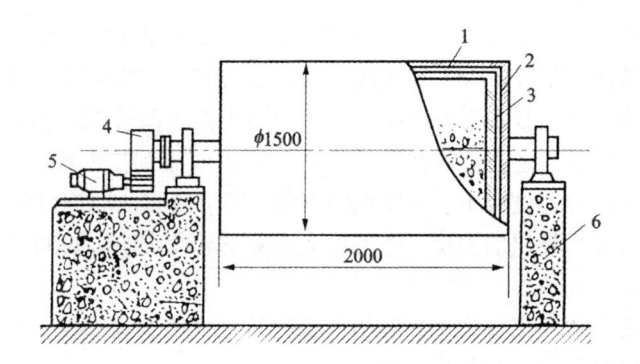

1—钢制圆筒；2—耐酸胶；3—石英砖；4—减速机；5—电机；6—机座。

图 2-54　热磨浸出器结构示意图（单位：mm）

5. 流态化浸出塔

其工作原理如图 2-55 所示。

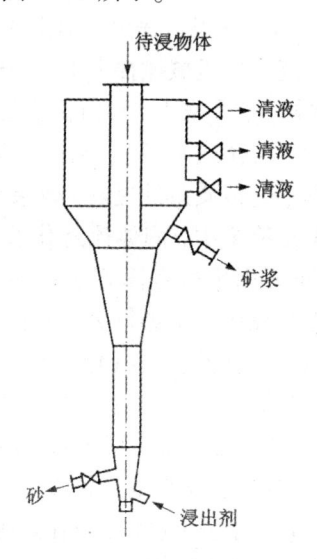

图 2-55　流态化浸出塔示意图

矿物原料通过加料口加入浸出塔内，浸出剂溶液连续由喷咀进入塔内，在塔内由于其线速度超过临界速度，因而使固体物料发生流态化，形成流态化床。在床内由于两相间传质及传热条件良好，因而迅速进行各种浸出反应。浸出液流到扩大段时，流速降低到临界速度以下，固体颗粒沉降，而清液则从溢流口流出。

为保证浸出的温度，塔可做成夹套通蒸气加热，亦可用其他加热方式加热。

流态化浸出过程中，液相在塔内的直线速度为重要参数。其值随原料的密度和粒度而异。

流态化浸出的特点是：溶液在塔内的流动近似于活塞流，容易进行溶液的转换，易实行多段逆流浸出；相对于搅拌浸出而言，颗粒磨细作用小，因而对浸出后的固态产品保持一定的粒度有利；流态化床内有较好的传质和传热条件，因而有较快的反应速度和较大的生产能力。据报道锌湿法冶金酸性浸出时采用流态化浸出，其单位生产能力比机械搅拌大 10~17 倍，特别是对有氧参与的浸出过程（例如金矿的氰化浸出），是先将矿与浸出剂加入塔内，然后从底部鼓入氧（或空气），利用气流使矿料形成气—液—固三相流态化床，其传质条件更好，效果更佳。

应当指出，在湿法冶金中，固体流态化的原理和设备，不仅用于浸出过程，同时可用于所有固相参加的过程，如置换过程等。据报道，在流态化反应器中进行 $ZnSO_4$ 溶液的锌粉置换除铜镉时，生产能力比机械搅拌槽大 8~10 倍。

2.4.1.2 高压浸出

由于浸出速度一般随温度的升高而明显增加，某些浸出过程需在溶液的沸点以上进行；对某些有气体参加反应的浸出过程，气体反应剂的压力增加有利于浸出过程，故在高压下进行，称为高压浸出或压力溶出。高压浸出在高压釜内进行，高压釜的工作原理及结构与机械搅拌浸出槽相似，但应能耐高压，密封良好，若从设备上来说，可归属于机械搅拌浸出。高压釜有立式及卧式两种，卧式釜的结构如图 2-56 所示。其材质与上述机械搅拌槽相似，一般分成数个室，矿浆连续溢流通过每个室，每室有单独的搅拌器。

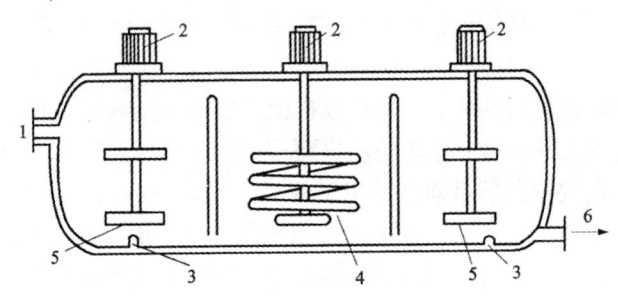

1—进料；2—搅拌器与马达；3—氧气入口；4—冷却管；5—搅拌器；6—卸料。

图 2-56 卧式高压釜结构示意图

目前在冶金工业的立式高压釜工作温度达 230℃ 左右，工作压力达 2.8 MPa。

2.4.1.3 渗滤浸出

渗滤浸出法常用以浸出低品位、粗颗粒(9~13 mm)的矿物原料，有时亦用以浸出透过性能良好的烧结块，其实质如图 2-57 所示。水泥或钢槽内壁衬适当的内衬材料，槽底有假底，它能让溶液通过而矿粒不能漏下，

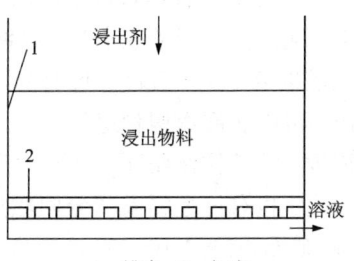

1—槽身；2—假底。

图 2-57 渗滤浸出示意图

待处理的矿则放在假底上，浸出液连续流过矿粒层。其流动的方式可以是从槽上部流入，然后从底部流出；也可以从底部流入，然后以溢流的方式从上部流出，一般情况下后一种方式工艺上更可靠，溶液通过矿粒层的过程中，即与矿粒发生反应将其中的有

价元素浸出。

目前工业上所用的渗滤浸出规模随处理的物料而异，槽的体积可达 1000 m³。在大规模浸出时，亦可将几个槽串联进行逆流连续浸出。这样能保证更好的浸出效果，更高的溶液浓度。

2.4.1.4 堆浸

堆浸是处理贫矿、表外矿或矿山产出的含金属品位很低的废石的有效方法，对上述矿的浸出而言，它具有工艺简单、投资少、成本较低的特点。目前广泛用于低品位铜矿、金矿以及铀矿的处理。据报道八十年代末期美国和澳大利亚采用堆浸法产出的黄金量分别占其总产量的 50% 和 80% 以上，现在全世界用堆浸法产出的铜占铜总产量 10%，前苏联用堆浸法和地下浸出法产出的铀占其铀总产量的 40% 左右。因此堆浸法在湿法冶金中占有十分重要的地位，且随着资源的开发与利用，贫矿比例越来越大，它的地位将越来越突出。

堆浸法的过程是将待浸出的矿石露天堆放在水泥涂沥青的地面上，地面设有沟槽或水管，以便收集溶液。利用泵将浸出剂喷洒在矿堆上，并在流过矿堆时与矿石进行反应，将其中有价元素浸出，再由底部沟槽管道收集。为使浸出液中有价金属富集到一定浓度，溶液往往循环，直至达到要求为止，矿堆经过一定时期的浸出，将有价金属大部分回收后，再废弃。其浸出周期，对大型堆(矿石量超过 100000 t)而言，长达 1~3 年，对小型矿堆(矿石量数千吨)而言，5~6 星期。

堆浸法处理的原料有两种类型，即采出的原矿块直接堆浸和矿块经破碎至 10~50 mm 后再堆浸，为保证矿堆内的渗透性，对细粒的要进行制粒处理。

目前国内外用堆浸法处理低品位金矿、铜矿和铀矿时都得到较好指标。在处理品位 2 g/T 左右的石英脉金矿时，一般以质量分数为 0.05%~0.15% 的 NaCN 溶液为浸出剂，金回收率达 70%~

90%;处理品位为 0.05%~0.3%的铀矿时,回收率达 80%~90%。

在硫化铜矿和铀矿的堆浸时,在浸出剂中往往加入菌种,进行细菌浸出,以加快反应速度。

2.4.2 浸出工艺

2.4.2.1 间歇浸出

间歇浸出是将浸出剂(酸或碱)、水和精矿加到带搅拌装置的反应器中,在指定的温度和浸出剂浓度下接触一定时间,若搅拌非常均匀时,反应器中各部分的组成、温度、压力及反应速度等大致相同。但随着反应的进行,反应物的组成不断改变,反应速度也不断改变,到反应告一段落时,物料即从反应器中全部卸出,再重新加料,重复上述操作。这就是间歇浸出。其优点是操作过程简单,缺点是处理每批精矿的加料和卸料操作及升温阶段都需时间,故周期长,设备利用率低,同时能耗较高。

2.4.2.2 连续并流浸出

连续并流浸出,如图 2-58 所示。

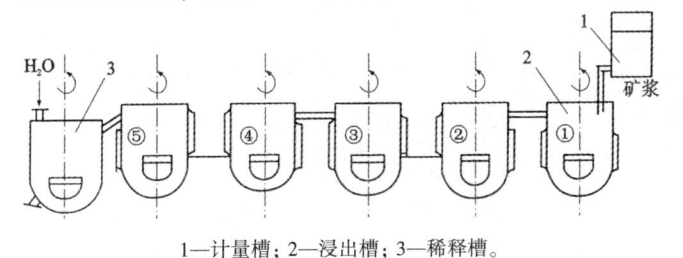

1—计量槽;2—浸出槽;3—稀释槽。

图 2-58 串联并流连续浸出示意图

并流连续浸出是将浸出剂、水和精矿连续加入到反应器中,并连续卸料。在这种情况下,设计的搅拌系统必须使固体和液体在溢流时保持进料时的比例。一般是在几个串联起来的反应器内进行(图 2-58)。而很少采用单级反应器。这是因为在单级反应器中进行并流连续浸出时,精矿中各部分矿粒的分解(反应)时间不相同,会有少部分精矿未在反应器内停留足够的时间,而从进料口直接到溢流口卸出,未达到分解的目的;另有少部分矿粒在反应器内的停留时间很长,特别一些重的、粗粒的精矿,搅拌对它不起作用,将无限期地停留在反应器内,直到反应器停止工作和需要清理时才被卸出。因此,矿粒的分解时间(即在反应器内停留时间)是分布在 $0 \to \infty$ 的范围内,而采用多个反应器进行串联并流连续浸出则能克服此缺点,且串联的反应器愈多,或者说级数 N 愈大,则停留时间(即反应时间)接近其平均停留时间的矿粒愈多,连续反应器的停留时间分布函数如图 2-59 所示。

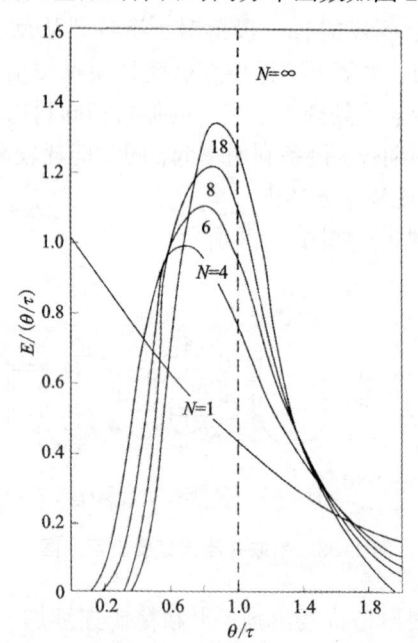

$\bar{\tau}$—平均停留时间;θ—停留时间;N—混合级数;E—分布函数,$E = \theta\bar{\tau}$。

图 2-59 串联连续反应器的停留时间分布函数图

第 2 章 浸 出

串联并流连续浸出的特点是：(a)各单个反应器内反应物的浓度，反应速度是恒定的，但同一串联系列中各个反应器则互不相同，可根据浸出过程的要求在不同的反应器内控制不同的温度、搅拌速度；(b)设备生产能力大；(c)易于进行自动控制；(d)热利用率高，能耗低。

2.4.2.3 连续逆流浸出

根据逆流原理进行精矿浸出，就是在一系列串联的分解槽中，浸出剂和精矿浆分别由系列的两端加入，精矿与溶剂逆向而行，如图 2-60 所示。

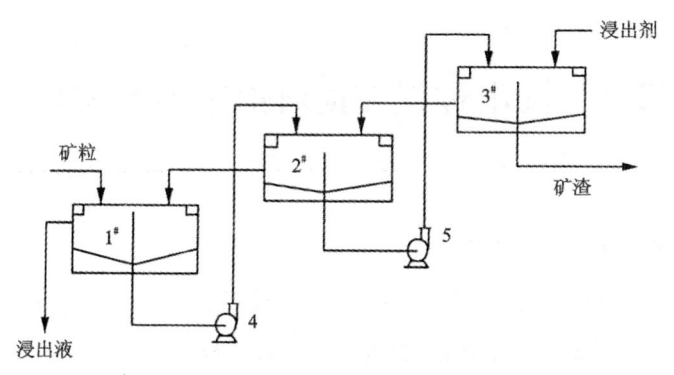

1, 2, 3—浸出槽；4, 5—泵。

图 2-60 连续逆流浸出的流程图

这种方式很适宜于高品位精矿的浸出，因高品位精矿需耗大量的浸出剂(如酸或碱)，而在并流操作过程中随着反应的进行，浸出液中浸出剂浓度逐渐降低，金属离子的浓度又逐渐增加，使浸出速度显著降低。当用逆流浸出时，已与浸出剂接触过的精矿，再次与新的浸出剂反应，得到进一步浸出；同时已与精矿接触过的母液，再与新矿反应，使其中剩余的浸出剂得到利用。最后达到浸出液中金属离子浓度高，而残渣中有价金属的浓度降到最低，而且浸出剂用量最少。同时效率高，还可减小设备的尺寸，易实现连续化和自动化。

逆流操作也常用于洗涤过程。例如，独居石精矿碱液分解后的水洗、混合稀土精矿碳酸钠焙烧后的水洗等都可用连续逆流工艺进行。

2.4.2.4 错流浸出

即一批浸出剂在浸出一批新矿并进行液固分离后，又去处理另一批新矿。这种工艺适用于处理低品位矿，有利于降低浸出剂用量，提高浸出液中金属的浓度。

2.5 浸出过程在提取冶金中的应用

2.5.1 碱性浸出

碱性浸出主要指用 NaOH 或 Na_2CO_3、Na_2S 作浸出剂的浸出过程，在某些情况下氨浸过程亦属于碱性浸出。

2.5.1.1 某些碱性浸出剂的特性

1. NaOH

(1) 属强碱，可用以从弱碱盐及单体酸性氧化物中浸出各种酸性氧化物，如从 $CaWO_4$ 中浸出 WO_3 等。

(2) 其沸点和平均活度系数均随浓度的增加而增加，例如 NaOH 质量分数分别为 10%、20%、30%、40%、50%、60%时，其沸点分别为 103.5、108、117.5、128、143 和 162℃。NaOH 的平均活度系数与浓度及温度的的关系参见表 2-7。

从表 2-7 可知，采用 NaOH 浸出时，若在较高浓度下进行，即使在常压下也可能采用较高的温度，同时可大幅度提高反应物的活度，因此在动力学和热力学上都可得到有利条件。

2. Na_2CO_3

Na_2CO_3 的碱性较弱，在 25℃，质量浓度为 100 g/L 时，溶液的 pH 仅 12 左右，在 pH 为 12 和 9 之间时，则为 Na_2CO_3 与 $NaHCO_3$ 的混合溶液，Na_2CO_3 可用于浸出酸性较强的氧化物，如 WO_3 等，亦用以浸出某些钙盐形态的矿物，如白钨矿等，此时利用其中 CO_3^{2-} 与 Ca^{2+} 形成难溶的 $CaCO_3$，有利于浸出反应的进行。

在一定浓度范围内，Na_2CO_3 溶液的平均活度系数随其浓度的升高而降低，例如2，在 25℃ 下当 Na_2CO_3 浓度分别为 0.01、0.1 和 1 mol/L 时，其平均活度系数分别为 0.729、0.446 和 0.264，因此从热力学上看，Na_2CO_3 浸出时，浓度过高其效果并不会明显提高。

3. NH_4OH

NH_4OH 属弱碱，在 25℃，浓度为 1 mol/L 时，溶液的 pH 为 11.7，故当作碱性浸出剂时，仅适用于浸出某些酸性氧化物（在铜矿、镍矿的高压氨浸时，氨不是作为碱性浸出剂，而是作为络合剂进行络合浸出，不属此例）。

NH_4OH 溶液特点之一是其 NH_3 的平衡蒸气压随 NH_3 的浓度和温度的升高而增加，如表 2-18 所示。

表 2-18 NH_4OH 溶液中 NH_3 的平衡分压与 NH_4OH 质量分数及温度的关系

（平衡分压单位，kPa）

质量分数 /%	温度/℃					
	0	20	40	60	80	100
5	1.34	4.56	10.21	22.32	43.00	75.09
10	3.22	9.37	22.98	49.07	93.76	163.20
15	5.99	16.72	39.76	83.10	156.24	269.17

从表 2-18 可知，对质量分数为 10%（约相当于 6 mol NH_3/1000 g H_2O）的氨溶液而言，在 80℃ 时 NH_3 的分压已达 93.76kPa，若加上 H_2O 的蒸气压，则总压已达 140.99kPa。因此，除低浓度及较低温度下的浸出过程可在常压下进行外，较高浓度及较高温度时均应在密封设备中进行。

2.5.1.2 碱性浸出在提取冶金中的应用概况

碱性浸出为有色冶金中应用较广的浸出方法之一，它主要用于从两性金属氧化矿或冶金中间产品中浸出有色金属，分解含氧酸盐矿（如独居石（$REPO_4$）、黑钨精矿（Fe、Mn）WO_4）以及从精矿或冶金中间产品中除去酸性或两性杂质，其应用情况如表 2-19 所示。

表 2-19　碱浸法在有色冶金中的应用

名　称	简　况	备　注
铝土矿的碱溶出	在温度为 200℃ 左右，苛性钠质量浓度为 300~320g/L 下浸出铝土矿	大部分 Al_2O_3 用本工艺生产
黑钨精矿、白钨精矿或难选钨中矿的 NaOH 浸出	在温度为 100~170℃ 左右，NaOH 的质量浓度为 200~500 g/L 时，浸出率 97%~99%	工业上处理钨原料的主要方法
用 NaOH 从铅、锌氧化矿和碳酸盐矿浸出铅、锌	对于氧化矿，在 40~50℃ 时，经 1~2h，铅、锌浸出率分别为 80%~90% 和 83%~93%。	
从铅、锌氧化矿浸出 GeO_2	在 NaOH 质量浓度为 200~250 g/L 下，锗、镓浸出率 92%~98%	
从锗石矿浸出 GeO_2	NaOH 的质量分数 50%。	工业生产方法
独居石碱分解	NaOH 浓度约 50%，150℃，分解率 98% 左右	工业上分解独居石精矿的主要方法
白钨矿 Na_2CO_3 分解	200~250℃，Na_2CO_3 用量为理论量 3 倍左右，渣含 WO_3<1%	工业生产方法

续表 2-19

名　称	简　况	备　注
钨酸及钼焙砂氨浸		工业生产方法
难选钨中矿预处理	NaOH 的质量浓度为 10～20 g/L；80～90℃，可除去原料中 20%～25% 砷，13%～15%钼及大部分浮选剂	
硫化锑精矿的碱性浸出	Na₂S 的质量浓度为 120～140 g/L，NaOH 的质量浓度为 20～30 g/L，75～100℃，锑浸出率>99%	

现以铝土矿的碱浸出和钨精矿的碱浸为例，简单介绍其工艺过程。

2.5.1.3 铝土矿的碱溶出

1. 基本原理

铝土矿碱溶出的反应可用下式表示：

$$AlOOH + NaOH_{(aq)} = NaAlO_{2(aq)} + H_2O$$
$$Al(OH)_{3(s)} + NaOH_{(aq)} = NaAlO_{2(aq)} + 2H_2O$$

该反应所需的热力学条件已在本章 2.4 节中介绍，这里不重复。

铝土矿中 Al_2O_3 的具体形态因矿源而异，分别有三水铝石($Al(OH)_3$)，一水软铝石($\gamma\text{-}AlOOH$)，一水硬铝石($\alpha\text{-}Al_2O_3$)，其活性按上述次序依次降低。因此其动力学规律亦不尽相同，I. R. Glastonbury 的试验指出，对三水铝石而言，在 25～100℃ 范围内，其浸出过程为化学反应控制，动力学方程式可用下式表示

$$v = 4.6 \times 10^5 SC_{NaOH}^{1.78} e^{-99790/RT}$$

式中，S 为三水铝石的表面积，cm^2。反应的表观活化能为 99.8 kJ/mol，因此在 25～100℃ 范围内为化学反应控制，但温度超过 150℃ 则逐步向扩散控制过渡。

对一水软铝石和一水硬铝石，在温度低于 175℃时，其浸出速度随温度的升高而迅速增加，超过 175℃则趋势逐步变缓，可能是逐步过渡到扩散控制所致。

实际浸出过程是在高温下(>200℃)进行，故一般为扩散控制。

2. 工艺简述

铝土矿的碱溶出一般在连续作业的高压浸出器组内进行，浸出器组分别由若干个预热器、高压浸出器(高压釜)和自动蒸发器组成，如图 2-61 所示。

采用这种设备系列连续作业，可节省加排料时间和升温时间，操作简单，便于自动控制。浸出器采用直接蒸气加热或间接蒸汽加热，用直接蒸汽加热的特点是蒸气通入矿浆时，本身有强烈的搅拌作用，故没有机械搅拌部件，设备简单，易于制造和维修，但新蒸气消耗量大，同时矿浆被稀释，循环碱母液质量浓度应提高到 270~280 g/L 以上，间接蒸气加热则能克服这些缺点。

采用上述设备时，其工艺条件大体为：

温度：视矿中 Al_2O_3 的形态而异，对三水铝石形态的铝土矿而言为 120~140℃，一水软铝石形态的铝土矿为 205~230℃，而一水硬铝石形态则为 230~245℃。

循环碱母液的 α_K 值 3.0~3.8，母液中 NaOH 质量浓度对直接蒸气加热而言为 270~280 g/L，间接蒸气加热为 220~230 g/L。

粒度视矿中 Al_2O_3 形态而异，对三水铝石而言要求预磨至 200~500 μm，对一水硬铝石则要求小于 70~80 μm。

20 世纪 70 年代以来，国内外冶金工作者的研究表明，采用管道化溶出可大幅度提高工作温度，并改善反应器中传热和传质条件，相应地提高 Al_2O_3 的溶出率，缩短浸出时间，降低对循环母液的碱浓度要求。例如温度由 230~240℃提高至 280℃，则 Al_2O_3 的浸出率可提高 2%~4%，时间可缩短 80%，循环碱母液质量浓度可由 280 g/L 降为 180~200 g/L。

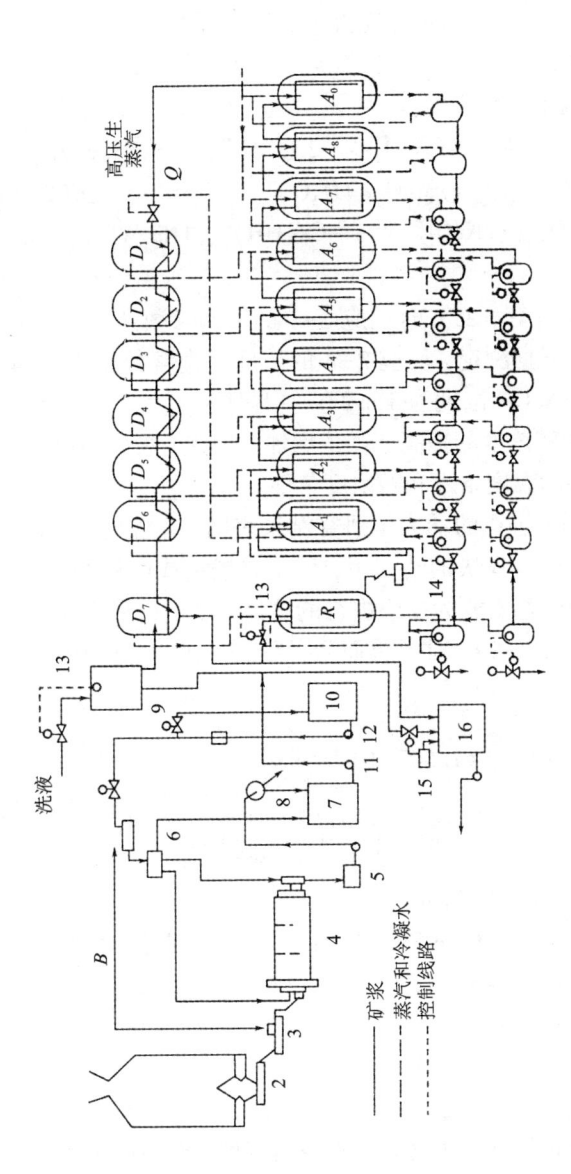

图2-61 间接加热高压溶出设备流程

1—矿仓；2—皮带输送机；3—称量计；4—球磨机；5—混合槽泵；6—板式热交换器；7—原矿浆贮槽；8—振动筛；9—回流阀；10—循环母液贮槽；11—矿浆泵；12—母液泵；13—隔膜泵；14—液面调节器；15—洗液贮槽；16—比重调节器；R—预热器；A—高压溶出器；B—配料计；D—自蒸发器；Q—流量调节器。

2.5.1.4 钨精矿的 NaOH 浸出

1. 基本原理

钨精矿碱浸出的反应为：

黑钨：$[Fe_x, Mn_{(1-x)}]WO_{4(s)} + 2NaOH_{(aq)} = Na_2WO_{4(aq)} +$
$xFeO_{(s)} + (1-x)MnO_{(s)} + H_2O$ （反应 2-1）

白钨：$CaWO_{4(s)} + 2NaOH_{(aq)} = Ca(OH)_{2(s)} + Na_2WO_{4(aq)}$
（反应 2-4）

根据热力学计算，25℃时反应 2-1 的平衡常数达 1.9×10^4，故易自动进行。根据测定，反应 2-4 的浓度平衡常数见表 2-4。可知 150℃下当 NaOH 浓度为 4 mol/L 左右时 K_c 达 0.02，而且随着温度的升高和碱浓度的提高，K_c 值增加。因此，当处理白钨矿时，应创造足够的温度条件和碱浓度条件。

作者及其同事进行的动力学研究结果表明，在温度为 100℃左右，在外扩散速度很快的情况下，无论是黑钨或白钨的 NaOH 浸出，固体产物膜都不成为反应进行的障碍，浸出过程为化学反应控制，都服从式 2-29；对黑钨而言，在 75~105℃范围内其动力学方程为：

$$1-(1-\mathscr{R})^{1/2.2} = 1.507 \times 10^{-4} \times \frac{C_0^2}{\gamma_0} \times \exp\left[-\frac{77404}{8.31}\left(\frac{1}{T} - \frac{1}{363}\right)\right]\tau$$

表观活化能为 77.404 kJ/mol。

对白钨矿而言，在 70~105℃范围内，其动力学式符合下方程式：

$$1-(1-\mathscr{R})^{1/3} = K\tau$$

其中，K 与温度关系为

$$\ln K = 11.7 - 7076.07/T$$

相应地表观活化能为 58.83 kJ/mol

根据上述原理可知，强化钨精矿浸出速度，提高浸出率的主要措施是：

(1) 提高温度，在常压设备中浸出时，一般在接近溶液的沸点温度下进行；在密闭高压设备中进行时，一般温度达 150~170℃。

(2) 将矿细磨，一般要求 ≤0.043 mm 的占 90%左右。

(3) 适当增加 NaOH 浓度，NaOH 浓度提高既可使其活度系数增大，又可提高溶液的沸点，因此不论在热力学或动力学方面都是有利的。但 NaOH 浓度增加，在一定液固比下势必造成 NaOH 用量增加。

(4) 采取一定的矿物原料活化措施。

浸出过程中除要求对主元素钨有最高的浸出率外，同时也要求能将大部分质砷、磷、硅、抑制在渣中。作者的研究证明，在钨矿物原料 NaOH 分解过程中，当原料有白钨矿($CaWO_4$)存在时，则白钨分解后的产物 $Ca(OH)_2$ 本身对上述杂质的溶出有抑制作用，通过 X 射线衍射分析证明，$Ca(OH)_2$ 能与 SiO_3^{2-}、PO_4^{3-}、AsO_4^{3-}、SnO_3^{2-} 等阴离子反应分别形成 $CaSiO_{32}$、$Ca_3(PO_4)_2$、$Ca_5(PO_4)_3OH$、$Ca(AsO_4)_2$、$NaCaAsO_4$、$CaSnO_3$ 等难溶化合物进入渣中，$Ca(OH)_2$ 与 Na_2WO_4 溶液中的 Na_3PO_4、Na_2SiO_3、Na_3AsO_4、Na_2SnO_3 反应后产物的 X 射线图，如图 2-62 所示。

通过研究，生成上述产物的化学反应如下：

$$Na_2SiO_{3(aq)} + Ca(OH)_{2(s)} = Ca_2SiO_{3(s)} + NaOH_{(aq)}$$

其在 100℃、150℃ 和 200℃ 的平衡常数分别为 1.7×10^{11}、1.4×10^{10}、2.1×10^9。

$$2Na_3PO_{4(aq)} + 3Ca(OH)_2 = Ca_3(PO_4)_{2(s)} + 6NaOH_{(aq)}$$

其在 100℃、150℃ 和 200℃ 的平衡常数分别为 9.3×10^{16}、4×10^{17}、1.93×10^{18}。

$$3Na_3PO_{4(aq)} + 5Ca(OH)_{2(s)} = Ca_5(PO_4)_3(OH)_{(s)} + 9NaOH_{(aq)}$$

$$2Na_3AsO_{4(s)} + 3Ca(OH)_{2(s)} = Ca_3(AsO_4)_{2(s)} + 6NaOH_{aq}$$

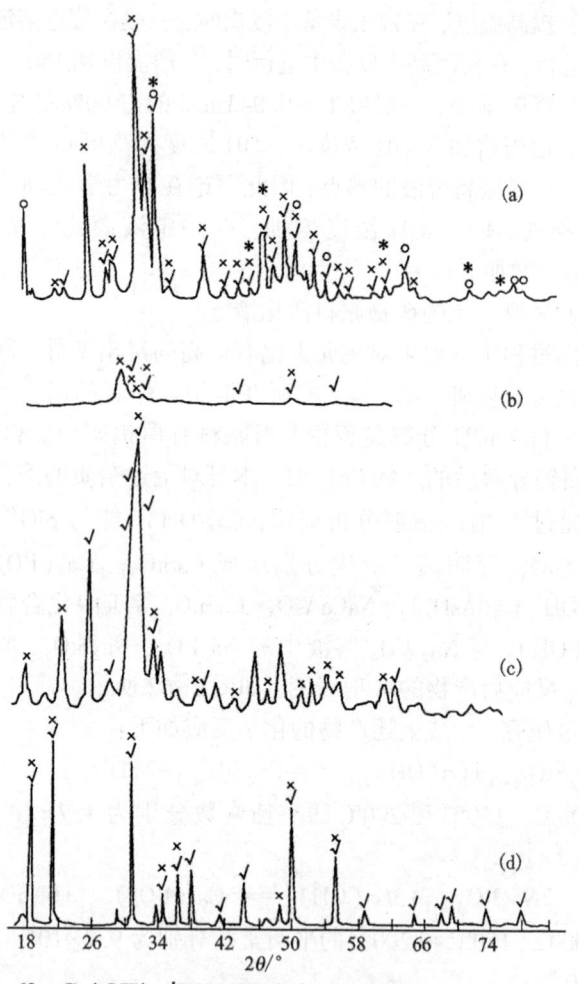

图 2-62　Ca(OH)$_2$ 与 Na$_3$PO$_4$(a)、Na$_2$SiO$_3$(b)、Na$_3$AsO$_4$(c)、Na$_2$SnO$_3$(d) 反应物的 X 射线衍射图

其在25℃时的平衡常数约为 4.8×10^4。

$$Na_3AsO_{4(aq)}+Ca(OH)_{2(s)}\Longrightarrow NaCaAsO_{4(s)}+2NaOH_{aq}$$
$$Na_2SnO_{3(aq)}+Ca(OH)_{2(s)}\Longrightarrow CaSnO_{3(s)}+2NaOH_{(aq)}$$

从有关的平衡常数可知，上述抑制反应进行得十分彻底。

上述情况得到了实践的证实，作者及其同事的小型试验表明：NaOH 分解黑钨白钨混合矿时，杂质砷、硅的浸出率随原料中钙质量分数的升高而降低，如表 2-20 所示。

表 2-20　NaOH 分解不同钨矿物原料时杂质 As、Si 的浸出率及粗钨酸钠溶液质量浓度

No	各成分质量分数/%		粗 Na_2WO_4 溶液质量浓度/g·L^{-1}			杂质浸出率/%	
	WO_3	Ca	WO_3	As	Si	As	Si
1	64.58	1.57	151.13	0.050	1.170	22.99	19.07
2	64.33	2.57	153.89	0.020	0.513	9.28	7.83
3	64.09	3.57	148.05	0.016	0.373	8.91	5.67
4	63.84	4.59	146.75	0.011	0.187	5.64	2.74

注：分解条件：160℃，2.0h，300g 矿/批，碱用量为理论量 2 倍。

同时某些工厂用热球磨碱浸出钙质量分数不同的钨矿物原料时，亦有上述规律性，如表 2-21 所示。

表 2-21　热球磨处理不同钨矿的杂质浸出率与原料中钙含量的关系

No	原料名称及各成分的质量分数/%	碱用量，理论量倍数	分解率/%	溶液质量		杂质浸出率/%		备注
				ρ_{As}/ρ_{WO_3} ×100%	ρ_{Si}/ρ_{WO_3} ×100%	As	Si	
1	黑钨精矿 $WO_3$70.51, Ca3.32 As0.08, Si1.43	18	98.90	0.015	0.350	12.28	15.15	工业规模
2	钨细泥 $WO_3$36.71, Ca6.87 As1.41, Si7.15	3.2	97.01	0.140	2.50	4.21	7.53	工业规模 4批平均

143

No	原料名称及各成分的质量分数/%	碱用量,理论量倍数	分解率/%	溶液质量 $\rho_{As}/\rho_{WO_3} \times 100\%$	溶液质量 $\rho_{Si}/\rho_{WO_3} \times 100\%$	杂质浸出率/% As	杂质浸出率/% Si	备 注
3	白钨细泥 $WO_3$33.89, Ca5.83 As1.26, Si8.68	3.3	96.34	0.11~0.12	/	3.0~5.5	/	工业规模 10批平均
4	白钨中矿 $WO_3$51.53, As0.164	2.5~2.6	97.86	0.064	/	4.50	/	工业规模

注：机械搅拌碱浸出法处理低钙(Ca质量分数≈1%)的黑钨精矿时，砷的浸出率达21%~37%，硅的浸出率达13.7%~25%。

2. 工艺简介

其原则流程如图2-63所示，从图可知，当前有两种工艺：

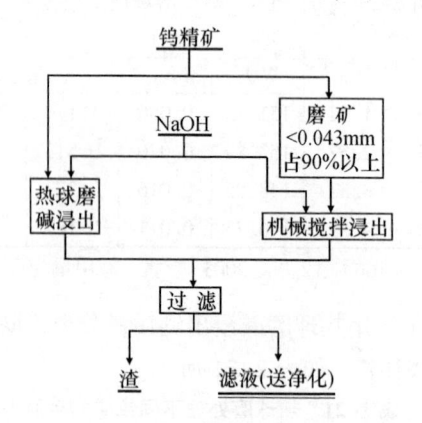

图2-63 钨精矿碱浸出的原则流程图

（1）机械搅拌浸出。即先用振动球磨机将精矿磨至≤0.043 mm占90%以上，再与NaOH一道加入机械搅拌槽进行浸出，槽的结构见图2-51，槽的容积为3~10 m³不等，对5 m³槽而言，每批可处理矿2.0吨左右。由于钢铁能很好地耐NaOH腐蚀，故钢槽内不加内衬，槽可做成密封式的，因而可在0.1~1 MPa，150~170℃下工作，搅拌浸出的技术条件大体为：

原料：由于$CaWO_4$在通常搅拌浸出的NaOH浓度条件下不

能被 NaOH 分解，用搅拌法分解时，渣含 WO_3 随原料钙含量增加而急剧增高，因此一般要求钨精矿钙的质量分数小于 1%。但在加入 Na_3PO_4 或 Na_2HPO_4 的情况下，它们能与黑钨精矿中的少量白钨($CaWO_4$)作用，生成难溶的 $Ca_3(PO_4)_2$。因此容许矿中钙的质量分数增至 2% 左右。

温度：常压浸出 100~110℃，高压浸出为 150~170℃。

碱用量：按精矿中 WO_3 计算的理论量的 1.4~1.7 倍。

液固比：一般控制为水与矿的质量比为 1.5:1 左右，过小则矿浆粘度大，难以搅拌，过大则 NaOH 浓度稀。

浸出时间：约 2~4 h。

按照上述条件，对常压浸出而言，浸出率可达 96%~97%，渣中 WO_3 的质量分数为 5%~6%；对高压浸出而言，浸出率可达 98%~99%，渣中 WO_3 的质量分数约 2%~3%。

浸出后一般用板框压滤机过滤，滤液净化处理，滤渣可考虑回收其他有价金属如钽、铌、钪、锰等。

(2) 热球磨碱浸出。亦称机械活化碱浸出，将钨精矿、水直接与 NaOH 一道加入热球磨反应器中浸出，创造反应 2-1 和反应 2-4 所必要的热力学和动力学条件，使白钨矿和黑钨矿的碱分解反应得以进行，在热球磨反应器内进行反应的特点是将磨矿过程中对矿的磨细作用、机械活化作用、对矿浆的强烈搅拌作用与浸出的化学反应有机结合，为浸出过程创造了良好的热力学和动力学条件，工业实践表明它有以下优点：

a. 对原料适应性广，它既适用于处理白钨精矿、任何黑钨白钨比例的黑钨白钨混合精矿，同时也适用于黑白钨混合的中矿，这样就降低了对选矿的要求，提高了选冶总回收率。

b. 浸出率高，与机械搅拌法相比，在同样的碱用量下，浸出率可提高 1%~3%。

c. 杂质浸出率低，在处理黑白钨混合矿时，杂质磷、砷、硅的浸出率为机械搅拌法的 1/2~1/3(参见表 2-21)。

d. 流程短,至少省去了磨矿工序。

目前热球磨碱浸法在工业上除用来处理精矿外,还用来处理各种选矿中间产品,如难选钨中矿或钨细泥等,相应地可大幅度降低对选矿的要求,提高选矿和冶金的总回收率,工业条件下其具体指标如表 2-22 所示。

表 2-22 热球磨碱浸法处理不同类型原料的指标

原 料	浸出条件	分解率/%
黑钨精矿	碱用量为理论量 1.5 倍,150~160℃,2h	99.0
白钨精矿	碱用量为理论量 2.3 倍,150~160℃,2h	98.1
钨中矿(WO_3 质量分数为 39.82%,黑钨:白钨≈2:1)	碱用量为理论量 2.6 倍,150~160℃,2h	98.2
白钨细泥(WO_3 质量分数为 38.4%白钨质量分数为 80%)	碱用量为理论量 3.0 倍,150~160℃,2h	97.0

应当指正,随着技术的进步,作者及其同事又开发了改进型的活化碱分解工艺,其实质是在反应器中创造 NaOH 分解白钨矿所必需的热力学条件,同时借助于逆反应抑制剂抑制操作过程中可能发生的逆反应,因而即使在反应器结构大为简化的情况下,各种钨矿物原料的 NaOH 碱分解仍能达到表 2-22 同样的指标。

与热球磨碱浸出工艺相比,它具有设备简单、寿命长、能耗低、操作简单等特点。

2.5.2 酸性浸出

2.5.2.1 某些酸性浸出剂的主要性质

1. 盐酸

它是 HCl 的水溶液,强酸,为冶金中最常用的酸性浸出剂之一,其平均活度系数与浓度及温度的关系可参见表 2-7。从表可知,随 HCl 浓度增加,其平均活度系数增大。

盐酸溶液中 HCl 的蒸气压随 HCl 的浓度和温度增加而加大,如表 2-23 所示。

表 2-23　盐酸溶液中 HCl 的蒸气压与
HCl 浓度及温度的关系　　(蒸气压单位:kPa)

浓度/%	温度/℃				
	30	50	70	90	100
10	0.0015	0.0092	0.046	0.197	0.386
16	0.0141	0.073	0.319	1.17	2.14
20	0.064	0.294	1.333	3.75	6.517
26	0.608	2.333	7.799	22.53	36.71
30	2.80	9.44	27.6	72.09	112.38

盐酸的另一特点是腐蚀性极强,且易挥发,容易进入车间大气中。因此,工业上选择适当的设备材质及车间设备的防腐至关重要,在 100℃ 以下时,设备内衬材料可选用石墨或石棉酚醛塑料,亦可用搪瓷。

2. 硫酸

最常用的酸性浸出剂之一,其平均活度系数与 H_2SO_4 浓度及温度的关系参见表 2-7。硫酸的特点之一是沸点随 H_2SO_4 浓度的增加而增加,如表 2-24 所示。

表 2-24　硫酸的沸点与其质量分数的关系

溶液密度/(g·cm^{-3})	1.84	1.78	1.678	1.607	1.543	1.464	1.402	1.32
硫酸质量分数/%	95.3	84.3	75.3	69.5	64.3	56.4	50.3	41.5
沸点/℃	297	228	185.5	169	151.5	133.5	124	115

从表2-24可知，对质量分数为95.3%的硫酸而言，沸点高达297℃。因此工业上某些物料的硫酸浸出过程是先将其与浓硫酸混合，在高温下进行处理，使之充分硫酸化，同时将硅胶脱水并除去某些挥发性杂质，然后用水浸出，这种工艺过程在实践中往往是有意义的。

2.5.2.2 酸性浸出在提取冶金中应用概况

酸性浸出为有色冶金中应用最广的浸出方法之一，总的说来凡是要从固体物料(如精矿、冶金中间产品等)中溶出(或除去)碱性或两性化合物或某些两性的单质金属都可用酸性浸出，具体说来有：

1)从有色金属氧化矿或中间产品中浸出有色金属，例如锌焙砂、铜焙砂的酸浸，以及低品位铜氧化矿的酸浸都是当前工业生产中的主要方法。

2)分解有色金属含氧酸盐矿物，将其中的伴生金属氧化物(如FeO、CaO等)除去，例如用盐酸或硝酸分解白钨精矿。

$$CaWO_{4(s)} + 2HCl_{(aq)} = CaCl_{2(aq)} + H_2WO_{4(s)}$$

用盐酸或稀硫酸分解钛铁矿除FeO：

$$FeO \cdot TiO_{2(s)} + H_2SO_{4(aq)} = TiO_{2(s)} + FeSO_{4(aq)} + H_2O$$

3)从冶金中间产品除去某些氧化物或金属杂质，如工业上将钨粉、钽粉进行酸洗，以除去机械夹带的杂质。

在有色冶金中最典型的为锌焙砂的硫酸浸出，以及低品位铜矿的堆浸。

2.5.2.3 锌焙砂的浸出

1. 原则流程

在锌湿法冶金中，预先将硫化锌精矿进行焙烧，所得焙砂各组分的质量分数大致为 Zn：55%~65%，S_{SO_4}：0.9%~1%，Fe：8%左右，SiO_2：5%~6%，此外还含As、Cu、Sb、Cd等元素，其中锌的形态主要为ZnO，少量$ZnSO_4$及$ZnO \cdot Fe_2O_3$。为制取符合要求的浸出液，上述焙砂首先用锌电解的电解废液（H_2SO_4质量浓度为 150 g/L 左右，Zn 的质量浓度为 55~60 g/L）进行浸出，其主要任务是一方面将锌、镉尽可能完全进入溶液，另一方面将有害杂质如砷、锑、铁等尽可能保留在渣中，以得到比较纯的溶液，有利于下一步的净化过程。上述两项任务在工艺条件上是有矛盾的，例如为保证锌充分浸出，则应控制较高的酸度和温度，但在这样的条件下有害杂质同样会进入溶液。为解决此问题，工业上一般是采用两段逆流浸出，其传统的原则流程参见图 1-1，即锌焙砂首先进行中性浸出（浸出温度 50~60℃），其任务一方面是使焙砂中的锌部分进入溶液，更重要的是控制后期 pH 为 5 左右，使进入溶液的铁、砷、锑、硅等沉淀进入渣相，得到纯度较高的中性浸出液，其成分随工厂而异，一般 Zn 的质量浓度为 150~200 g/L；Cu 为 0.1~0.7g/L；Cd 为 0.3~0.9 g/L；Co 为 0.01~0.03 g/L；Fe<0.01 g/L；As<0.0003 g/L；Sb<0.0005 g/L，送往净化除铜、镉。

在中性浸出阶段，由于最终酸度低，故浸出率低，有的工厂仅 20%左右，因此中性浸出渣含锌高，应进一步进行酸性浸出。酸性浸出条件为最终 H_2SO_4 的质量浓度控制为 1~5g/L、温度 70~80℃。在上述条件下 ZnO 基本上都能被浸出，但 $ZnO·Fe_2O_3$ 等复杂化合物难以浸出，酸性浸出渣中 Zn 的质量分数仍达 20%左右，其中 $ZnO·Fe_2O_3$ 形态的锌占总锌量 70%~90%，进行火法（即烟化法）处理，使渣中质量分数为 96%~97%的锌和 90%~92%的铅以 ZnO、PbO 形态进入烟尘（ZnO 粉），烟尘再用硫酸浸出得 $ZnSO_4$ 溶液返回中浸，铅则成 $PbSO_4$ 进入渣。

上述流程复杂，60 年代以来人们将酸浸的最终硫酸的质量浓度由 1~5 g/L 提高到 30~40 g/L，温度提高到 90~95℃，即进行热酸浸出，使 $ZnO·Fe_2O_3$ 得以浸出，渣含锌降到可废弃水平，但热酸浸出条件下许多杂质亦进入酸浸液，酸浸液中铁的质量浓度高达 30 g/L 左右,如果直接送往中性浸出,则在中性浸出时将产生大量 $Fe(OH)_3$ 沉淀,影响回收率,故溶液预先用黄钾铁矾法或针铁矿法或赤铁矿法进行沉铁处理,除去大部分铁后再返回中性浸出,其原则流程如图 2-64 所示。

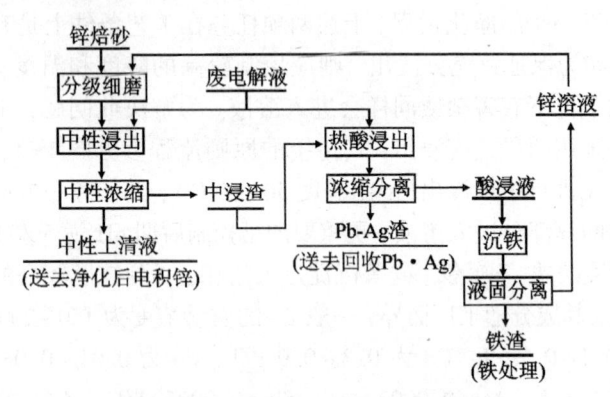

图 2-64 锌焙砂热酸浸出的原则流程

2. 基本原理

(1) 焙砂中金属氧化物的浸出 锌焙砂中锌及其他金属元素大部分以氧化物形态存在,少部分以铁酸盐、硅酸盐形态存在,在浸出时氧化物可能发生下列反应,生成相应的硫酸盐:

$$ZnO_{(s)} + H_2SO_{4(aq)} \Longrightarrow ZnSO_{4(aq)} + H_2O$$

$$MO + H_2SO_{4(aq)} \Longrightarrow MSO_{4(aq)} + H_2O$$

式中 M 代表 Cu、Cd、Co、Fe 等金属。

这些氧化物浸出反应所需的热力学条件可根据 2.2.3.1 节所述的金属—水系的电势—pH 图分析,从表 2-10 可知 MnO、CdO、CoO、NiO 的 $pH^{\ominus}$ 均大于 ZnO,故在保证 ZnO 浸出的条件下,上述氧化物都能有效地被浸出。以下进一步研究在控制 pH 为 5 时,在 25℃下各种金属氧化物浸出反应进行的限度。

对二价金属而言,其浸出反应为:

$$MO+2H^+ \Longrightarrow M^{2+}+H_2O$$
$$\lg K = \lg \alpha_{M^{2+}} + 2pH$$

当 $\alpha_{M^{2+}} = 1$ 时，$pH = pH^\ominus$，故得

$$\lg K = 2pH^\ominus$$

或

$$\lg \alpha_{M^{2+}} = 2(pH^\ominus - pH)$$

将表 2-10 中的 $pH^\ominus$ 值代入，则可算得 pH 为 5 时金属离子的平衡活度。某些金属离子的平衡活度如表 2-25 所示。

表 2-25 在 25℃，pH=5 时溶液中某些金属离子的平衡活度

M^{2+}	Co^{2+}	Ni^{2+}	Zn^{2+}	Cu^{2+}
$\alpha_{M^{2+}}$	10^5	$10^{2.12}$	$10^{1.6}$	$10^{-2.1}$

从 2-25 可知，在 pH=5 左右时，Co、Ni、Zn 的氧化物实际上能完全被浸出，而溶液中 Cu^{2+} 的活度可达 $10^{-2.1}$，从表 2-6 知 $CuSO_4$ 的平均活度系数远小于 1，故 Cu^{2+} 的平衡质量浓度将超过 0.5 g/L。

综上所述，在中性浸出阶段，若最终 pH 控制在 5 左右，锌、钴、镍、镁等均可成硫酸盐进入溶液，铅、钙的氧化物亦可变成相应的硫酸盐，但 $PbSO_4$、$CaSO_4$ 的溶解度较小，在 25℃ 时分别为 3.9×10^{-2} g/L 和 1.93 g/L，因此 $PbSO_4$ 主要进入渣相，$CaSO_4$ 则部分溶解入浸出液。从表 2-10 亦可看出 In_2O_3、Fe_3O_4、Ga_2O_3、SnO_2 等氧化物由于 $pH^\ominus$ 很小，主要进入渣，银主要进入渣相。

(2) 铁酸锌的浸出。即使在传统酸浸工艺的条件（终点 H_2SO_4 的质量浓度为 1~5 g/L、80℃）下 $ZnO \cdot Fe_2O_3$ 仍难以浸出，渣中锌主要以 $ZnO \cdot Fe_2O_3$ 形态存在。因此，提高浸出率的关键是解决 $ZnO \cdot Fe_2O_3$ 的浸出问题。

从热力学分析知：$ZnO \cdot Fe_2O_3$ 在 25℃ 和 100℃ 时的 $pH^\ominus$ 值

分别为 0.68 和 -0.15(表 2-11)，故溶液硫酸的质量浓度应维持较高，不应低于 30~60 g/L。

许多学者进行的动力学研究表明，$ZnO·Fe_2O_3$ 浸出过程属化学反应控制，其表观活化能达 58.55 kJ/mol。同时其浸出率与时间的关系服从式 2-29，即 $1-(1-\mathscr{R})^{1/3}=k'\tau$。因此强化其浸出过程的关键是强化其化学反应步骤，因而一方面应提高温度，另一方面应提高酸的浓度，即进行高温高酸浸出或称热酸浸出，工业实践证明，在接近溶液沸点的温度下进行时，最终酸度为 30~50 g/L，则铁酸锌浸出率可达 96~99%，总铁的浸出率达 90% 左右。

3. 工艺简介

锌焙砂浸出一般在空气搅拌槽或机械搅拌槽内进行，实践证明，采用空气搅拌时，设备结构较简单，防腐易解决，但动力消耗大；机械搅拌则设备结构较复杂，但动力消耗不及前者的二分之一。

浸出槽可用木材、混凝土或钢材制成，内衬耐酸材料，耐硫酸的材料可用铅皮、耐酸瓷砖和玻璃钢，我国某厂采用的 100 m³ 容积的空气搅拌浸出槽结构，如图 2-65 所示。

浸出槽的容积一般为 50~100 m³，目前正逐步扩大，有的达 300 m³。

浸出后的液固分离设备有浓缩槽和真空过滤器。

锌砂焙的浸出一般包括中性浸出、酸性浸出或热酸浸出，但各个工厂采取的具体操作过程不同，下面介绍两个采用热酸浸出黄钾铁矾法的工厂实例。

西德鲁尔电锌厂采用间断操作的黄钾铁矾法。先将废电解液和焙砂同时加入浸出槽搅拌 3.5 h，最终硫酸的质量浓度控制 30 g/L，然后把预先确定好的少量焙砂加入，进行预中和，使酸度慢慢降到 10~20 g/L 后，便送去浓缩并分离出 Pb-Ag 渣(含 Sn)，浓缩后的上清液中加入 NaOH，以便产生钠铁矾沉淀，使铁的质

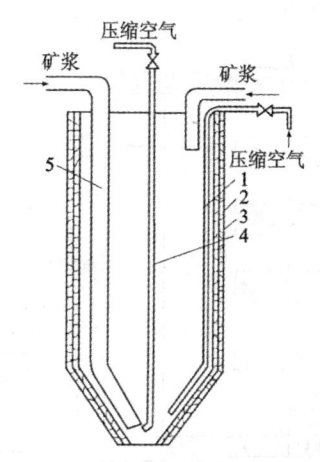

1—搅拌用风管；2—混凝土槽体；3—防护衬里；
4—扬升器用风管；5—扬升器。

图 2-65　锌焙砂空气搅拌浸出槽

量浓度降至 1 g/L，在沉铁过程中继续中和游离酸，使溶液的 pH 升高到 4.0 左右。沉铁的矿浆经浓缩后，上清液送去净化电积。底流浓泥在另两个浓缩槽中逆流洗涤，再过滤得钠铁矾渣。整个过程控制温度为 95~98℃，锌的浸出率为 94.5% 左右。

这种一段周期浸出，操作灵活，适于处理成分变化大的原料，但设备生产率低，不便于自动控制，所以多数工厂都趋于采用连续工艺。

加拿大埃克斯塔尔电锌厂采用两段连续浸出的黄钾铁矾流程。该流程具有大量返渣，如图 2-66 所示，该流程的特点如下：

(1) 焙砂首先是加入三个串联的 190 m^3 的槽内进行连续中性浸出，沉铁后的上清液及部分废电解液加入第一槽中，控制酸的质量浓度 10 g/L。第二槽补加一部分焙砂控制槽内的 pH = 2.8~3.2，引入空气进行氧化除铁。在第三槽内控制 pH = 4.5，温度保

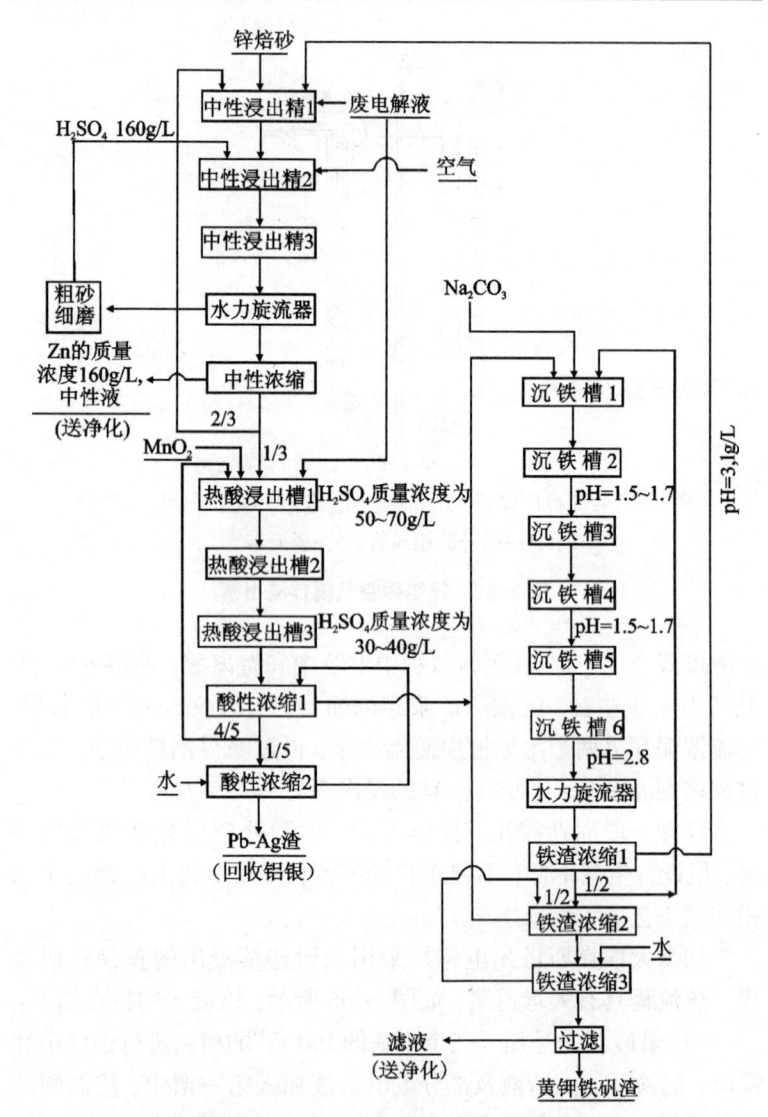

图 2-66 埃克斯塔尔电锌厂采用的热酸浸出—黄钾铁矾流程

持 90~95℃，从第三槽中溢流的矿浆经浓缩后，上清液(Zn 的质量浓度 160 g/L)送去净化。中性浓缩底流，只有三分之一送去热酸浸出，三分之二返回中性第一浸出槽。这种返渣能作为硅酸脱水的种子，促使胶状粒子容易沉降，避免产生硅胶。

（2）三分之一的中浸渣用废电解液进行热酸浸出，也是在串联的三个浸出槽中连续作业，将废电解液加入第一槽，控制酸的质量浓度为 50~70 g/L，第三槽的酸的质量浓度为 30~40 g/L，温度维持 95℃，在第一槽中加入 MnO_2。热酸浸出矿浆经第一浓缩槽后的底流，有 80% 返回第一热酸浸出槽，20% 送去水洗，浓缩上清液中 H_2SO_4 的质量浓度为 30 g/L，送去加 Na_2CO_3 沉铁。

（3）沉铁反应在 6 个串联的槽中进行。第一槽中加入循环的二分之一铁矾渣量，作为形成铁矾的晶种，焙砂加入二、三、四槽中，控制 pH 为 1.5~1.7，此时铁沉淀到质量浓度为 1.5~2.0 g/L。在第五、六槽中，焙砂继续反应，使 pH 升高，最后流出矿浆的 pH 为 2.8，经分级与浓缩之后的上清液(pH=3，铁的质量浓度为 1 g/L)返回中性浸出。

（4）热酸浸出渣与铁矾渣，都是在串联的浓缩槽中进行逆流水洗。在矿浆进浓缩槽处加入少量阴离子絮凝剂以改善沉淀性能。

上述浸出系统，金属回收率为：Zn 97%，Cd 90%，Cu 75%，Pb-Ag 渣中 Pb 的质量分数为 14%~25%、Ag 为~1%、Zn 为 3%~7%。其渣经干燥后送去回收有价金属。

2.5.3 硫化矿的直接浸出

$M-S-H_2O$ 系的电势-pH 图(图 2-16)分析表明，从热力学的角度来说，有色金属硫化矿在水溶液中能直接被 O_2、Cl_2、Fe^{3+} 等氧化，达到分解的目的，目前这个原理已广泛用于硫化矿的处理。按氧化剂及操作条件的不同，可大体上分为高压氧浸和氯盐浸出(主要为 $FeCl_3$ 浸出)两类,分别介绍如下。

2.5.3.1 有色金属硫化矿的高压氧浸

目前硫化锌精矿、辉钼矿精矿的高压氧浸已用于工业生产,此外,在黄铜矿、镍钴硫化精矿、含金黄铁矿处理方面亦取得很大成效,这些矿的高压氧浸的原理及工艺大同小异。

1. 基本原理

硫化矿氧浸的反应为:

$$MS_{(s)} + O_2 = MSO_{4(aq)}$$

或 $$MS_{(s)} + H_2SO_{4(aq)} + O_2 = MSO_{4(aq)} + S(s) + H_2O$$

硫以 SO_4^{2-} 形态产出还是以元素硫的形态产出,主要决定于 MS 本身的热力学性质,详见 2.2.3.3 节。

许多学者对其动力学进行了研究,发现各种硫化矿氧浸出的动力学规律均大同小异,具有某些共同规律性,归纳如下:

(1)在一般的浸出温度范围(80~200℃)内,硫化矿氧浸出的速度均随温度的升高而迅速加快,许多硫化矿氧浸出反应的表观活化能均超过 41.8 kJ/mol。B. Ф. 包尔巴特归纳了某些学者测定的动力学数据,如表 2-26 所示。从表中数据可以认为在通常的浸出条件下,许多硫化矿的氧浸属于化学反应控制。

(2)在一定酸浓度下,其反应速度均随氧分压的升高而加快,而且在氧分压为 100~200 KPa 的范围内,大部分硫化矿氧浸的速度均与 $P_{O_2}^{1/2}$ 成正比(参见表 2-26),为保证最大的浸出速度,氧分压与另一种浸出剂(如 H_2SO_4)的浓度应成一定比例(参见图 2-67)。

(3)变价金属的高价离子(如 Fe^{3+}、Cu^{2+})以及 NO_3^-)对氧化过程有催化作用,一般认为其催化机理为传递氧,例如对 ZnS 的氧化而言,Fe^{3+} 将发生以下反应:

$$ZnS + Fe_2(SO_4)_3 = ZnSO_4 + 2FeSO_4 + S$$

表 2-26 某些硫化矿高压氧浸的动力学研究结果

矿名称	液相与固相的质量比	酸碱的名称及其质量浓度	氧压/MPa	温度/℃	表观活化能 (kJ·mol^{-1})	试验结果	注
黄铁矿 FeS$_2$	32/1	pH 0.5~6.5	0.13~1	130~190	84	浸出速度与氧分压关系 与 $\sqrt{P_{O_2}}$ 成正比	
黄铁矿 FeS$_2$	(50~12.5)/1	H$_2$SO$_4$ 0~14.7g/L	0~0.4	100~130	55.9	直线关系	
黄铁矿 FeS$_2$	—	—	—	—	78	—	
黄铁矿 FeS$_2$	(22~4)/1	H$_2$SO$_4$ 20~135g/L	0.1~5	30~80	71.8	与 $\sqrt{P_{O_2}}$ 成正比	Cu^{2+}有催化作用
磁黄铁矿 FeS$_2$	(40~3)/1	H$_2$SO$_4$ 0~30g/L	0.5~2	95~125	71.8	P_{O_2}<1.5MPa 时正比于 $\sqrt{P_{O_2}}$	
FeS(熔铸的)	—	H$_2$SO$_4$ 11g/L	0.5~2	100~175	4.7	随 P_{O_2} 增加而加快	
CuFeS$_2$(熔铸的)	—	H$_2$SO$_4$ 0~30 g/L	0~2	120~180	30.1	与 $\sqrt{P_{O_2}}$ 成正比	

续表 2-26

矿名称	液相与固相的质量比	试验条件 酸碱的名称及其质量浓度	氧压/MPa	温度/℃	表观活化能/(kJ·mol^{-1})	试验结果 浸出速度与氧分压关系	注
黄铜矿	32/1	H_2SO_4 3~20 g/L	0.15~1.34	140~180	96.6	<1.0MPa 时 与 $\sqrt{P_{O_2}}$ 成正比	
辉铜矿 Cu_2S	64/1	H_2SO_4 <30 g/L	0.08~0.54	100~200	27.7	与 $\sqrt{P_{O_2}}$ 成正比	
Cu_2S(熔铸)	72/1	H_2SO_4 9.0~36 g/L	0~2	95~160	42~84	与 $\sqrt{P_{O_2}}$ 成正比	
Cu_2S(沉淀的)	(25~10)/1	H_2SO_4 20~80g/L	0.1~2	40~140	t<80℃为79.8,t>120℃为88.2	与 $\sqrt[3]{P_{O_2}}$ 成正比	Fe^{3+}有催化作用
兰铜矿 CuS	64/1	pH 0.75~1.7	0.34~1.7	120~180	49	与 $\sqrt{P_{O_2}}$ 成正比	
Ni_3S_2(熔铸的)	72/1	H_2SO_4 8.2~37g/L	0.1~3	100~155	75.6	—	
Ni_3S_2(熔铸的)	—	H_2SO_4 0~30 g/L	0.1~0.3	70~150	441	与 $\sqrt{P_{O_2}}$ 成正比	

续表 2-26

矿名称	试验条件					试验结果		备注
	液相与固相的质量比	酸碱的名称及其质量浓度	氧压/MPa	温度/℃		表观活化能/(kJ·mol^{-1})	浸出速度与氧分压关系	
闪锌矿	80/1	pH 2~4	0~2	100~200		72.9	与$\sqrt{P_{O_2}}$成正比	
方铅矿	—	NH$_4$Ac 300 g/L	0.34~1.36	91~157		8.4~65.1	—	
Ni$_3$S$_2$(熔铸的)	—	H$_2$SO$_4$ 0.5~1 g/L	0.5~2	100~200		11.2	—	
Co$_4$S$_3$(熔铸的)	—	H$_2$SO$_4$ 0.5~1 g/L	0.5~2	100~175		65.1	—	
Cu$_2$S(熔铸的)	—	H$_2$SO$_4$ 0.5~1.5 g/L	0.5~2	100~175		394.8	随P_{O_2}增加而加快	
黄铁矿	37.5/1	NaOH 60 g/L	0.1~1	80~140		16.8	—	
Cu$_2$S(熔铸的)	—	NH$_3$ 100 g/L	0~2	80~120		23.9	直线关系	

续表 2-26

矿名称	试验条件					试验结果	
	液相与固相的质量比	酸碱的名称及其质量浓度	氧压/MPa	温度/℃	表观活化能 (kJ·mol^{-1})	浸出速度与氧分压关系	注
Ni$_3$S$_2$-NiS（熔铸的）	—	NH$_3$	—	150	18	—	
Ni$_3$S$_2$（熔铸的）	—	NH$_3$	—	60~120	21.8~23.7	直线关系	
闪锌矿	5/1	0~130g/L NH$_3$	0~4	75~180	51.9	与 $\sqrt{P_{O_2}}$ 成正比	Cu^{2+}有催化作用
方铅矿	—	0.5~6 mol/L NaOH	0~1.1	93~175	24.5	与 $\sqrt{P_{O_2}}$ 成正比	
辉钼矿	—	NH$_3$ (NH$_4$)$_2$SO$_4$	0.9	82~180	45	—	
辉钼矿	—	Na$_2$CO$_3$	0.9	82~180	45.1	—	
辉钼矿	—	2.6 mol/L KOH	0~4.6	100~175	49.6	—	

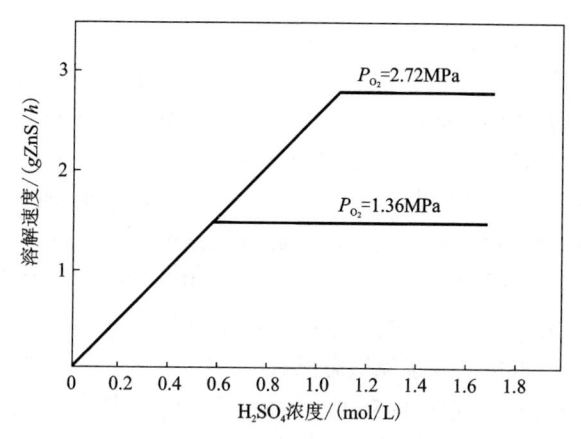

图 2-67 ZnS 在 130℃氧化酸溶动力学曲线

$$2FeSO_4 + H_2SO_4 + \frac{1}{2}O_2 == Fe_2(SO_4)_3$$

对辉钼矿在酸性介质中的氧浸而言，HNO_3 的催化机理为 首先将 MoS_2 氧化：

$$MoS_2 + 6HNO_3 == H_2MoO_4 + 2H_2SO_4 + 6NO\uparrow$$

产生的 NO 气体又在设备的上部空间与 O_2 作用转化为 HNO_3：

$$NO + \frac{3}{4}O_2 + \frac{1}{2}H_2O == HNO_3$$

2. 硫化锌精矿高压氧浸

过程在 H_2SO_4 介质（锌电积的废电解液）中进行，主要反应为：

$$ZnS + H_2SO_4 + \frac{1}{2}O_2 == ZnSO_4 + H_2O + S$$

动力学研究表明，过程有下列规律：

（1）和许多硫化矿的氧浸出过程一样，其反应速度随温度的升高而迅速增加，但当温度达到元素硫的熔点（115℃）时，由于液体硫的包裹作用，使反应速度降低。而液体硫的黏度在 153℃ 时最小，同时若加入表面活性剂——木质横酸盐能减少其不利作用，因此为保证浸出速度，应在高温下进行。

(2) 为保证反应的速度，溶液中应有足够的 Fe^{3+} 存在。

(3) 反应速度随 H_2SO_4 浓度及氧分压的增加而增加，而且两者应有适当的比例关系。如图 2-67 所示。

(4) 为保证足够的接触表面，ZnS 矿应磨细至98%小于 44 μm，同时应加强搅拌以破坏表面液体硫膜的包裹。

根据动力学特点及工艺情况，生产中一般采用以下技术条件，温度为150℃，氧分压约 0.7 MPa，保温 1h，锌浸出率可达98%，硫约88%以元素硫形态回收。

浸出过程可在图 2-56 所示的卧式高压釜中进行，釜被分为数室，各带独立的搅拌装置，各室的上部空间相通，矿浆首先进入第一室，然后通过两室间的溢流口进入第二室，最后由卸料口卸出。

反应后的矿浆经过滤后，渣进行回收硫。回收硫的方法常用浮选法和热过滤法，产品硫品位可达99%以上。

3. 辉钼精矿的高压氧浸

从图 2-17、2-18 可知辉钼矿氧化时，硫全部转化成 HSO_4^- 或 SO_4^{2-}，不可能以元素硫的形态回收。当前辉钼矿高压氧浸有两种工艺，一种是在碱性介质中进行，其反应为：

$$MoS_2 + 4.5O_2 + 6OH^- \Longrightarrow MoO_4^{2-} + 2SO_4^{2-} + 3H_2O$$

钼和铼，有98%~99%进入溶液，然后用萃取法回收。碱性介质下浸出的工艺参数为：温度为 130~160℃，氧分压约 0.2 MPa。本工艺工作压力较低，但耗碱量大。

另一种工艺是在酸性介质中进行，其反应为：

$$MoS_2 + 4.5O_2 + 3H_2O \Longrightarrow H_2MoO_4 + 2H_2SO_4$$

浸出在内衬钛板的高压釜中进行，温度为 160~200℃，氧分压 0.7~1.2 MPa，液固质量比为 5:1，矿浆中 HNO_3 质量浓度约 20 g/L，作为催化剂，浸出 2~4 h，则 MoS_2 氧化率95%~99%；

70%~80%的钼以钼酸形态进入固体渣,渣经煅烧后成工业氧化钼直接用于炼钢;20%左右钼和几乎全部铼和绝大部分铜、锌进入溶液,用萃取法回收。

2.5.3.2 氯化浸出(氯盐浸出)

由于氯价廉易得,氯化浸出工艺较简单,因此硫化矿的氯化浸出引起了人们的兴趣。目前它在有色冶金中应用和研究的简单情况如表 2-27 所示。

表 2-27 氯化浸出在有色冶金中的应用

原 料	简 况	备 注
辉锑矿精矿	以 Cl_2 或 $SbCl_5$ 或 $FeCl_3$ 为氯化剂,浸出率达 99%。	工业生产
方铅矿精矿	80~100℃,以 $FeCl_3$ 为氯化剂,方铅矿分解率达 99.5%,硫以单质硫形态产出。	—
硫化铜精矿	以 $CuCl_2$ 或 $FeCl_3$ 为氯化剂,浸出率达 99%,元素硫回收率 75%~90%。	—
辉钼矿精矿	以 $FeCl_3$ 为氯化剂,浸出率 20%~30%	小型试验

以辉锑矿为例,氯化浸出的主要反应为:

$$Sb_2S_3 + 3Cl_2 = 2SbCl_3 + 3S$$

$$SbCl_3 + Cl_2 = SbCl_5$$

$$3SbCl_5 + Sb_2S_3 = 5SbCl_3 + 3S$$

因此最终消耗的氯化剂实际上是 Cl_2,但反应过程中往往通过 $SbCl_5$(或 $FeCl_3$)进行。

辉锑矿的氯化浸出已成功地用于工业生产。浸出过程在耐酸搅拌槽内进行,一般先用 $SbCl_5$ 溶液将 Sb_2S_3 氧化,得到的 $SbCl_3$ 溶液一部分送去生产锑白,一部分再与 Cl_2 作用氧化成 $SbCl_5$,以便返回作为氯化剂。

近年来亦有不少人研究电氯化工艺,即以 NaCl 溶液作电解质进行电解时,在阳极析出 Cl_2,此时将硫化矿悬浮在阳极区,则它将被析出的 Cl_2 直接氯化,得到含金属离子的溶液。这种工艺如能与氯碱工业配合,将有一定前途。

2.5.4 氨浸出

2.5.4.1 氨浸法在有色冶金中应用简况

氨浸有两种情况,一种是利用其碱性,使酸性化合物溶解,如钨酸及钼焙砂的氨浸;另一种是利用其与某些金属离子的络合作用,使某些金属形成氨络合物优先进入溶液,例如红土矿还原后的氨浸:

$$Ni + nNH_3 + CO_2 + \frac{1}{2}O_2 = Ni(NH_3)_n CO_{3(aq)}$$

本节主要讨论后一种情况。

由于氨易与铜、钴、镍、锌、银、钯离子形成络合物,因此氨作为络合剂广泛用于上述金属的湿法冶金中,具体情况及有关指标如表 2-28 所示。

表 2-28 氨络合浸出在有色冶金中的应用

原料	简况	备注
红土矿还原焙砂	原料中镍、钴为金属形态,浸出液中 NH_3 的质量分数为 6%~7%、CO_2 为 3%~5%,浸出时压力 0.15MPa,温度 50~70℃,$G_1:G_s=4:1$	工业生产
铜—镍锍	原料中 Ni 的质量分数为 45%~50%,Cu 为 25%~30%,S:20%~22%。两段浸出,第一段主要浸镍,温度 120~135℃;第二段浸铜,150~160℃,氧分压 0.15~0.35MPa;铜、镍以 $Cu(NH_3)_4SO_4$、$Ni(NH_3)_4SO_4$ 形态进入溶液,回收率达 99.9%	工业生产方法;亦用于处理含铜镍硫化物的尾渣
铜—镍—钴硫化精矿	原料中 Cu 的质量分数为 30.4%,Ni 为 0.5%,S 为 29.7%,温度 95℃,总压力 0.7 MPa,$NH_3/Cu(mol)=6:1$,Cu、Ni、S 浸出率分别为 98%、90%和 92%	半工业规模

续表 2-28

原料	简况	备注
硫化铜精矿	65~80℃，接近常压下反应，铜以 Cu(NH$_3$)$_4$SO$_4$ 形态进入溶液，回收率 97%~99%	小型试验
铜阳极泥、铜渣回收银	原料中银以 AgCl 形态存在，浸出反应 AgCl+2NH$_3$ = Ag(NH$_3$)$_2^+$+Cl$^-$，浸出时 NH$_3$ 的质量分数 10%，常温	工业生产

2.5.4.2 红土矿还原焙砂的氨浸

红土矿为镍冶炼的主要矿物资源，其储量占全部镍资源的 75% 左右，目前从红土矿提取镍的主要过程为：将原料中的氧化镍(钴)经还原成金属镍(钴)形态后，用氨络合浸出，使镍、钴成氨络离子进入溶液，与主要伴生元素铁等分离，再从溶液中提取镍、钴，现简单介绍其浸出的原理和工艺。

在红土矿还原焙砂中，镍、钴主要以金属形态存在，铁主要以氧化物形态存在，在氨浸出时，由于氨与 Ni^{2+}、Co^{2+}、Co^{3+} 等形成稳定络合物(某些氨络合物的积累稳定常数的对数值如表 2-29 所示)，因此在有 O_2 存在下，在 $(NH_4)_2CO_3$-NH_4OH 溶液中氧化成络离子进入溶液，反应为：

$$Ni+\frac{1}{2}O_2+nNH_3+CO_2 = Ni(NH_3)_n^{2+}+CO_3^{2-}$$

$$Co+\frac{1}{2}O_2+nNH_3+CO_2 = Co(NH_3)_n^{2+}+CO_3^{2-}$$

表 2-29 某些氨络离子的积累稳定常数的对数值

NH$_3$ 配位数	Cu^{2+}	Ni^{2+}	Co^{2+}	Co^{3+}	Zn^{2+}	Fe^{2+}	Ag$^+$
1	4.31	2.80	2.11	6.7	2.37	1.4	3.24
2	7.98	5.04	3.74	14.0	4.81	2.2	7.05
3	11.02	6.77	4.79	20.1	7.31		
4	13.32	7.96	5.55	25.7	9.46	3.7	
5	12.86	8.71	5.73	30.8			
6		8.74	5.11	35.2			

在有氨存在下，钴能进一步氧化成 3 价：

$$2Co + \frac{3}{2}O_2 + 2nNH_3 + 3CO_2 \rightleftharpoons 2Co(NH_3)_n^{3+} + 3CO_3^{2-}$$

对铁而言，Fe^{3+} 不形成氨络合物，Fe^{2+} 虽能形成氨络合物，但在氧化气氛下进一步氧化成 Fe^{3+}，并成 $Fe(OH)_3$ 进入渣，故氨浸过程中进入溶液的主要为镍、钴及易形成氨络离子的元素。

为进一步分析镍、钴氨浸的原理及所需的技术条件，应当用 $M-NH_3-H_2O$ 系的电势-pH 图进行分析。图 2-68 为根据同时平衡原理绘制的 $Ni-NH_3-H_2O$ 系的电热-pH 图。图中表明：在有氨存在的条件下，形成一个大的水溶液稳定区，当总镍浓度为 0.1 mol/L、NH_3 浓度为 5 mol/L 时，一直到 pH = 12.6 左右才形成 $Ni(OH)_2$ 的沉淀（当无 NH_3 存在，则 pH = 6.5 时即产生

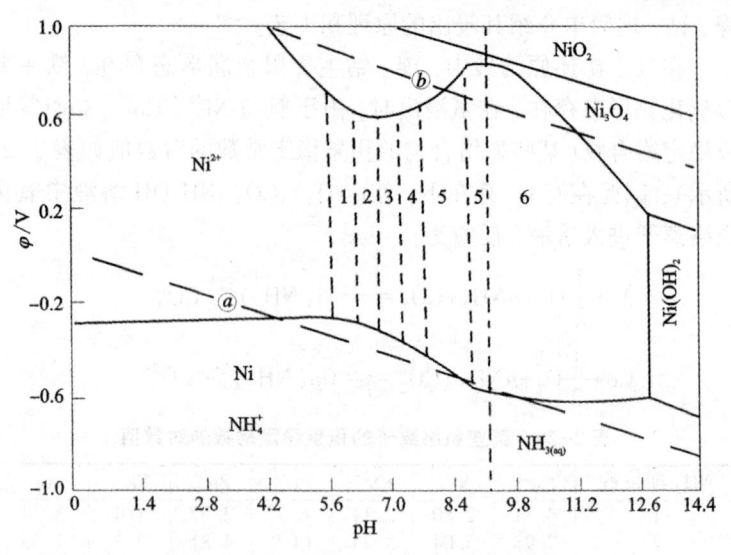

根据刘海霞实验数据。镍总浓度为 0.1 mol/L；NH_3 总浓度为 5 mol/L，25℃

图 2-68　$Ni-NH_3-H_2O$ 系的电势-pH 图

Ni(OH)$_2$沉淀)。在水溶液稳定区中,Ni^{2+}与各种形态的镍氨络离子平衡共存,但在 pH 不同时,它们相互的比例有所不同。图中 1,2,3,4,5,6 分别表示其主要形态为 Ni(NH$_3$)$^{2+}$、Ni(NH$_3$)$_2^{2+}$、Ni(NH$_3$)$_3^{2+}$、Ni(NH$_3$)$_4^{2+}$、Ni(NH$_3$)$_5^{2+}$ 和 Ni(NH$_3$)$_6^{2+}$ 的区域。在两区域间的分界线上两种离子的浓度相等,例如在 1,2 之间的虚线上 Ni(NH$_3$)$^{2+}$ 与 Ni(NH$_3$)$_2^{2+}$ 的浓度相等。分析图 2-68 可知,在足够的 NH$_3$ 和氧存在的条件下,金属镍能被氧化成镍氨铬离子进入溶液。

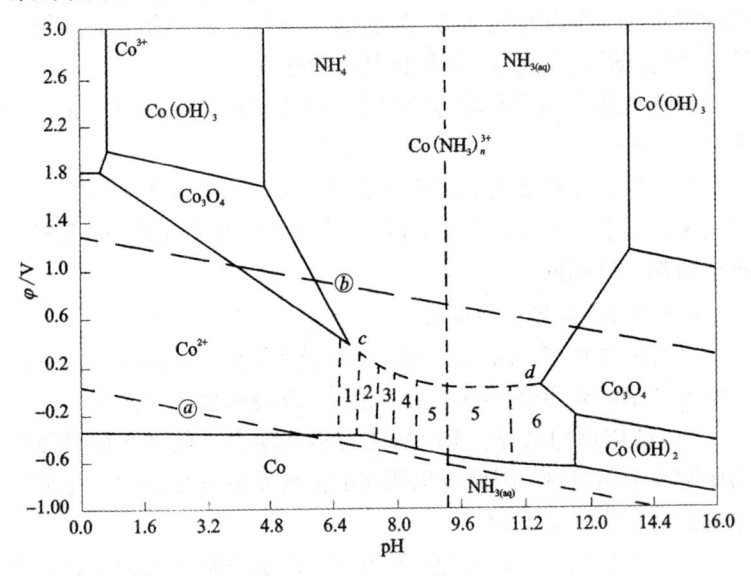

根据刘海霞实验数据。钴总浓度为 0.1 mol/L;NH$_3$ 总浓度为 5 mol/L,25℃。

图 2-69 Co-NH$_3$-H$_2$O 系的电势-pH 图

对钴而言,从图 2-69 可知,在一定条件下钴可氧化为三价,因此在水溶液稳定区内,钴的形态实际上为 Co^{3+}、Co^{2+}、Co(NH$_3$)$_n^{2+}$ 以及 Co(NH$_3$)$_n^{3+}$(n 为 1~6)的混合物。但随着氧化还原电势及 pH 的不同，其相互比例不同。在虚线 cd 上，三价钴的浓度与二价钴大体相等。同时从图中也可看出，在 cd 线以上，同时 pH>6.2，钴的稳定形态主要为三价的钴氨络离子。在氨浸的过程中，实际控制的 pH 为 11~12，故钴将主要以三价的 $Co(NH_3)_x^{3+}$ 形态进入溶液。因此在氨浸的过程中在较高的 pH 下，镍和钴能有效地进入溶液。

实践表明，为使镍钴浸出，除保证上述热力学条件外，还应保证足够的动力学条件，主要是：①有足够的温度条件；②有足够的氨量；③作为有气体 O_2 参加的浸出过程，应有足够的氧分压，且氧应形成小气泡，以保证其传质速度。

根据上述热力学和动力学要求，红土矿还原焙砂氨浸条件如表 2-28 所示。

红土矿还原焙砂的氨浸出在图 2-56 所示的设备中进行。一般说来，上述硫化锌的高压氧浸、还原焙砂(及硫化矿)的氨浸设备结构都大体相同。

2.5.4.3 硫化矿的氨浸

在有氧存在下，铜、镍、钴、锌硫化矿氨浸的原理及工艺、设备均与红土矿还原焙砂氨浸基本相同，其特殊性在于：

(1) 硫化物的氨浸，无论从热力学或动力学角度来说其条件均比游离金属苛刻，因此浸出所需的温度及氧分压均比红土矿还原焙砂高，参见表 2-28。

(2) 分析图 2-14、图 2-16 可知，在氨浸所需求的弱碱性范围内及有氧的存在下，硫的稳定形态为 SO_4^{2-}，因此浸出的最终反应一般为：

$$MS + nNH_3 + 2O_2 = M(NH_3)_n SO_4$$

但硫化物中硫经过生成硫代硫酸根阶段，即浸出液特别是初期浸出液中往往有 $S_2O_3^{2-}$，在下阶段处理时应予以注意。

参考文献

1. Зеликман А Н., Теория гидрометаллургических процессов, Издателвство《Металлургии》,1983, Раздел, 1
2. 傅崇说编著. 冶金溶液热力学原理与计算(第二版). 北京：冶金工业出版社, 1989, 320~363
3. 钟竹前、梅光贵编著. 湿法冶金过程. 长沙：中南工业大学出版社, 1988 年：1~96
4. Asare K. O. Metallurgical Trans. B. 1982, (12)：555
5. Taylor D F. J Electroch Soc. 125 (5)：808
6. 蒋汉赢主编. 湿法冶金过程物理化学. 北京：冶金工业出版社, 1984：71~116
7. 彭少方编. 钨冶金学. 北京：冶金工业出版社, 1981：41~43
8. Зеликман А Н. ИЗВ СО АНСССР. Сер Хим. 1985, 4：9
9. 哈伯斯 F. 著, 昆明工学院有色冶炼教研组译. 冶金原理. 北京：冶金工业出版社. 1978：139~168
10. Зеликма Н Анилру. Цвет Мет. 1987(7)57；1980, (5)：59；1985, (4)：61
11. Богомолов А ми Д. ру. Цвет. Мет 1991, (4)：23
12. Пряхин Т А и Дру. Цзв со Анссср Сер Хим, 1985, (4)：34
13. 李洪桂等. 中南工业大学学报, 1997, (2)：130
14. Кортунов Б Г. Научные основы процессов получение редких металлов их соединение икомпозитов. Москва：Металлургия, 1991：6~26
15. 李洪桂等编译. 浸出过程强化译文专辑, 稀有金属及硬质合金. 1992 (增刊)：31~63
16. 李洪桂等著. 钨矿物原料碱分解的基础及理论及新工艺. 长沙：中国工业大学出版社, 1997：1~107
17. 彭容秋主编. 有色金属提取冶金手册铅锌铋镉卷. 北京：冶金工业出版社, 1992：15~91
18. В·Ф·包尔巴特等著. 东北工业学院有色金属冶炼教研室译. 镍钴冶

金新方法. 北京: 冶金工业出版社, 1981: 39~44
19. Винаров Н В. ЖНХ, 1978(7): 1926~1929
20. 李洪桂等. 适应钨资源形势的变化, 开拓钨冶金的新工艺. 中国钨业. 1999. (5~6): 136。

第 3 章 沉淀与结晶

3.1 概　　述

沉淀过程与结晶过程没有本质区别,两者都是采取适当措施使溶液中的溶质过饱和,从而以固体形态析出,但按照习惯,沉淀过程一般是指向溶液中加入化学试剂使其中某种组分形成难溶化合物析出的过程,如在锌冶金中利用焙砂主要为(ZnO)将含Fe^{3+}的$ZnSO_4$溶液中和,使Fe^{3+}成$Fe(OH)_3$沉淀:

$$Fe_2(SO_4)_3 + 3ZnO + 3H_2O =\!=\!= 2Fe(OH)_3\downarrow + 3ZnSO_4$$

而结晶过程则是指改变溶液的物理化学条件,使溶液中某组分过饱和,形成结晶析出的过程,如在钨冶金中将$(NH_4)_2WO_4$溶液用蒸发法(或加 HCl 中和)除游离氨,使溶液的 pH 降至 7.5 左右,则钨成仲钨酸铵(APT)结晶析出:

$$12(NH_4)_2WO_4 \rightarrow 5(NH_4)_2O \cdot 12WO_3 \cdot nH_2O +$$
$$14NH_3 + (7-n)H_2O$$

沉淀与结晶作为一种开发最早的冶金、化工方法,在提取冶金领域和材料制备领域都得到广泛应用。在提取冶金领域中,它是作为一种分离提纯的方法而被广泛应用,实际上,几乎所有湿法冶金流程中都有沉淀与结晶工序,其主要作用是两个方面:

(1) 从溶液中除去有害杂质，即加入化学试剂并控制适当的物理化学条件，选择性地使杂质形成难溶化合物从溶液中沉淀析出而与主要金属分离。例如用中和法从 $ZnSO_4$ 溶液中除 Fe^{3+}；用镁盐法从粗 Na_2WO_4 溶液中除磷、砷；用 $(NH_4)_2S$ 从 $(NH_4)_2MoO_4$ 溶液中除重金属杂质等均属此类。

(2) 从溶液中析出主要金属的纯化合物，冶金中粗溶液经提纯后得含有色金属化合物的纯溶液，为了进一步从中提取有色金属化工产品或冶金中间产品，往往采用沉淀和结晶法。例如上述从纯$(NH_4)_2WO_4$溶液制取 APT。又如在稀土冶金中为从纯的稀土硝酸盐或氯化物溶液中析出纯稀土化合物，向溶液中加入 $C_2O_4^{2-}$，使之成 $RE_2(C_2O_4)_3$ 析出：

$$2RE(NO_3)_3 + 3C_2O_4^{2-} = RE_2(C_2O_4)_3\downarrow + 6NO_3^-$$

此外，在钽、铌、锆冶金中亦广泛用沉淀法从溶液中析出其纯化合物。

用沉淀法和结晶法析出纯化合物的同时，往往也有着深度净化过程，在 APT 结晶过程中适当控制结晶率就能使 Mo、P、As 等杂质大部分留在溶液中，产品 APT 中上述杂质的含量可比溶液大为降低。

在材料制备领域中，沉淀结晶法由于产品纯度高，各组分预先可在溶液中达到分子间的均匀混合，且比例可任意控制，因而制品的成分均匀稳定，另外其他参数也易于控制，容易得到具有给定物理性能(如粒度、粒形等)的原始粉末，因而近年来被广泛用以制备磁性材料、新型陶瓷材料、复合材料的粉末和纳米粉末，呈现出越来越广泛的应用前景。

因此研究沉淀与结晶过程的原理加工艺具有重大的意义。

3.2 沉淀与结晶过程的物理化学基础

3.2.1 物质的溶解度

3.2.1.1 溶度积

物质在水中溶解达到饱和后,它在水溶液中的化学位等于其固体物质的标准化学位。对强电解质 M_mA_n 而言,其在水中溶解后完全成为 M^{n+} 和 A^{m-},故它在水中的化学位:

$$\mu = \mu^\theta + RT\ln(a_{M^{n+}}^m \cdot a_{A^{m-}}^n)$$

在达到饱和时

$$\mu = \mu_{M_mA_n}^\theta = \mu^\theta + RT\ln(a_{M^{n+}}^m \cdot a_{A^{m-}}^n)$$

式中 μ^θ —— M_mA_n 在溶液中的标准化学位;

$\mu_{M_mA_n}^\theta$ —— 固体 M_mA_n 的标准化学位。

将上式整理可得:

$$\ln(a_{M^{n+}}^m \cdot a_{A^{m-}}^n) = (\mu_{M_mA_n}^\theta - \mu^\theta)/RT$$

当温度一定时,μ^θ 及 $\mu_{M_mA_n}^\theta$ 为常数,因此,对强电解质而言,在一定温度下,其饱和溶液中离子活度积也为常数,常用 K_{ap} 表示。

由于 $a_{M^{n+}}^m \cdot a_{A^{m-}}^n = [M^{n+}]^m[A^{m-}]^n \cdot r_{M^{n+}}^m \cdot r_{A^{m-}}^n$

对稀溶液而言, $r_{M^{n+}} = r_{A^{m-}} \approx 1$

故对难溶强电解质而言,在一定温度下,其饱和溶液中离子浓度积为常数,此常数通常用 K_{SP} 表示。

运用 K_{SP} 值可衡量此强电解质溶解过程进行的限度,当溶液中 $[M^{n+}]^m[A^{m-}]^n < K_{SP}$,则溶液未饱和,溶解将继续进行;当 $[M^{n+}]^m[A^{m-}]^n > K_{SP}$,则溶液已过饱和,将析出部分固体 M_mA_n,直至溶液中 $[M^{n+}]^m[A^{m-}]^n = K_{SP}$ 为止。

运用 K_{SP} 值，还可计算在一定温度下的溶解度，设溶解度为 S_0 mol/L，则饱和溶液中 M^{n+}、A^{m-} 的浓度分别 mS_0 mol/L 和 nS_0 mol/L，故

$$K_{SP} = [M^{n+}]^m \cdot [A^{m-}]^n = m^m \cdot n^n \cdot S_0^{m+n}$$

$$S_0 = K_{SP}^{\frac{1}{m+n}} \cdot m^{\frac{-m}{m+n}} \cdot n^{\frac{-n}{m+n}} \tag{3-1}$$

3.2.1.2 影响溶解度的因素

1. 温度

难溶电解质的 K_{SP} 与温度的关系决定于溶解的标准热效应，根据等压方程，反应的平衡常数与温度的关系如下：

$$\left(\frac{\mathrm{d}\ln K}{\mathrm{d}T}\right)_P = \frac{\Delta H^\theta}{RT^2}$$

$$\ln K = \frac{-\Delta H^\theta}{RT} + B$$

式中，ΔH^θ 为溶解的标准热效应。

对难溶电解质的溶解，其反应：

$$M_m A_n = mM^{n+} + nA^{m-}$$

由于，溶液浓度很稀，故

$$K = a_{M^{n+}}^m \cdot a_{A^{m-}}^n \approx K_{SP}$$

故

$$\ln K_{SP} = \frac{-\Delta H^\theta}{RT} + B$$

若溶解过程为吸热反应，K_{SP} 随温度升高而增加，即溶解度增加。反之则溶解度降低。

2. 溶液成分

式 3-1 仅适用于难溶电解质形成的稀溶液，但溶液中存在的其他组分均可能影响其溶解度。

（1）共同离子效应。溶液中除 $M_m A_n$ 外，其他含共同离子的盐（如 $M'_m A_n$）的存在将使 $M_m A_n$ 溶解度降低，称为共同离子效应，

现证明如下：

设由 M'_mA_n 带入的共同离子的 A^{m-} 的浓度为 C_A，由于 M'_mA_n 的存在，使 M_mA_n 的溶解度变为 S_1 则：

$$(C_A+nS_1)^n(mS_1)^m=K_{sp}$$

设无共同离子存在时溶解度为 S_0 则：

$$K_{SP}=(mS_0)^m(nS_0)^n=(C_A+nS_1)^n(mS_1)^m$$

C_A 为正数，显然 $S_1<S_0$，即有共同离子存在时，会使溶解度降低。运用共同离子效应可将沉淀剂过量以保证沉淀完全，但当沉淀剂本身可与金属离子形成络合物时，则可能起着相反效果。

（2）盐效应。当溶液中有不带共同离子的强电解质（特别是其离子的价态高的电解质）存在时，M_mA_n 的溶解度将升高，其主要原因为：

在不太稀的电解质溶液中，某电解质 M_mA_n 溶解饱和后，其离子的活度积为常数：

$$a_{M^{n+}}^m \cdot \alpha_{A^{m-}}^n=[M^{n+}]^m[A^{m-}]^n\gamma_{M^{n+}}^m \cdot \gamma_{A^{m-}}^n=K_{ap}$$

或

$$(mS_2)^m \cdot (nS_2)^n \gamma_{M^{n+}}^m \cdot \gamma_{A^{m-}}^n=K_{ap}$$

式中：$\gamma_{M^{n+}}$、$\gamma_{A^{m-}}$ 分别为 M^{n+} 和 A^{m-} 的活度系数，S_2 为实际溶解度。

而

$$\gamma_{M^{n+}}^m \cdot \gamma_{A^{m-}}^n=\gamma_\pm^{m+n}$$

简化得：$S_2=K_{ap}^{\frac{1}{m+n}} \cdot m^{\frac{-m}{m+n}} \cdot n^{\frac{-n}{m+n}} \cdot \gamma_\pm^{-1}$ （3-2）

故溶解度与其平均活度系数（$\gamma_\pm$）成反比，而溶液中有其他电解质存在时，其离子强度 I 增加，根据德拜—尤格尔公式知，I 值增加则在一定范围内 $\gamma_\pm$ 将降低，相应地使 S_2 增加。$AgIO_3$ 在 KNO_3 溶液中的溶解度与离子强度的关系如图 3-1 所示。

（3）酸（碱）度效应。对弱酸盐或弱碱盐而言，溶液的酸碱度都将影响其离子的形态和浓度，相应地影响其溶解度，现分别分析如下：

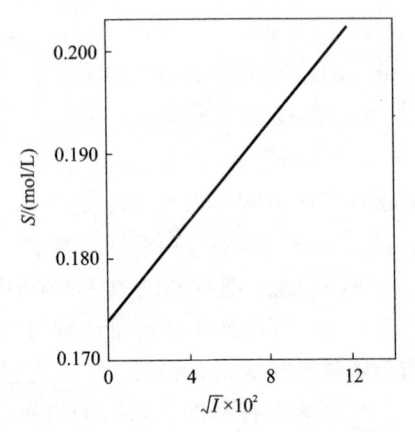

图 3-1 AgIO₃ 在 KNO₃ 中的溶解度与离子强度 I 的关系

a. 强碱弱酸盐。强碱弱酸盐 M_mA_n 溶解后，A^{m-} 将与溶液中 H^+ 发生反应：

$$A^{m-}+H^+ \longrightarrow HA^{(m-1)-}$$
$$HA^{(m-1)-}+H^+ \Longleftrightarrow H_2A^{(m-2)-}$$

相应地使溶液中 A^{m-} 的浓度降低，使溶解度增高，设弱酸盐 M_mA_n 溶解度为 S_3，则溶液中 A 的总浓度(包括 A^{m-} 及各种酸根离子 $HA^{(m-1)-}$ 等)为 nS_3，其中 A^{m-} 所占的比例为 α。

$$\alpha = [A^{m-}]/(nS_3) < 1$$

根据溶度积原理 $\quad K_{SP} = [M^{n+}]^m [A^{m-}]^n = (mS_3)^m (nS_3)^n \alpha^n$

整理得：$S_3 = K_{SP}^{\frac{1}{m+n}} \cdot m^{\frac{-m}{m+n}} \cdot n^{\frac{-n}{m+n}} / \alpha^{\frac{n}{m+n}}$ （3-3）

对照式 3-1 可知，式 3-3 中分子项相当于强电解质(如强酸强碱盐)的情况下的溶解度，而 $\alpha<1$，故对强碱弱酸盐而言，在同样的 K_{SP} 下，其溶解度较强酸强碱盐的大。

根据水溶液中电离平衡的原理，可推导出 α 与弱酸电离常数的关系。

对一元酸 HA 而言 $\quad \alpha = K/(K+[H])$ （3-4）

对二元酸 H_2A 而言

$$\alpha = K_1K_2 / \{K_1K_2 + [H]K_1 + [H]^2\} \quad (3-5)$$

对三元酸 H_3A 而言

$$\alpha = K_1K_2K_3 / \{K_1K_2K_3 + [H]K_1K_2 + [H]^2K_1 + [H]^3\} \quad (3-6)$$

式中 K——一元酸的电离常数；

K_1、K_2、K_3——分别为多元酸的各级电离常数；

$[H]$——H^+的浓度，为简单起见省去离子的符号(下同)。

从上可知，对强碱弱酸盐而言，溶液的酸度愈高，则其溶解度愈大，同时组成该盐的弱酸的电离常数 K 愈小(酸愈弱)，则 α 值愈小，相应地在同样 K_{SP} 下 S_3 值愈大，有色冶金中常见的弱酸的电离常数如表 3-1 所示。

例：已知 MgF_2 的 $K_{SP} = 7.1 \times 10^{-9}$(18℃)，$HF$ 的 K 为 6.61×10^{-4}，求 18℃ 时 MgF_2 在浓度为 0.05 mol/L HCl 中的溶解度。

解：由于 MgF_2 的 K_{SP} 较小，溶液中平衡的 F^- 及 HF 浓度不大，题中指定的 HCl 浓度(0.05 mol/L)比它大得多，故可将平衡后溶液中$[H^+]$近似为 0.05 mol/L。

$$\alpha = K/(K+[H]) = 6.61 \times 10^{-4}/(6.61 \times 10^{-4} + 0.05) \approx 0.013$$

代入式 3-3 得 $S_3 \approx 2.2 \times 10^{-2}$ mol/L

实际上 MgF_2 在纯水中的溶解度为 1.92×10^{-3} mol/L，故在浓度为 0.05 mol/L HCl 溶液中提高了一个数量级。

b. 弱碱强酸盐 弱碱强酸盐 M_mA_n 溶解后，其中 M^{n+} 将发生水解反应：

$$M^{n+} + H_2O = M(OH)^{(n-1)+} + H^+$$

$$M(OH)^{(n-1)+} + H_2O = M(OH)_2^{(n-2)+} + H^+$$

...

$$M(OH)_n + H_2O = M(OH)_{n+1}^- + H^+ \text{等}。$$

表 3-1 有色冶金中常见的某些弱酸的电离常数

名称	分子式	温度/℃	级数	Ka	pKa
铝酸	H_3AlO_3	25	1	6×10^{-12}	11.22
亚砷酸	H_3AsO_3	20	1	4×10^{-10}	9.40
			2	3×10^{-14}	13.52
		25	1	6×10^{-10}	9.22
砷酸	H_3AsO_4	25	1	6.31×10^{-3}	2.2
			2	1.02×10^{-7}	6.99
			3	6.99×10^{-12}	11.16
次氯酸	HClO	25		3.02×10^{-8}	7.52
碳酸	H_2CO_3	25	1	4.17×10^{-7}	6.38
			2	5.62×10^{-11}	10.25
氢氟酸	HF	25	1	6.61×10^{-4}	3.18
钼酸	H_2MoO_4	25	2	1.78×10^{-4}	3.75
亚硝酸	HNO_2	25		5.13×10^{-4}	3.29
磷酸	H_3PO_4	25	1	7.59×10^{-3}	2.12
		25	2	6.31×10^{-8}	7.20
			3	4.36×10^{-12}	11.36
亚硫酸	H_2SO_3	25	1	1.26×10^{-2}	1.90
			2	8.31×10^{-8}	7.20
硅酸	H_2SiO_3	20	1	2×10^{-10}	9.70
			2	1×10^{-12}	12.00
原硅酸	H_4SiO_4	30	1	2.2×10^{-10}	9.66
			2	2.2×10^{-12}	11.66
			3	1×10^{-12}	12.00
			4	1×10^{-12}	12.00
锡酸	H_2SnO_3	25	1	4×10^{-10}	9.4
醋酸	CH_3COOH	5		1.7×10^{-5}	4.77
草酸	$(HCOOH)_2$	25	1	6.5×10^{-2}	1.19
			2	6.1×10^{-5}	4.22

设溶解度为 S_4，则溶液中 A^{m-} 浓度为 nS_4，M 的总浓度（M^{n+} 及各种碱式离子浓度之和）为 mS_4，设其中 $[M^{n+}]/(mS_4)=\alpha$，按照上述式 3-3 的推导过程可得：

$$S_4 = K_{sp}^{\frac{1}{m+n}} \cdot m^{\frac{-m}{m+n}} \cdot n^{\frac{-n}{m+n}} / \alpha^{\frac{m}{m+n}} \quad (3-7)$$

对弱碱离子的水解而言，其情况远比弱酸离子水解复杂，如 Fe^{3+} 水解时就有 $Fe(OH)^{2+}$、$Fe(OH)_2^+$ 等，在 Al^{3+} 水解时还存在 $Al_3(OH)_6^{3+}$ 等聚合离子，同时在 OH^- 过量时，由于共同离子效应而使 $[M^{n+}]$ 减小。因此，难以象弱酸根那样求出统一的 α 表达式，现以 $Zn(OH)_2$ 沉淀与溶液酸度关系的具体计算为例，说明酸碱度的影响。

$Zn(OH)_2$ 溶解（或沉淀）时，与固体 $Zn(OH)_2$ 相平衡的溶液中锌的形态有 $Zn(OH)_2$、Zn^{2+}、$Zn(OH)^+$、$Zn(OH)_3^-$、$Zn(OH)_4^{2-}$，即存在下列平衡：

$Zn(OH)_{2(S)} \rightleftharpoons Zn(OH)_{2(aq)}$ $K_1 = 10^{-5.4}$

$Zn(OH)_{2(aq)} \rightleftharpoons Zn^{2+} + 2OH^-$ $K_2 = 10^{-11.6}$

$Zn^{2+} + H_2O \rightleftharpoons Zn(OH)^+ + H^+$ $K_3 = 10^{-5.7}$

$Zn(OH)_{2(aq)} + OH^- \rightleftharpoons Zn(OH)_3^-$ $K_4 = 10^{2.2}$

$Zn(OH)_{2(aq)} + 2OH^- \rightleftharpoons Zn(OH)_4^{2-}$ $K_5 = 10^{3.4}$

根据 $K_1 \sim K_5$ 值及溶液中电离平衡原理，可分别求出上述各种形态锌离子浓度与 H^+ 浓度的关系，进而求出溶液中总锌浓度（或 $Zn(OH)_2$ 的溶解度）与 H^+ 浓度的关系为：

$$S_{Zn(OH)_2} = 10^{-5.4} + 10^{11}[H]^2 + 10^{5.3}[H] + 10^{-17.2}[H]^{-1} + 10^{-30}[H]^{-2}$$

根据上式，将 $S_{Zn(OH)_2}$ 对溶液 pH 作图，如图 3-2 所示。从图中可知，随着溶液 pH 的增加，其中锌的浓度存在最低点。因此，用水解法从含 Zn^+ 的溶液中沉淀 $Zn(OH)_2$ 时，并不是 OH^- 过量愈

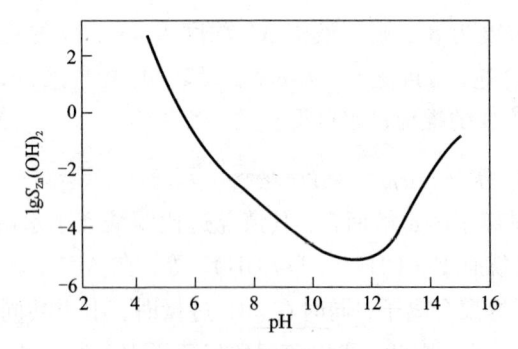

图 3-2 Zn(OH)$_2$ 溶解度与 pH 关系

多愈完全，当 pH 超过 11 时，将起着相反的作用。

c. 弱碱弱酸盐。对弱碱弱酸盐而言，其水溶液中将同时进行 M^{n+} 和 A^{m-} 的水解反应，使 M^{n+} 和 A^{m-} 的浓度降低，相应地使溶解度增加，而上述水解反应同样决定于溶液的酸碱度，故溶液酸碱度将影响其溶解度。

(4) 络合效应。有络合剂存在时，络合剂 X 与 M^{n+} 形成络离子，降低 M^{n+} 的浓度，相应地使溶解度增加，现分两种情况进行讨论。

a. 溶液中已有的络合剂 当 M_mA_n 溶解或沉淀时，若溶液中已有络合剂 X(如 NH_3、F^-、Cl^-、$C_2O_4^{2-}$ 等)。则 X 将与 M^{n+} 形成络离子，使 M^{n+} 的浓度降低，相应地使 M_mA_n 的溶解度增加。

设有络合剂作用时，M_mA_n 的溶解度为 S_5，则溶液中 M 的总浓度(包括 M^{n+} 及各种络离子 MX、MX_2 等)为 mS_5，A^{m-} 的总浓度为 nS_5，设溶液中 M^{n+} 在 M 总浓度中所占的比例为 α，则：

$$\alpha = [M^{n+}]/(mS_5)$$

参照式(3-3)可知：

$$S_5 = K_{sp}^{\frac{1}{m+n}} \cdot m^{\frac{-m}{m+n}} \cdot n^{\frac{-n}{m+n}} \cdot \alpha^{\frac{-m}{m+n}} \tag{3-8}$$

对照式 3-1 可知，式 3-8 中 $K_{sp}^{\frac{1}{m+n}} \cdot m^{\frac{-m}{m+n}} \cdot n^{\frac{-n}{m+n}}$ 项即为无络合剂存

在时，强电解质的溶解度，而 α 小于 1，故有络合剂存在时溶解度增加。α 的具体数值可根据络合平衡原理及相应络合物的稳定常数求出，即。

$$\alpha = 1/\{1+K_{络1}[X]+K_{络2}[X]^2+\cdots+K_{络n}[X]^n\}$$

式中，$K_{络1}$、$K_{络2}$ 与 $K_{络n}$ 分别为各级络合物的积累稳定常数。某些络合物的积累稳定常数的对数如表 3-2 所示。[X] 为游离络合剂的浓度。

当 $K_{络n}$ 值不太大（$10^2 \sim 10^5$）、络合剂量大、M_mA_n 的 K_{SP} 小时，可近似认为游离络合剂浓度与络合剂总浓度相等。即 $[X] = [X]_T$，则能近似求出 α 值，进而根据式 3-8 求出 S_5 值。

例：已知 25℃ 时，AgCl 的 $K_{SP} = 1.56 \times 10^{-10}$，$Ag(NH_3)^+$ 和 $Ag(NH_3)_2^+$ 的络合物积累稳定常数分别为 $K_{络1} = 10^{3.24}$，$K_{络2} = 10^{7.05}$。求 25℃ 时，AgCl 在浓度为 0.01 mol/L 的 NH_3 溶液中的溶解度。

解：设游离 NH_3 的浓度近似为 0.01 mol/L

则 $\alpha = 1/\{1+0.01 \times 10^{3.24}+(0.01)^2 \times 10^{7.05}\} \approx 10^{-3}$

代入式 3-8，可得 25℃ 时 AgCl 在浓度为 0.01 mol/L NH_3 溶液中溶解度

$$S_5 = \sqrt{1.56 \times 10^{-10}}/\sqrt{10^{-3}} \approx 4 \times 10^{-4} \text{ mol/L}$$

在纯水中，AgCl 的溶解度为 1.2×10^{-5} mol/L，而在浓度为 0.01 mol/L 的 NH_3 溶液中，其溶解度增加 32 倍。

为具体求 S_5，亦可解下列方程式：

（a）根据溶液中 M 的总浓度（mS_5）为 M^{n+} 浓度和各级络离子浓度之和，即：

$$mS_5 = [M]\{1+K_{络1}[X]+K_{络2}[X]^2+\cdots+K_{络n}[X]^n\}$$

（b）根据溶液中络合剂总浓度 $[X]_T$ 为游离的 X 的浓度 [X] 与各级络离子中 X 之和，即

表 3-2 某些络合物的积累稳定常数的对数

配位体	络合物	Ag⁺	Au⁺	Au³⁺	Cu⁺	Cu²⁺	Zn²⁺	Cd²⁺	Fe²⁺	Co²⁺	Ni²⁺
Cl⁻	MX	3.04	—	—	—	0.1	0.43	1.95	0.36	—	—
	MX₂	5.04	—	9.8	5.5	-0.6	0.61	2.50	—	—	—
	MX₃	—	—	—	5.7	—	0.53	2.60	—	—	—
	MX₄	5.30	—	2.6	—	—	0.20	2.80	—	—	—
CN⁻	MX	—	—	—	—	—	—	5.48	FeX₆: 35.4	CoL₆: 19.09	31.3
	MX₂	21.1	38.3	0	24.00	—	—	10.60			
	MX₃	21.8	—	—	28.59	—	—	15.23			
	MX₄	20.7	—	—	30.30	—	—	18.78			
F⁻	MX	—	—	—	0.7	—	—	—	<1.5	—	0.7
	MX₂	—	—	—	—	—	—	—	—	—	—
OH⁻	MX	2.3	—	—	—	7.0	4.40	4.17	5.56	5.1	4.97
	MX₂	3.6	—	—	—	13.68	11.30	8.33	9.77	—	8.55
	MX₃	4.8	—	—	—	17.00	14.14	9.02	9.67	10.2	11.33
	MX₄	—	—	—	—	18.50	17.60	8.62	8.58	—	—

注：氨络合物的积累稳定常数见表 2-27

$$[X]_T = [X] + [M]\{K_{络1}[X] + 2K_{络2}[X]^2 + \cdots + nK_{络n}[X]^n\}$$

(c) 根据溶液中游离 M^{n+} 浓度与 A^{m-} 浓度之积为 K_{SP}。即：

$$[M]^m \cdot [nS_5] = K_{SP}$$

上述三个方程式中含 $[M]$、$[X]$、S_5 三个未知数，解方程式即可求出 S_5。

b. 沉淀剂（A^{m-}）本身能成为 M^{n+} 的络合剂　某些难溶盐 M_mA_n 能与溶液中加入的 A^{m-} 形成络离子，在这种情况下随着 A^{m-} 浓度的增加，开始由于共同离子效应而使其溶解度减小，进一步增加 A^{m-} 浓度，由于络合作用而使溶解度增加（类似于上述 Zn^{2+} 的水解与 $[OH]$ 的关系），设溶解度为 S_6，则 S_6 可参照生成 MX_n 络合物的方法求出：

设 M^{n+} 与 A^{m-} 形成 MA^{n-m}、$MA_2^{n-2m}\cdots MA_n^{n-nm}$ 等络离子，溶液中游离 M^{n+}、A^{m-} 的浓度分别为 $[M]$ 和 $[A]$，而溶液中 M 的总浓度 mS_6 为游离 M^{n+} 浓度和各种络合物中 M 之和，故：

$$mS_6 = [M]\{1 + K_{络1}[A] + K_{络2}[A]^2 + \cdots + K_{络n}[A]^n\}$$

而已知 $[M]^m[A]^n = K_{sp}$，　$[M] = K_{sp}^{1/m}[A]^{-n/m}$，代入上式得

$$mS_6 = K_{sp}^{1/m} \cdot [A]^{-n/m}\{1 + K_{络1}[A] + K_{络2}[A]^2 + \cdots + K_{络n}[A]^n\} \tag{3-9}$$

溶液中 A 的总浓度为加入的 A^{m-} 浓度（用 $[A]_0$ 表示）与 M_mA_n 的溶解产生的 A^{m-} 浓度（nS_6）之和，并且等于游离 A^{m-} 和各级络合物中 A^{m-} 之和，则：

$$[A]_0 + nS_6 = [A] + K_{sp}^{1/m} \cdot [A]^{-n/m}\{K_{络1}[A] + 2K_{络2}[A]^2 + \cdots + nK_{络n}[A]^n\} \tag{3-10}$$

式 3-9 及式 3-10 中，已知 $[A]_0$、K_{sp} 及 $K_{络1}$、$K_{络2}$、$K_{络n}$，只有两个未知数 S_6 及 $[A]$，联立解方程式，即可求出 S_6。

一般当 $K_{络}$ 值不太大, K_{sp} 较小的情况下, 可将 $[A] \approx [A]_0$, 即将加入的 A^{m-} 视为游离, 被络合的 A^{m-} 忽略不计, 则可从式 3-9 直接计算 S_6 值。

根据式 3-9 亦可运用微分的方法求出 S_6 的极小值, 为简单起见, 现设沉淀物的分子式为 MA (即 $m=n=1$), A^- 与 M^+ 形成两级络离子 MA、MA$_2$, 其积累稳定常数分别为 $K_{络1}$、$K_{络2}$ 代入式 3-9, 则:

$$S_6 = K_{sp}[A]^{-1}\{1+K_{络1}[A]+K_{络2}[A]^2\} =$$
$$K_{sp}[A]^{-1}+K_{sp}\cdot K_{络1}+K_{sp}\cdot K_{络2}[A]$$
$$dS_6/d[A] = -K_{sp}[A]^{-2}+K_{sp}K_{络2}$$

在 S_6 极小时, $dS_6/d[A]=0$, 即

$$-K_{sp}[A]_{极小}^{-2}+K_{sp}K_{络2}=0$$

求出 $[A]_{极小} = K_{络2}^{-1/2}$

$$S_{6(极小)} = K_{sp}(K_{络1}+2K_{络2}^{1/2})$$

例如: 已知 25℃ 时化合物 CuCl 的 K_{sp} 为 $10^{-6.73}$, 同时 Cu^+ 与 Cl^- 形成 CuCl、CuCl$_2^-$ 两种络离子, $K_{络1}=10^{1.73}$, $K_{络2}=10^{5.61}$, 求 CuCl 的最小溶解度, 并求对应最小溶解度的 $[Cl^-]$。

解: 根据上述方程式, 将有关数据代入得:

$$S_{CuCl(极小)} = 10^{-6.73}(10^{1.73}+2\sqrt{10^{5.16}}) \approx$$
$$2.35\times10^{-4} \text{ mol/L}$$

对应的 $[Cl^-]$ 为 $1/\sqrt{10^{5.61}} \approx 1.78\times10^{-3}$ mol/L

根据计算, 当考虑络合作用与不考虑络合作用时, CuCl 在水中的溶解度与 Cl^- 浓度的关系如图 3-3 所示。从图可知络合作用使 CuCl 溶解度出现最低点。

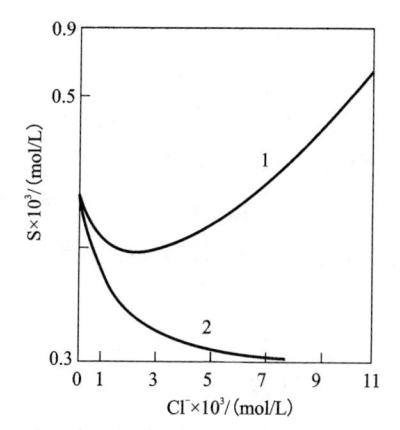

1—考虑络合作用；2—不考虑络合作用。

图 3-3 CuCl 溶解度与 [Cl⁻] 的关系

3.2.2 过饱和溶液及结晶(沉淀)的生成

3.2.2.1 过饱和溶液

在实践中，当溶液中没有结晶核心存在时，溶质的实际浓度往往超过其溶解度后，仍不发生结晶，这种溶液称为过饱和溶液。

过饱和溶液是由于微细颗粒的溶解度大于大颗粒的溶解度而造成的。根据 Kelein 公式，微小液滴的蒸汽压与其半径有关，即：

$$\ln(P_r/P^\theta) = 2\sigma M/(r\rho RT)$$

式中 P_r, P^θ——分别为半径为 r 的液体及平面液体的蒸气压；

σ, ρ, M——分别为物质的表面张力、密度和摩尔质量。

上述公式同样适用于固体物质，而根据享利定律，物质的溶解度与其蒸汽压(气相分压)成正比，即：

$$S/S_0 = P_r/P^\theta$$

式中 S——半径为 r 的微细颗粒的溶解度；

S_0——大颗粒的溶解度。

故 $\ln(S/S_0) = 2\sigma_{(固-液)} M/r\rho RT$ (3-11)

式中 $\sigma_{(固-液)}$——固体物质在水溶液中的界面张力。

分析式 3-11 可知，随着颗粒半径减小，则溶解度增加。例如对 $BaSO_4$ 而言，其摩尔质量、密度、在水溶液中的界面张力分别为 233 g/mol、4.5 g/cm³、0.52 N/m，不同 r 时的 S/S_0 计算值如下：

r/cm	10^{-4}	10^{-5}	10^{-6}
S/S_0	1.022	1.242	8.71

实际测定表明，25℃时大颗粒的 $BaSO_4$ 晶体的溶解度约为 10^{-5} mol///L，而粒度分别为 3.6×10^{-3} mm 和 2.0×10^{-4} mm 的 $BaSO_4$ 晶体的溶解度分别为 2.2×10^{-3} mol/L 和 4.15×10^{-3} mol/L。

考虑到溶质从其饱和溶液中结晶时，在没有外来晶核存在的条件下，势必有一个自动形成微细晶核的过程，这种微细晶核的溶解度远大于粗颗粒的溶解度，故为使晶核能形成，溶液的实际浓度 S 应大于溶解度 S_0，即应当是过饱和溶液，且应有足够的过饱和度。

相应地溶液的状态图如图 3-4 所示，其中实线为溶解度曲线，Ⅰ区为未饱和区，Ⅱ区为介安区(或亚稳定区)，在Ⅱ区内，虽然溶液已过饱和，但由于上述原因，当没有外来的晶核存在或其他因素的激发，溶液中将不会自动形成晶核，也不会发生结晶过程。Ⅲ区为自动结晶区，即其过饱和程度已足以自动形成核心，因此，将发生自动结晶过程。

为表征过饱和溶液的饱和程度常引用下列参数：

$S-S_0$ 为绝对过饱和度，以 α 表示；

S/S_0 为过饱和率，以 β 表示；

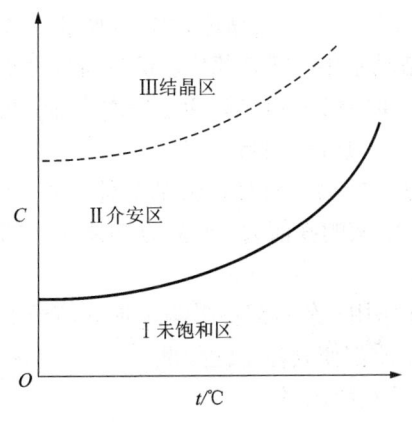

图3-4 溶液的状态图

（图中标注：Ⅲ结晶区、Ⅱ介安区、Ⅰ未饱和区，纵轴 C，横轴 $t/℃$）

$(S-S_0)/S_0$ 为相对过饱和度，以 γ 表示，$\gamma=(S-S_0)/S_0=\beta-1$。

图 3-4 中虚线所对应的过饱和率为自动成核的临界过饱和率，或者说自动产生核心所需的过饱和度，它的大小反映了过饱和溶液的稳定性。一般说来影响过饱和溶液稳定性的因素主要有：

（1）溶质离子电荷之积　离子电荷积愈大则稳定性愈大。例如：NaCl、KCl 的离子电荷积为 1，其过饱和率 β 为 1.03~1.06，而 $CaSO_4$、$CoSO_4$ 的离子电荷积为 2，β 为 1.6；

（2）溶解度和溶解度的温度系数　溶解度 S_0 愈小，温度系数 f 愈大，则 β 值愈大，例如，KCl、KNO_3 和 $KClO_3$ 的 β 数值大小如下：

	KCl	KNO_3	$KClO_3$
$S_0/\%$	4.03	2.76	0.68
f/C^{-1}	0.0031	0.014	0.15
β	1.09	1.36	1.41

(3) 离子水合度及形成晶体含结晶水量。当离子水合程度大,结晶体含结晶水多,则 β 值大,例如对钾盐而言,其离子水合度按下列顺序 $KI-KBr-KCl-K_2SO_4$ 依次增加,相应地其 β 值依次增大为 1.029-1.056-1.098-1.37;

(4) 溶质结晶类型。对称性低的晶体(如三斜晶体)其晶核形成比较困难,溶液的 β 值大,而立方晶体在小的过饱和度就能自动成核析出。

此外,搅拌作用、杂质都将影响过饱和溶液的稳定性。搅拌作用及不溶性杂质都使其稳定性降低。

3.2.2.2 晶核的成形

为从过饱和溶液中进行结晶,首先要形成核心,核心的形成一般有两种途径,即:①从过饱和溶液中自动形成,称为均相成核;②溶液中存在的夹杂物颗粒或其他固相表面(如容器的表面等),甚至杂质离子也可能成为结晶的核心,称为异相成核。在实际结晶过程中,常常是两种方式都同时存在,当溶液的过饱和率小时,以异相成核为主,随着过饱和率增加,均相成核增加,逐渐变为以均相成核占优势。

1. 均相成核

(1) 临界半径 r^*。当从过饱和的水溶液中进行均相成核时,其吉布斯自由能的变化主要为两项的代数和,即由于生成新的界面导致的界面能增加(ΔG_S)和由于溶质从不稳定状态的过饱和溶液中结晶成固体微粒而导致的吉布斯自由能减少(ΔG_V):

$$\Delta G = \Delta G_S + \Delta G_V \qquad (式3-12)$$

显然 ΔG_S 和 ΔG_V 都是晶核半径 r 的函数,ΔG_S、ΔG_V、ΔG 与半径的关系如图 3-5 所示。图中在一定 r 下 ΔG_S、ΔG_V 的代数和即为形成该半径的晶核的吉布斯自由能变化值,从图 3-5 可知,随着半径的增加,ΔG 成具有最大值的曲线变化,在 ΔG 为最大值 ΔG_{max} 时的半径用 r^* 表示。显然对半径为 r^* 的晶核而言,其溶解

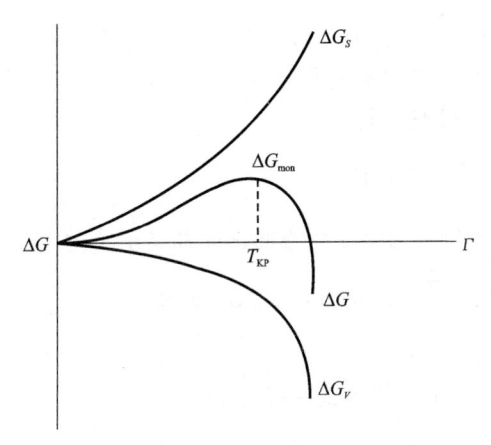

图 3-5　形成晶核的吉布斯自由能变化与其半径的关系

成半径更小颗粒的过程或进一步长大成大颗粒的过程都是吉布斯自由能减小的过程，因此都是自动过程，当颗粒的半径 $r \geq r^*$，它才能在该饱和溶液中自动长大，因此 r^* 称为晶核的临界半径，对简单无机物的结晶过程而言，r^* 约为 $10^{-7} \sim 10^{-5}$ mm。

r^* 与两相的界面张力及过饱和率有关，具体分析如下：式 3-12 中

$$\Delta G_V = n(\mu_{S_0} - \mu_S)$$

式中　n——为结晶的溶质的摩尔数；

　　　μ_S——为待结晶的溶质在浓度为 S 的过饱和溶液中的化学位，$\mu_S = \mu^\ominus + RT \ln \gamma_1 S$；

　　　μ_{S_0}——待结晶的溶质在饱和溶液中的化学位；考虑到溶解度与粒径有关，因此严格说来，在结晶过程中物质的溶解度（饱和浓度）随粒径而变，这里的饱和浓度应与平衡的粒径相对应，是一个与粒径有关的数。为简单起见，采用大颗粒的饱和溶解度，并在温度一定时视为常数。

$$\mu_{S_0} = \mu^\ominus + RT \ln \gamma_2 S_0$$

故 $\Delta G_V = n(\mu_{S_0} - \mu_S) = n\,RT\ln(\gamma_2 S_0/\gamma_1 S)$

在浓度变化范围不大的情况下，活度系数 γ 可视为不变，即 $\gamma_1 = \gamma_2$，对球形颗粒而言：

$$n = \frac{4}{3}\pi r^3 \rho/M$$

式中，ρ 和 M 分别为结晶物质的密度和摩尔质量。

可得 $\Delta G_V = \frac{4}{3}\pi r^3 RT\ln(S_0/S)\rho/M$

又知 $\Delta G_S = 4\pi r \sigma_{(\text{固-液})}$

将 ΔG_S 和 ΔG_V 代入式 3-12，得：

$$\Delta G = 4\pi r^2 \sigma_{(\text{固-液})} + \frac{4}{3}\pi r^3 RT\ln(S_0/S)\rho/M$$

或 $\Delta G = 4\pi r^2 \sigma_{(\text{固-液})} - \frac{4}{3}\pi r^3 RT\ln(S/S_0)\rho/M$ (3-13)

或将 ΔG 对 r 微分，同时令 $d(\Delta G)/dr = 0$

则求出 $r^* = 2\sigma_{(\text{固-液})} M/[\rho\,RT\ln(S/S_0)]$ (3-14)

对照式 3-11，可知，式 3-14 与式 3-11 完全相同。

将式 3-14 代入式 3-13，得：

$$\Delta G_{\max} = \frac{16}{3}\pi\sigma^3 M^2/[\rho\,RT\ln(S/S_0)]^2 \quad (3\text{-}15)$$

从式 3-14、式 3-15 可知，临界半径 r^* 的大小及形成临界半径的晶核所需的吉布斯自由能与固体与溶液间的界面张力、晶体的密度以及过饱和 (S/S_0) 率密切相关。当两相间界面张力小，则临界半径及生成晶核所需的能量都小，因此易自动成核；当过饱和率大，则 r^* 及 $\Delta G_{\max}$ 都小，也易于自动成核。

(2) 均相成核的速度。单位时间内单位体积过饱和溶液中产生的晶核数，称为均相成核的速度可用下式表示：

$$J = k\exp[-\Delta G_{\max}/(RT)]$$

式中，k 为比例常数，$\Delta G_{\max}$ 为形成临界晶核所需的吉布斯自由能，将式 3-15 的方程式代入，对球形晶核的成核速度为：

$$J = k \exp\left\{-\frac{16}{3}\frac{\pi\sigma^3 M^2}{\rho^2(RT)^3[\ln S/S_0]^2}\right\} \quad (3-16)$$

分析式 3-16，可知过饱和率 S/S_0 增大，不仅有利于减小临界半径，而且有利于提高成核速度，S/S_0 增大，则 J 加大，即成核速度加快。

大部分物质的溶解度随温度的升高而升高，此时 温度对其成核速度有两方面的影响：一方面温度升高，溶解度 S_0 增加，不利于成核；另一方面，有利于原子的迁移，有利于成核，但总的说来，后者占优势。对溶解度随温度的升高而降低的物质而言，则温度的升高肯定有利于成核。

2. 异相成核

溶质从过饱和溶液中结晶时，亦可能以溶液中的夹杂物或其他固相表面为核心，此时结晶过程生成新的相界面所需的表面能远比自动成核小，因此，即使在过饱和率较小的情况下，亦能形成核心，进行结晶过程。根据测定，即使是化学纯试剂，其中可作为异相成核的质点达 $10^6 \sim 10^7$ 个/cm^3。

异相成核的难易程度主要决定于夹杂物粒度的大小及其晶格与待结晶的溶质晶体结构的近似性，两者晶体结构愈近似，则愈容易成为结晶核心。因此，作为异相成核的核心最好是人为加入的溶质的固体粉末。例如在拜耳法生产 Al_2O_3 时，为使 $NaAlO_2$ 溶液分解而加入 $Al(OH)_3$ 晶种。

3.2.2.3 晶粒的长大

过饱和溶液中溶质分子(或离子)到晶核上结晶，因而晶粒长大过程属多相过程，亦遵循多相过程的一般规律。溶质分子(或离子)的结晶过程经历下列步骤：

(1)通过包括对流与扩散在内的传质过程达到晶体的表面；
(2)在晶体的表面吸附；

(3) 吸附的分子或离子在表面迁移；

(4) 进入晶格，使晶粒长大。

整个结晶长大的速度决定于其中最慢的步骤。当步骤1为最慢则称为传质控制，当步骤2或步骤3、步骤4最慢则称为界面生长控制。

为判断给定结晶过程的控制性步骤，A. E. Nielsen 认为，对粒度大于 5~10 μm 的晶粒的生长而言，当长大速度对搅拌强度很敏感时，则控制步骤为传质过程；当长大速度对搅拌强度不敏感则为界面生长控制。而对粒度小于 5 μm（具体大小决定于溶液与晶体的密度差）的晶体的生长，在搅拌过程中，晶体几乎与溶液同速运动，溶液与晶体界面的相对速度很小，不足以改变扩散速度，故长大速度往往与搅拌速度几乎无关。

对扩散控制而言，影响结晶过程总速度的因素主要为绝对过饱和度，即过饱和浓度 S 与饱和浓度 S_0 之差和扩散系数 D，同时温度升高则 D 值增加，相应地总速度亦增加。

对界面生长控制而言，则其主要影响因素为温度和相对过饱和度 γ，温度升高，则长大速度增加；相对过饱和度 γ 增加，长大速度亦增加，长大速度与 γ 的具体关系式，则随其中最慢过程而异。当最慢过程为表面吸附则长大速度与 γ 的1次方成正比；当界面螺旋生长过程最慢，则与 γ^2 成正比。

3.2.2.4 沉淀物的形态及其影响因素

1. 沉淀物的主要形态及生成过程

在沉淀过程中，由于条件的不同及物质性质的不同，沉淀物的形态往往不同，主要有：

Ⅰ. 结晶型。即外观呈明显的晶粒状，如 NaCl 溶液蒸发结晶所得的 NaCl 晶体，X 衍射也表征出特有的晶体结构；

Ⅱ. 无定形（凝乳型）。实际上为很小晶粒的聚集体；

Ⅲ. 非晶形。X 衍射图形表明其无一定的晶体结构。非晶形的沉淀不稳定，在一定条件下能转化成凝乳形。

这些形态产生的过程为：

离子 $\xrightarrow{\text{核心的形成}}$ 晶核 $\xrightarrow{\text{成长}}$

沉淀微粒 ⟶ ⎡ⓐ 聚集得无定形沉淀
　　　　　　⎣ⓑ 定向长大得结晶型沉淀

即过饱和溶液中首先形成核心，核心经长大成微粒后，可能进行两种过程：即ⓐ过饱和溶液中的溶质分子进一步形成许多核心并长大为微粒，许多微粒经聚集成无定形沉淀；ⓑ过饱和溶液中的溶质扩散至已有微粒表面，并在表面上定向排列长大为晶形颗粒。

2. 影响沉淀物形态及粒度的因素

从上述沉淀的生成过程可知，沉淀的形态一方面决定于晶核数量，当形成晶核的速度大而定向成长的速度小，则势必产生大量微粒并聚集成无定形沉淀。另一方面也决定于聚集和定向长大的相对速度，当定向长大速度大，则主要成晶形沉淀。反之则主要聚集成无定形。因此，要研究影响沉淀物形态及粒度的因素，应综合分析有关因素对上述三个过程特别是晶核形成和定向长大过程的影响。

为综合分析各种因素的影响，C. Weimarm 提出了"分散度"的概念。分散度大则粒度细，用下式表示：

$$\text{分散度} = K \times (\frac{S-S_0}{S_0}) = K \cdot \gamma \tag{3-17}$$

下面根据分散度分析影响沉淀物的形态和粒度的因素。从式3-17可知"分散度"主要由两项组成，即：

（1）相对过饱和度

相对过饱和度增加虽然有利于晶体的长大，更重要的是它有利于核心的生成，有利于在溶液中产生大量微粒并进一步聚集，因此相对过饱和度大，则分散度大，有利于生成无定形细颗粒。

决定相对过饱和度大小的主要因素是溶液的过饱和浓度 S，即沉淀剂加入瞬间（沉淀尚未形成时）溶液中沉淀化合物的总浓度，它决定于溶液的起始浓度和沉淀剂的浓度和沉淀剂的加入速度以及搅拌速度。当溶液的起始浓度大，则 S 值大，相应地导致细颗粒，从 $BaCl_2$ 溶液中沉淀 $BaSO_4$ 时，其粒度与 $BaCl_2$ 溶液浓度的关系如表 3-3 所示。

表 3-3　$BaSO_4$ 粒度与沉淀前 Ba^{2+} 浓度的关系

$BaSO_4$ 浓度/$(mol·kg^{-1})$	0.4	0.1	0.01	0.001	0.0006
粒径/μm	53%为0.2	最大0.24	最大0.5	最大1.0	显微观察的 $1\mu m$

同理沉淀剂的浓度加大以及加入沉淀剂的速度加快，都有利于得到细颗粒沉淀物。

（2）系数 K

式 3-17 中系数 K，实际上包括了温度、晶体性质、搅拌等方面的影响。

1）温度。温度升高，对核心的生成、聚集、晶粒长大等过程都有利，但其综合效果是温度升高，有利于得到粗颗粒。

2）晶体的结构类型。极性较强的盐类如 $BaSO_4$、$AgCl$ 等一般具有大的结晶速度，因而得到晶形沉淀。氢氧化物特别是高价氢氧化物易得无定形状沉淀。价数愈高愈难结晶，如对二价的 $Cd(OH)_2$、$Zn(OH)_2$ 而言，控制适当条件有时可直接得到结晶产物，三价的 $Fe(OH)_3$ 往往是无定形的，但在高温下处理一定时间（陈化），可转变为结晶型，而 $Th(OH)_4$ 等四价氢氧化物则通常为非晶型，很难转化为晶型。

3）搅拌。搅拌作用有利于防止局部过饱和度增加，同时有利于传质过程,因此在一定程度上,搅拌有利于得到粗颗粒沉淀。但是过于强烈的搅拌也可能将颗粒粉碎。

4) 其他　某些物质吸附于晶体表面将严重抑制晶体生长,如四溴荧光素即使其浓度为 10^{-6} mol/L 时也较大地减慢了 AgCl 晶体的生长速度。而陈化过程则有利于晶体的长大,采用均相沉淀法亦能减少过饱和度,有利于晶体长大。

因此,在实践中应根据沉淀过程的具体目的,适当地控制上述参数,以控制沉淀物的形态和粒度。

3.2.2.5　陈化过程

沉淀物形成后,其粒度及结构进一步自动向热力学更稳定的方向变化过程称为陈化过程。陈化过程包括 Ostwald 熟化和亚稳相的转化。

Ostwald 熟化是指沉淀颗粒自动长大、而小颗粒消失的过程。由式 3-11 可知,粒度愈小的颗粒溶解度愈大。当溶液中同时存在颗粒大小不同的晶体时,由于小颗粒的溶解度大,而将自动溶解,进而在大颗粒上结晶,其总的趋势是颗粒的自动长大。因此,沉淀后在高温下保温一段时间,往往有利于改善沉淀的过滤性能,同时由于颗粒长大,减少了比表面积,有利于减少由于各种共沉淀而带入的化学杂质。

亚稳相的转化是指在沉淀过程中由于动力学上的原因往往出现亚稳定相,因为一般界面张力小的物质溶解度大,从式 3-14 又知临界半径与界面张力 σ 成正比,在其他条件相同的情况下,σ 小的物质的临界半径小,即容易形成核心,因此在沉淀过程中有时 σ 小而溶解度大的相反而优先析出,而在沉淀后,在一定的条件下这种溶解度大的相将自动转化成溶解度小的稳定相。这种转化往往容易出现在有多种晶形的物质(如 $CaCO_3$)以及有多种结晶水的物质的情况。

3.2.3 共沉淀现象

在沉淀过程中，某些未饱和组份亦随难溶化合物的沉淀而部分沉淀，这种现象称为"共沉淀"。在提取冶金中，常要求避免共沉淀现象的发生。例如：当沉淀去杂质时，主金属与之共沉淀则造成主金属的损失；当沉淀析出纯化合物时，杂质的共沉淀则影响产品的纯度。但是，在某些场合下也利用共沉淀以除去某些难以除去的杂质。例如，稀土冶金中为从独居石碱溶浆的 HCl 优溶母液中除镭，则加入 $BaCl_2$ 和 $(NH_4)_2SO_4$，以产生 $BaSO_4$ 的沉淀，在沉淀的过程中，由于 Ba^{2+} 和 Ra^{2+} 的半径相近（分别为 0.138 的 0.142nm），故 Ra^{2+} 进入 $BaSO_4$ 晶格与之共同沉淀除去；在材料的制备中，有的则要利用共沉淀的原理以制备具有特定成分且成分分布均匀的产品。因此，掌握共沉淀的规律性对提高冶金和材料制备都具有十分重要的意义。

3.2.3.1 共沉淀产生的原因

1. 形成固溶体

设溶液有 M_I^+、M_{II}^+ 两种金属离子，当加入沉淀剂 A^- 时，若 $M_I A$ 达到饱和而 $M_{II} A$ 未达到饱和，则应当只有 $M_I A$ 沉淀，但当两者晶格相同，且 M_I^+、M_{II}^+ 的半径相近时，则 M_{II}^+ 将进入 $M_I A$ 晶格，与之共同析出。

现进一步研究 $M_{II} A$ 在固溶体中的浓度。$M_I A$、$M_{II} A$ 的沉淀反应为：

$$M_I^+ + A^- = M_I A$$
$$a_{M_I A}/(a_{M_I^+} \times a_{A^-}) = K_1$$
$$M_{II}^+ + A^- = M_{II} A$$
$$a_{M_{II} A}/(a_{M_{II}^+} \times a_{A^-}) = K_2$$

式中 $a_{M_I A}$、$a_{M_{II} A}$——分别为 $M_I A$、$M_{II} A$ 在固相的活度；

$a_{M_I^+}$、$a_{M_{II}^+}$、a_{A^-}——分别为 M_I^+、M_{II}^+、A^- 在水溶液中的活度。当析出的固相为纯物质时，a_{M_IA}、$a_{M_{II}A}$ 为 1，则：

$$1/K_1 = a_{M_I^+} \times a_{A^-} = K_{ap(M_IA)}$$

$$1/K_2 = a_{M_{II}^+} \times a_{A^-} = K_{ap(M_{II}A)}$$

式中，$K_{ap(M_IA)}$、$K_{ap(M_{II}A)}$ 分别为 M_IA、$M_{II}A$、的活度积。

故

$$a_{M_IA}/(a_{M_I^+} \times a_{A^-}) = 1/K_{ap(M_IA)}$$

$$a_{M_{II}A}/(a_{M_{II}^+} \times a_{A^-}) = 1/K_{ap(M_{II}A)}$$

将两式相除并整理可得：

$$\frac{a_{M_{II}A}}{a_{M_IA}} = \frac{a_{M_{II}^+}}{a_{M_I^+}} \times \frac{K_{ap(M_IA)}}{K_{ap(M_{II}A)}} \tag{3-18}$$

式 3-18 表明，以固溶体形态进入固相的 $M_{II}A$ 的活度与 $a_{M_{II}^+}$ 成正比，与 $K_{ap(M_IA)}/K_{ap(M_{II}A)}$ 成正比。或者说 $M_{II}A$ 的溶解度愈小，则愈容易形成固溶体杂质。

2. 表面吸附

晶体表面的离子的受力状态与内部离子不同。内部离子周围都由异电性的离子所包围，受力状态是对称的，而表面的离子则有未饱和的键力，能吸引其他的离子，即能进行表面吸附，表面吸附量与吸附离子性质有关，即：

1) 表面优先吸附与晶体中相同的离子，如 $CaSO_4$ 晶体表面优先吸附 SO_4^{2-} 和 Ca^{2+}。

2) 外界离子的被吸附量随该离子电荷数的增加成指数地增加。因此高价离子容易被吸附。

3) 在电荷及浓度相同的情况下，离子与晶格中离子形成的化合物的溶度积愈小，则愈易被吸附。

3. 吸留和机械夹杂

在晶体长大速度很快的情况下，晶体长大过程中表面吸附的杂质来不及离开晶体表面而被包入晶体内,这种现象称为"吸留"。机械夹杂指颗粒间夹杂的溶液中所带进的杂质,这种杂质可通过洗涤的方法除去,而吸留的杂质是不能用洗涤的方法除去的。

4. 后沉淀

沉淀析出后,在溶液中放置的过程中,溶液中的某些杂质可能慢慢沉积到沉淀物表面上,如向含 Cu^{2+}、Zn^{2+} 的酸性溶液中通 H_2S,则 CuS 沉淀,ZnS 不沉淀,但 CuS 表面吸附 S^{2-}、使 S^{2-} 浓度增加,导致表面 S^{2-} 浓度与 Zn^{2+} 浓度的乘积超过 ZnS 的溶度积,从而 ZnS 在 CuS 表面沉淀。

3.2.3.2 影响共沉淀的因素

影响共沉淀的因素主要有:

(1) 沉淀物的性质。大颗粒结晶型沉淀物比表面小,因而吸附杂质少,而无定型或胶状沉淀物比表面积大,吸附杂质量多。

(2) 共沉淀物的性质与浓度。不论对固溶体或表面吸附而言,共沉淀的量均与共沉淀物质的性质密切相关,同时亦与其浓度密切相关。对固溶体而言,从式 3-18 可知固溶体中杂质浓度与杂质在溶液中的活度成正比。对表面吸附而言,根据研究,固体物质从溶液中吸附溶质(共沉淀物)的吸附等温线,有的服从弗罗因德利希(Freandlich)方程,即:

$$a = KC^{1/n}$$

式中　　a——单位固体物质吸附的溶质的量;
　　　　C——溶质的浓度;
　　　　n——经验常数。

有的服从兰格缪尔吸附等温方程,即:

$$a = a_\infty bC/(1+bC)$$

式中　　b、a_∞——常数。

但不论那种方程,a 值均随 C 的增加而增加。

(3) 温度。温度升高往往有利于减少共沉淀,其原因主要有两方面:一方面吸附过程往往为放热过程,升高温度对吸附平衡不利;另一方面升高温度往往有利于得到颗粒粗大的沉淀物,其比表面积小。

(4) 沉淀过程的速度和沉淀剂的浓度。沉淀剂浓度过大、加入速度过快,一方面导致沉淀物颗粒细,另一方面在溶液中往往造成沉淀剂局部浓度过高(搅拌不均匀的情况下更是如此),使某些从整体看来未饱和的化合物在某些局部过饱和而沉淀,这是形成共沉淀的主要原因之一。

3.2.3.3 减少共沉淀的措施与均相沉淀

为减少共沉淀,其主要措施是根据上述影响共沉淀的因素,采取相应的措施,例如:提高温度,降低沉淀过程的速度(或降低沉淀剂的加入速度),降低溶液和沉淀剂的浓度,加强搅拌,同时将沉淀剂以喷淋方式均匀分散加入,以防止局部浓度过高等。

至于降低沉淀剂浓度(或中和过程中酸、碱的浓度),有时单纯依靠稀释的方法是不够的,实践中的有效措施为均相沉淀。

均相沉淀是向待沉淀的溶液首先加入含沉淀剂的某种化合物,待其在溶液中均匀溶解后,再控制适当条件使沉淀剂从该化合物中缓慢析出、进而与待沉淀的化合物形成沉淀,例如在中和沉淀过程中,中和剂不用 NH_4OH 或 $NaOH$,而是加入尿素,待尿素在溶液中均匀溶解后,再升温至90℃左右,此时尿素在溶液中分解为:

$$CO(NH_2)_2 \rightleftharpoons NH_3 + HNCO \rightleftharpoons NH_4^+ + NCO^-$$

NCO^- 在不同溶液中发生不同的中和反应,在酸性溶液中:

$$NCO^- + 2H^+ + H_2O = NH_4^+ + CO_2$$

而在中性或碱性溶液中:

$$NCO^- + OH^- + H_2O = NH_3 + CO_3^{2-}$$

因而均匀中和溶液中的酸或碱,不致发生酸碱度局部过高的现象,从而防止中和过程多种离子共沉淀。用尿素作中和剂,pH 可达9.3。

均相沉淀除能有效地防止共沉淀外,还由于沉淀剂浓度分布均匀,而有利于晶粒的长大,得到粗颗粒的沉淀物,甚至在一般条件下易成胶态的 $Fe_2O_3 \cdot xH_2O$、$Al_2O_3 \cdot xH_2O$ 等物质,在均相沉淀时,也可具有结晶性质。

在有尿素存在下进行的中和过程,除能用于水解制取氢氧化物外,亦常用于那些与 pH 有关的其他化合物的沉淀过程,包括弱酸盐沉淀和硫化物沉淀等(见本章第 3.3 节)。当溶液中有 CO_3^{2-}、PO_4^{3-}、S^{2-} 等弱酸根离子存在时,则随着溶液 pH 的升高也可能制得相应的弱酸盐或硫化物。

应当指出,尿素在中性或弱碱性条件下,分解产生 CO_3^{2-},因而,有时溶液中虽然没有加入 CO_3^{2-},也可能产生碳酸盐沉淀。据报道,A·Janekovic 等在有尿素存在下从 $CdCl_2$ 溶液中制备均匀分散的镉化合物胶粒时,发现在 pH 为 6.4~7.2 时,沉淀物为 $CdO \cdot HCl$;pH>7.2 时,沉淀物为 $CdCO_3$。

作为均相沉淀的实例除上述尿素存在下的中和过程外,在某种意义上将沉淀剂以络离子形态加入(如氨络离子)也是一种均相沉淀过程。此时,溶液中游离的沉淀剂的浓度由络合物稳定常数及配位体的浓度决定,不致于过高。随着沉淀过程的进行,游离沉淀剂浓度降低,络合平衡向络合物分解的方向迁移,不断产生沉淀剂,因而沉淀反应始终在沉淀剂浓度小而均匀的条件下进行,防止了某些 K_{sp} 大的化合物共沉淀。

3.3 主要沉淀方法及其在提取冶金中的应用

在提取冶金中,沉淀过程既是一种从溶液中析出有价元素的手段,又是一种利用不同化合物在溶解度上的差异而将主金属与杂质分离的手段。其具体方法繁多,作为冶金工作者,最重要的是根据任务选择最恰当的沉淀方法，同时要充分研究所处理体系中各种离子及其化合物在溶解性能上的差异，并设法扩大这种差异，从而找出最佳沉淀条件，本节介绍最主要的几类沉淀方法的原理和工艺。

3.3.1 水解沉淀法

3.3.1.1 氢氧化物沉淀

氢氧化物沉淀法包括用中和水解的方法从水溶液中析出金属氢氧化物及某些金属氧化物。

1. 基本原理

除碱金属，一价铊及某些碱土金属外，其他金属的氢氧化物都难溶于水，因此将其盐的水溶液中和到一定 pH，则可能发生以下水解反应：

$$M^{n+} + nOH^- \rightleftharpoons M(OH)_n \downarrow$$

水解平衡时：

$$a_{M^{n+}} \cdot a_{OH^-}^n = K_{ap}$$

而 $a_{OH^-} \cdot a_{H^+} = K_w$

故
$$a_{M^{n+}} \cdot (K_W/a_{H^+})^n = K_{ap}$$
$$\lg a_{M^{n+}} + n\lg K_W + n\text{pH} = \lg K_{ap} \tag{3-19}$$
$$\lg a_{M^{n+}} = \lg K_{ap} - n\lg K_W - n\text{pH}$$

因此，水解平衡时，溶液中残留金属离子的活度的对数与 pH 成直线关系，pH 愈高，则残留金属离子的活度愈小，若将 K_{ap} 近似用溶度积 K_{sp} 代替，算出某些金属离子的平衡浓度与溶液中 pH 的关系如图 3-6、表 3-4 所示。

分析图 3-6，表 3-4 可得如下结论：

（1）在离子活度相同的情况下，位于图左边各种离子的平衡 pH 小，故它们在较小的 pH 下便可沉淀，或者说它们的盐类容易水解，而碱土金属的盐类难于水解。

湿法冶金学

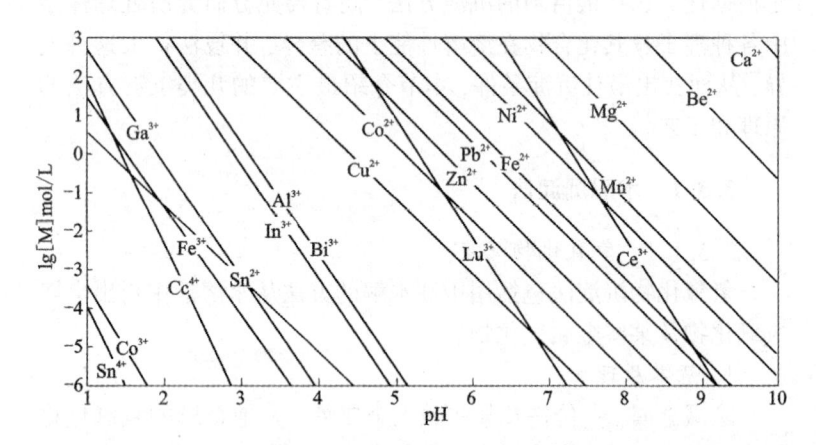

图 3-6 某些金属离子在水溶液中的平衡浓度与 pH 的关系(25℃)

表 3-4 氢氧化物沉淀时，M^{n+} 的平衡 pH(25℃)

M^{n+}		Ca^{2+}	Be^{2+}	Mg^{2+}	Mn^{2+}	Ce^{3+}	Ni^{2+}	Fe^{2+}	Pb^{2+}
平衡 pH	$[M^{n+}]=1$ mol/L	11.37	9.21	8.37	7.4	7.3	7.1	6.35	6.22
	$[M^{n+}]=10^{-6}$ mol/L	14.37	12.21	11.37	10.4	9.3	10.1	9.35	9.22

M^{n+}		Zn^{2+}	Lu^{3+}	Co^{2+}	Cu^{2+}	Al^{3+}	Bi^{3+}	In^{3+}	Ga^{3+}
平衡 pH	$[M^{n+}]=1$ mol/L	5.65	5.3	5.1	4.37	3.09	3.2	2.9	1.9
	$[M^{n+}]=10^{-6}$ mol/L	8.65	7.3	8.1	7.37	5.09	5.2	4.9	3.9

M^{n+}		Fe^{3+}	Sn^{2+}	Tl^{3+}	Co^{3+}	Sn^{4+}	Ce^{4+}
平衡 pH	$[M^{n+}]=1$ mol/L	1.53	1.35	-1.1	-0.2	0.0	1.4
	$[M^{n+}]=10^{-6}$ mol/L	3.53	4.35	0.9	1.8	1.5	2.9

(2) 对照 Fe^{2+}-Fe^{3+}、Co^{2+}-Co^{3+}、Ce^{3+}-Ce^{4+} 的水解平衡线知，对变价金属而言，同一金属其高价离子比低价离子容易水解。因此改变其价态可改变其在水解过程中的行为，例如在硫酸法生产

钛白过程中，重要工序之一为 $TiOSO_4$ 水解得 H_2TiO_3，为防止其中 Fe^{3+} 与 $TiOSO_4$ 同时水解，往往以铁屑为还原剂，往往先将 Fe^{3+} 还原成较难水解的 Fe^{2+}。

$$2Fe^{3+}+Fe =\!=\!= 3Fe^{2+}$$

而在锌焙砂中性浸出时，为使铁优先水解沉淀，则加氧化剂，使 Fe^{2+} 氧化成 Fe^{3+}，并进而成 $Fe(OH)_3$ 沉淀。

此外，络合剂的存在，将使某些易与之形成络合物的离子活度降低，相应地不利于其沉淀。因此选择适当的络合剂亦可扩大不同金属离子水解 pH 的差别，相应地改善其分离过程。

2. 氢氧化物沉淀法在提取冶金中的应用

氢氧化物沉淀法为提取冶金中应用最广的沉淀方法，它主要用于：

a. 从溶液中除杂，如从溶液中除铁等。

b. 从溶液中沉淀有价金属，如从 $BeSO_4$ 溶液中沉淀 $Be(OH)_2$，从稀 $CuSO_4$ 溶液中回收 $Cu(OH)_2$，从海水中回收镁等。

c. 相似元素的分离，例如镍钴分离，选择性氧化—浸出法从混合稀土氧化物中分离铈。

现将其中有代表性的工艺介绍如下。

(1) 氢氧化铁沉淀法从水溶液中除铁。氢氧化铁沉淀法为从水溶液中除铁的常用方法。其中最成熟的为锌焙砂中性浸出过程中将溶液中杂质铁、砷、锑除去，现以其为代表进行介绍。

在锌焙砂中性浸出时，一方面由于从返回的酸性浸出液中含有部分杂质，另一方面由于中性浸出的前期溶液中酸度较高（质量浓度达 5g/L），亦有一部分杂质被浸出，因此，中性浸出液中含有铁、砷、锑、锗以及铜、钴、镉等杂质，应在中性浸出后期将其中的铁、砷、锑、锗除去。为此采用氢氧化物沉淀法，即将溶液中和至 pH=5 左右，由于 $Fe(OH)_3$ 的 K_{SP} 小，例如 18℃ 时仅 3.8

$\times 10^{-38}$，故在 pH=5 时 Fe^{3+} 平衡活度小于 10^{-9}，溶液中的 Fe^{3+} 将首先水解成 $Fe(OH)_3$ 沉淀。从表 3-4 可知 Ni^{2+}、Co^{2+}、Zn^{2+} 及 Cu^{2+} 将保留在溶液中。

由于 $Fe(OH)_2$ 的溶度积比 $Zn(OH)_2$ 大，因此 Fe^{2+} 比 Zn^{2+} 更难水解，对变价元素而言，其高价氢氧化物的溶度积远比其低价化合物小，即高价离子更容易水解，因此，为从含大量 Zn^{2+} 的溶液中除铁首先应将 Fe^{2+} 氧化成 Fe^{3+}。

为使 Fe^{2+} 氧化，应加入适当的氧化剂，MnO_2 及 O_2 都能有效地将 Fe^{2+} 氧化，用 MnO_2(软锰矿)为氧化剂时，其反应为：

$$2Fe^{2+} + MnO_2 + 4H^+ = 2Fe^{3+} + Mn^{2+} + 2H_2O$$

此氧化还原反应在 25℃ 时的标准电动势为 0.46V，根据式 2-10 算出 25℃ 反应的平衡常数为：

$$\lg K = \lg[a_{Fe^{3+}}^2 \cdot a_{Mn^{2+}}/(a_{Fe^{2+}}^2 \cdot a_{H^+}^4)] =$$
$$2 \times 0.46/0.059 = 15.59$$

在工业上进行 MnO_2 氧化时，一般控制 $pH \approx 1$，同时在溶液中 $a_{Mn^{2+}}$ 一般为 0.01 左右。代入上式计算得氧化平衡时：

$$2\lg(a_{Fe^{3+}}/a_{Fe^{2+}}) = 13.59$$

即氧化非常彻底。实际上 Fe^{3+} 不断变成 $Fe(OH)_3$ 沉淀，即不断除去了反应的生成物 Fe^{3+}，更有利于氧化反应的进行。

用 O_2 作氧化剂时，其反应为：

$$2Fe^{2+} + \frac{1}{2}O_2 + 2H^+ = 2Fe^{3+} + H_2O$$

此氧化还原反应在 25℃ 时的标准电动势亦为 0.46V，因此从热力学上分析 Fe^{2+} 用空气氧化时并将十分彻底。

动力学研究表明，空气氧化时，氧化速度随 pH 的升高而升高，当 pH<1 时，氧化反应速度很慢，同时在 pH>2 时，Cu^{2+} 对 Fe^{2+} 的氧化有催化作用，故用空气氧化一般在较高的 pH 下进行，并通过生成的 Fe^{3+} 不断水解沉淀而降低其活度，保证反应的不断进行。

用中和法沉淀铁的同时，溶液中的 As 与 Sb、Ge 可以与铁共同沉淀，所以在生产实践中，如果溶液中的 As、Sb、Ge 的质量比较高时，为了使它们沉淀完全，必须保证溶液中有足够的 Fe 离子，溶液中的 Fe 的质量分数应为 As+Sb 的 10 倍以上，当 Sb 质量分数高时，要求 Fe 更高一些，当 Fe 不够时还要补加 $FeSO_4$ 以便 Fe、As、Sb 共同沉淀。只要 Fe 的质量分数足够高，溶液中的 As 和 Sb 质量浓度都可降到 0.2mg/L。

(2) 针铁矿法从水溶液中除铁。这种方法在锌湿法冶金中应用最成熟，特别是从高温高酸浸出液中除铁。

根据 Fe_2O_3-H_2O 系平衡图，在 Fe^{3+} 浓度很稀的条件下 Fe^{3+} 将形成针铁矿 α-FeOOH 沉淀。针铁矿为一种很稳定的晶体，其溶解反应的平衡常数很小，在 25℃ 时：

$$FeOOH + H_2O \rightleftharpoons Fe^{3+} + 3OH^-$$

$$\lg K = -38.7$$

根据上式知平衡时 Fe^{3+} 的浓度与 pH 的关系为：

$$\lg[Fe^{3+}] = -38.7 - 3\lg[OH^-] = 3.3 - 3pH$$

故在温度为 25℃、pH=2 时

$$[Fe^{3+}] = 2 \times 10^{-3} mol/L$$

即从热力学的角度分析，铁的质量浓度可降至 0.1 g/L 以下。

为保证沉淀过程中 Fe^{3+} 始终保持稀浓度，工业上一般采取以下措施：

a. 还原氧化法。即将 Fe 质量浓度为 30~40 g/L 的热酸浸出液先用还原剂还原，其反应为：

$$2Fe^{3+} + ZnS \rightleftharpoons Zn^{2+} + 2Fe^{2+} + S$$

因而绝大部分 Fe^{3+} 还原成 Fe^{2+}，残余的 Fe^{3+} 的质量浓度降到 2g/L 以下，然后在 pH 约为 3 的条件下通 O_2，使之逐步氧化并转化成 FeOOH 沉淀。

b. 部分水解法(回流法)。将已沉淀的矿浆部份回流,以稀释 Fe^{3+} 使其质量浓度降为 2g/L 以下再水解;用针铁矿法沉铁后,溶液最终残留的总铁的质量浓度可降至 1~2g/L。

(3) 赤铁矿法。从水溶液中除铁,由于温度升高有利于水解反应的进行,故在 $Fe_2O_3 - SO_3 - H_2O$ 体系中,在高温下(185~200℃),即使溶液酸性较高也能发生水解,在硫酸浓度较高时,水解生成物为碱式硫酸铁:

$$Fe_2(SO_4)_3 + 2H_2O \rightleftharpoons 2Fe(OH)SO_4\downarrow + H_2SO_4$$

在硫酸浓度低时生成物为 Fe_2O_3(赤铁矿):

$$Fe_2(SO_4)_3 + 3H_2O \rightleftharpoons Fe_2O_3\downarrow + 3H_2SO_4$$

一般情况下,生成物为它们的混合物,在 200℃ 下,当 H_2SO_4 质量浓度为 100g/L 左右,铁质量浓度能降至 6g/L。

赤铁矿法产出的渣中铁的质量分数为 58%~60%,硫为 3% 左右。

(4) 镍、钴分离。从表 3-4 知,当离子浓度均为 1mol/L 时,Ni^{2+} 和 Co^{3+} 的开始水解沉淀的 pH 分别为 7.1 和 -0.2。因此含镍、钴的混合溶液首先进行氧化,则钴氧化成三价并以 $Co(OH)_3$ 形态优先进入沉淀,而镍保留在溶液中,工业中常常是在 60~65℃ 下加入 NaClO 为氧化剂,以 $NiCO_3$ 为中和剂,控制 pH 为 2 左右,则进行以下反应:

$$2Co^{2+} + NaClO + 5H_2O \rightleftharpoons 2Co(OH)_3\downarrow + NaCl + 4H^+$$
$$2NiCO_3 + 4H^+ \rightleftharpoons 2Ni^{2+} + 2H_2O + 2CO_2$$

溶液中钴总量的 85%~90% 以 $Co(OH)_3$ 形态析出,由于共沉淀的原因,$Co(OH)_3$ 中的质量分数为 Ni 0.2%~0.3%。

为进一步回收溶液中残留的钴,再将溶液中和至 pH 为 3.5~3.8 时,则得含镍高的 $Co(OH)_3$,作为进一步提钴和镍的原料。

(5) 氧化法提铈。利用氢氧化物溶解度的不同,既可选择性地使溶液中金属离子成难溶氢氧化物优先进入沉淀,亦可选择性地使沉淀物中某些易溶氢氧化物优先溶解,同样达到分离的目的。现以从混合稀土氢氧化物中分离提铈为例说明如下:处理独居石所得的混合稀土氢氧化物中含铈及其他稀土氢氧化物,它们基本上都为三价,而铈在碱性条件下容易由三价氧化为四价,根据表 3-4 可知,当浓度为 1mol/L 左右,在 pH=1~2 时,四价铈的稳定形态为固态 $Ce(OH)_4$,而其他稀土元素的三价氢氧化物在 pH 为 5.3~7.1 才进入沉淀,若控制 pH 为 5 左右,则三价稀土氢氧化物将溶解。因而将混合物稀土氢氧化物调成质量浓度为 50~70g/L 的矿浆,在碱浓度为 0.15~0.13mol/L 下进行氧化,氧化剂可用空气、氧或氯气,用空气时:

$$2Ce(OH)_3 + \frac{1}{2}O_2 + H_2O = 2Ce(OH)_4$$

然后矿浆用 HNO_3 浸出,控制 pH 为 4~5,则所有三价的稀土氢氧化物将溶解,而 $Ce(OH)_4$ 保留在沉淀中,其中 $Ce(OH)_4$ 的质量分数达 80%~85%。

(6) 从 $BeSO_4$ 溶液中沉淀 $Be(OH)_2$。$Be(OH)_2$ 沉淀法为从绿柱石精矿制取 BeO 的主要工序之一,绿柱石精矿与 CaO 熔合再用 H_2SO_4 分解后,得 $BeSO_4$ 溶液,$BeSO_4$ 溶液净化除杂,然后进行中和沉淀,由于 $Be(OH)_2$ 的溶解度小,在 25℃ 时其 K_{SP} 为 $2.7×10^{-10}$,故中和时发生以下水解反应:

$$BeSO_4 + 2H_2O = Be(OH)_2 + H_2SO_4$$

沉淀所得的 $Be(OH)_2$ 经煅烧后得 BeO。

3.3.1.2 碱式盐沉淀

在进行金属盐的水解时,有时生成碱式盐 $xMA_{2/n}·yM(OH)_2$ (设 M 为 +2 价、A 为 -n 价) 沉淀:

$$(x+y)M^{2+} + (2x/n)A^{n-} + 2yOH^- =$$
$$xMA_{2/n}·yM(OH)_2$$

温度一定时,其活度积 $K_{ap} = a_{M^{2+}}^{x+y} · a_{A^{n-}}^{2x/n} · a_{OH^-}^{2y}$ 为常数

$$\lg K_{ap} = (x+y)\lg a_{M^{2+}} + (2x/n)\lg a_{A^{n-}} + 2y\mathrm{pH} + 2y\lg K_W$$

$$\mathrm{pH} = \left(\frac{1}{2y}\right)\lg K_{ap} - \left(\frac{x+y}{2y}\right)\lg a^{M^{2+}} - \frac{x}{ny}\lg a_{A^{n-}} - \lg K_W$$

因此,平衡 pH 不仅与溶液中 M^{2+} 活度有关,而且与 A^{n-} 的活度有关,当 A^{n-} 活度较大时,容易析出碱式盐。

在实际沉淀过程中,对给定体系而言,它可能产生氢氧化物沉淀,也可能产生碱式盐沉淀。具体决定于两者平衡 pH 的相对大小,当生成碱式盐的平衡 pH 小,则优先生成碱式盐沉淀。

在提取冶金中,用黄钾铁矾法除铁是碱式盐沉淀法的典型例子,黄钾铁矾实际是一种碱式盐的复盐,其分子式为 $MFe_3(SO_4)_2(OH)_6$,在 $Fe_2(SO_4)_3 - H_2SO_4$ 溶液中,90℃下若控制 pH 为 1~1.5,并加入 K^+ 或 Na^+、NH_4^+,则将形成黄钾铁矾的沉淀:

$$3Fe_2(SO_4)_3 + 2MOH + 10H_2O =\!=\!=$$
$$2MFe_3(SO_4)_2(OH)_6\downarrow + 5H_2SO_4$$

或 $3Fe_2(SO_4)_3 + xM_2SO_4 + (14-2x)H_2O =\!=\!=$
$$2M_x(H_3O)_{(1-x)}[Fe_3(SO_4)_2(OH)_6] + (5+x)H_2SO_4$$

其中,M 表示 K^+ 或 Na^+ 或 NH_4^+。

产生的黄钾铁矾在成分和结构上均与黄钾铁矾矿相似,为菱面体结晶沉淀。

黄钾铁矾法除铁的效果与溶液的酸度及温度有关,温度愈高,酸度愈低则除铁效果愈好。例如,为使铁的质量浓度降至 5 g/L,则在 H_2SO_4 质量浓度为 40 g/L 的条件下,温度应为 180℃,若将酸的质量浓度降至 5 g/L(相当于 pH1.5),则温度可降至 95℃。

在湿法炼锌中进行黄钾铁矾法沉淀时,为将溶液中的酸及上述反应产生的 H_2SO_4 中和以控制溶液的酸度,通常用焙砂(ZnO)作中和剂,挪威依特赫因(Eitrhein)电锌厂用黄钾铁矾法处理 Fe 的质量浓度为 22 g/L、H_2SO_4 为 40 g/L、Zn 为 110 g/L 的热酸浸出液。

沉铁后溶液中 Fe 质量浓度为 1 g/L 左右，H_2SO_4 为 3~5 g/L 左右。

3.3.2 硫化物沉淀法

3.3.2.1 基本原理

硫化物沉淀法是基于许多元素的硫化物难溶于水（某些硫化物的溶度积如表 3-5 所示），因此，当溶液中有 M^{n+} 存在，加入 S^{2-}，则将发生以下沉淀反应：

$$2M^{n+} + nS^{2-} = M_2S_n \downarrow$$

表 3-5 某些硫化物的溶度积 K_{SP}

硫化物	温度/℃	K_{SP}	$\lg K_{SP}$	硫化物	温度/℃	K_{SP}	$\lg K_{SP}$
Ag_2S	25	1.6×10^{-49}	-48.8	HgS	18	1×10^{-47}	-47
As_2S_3	18	4×10^{-29}	-28.4	MnS	25	2.8×10^{-13}	-12.55
Bi_2S_3	18	1.6×10^{-72}	-71.8	NiS(α)	25	2.8×10^{-21}	-20.55
CdS	25	7.1×10^{-27}	-26.15	PbS	25	9.3×10^{-28}	-27.03
CoS(α)	25	1.8×10^{-22}	-21.74	Sb_2S_3	18	1×10^{-30}	-30
CuS	25	8.9×10^{-36}	-35.05	SnS	25	1×10^{-23}	-28
Cu_2S	18	2×10^{-47}	-46.7	Tl_2S	18	4.5×10^{-23}	-22.35
FeS	25	4.9×10^{-18}	-17.31	ZnS(β)	25	8.9×10^{-25}	-24.05
				In_2S_3		5.7×10^{-74}	-73.24

对于二价金属离子的沉淀反应，平衡时

$$[M^{2+}] \cdot [S^{2-}] = K_{SP(MS)}$$

或

$$[M^{2+}] = K_{SP(MS)} / [S^{2-}] \qquad (3-20)$$

而溶液中 $[S^{2-}]$ 决定于下列电离反应

$$H_2S_{(aq)} \rightleftharpoons H^+ + HS^-$$

其电离常数 $K_1 = [HS^-][H^+]/[H_2S_{(aq)}]$

$$HS^- \rightleftharpoons H^+ + S^{2-}$$

其电离常数为 $K_2 = [S^{2-}][H^+]/[HS^-]$

$$[H_2S]_{aq} = 2H^+ + S^{2-}$$

其电离常数 $K_{H_2S} = K_1 \cdot K_2 = [S^{2-}][H^+]^2/[H_2S_{(aq)}]$

故 $[S^{2-}] = K_{H_2S}[H_2S_{(aq)}]/[H^+]^2$

代入式 3-20 可得

$$[M^{2+}] = K_{SP(MS)}/(K_{H_2S}[H_2S_{(aq)}] \cdot [H^+]^{-2})$$

$$\lg[M^{2+}] = \lg K_{SP(MS)} - \lg K_{H_2S} - \lg[H_2S_{(aq)}] - 2pH \quad (3-21)$$

溶液中硫的总浓度$[S]_T$为：$[H_2S_{(aq)}]$、$[HS^-]$、$[S^{2-}]$之和，但根据K_1，K_2值计算，在常温下，当pH<6左右时，$[HS^-]$、$[S^{2-}]$已很小，故可近似认为

$$[S]_T \approx [H_2S_{(aq)}]$$

代入上式得

$$\lg[M^{2+}] = \lg K_{SP(MS)} - \lg K_{H_2S} - \lg[S]_T - 2pH \quad (3-22)$$

已知 25℃ 时，$K_1 = 1.32 \times 10^{-7}$，$K_2 = 7.08 \times 10^{-15}$，$K_{H_2S} = 9.35 \times 10^{-22}$

故 25℃ 时，$\lg[M^{2+}] = \lg K_{SP(MS)} + 21.03 - \lg[S]_T - 2pH$

按类似推导，对 M_2S 型硫化物而言

$$\lg[M^+] = \frac{1}{2}\lg K_{SP(M_2S)} - \frac{1}{2}\lg K_{H_2S} - \frac{1}{2}\lg[S]_T - pH \quad (3-23)$$

25℃ 时 $\lg[M^+] = \frac{1}{2}\lg K_{SP(M_2S)} + 10.51 - \frac{1}{2}\lg[S]_T - pH$

同理，对 M_2S_3 型硫化物而言

$$\lg[M^{3+}] = \frac{1}{2}\lg K_{SP(M_2S_3)} - \frac{3}{2}\lg K_{H_2S} - \frac{3}{2}\lg[S]_T - 3pH \quad (3-24)$$

25℃ 时 $\lg[M^{3+}] = \frac{1}{2}\lg K_{SP(M_2S_3)} + 31.54 - \frac{3}{2}\lg[S]_T - 3pH$

分析式 3-21~3-24 可知，沉淀后影响残留金属离子浓度的

因素，主要有三个。

1. 溶液的 pH

pH 增加则金属离子的残留浓度降低，25℃时，当$[S]_T$为 0.1 mol/L 时，某些金属离子的残留浓度与 pH 的关系如图 3-7 所示。从图 3-7 可知，在通常能达到的 pH 范围内，图中所示的各种金属离子浓度均可降到 10^{-7} mol/L 以下。

2. 溶液中硫的浓度$[S]_T$及气相 H_2S 的分压 p_{H_2S}

溶液中硫的浓度增加，或者说加入的沉淀剂如 Na_2S、$(NH_4)_2S$、H_2S 等增加，则金属的残留浓度降低。但是，在一定 pH 下，溶液中 S^{2-} 浓度以及硫的总浓度$[S]_T$与气相 H_2S 分压 P_{H_2S} 有一定比例关系，由于溶液中存在下列平衡反应

$$2H^+ + S^{2-} = H_2S_{(aq)}$$

$$H_2S_{(aq)} = H_2S_{(g)}$$

$$a_{H_2S(ag)}/a_{H_2S(aq)} = K_P$$

$$P_{H_2S}f_{H_2S}/([H_2S_{(aq)}]\gamma_{H_2S}) = K_P$$

式中，γ_{H_2S}为 H_2S 在水溶液中的活度系数，f_{H_2S}为气相 H_2S 的逸度系数。

整理得$[H_2S_{aq}] = P_{H_2S}f_{H_2S}/(\gamma_{H_2S}K_P)$

因此，P_{H_2S}以及使γ_{H_2S}改变的因素都将使$[H_2S]_{aq}$和$[S]_T$改变，都将影响净化效果。H_2S 在水中的溶解度(用摩尔浓度 m_{H_2S} 表示)与 H_2S 气相分压及温度的关系如图 3-8 所示。图中还标明了溶液中某些硫酸盐的影响。

3. 温度

温度对金属的残留浓度有着复杂的影响。从热力学角度分析：一方面温度升高许多硫化物的溶度积 K_{SP} 增加，如图 3-9 所示，同时 H_2S 在水中的溶解度减小，这些对沉淀是不利的；另一方面溶液中 H_2S 的电离常数增加，这对沉淀有利。因此，其综合

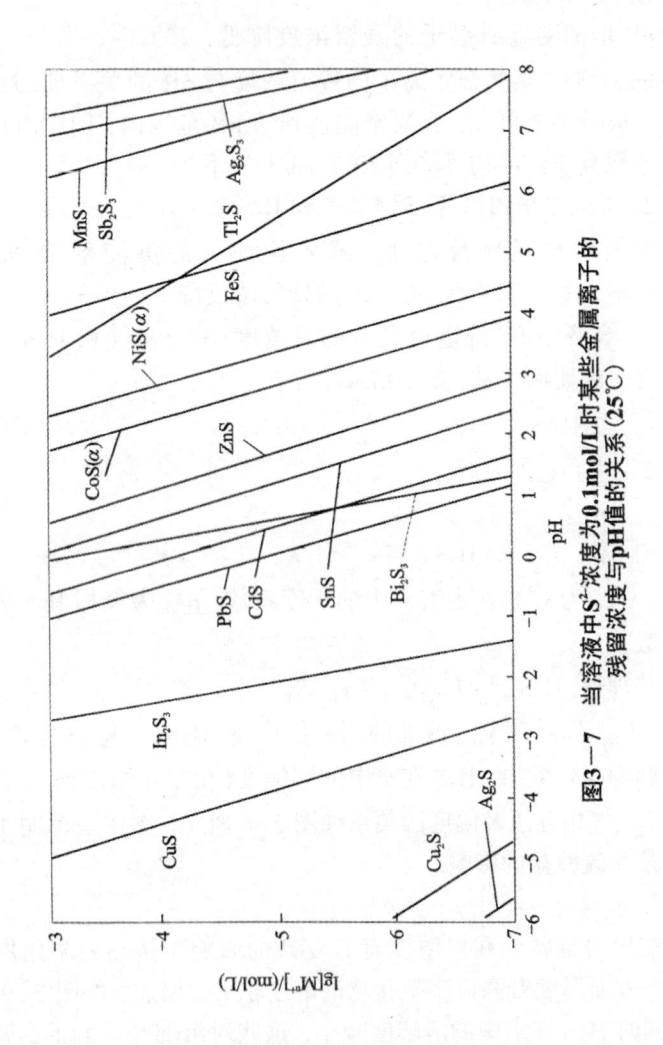

图3-7 当溶液中S^{2-}浓度为0.1mol/L时某些金属离子的残留浓度与pH值的关系（25℃）

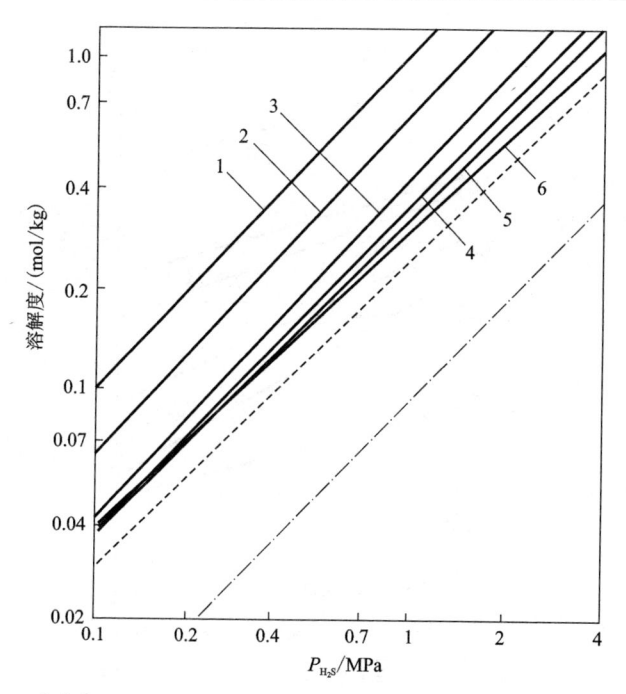

图 3-8 中纵轴为 溶解度/(mol/kg)，横轴为 P_{H_2S}/MPa。

—— 在水中：1—25℃；2—40；3—70℃；4—105℃；5—140℃；6—170℃
-·- 在质量分数为 34%(NH_4)$_2SO_4$ 溶液中，105℃；
--- 在浓度为 0.35 mol/L 硫酸盐质量浓度为 10~11 g/L H_2SO_4 溶液中，50℃。

图 3-8 H_2S 的溶解度与温度、溶液的成分及 H_2S 分压的关系

影响应视具体金属而异。若从动力学分析升高温度有利于加快沉淀速度，也有利于改善沉淀物的过滤性能，故许多沉淀工艺都在较高温度下进行。

应当指出，以上分析都是针对金属硫化物从水溶液中成简单化合物沉淀的过程，实际上某些硫化物在一定条件下能形成 H_2MS_2 型化合物，如 H_2PbS_2 等，As_2S_3、Sb_2S_3、MoS_3 等能形成 SbS_3^{3-}、AsS_3^{3-}、MoS_4^{2-} 等硫代离子，它们的溶解度远超过相应的简

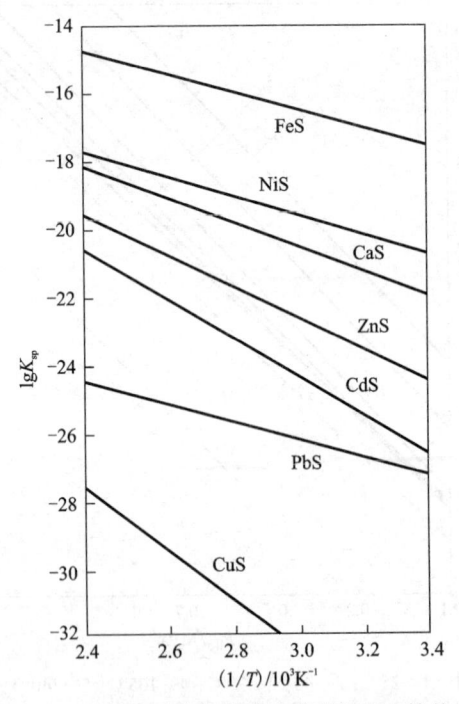

图 3-9 某些金属硫化物的溶度积与温度的关系

单硫化物，如按溶度积计算在 pH 为 1 和 5.5 时，PbS 在饱和 H_2S 中的溶解度分别为 $4×10^{-4}$g/L 和 $4×10^{-13}$g/L，而生成 H_2PbS_2 时，溶解度达 $(3～5)×10^{-3}$g/L。因此在这种情况下，沉淀效果变差，而且影响因素更为复杂。

3.3.2.2 硫化物沉淀法在提取冶金中的应用

硫化物沉淀法为提取冶金中应用较广的方法之一，它一方面用于从溶液中回收有价金属，如铟、铊冶金中，常用 In_2S_3 沉淀法从含铟的溶液中回收铟，用 Tl_2S 沉淀法从含铊的溶液中回收铊；另一方面它更广地用于除杂，例如钨冶金中常用 MoS_3 沉淀法从

Na_2WO_4 溶液中除钼,对 $Mo/WO_3 \approx 0.5\%$ 的溶液而言,Mo/WO_3 可降至 0.1%甚至更低,在钼冶金中常用硫化物沉淀法从 $(NH_4)_2MoO_4$ 溶液中除 Cu、Pb 等杂质,日本坂岛炼锌厂亦用 H_2S 沉淀法从热酸浸出液中沉淀并回收 CuS。硫化物沉淀法应用最成熟的是在 Ni-Co 冶金领域,它既用以从稀溶液中富集镍和钴,亦用以从含 Ni-Co 的溶液中除杂。现将硫化物沉淀法在镍钴冶金及钼冶金中的应用情况简单介绍如下:

1. 从稀硫酸镍-硫酸溶液制取硫化镍钴精矿。

红土矿高压酸浸(流程如图 3-10 所示)得含 Ni^{5+} 质量浓度为 5~10g/L、Co^{2+} 为 0.1~1g/L、H_2SO_4 为 25g/L 的稀溶液,为了以硫化物形成回收其中的镍钴,而将溶液中和至 pH 2.5~2.8,再在高压容器中加热至 118~120℃,通入压力为 1 MPa 左右的 H_2S,则质量分数为 99%的镍和 98%的钴以及全部铜、锌完全成硫化物沉淀析出,而溶液中的铝、镁、锰不沉淀。当溶液中 Ni 的质量浓度为 4 g/L、Co 为 0.45 g/L 时得到的硫化物精矿中 Ni 的质量分数为 55.1%、Co 为 5.87%。

镍、钴硫化物沉淀过程中,在低温下速度很慢,升高温度可加快反应速度。例如,在温度为 71℃、H_2S 分压为 0.68 MPa 时,NiS 实际上不沉淀,但温度提至 113~121℃ 则迅速析出沉淀。加入少量铁粉或镍粉能起催化作用,加入晶种也能够强化反应。

由于高温下 H_2S 及弱酸性溶液具有腐蚀性,因此过程在衬耐酸砖的高压釜内进行,且砖与金属壁之间还衬有橡胶。

2. 硫化物沉淀法净化镍、钴溶液

上述硫化镍钴精矿中含铁、铬、铝以及锌(质量分数为 13%)铜(质量分数为 0.6%),为净化除去有害杂质。硫化物精矿经高压氧浸后,得含 Ni 质量浓度为 50 g/L,Co 为 5 g/L 以及杂质

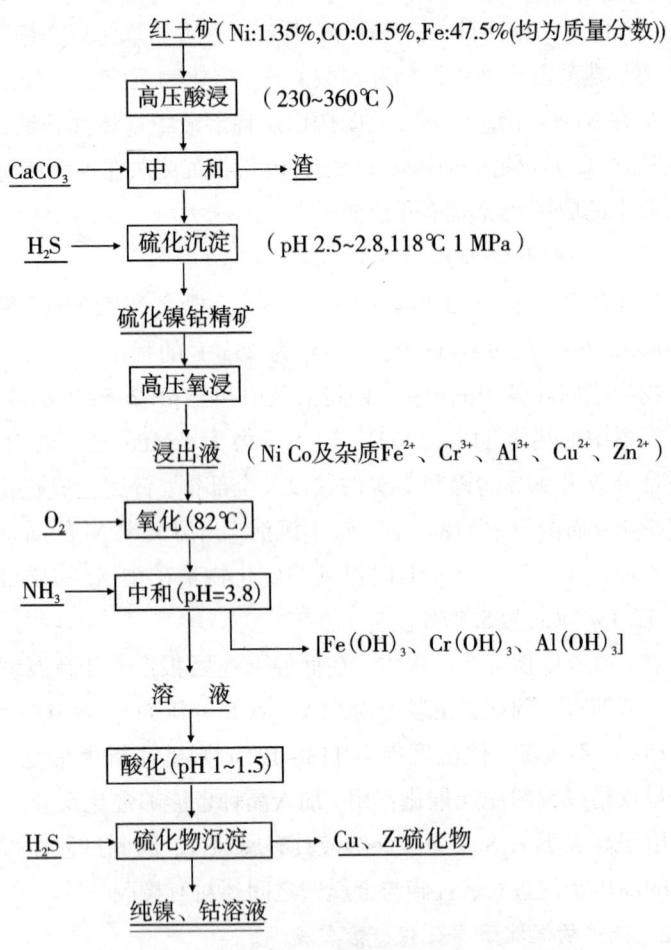

```
                    红土矿(Ni:1.35%,CO:0.15%,Fe:47.5%(均为质量分数))
                              ↓
                         ┌─────────┐
                         │ 高压酸浸 │  (230~360℃)
                         └─────────┘
                              ↓
              CaCO₃ ──→ ┌─────┐ ──→ 渣
                         │ 中 和│
                         └─────┘
                              ↓
               H₂S ───→ ┌─────────┐  (pH 2.5~2.8,118℃ 1 MPa)
                         │ 硫化沉淀│
                         └─────────┘
                              ↓
                        硫化镍钴精矿
                              ↓
                         ┌─────────┐
                         │ 高压氧浸│
                         └─────────┘
                              ↓
                         浸出液 (Ni Co及杂质Fe²⁺、Cr³⁺、Al³⁺、Cu²⁺、Zn²⁺)
                              ↓
               O₂ ────→ ┌──────────┐
                         │ 氧化(82℃)│
                         └──────────┘
                              ↓
              NH₃ ────→ ┌────────────┐
                         │ 中和(pH=3.8)│
                         └────────────┘
                              ↓ ──→ [Fe(OH)₃、Cr(OH)₃、Al(OH)₃]
                           溶 液
                              ↓
                         ┌──────────────┐
                         │ 酸化(pH 1~1.5)│
                         └──────────────┘
                              ↓
              H₂S ────→ ┌──────────┐ ──→ Cu、Zr硫化物
                         │ 硫化物沉淀│
                         └──────────┘
                              ↓
                        纯镍、钴溶液
```

图 3-10 从红土矿提取硫化物镍、钴精矿并进而制取镍、钴硫酸盐溶液的原则流程

Fe^{2+}、Cr^{2+}、Al^{3+}、Cu^{2+}、Zn^{2+} 的溶液，为了除去其中杂质，先将 Fe^{2+}、Cr^{2+} 在 82℃ 左右氧化成高价，然后中和至 pH=3.8 左右，此时 Fe^{3+}、Al^{3+}、Cr^{3+} 将水解沉淀，溶液进一步通 H_2S 除 Cu^{2+}、Zn^{2+} 等杂质。从图 3-7 可知，为使 CuS, ZnS 沉淀而不让 NiS、CoS 沉淀，应控制 pH 较低（即 pH=1~1.5），同时保持溶液中 H_2S 浓度较低，还控制较高的温度，则 Cu、Pb 质量浓度可降至 0.0001 g/L 以下。

3. 从钼酸铵溶液中除去杂质

钼冶金中辉钼精矿焙烧后得 MoO_3 焙砂，焙砂经 NH_4OH 浸出得 $(NH_4)_2MoO_4$ 溶液：

$$MoO_3 + 2NH_4OH = (NH_4)_2MoO_4 + H_2O$$

浸出过程中焙砂中的杂质铜、锌、镍等均成为氨络合物进入溶液：

$$MO + nNH_4OH = M(NH_3)_n^{2+} + (n-1)H_2O + 2OH^-$$

溶液中除含钼及上述杂质外，还含少量游离氨，为了从中除去上述杂质。而加入 NH_4HS，这时产生硫化物沉淀：

$$M(NH_3)_n^{2+} + nH_2O = M^{2+} + nNH_4OH$$

$$M^{2+} + HS^- = MS\downarrow + H^+$$

按照上述反应，Cu^{2+}、Fe^{2+}、Pb^{2+} 可除去 95%~99%，由于其硫化物的 K_{SP} 较大，其氨络离子的稳定常数也较大，因此除锌、镍效果较差。

硫化物沉淀法主要问题是 H_2S 有毒，而且易爆炸。因此，需要加强设备的密封和车间的通风，并要采取防爆措施。

3.3.3 弱酸盐沉淀法

3.3.3.1 基本原理

弱酸盐沉淀法是基于某些弱酸盐(草酸盐、砷酸盐、磷酸盐、碳酸盐等)在水中溶解度很小,在上述弱酸根存在的条件下,控制适当的参数,从而使主金属或杂质从溶液中选择性沉淀,同时利用此性质亦可从溶液中除磷、砷等杂质。某些弱酸盐的溶度积如表 3-6 所示。

弱酸盐沉淀过程各种参数对沉淀效果的影响与上述硫化物(硫化物实际上也是一种弱酸盐)沉淀大同小异,现分析如下:

设溶液中弱酸根为 A^{2-},设金属为+2 价,则

$$[M^{2+}] = K_{SP,MA}/[A^{2-}]$$

参照式 3-21 的推导过程可得

$$\lg[M^{2+}] = \lg K_{SP,MA} - \lg K_{H_2A} - \lg[H_2A] - 2pH \tag{3-25}$$

式中,K_{H_2A} 为弱酸的电离常数;$[H_2A]$ 为溶液中 H_2A 的浓度。

$[H_2A]$ 随溶液中沉淀剂总浓度的增加而增加。

分析式 3-25 可知影响沉淀效果的因素主要有三个:

(1) 溶液的 pH。

(2) 沉淀剂的总用量。沉淀剂用量提高,则 $[H_2A]$ 相应提高,有利于沉淀反应的进行,但用量过高同样易造成其他元素的共沉淀,同时过量的沉淀剂本身也可能成为杂质留在溶液中。

(3) 温度。温度对弱酸盐沉淀过程的影响与水解及硫化物沉淀过程大同小异。

从式 3-25 还可看出,金属离子与 A^{2-} 形成的难溶化合物的溶度积愈小,则残余金属离子浓度愈小,因而在弱酸盐沉淀过程中,同样可以利用各种弱酸盐 K_{SP} 值的不同,控制 pH 而实现各种金属离子的选择性沉淀,达到彼此分离的目的。

第3章 沉淀与结晶

表3-6 某些弱酸盐的溶度积（除注明者外，其他均为25℃）

阳离子	碳酸盐	砷酸盐	磷酸盐	草酸盐	氟化物
Ag^+	6.5×10^{-12}	1.0×10^{-19}	1.8×10^{-18}(20℃)	1.1×10^{-11}	3.9×10^{-11}
Ca^{2+}	5×10^{-9}			2.57×10^{-9} ($CaC_2O_4 \cdot H_2O$)	6.4×10^{-9}
Mg^{2+}	2.6×10^{-5}(12℃) ($MgCO_3 \cdot 3H_2O$)	2.04×10^{-20}	1×10^{-25}	8.57×10^{-5}(18℃)	
Cu^{2+}	2×10^{-10}		1.62×10^{-25}	2.87×10^{-8}	
Zn^{2+}	6×10^{-11}			1.4×10^{-9}	
Mn^{2+}	5.05×10^{-11}				
Co^{2+}	1×10^{-12}				
Fe^{2+}	2.11×10^{-11}			2.1×10^{-7}	
Ni^{2+}	1.35×10^{-7}				
La^{3+}			3.7×10^{-23} ($LaPO_4 \cdot 3H_2O$)	2.02×10^{-28}(28℃)	7.58×10^{-18}
Ce^{3+}				2.5×10^{-29} [$Ce_2(C_2O_4)_3 \cdot 10H_2O$]	8.7×10^{-18}
Nd^{3+}				5.87×10^{-29}	8.31×10^{-18}
Lu^{3+}					2.69×10^{-18}

3.3.3.2 弱酸盐沉淀法在提取冶金中的应用

弱酸盐沉淀法在有色冶金中常用以从溶液中(特别是稀溶液中)析出有价金属和从溶液中除杂质。都知道,磷、砷本身是有色冶金中的有害杂质,人们常利用磷(砷)酸盐溶解度小的特点,加入适当的阳离子,使溶液中的磷和砷沉淀而除去。

1. 用草酸盐沉淀法从含稀土离子的溶液中沉淀稀土

在稀土冶金中,处理离子吸附型稀土矿(含 RE_2O_3 的质量分数为 0.08%~0.3%)时,得到混合稀土含量较低的浸出液(含 RE_2O_3 仅 2g/L 左右),为从中析出稀土化合物,可加入草酸,使稀土成草酸盐析出。

$$2RE^{3+} + 3H_2C_2O_4 = RE_2(C_2O_4)_3\downarrow + 6H^+$$

所得的 $RE_2(C_2O_4)_3$ 经煅烧,即可得 RE_2O_3。

同样在稀土分离时,往往得到纯的单一稀土盐溶液,亦可用草酸盐沉淀法从中析出单一稀土草酸盐。

2. 从钨酸钠溶液中用磷(砷)酸镁[或磷(砷)酸铵镁]沉淀法除磷、砷

钨精矿碱分解所得粗钨酸钠溶液中含杂质磷、砷、硅,其形态视溶液 pH 不同分别为 Na_2HPO_4、Na_2HAsO_4、Na_3PO_4、Na_3AsO_4,为从中除磷、砷,通常加入 Mg^{2+},使其成为镁盐沉淀:

$$2HAsO_4^{2-} + 3Mg^{2+} = Mg_3(AsO_4)_2 + 2H^+$$
$$2HPO_4^{2-} + 3Mg^{2+} = Mg_3(PO_4)_2 + 2H^+$$

由于是在弱碱性条件下进行,亦发生 $Mg(OH)_2$ 的水解沉淀。

影响除磷、砷效果的因素首先是溶液的 pH,根据 Mg^{2+} 水解反应知,pH 低则溶液中游离 Mg^{2+} 浓度大,有利于磷、砷的除去;但是,溶液中磷、砷将成为 $H_2PO_4^-$、$H_2AsO_4^-$ 甚至成为 H_3PO_4、H_3AsO_4,使磷、砷的除去过程复杂化(溶液中磷的形态与 pH 的关系如图 3-11 所示)。因此,溶液中游离 NaOH 质量浓度一般控制

为 0.2 g/L 左右。其次，由于温度升高，$Mg_3(PO_4)_2$ 的溶解度降低，有利于改善沉淀物的质量，所以，镁盐法除磷、砷往往在高温下进行。

实践中往往先将溶液煮沸，激烈搅拌下加入稀盐酸或稀硫酸中和至游离 NaOH 质量浓度达 1±0.2g/L。中和剂也可用氯气或无机酸，因为 Cl_2 会先与 H_2O 作用产生 HClO，然后再分解产生 HCl，不致造成局部酸度过高，而且，Cl_2 可将溶液中的三价砷氧化为五价有利于提高除砷效果。中和到给定碱度后，煮沸 20~30 min 再加适量 $MgCl_2$，控制游离 NaOH 质量浓度为 0.2~0.4g/L，则砷、磷均成相应的镁盐析出。

在除磷、砷过程中由于碱度降低，Na_2SiO_3 亦水解成 H_2SiO_3 沉淀析出。

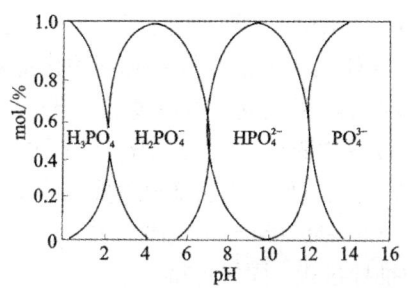

图 3-11 溶液中磷的形态与 pH 的关系

3.3.4 有机化合物沉淀法

许多有机化合物能与金属离子或金属的含氧阴离子形成难溶化合物，而且与不同金属离子形成的难溶化合物的溶度积各不相同，因而利用某些有机化合物可将金属离子沉淀或将不同金属离子选择性分离。

有机化合物沉淀，一般有两种机理，即形成金属的有机酸盐和形成离子缔合物。

形成金属有机酸盐沉淀的沉淀剂一般为有机酸或其碱金属盐如黄酸盐或脂肪酸(盐)。有色重金属的某些有机盐的 pK_{SP} 值，如表 3-7 所示，Fe^{2+}、Fe^{3+}、Mn^{2+} 及某些贵金属、碱金属、碱土金属的某些有机酸盐的 pK_{SP} 值如表 3-8 所示。

形成离子缔合物的沉淀剂在冶金中最常用的为胺类化合物，它与金属的含氧阴离子形成难溶化合物。如：

$$RNH_3^+ + HWO_4^- \rightleftharpoons RNH_3HWO_4 \downarrow$$
$$2RNH_3^+ + WO_4^{2-} \rightleftharpoons (RNH_3)_2WO_4 \downarrow$$

无机阴离子与胺形成胺盐能力的顺序为：

$$WO_4^{2-} > SO_4^{2-} \approx PO_4^{3-} > F^- \approx CO_3^{2-}$$

上述有机沉淀剂与金属形成的难溶化合物的溶度积大小与沉淀剂中所含疏水基团和亲水基团有关，亲水基团(如—SO_3H、—OH、—COOH、—NH_2 等)多，则溶解度大；疏水基团(如烷基、苯基等)多，则溶解度小。从表 3-7 中亦可看出此规律性。因此选择适当的有机沉淀剂，可改变其溶解度。

许多有机沉淀剂为弱酸(盐)或弱碱。与上述弱酸盐沉淀一样，其沉淀效果与 pH 有关。例如用乙基黄酸盐沉淀 M^{2+} 时，其反应为：

$$2C_2H_5OCS_2^- + M^{2+} \rightleftharpoons M(C_2H_5OCS_2)_2 \downarrow$$

参照式 3-21 的推导过程，同样可得

$$\lg[M^{2+}] = \lg K_{SP,(C_2H_5OCS_2)_2M} - 2\{\lg K_{C_2H_5OCS_2H} + \lg[C_2H_5OCS_2H] + pH\}$$

根据真岛宏的测定，25℃时

$$K_{C_2H_5OCS_2H} = 2.9 \times 10^{-2}$$

代入上式可得

$$\lg[M^{2+}] = \lg K_{SP,(C_2H_5OCS_2)M} + 3.08 - 2[\lg K_{C_2H_5OCS_2H} + pH]$$

从上式可知，残余金属浓度随乙基黄酸盐溶度积的减小、pH 的增加以及沉淀剂的用量的增加而减少。

表 3-7 某些金属有机盐的 PK_{SP}

盐 类		Cu^{2+}	Ag^+	Au^{2+}	Zn^{2+}	Cd^{2+}	Co^{3+}	Co^{2+}	Ni^{2+}	Pb^{2+}	Sn^{2+}	Sb^{3+}	Bi^{3+}	Cu^+
乙基黑药金属盐		16.0	15.92	26.22	4.92	8.12			3.77	11.66	9.82		11.12	15.85
二乙基二硫代氨基甲酸盐		30.85	20.36	33.64	16.07	21.21				22.85			51.0	21.19
油酸盐		19.4	10.9		18.1	17.3			15.7	19.8				
脂肪酸盐	$C_{15}H_{31}COO^-$	21.6	12.2		20.7	20.2			18.3	22.9				
	$C_{17}H_{35}COO^-$	23.0	13.1		22.2				19.4	24.4				
黄原酸盐	乙基	24.2	18.6	29.2	8.2	13.56	41.0	24.2	12.5	16.7	14.70	24.0	9.61	19.28
	丁基	29.0	20.8		12.9			14.3	16.5	20.3				
	壬基	30.0	22.6		16.2			21.3	22.3	24.0				

表 3-8 钾、铁、锰及某些贵金属、碱土金属的有机酸盐的 PK_{SP} 值

有机盐	K^+	Fe^{2+}	Fe^{3+}	Mn^{2+}	Ag^+	Au^+	Ca^{2+}	Ba^{2+}	Mg^{2+}
乙基黑药金属盐		1.82			15.92	26.22			
二乙基二硫代氨基甲酸盐		16.07			20.36	33.64			
油酸盐	5.7	15.4	34.2	15.3	10.9		15.4	14.9	13.8
脂肪酸盐									
$C_{15}H_{31}COO^-$	5.2	17.8	34.3	18.4	12.2		18.9	17.6	16.5
$C_{17}H_{35}COO^-$	6.1	19.6		19.7	13.1		19.6	19.1	17.7
原黄酸盐									
乙基		7.10			18.6	29.2			
丁基					19.5				
已基					20.8				
壬基		11.0			2.6				

利用有机物沉淀法也可实现金属的选择性沉淀。

有色冶金中用有机物沉淀法从水溶液中除杂质的典型实例为从 $ZnSO_4$ 溶液中用黄药除钴和用 β 萘酚除钴。

黄药除钴是基于钴的黄酸盐的溶度积远小于锌的黄酸盐，若向含钴的 $ZnSO_4$ 溶液中加入黄酸钾（C_4H_9OCSSK）或黄酸钠（$C_2H_5OCSSNa$），则生成相应的黄酸钴沉淀，同时，溶液中的 Cu^{2+}、Cd^{2+}、Fe^{3+} 也会成黄酸盐沉淀。

黄药除钴过程一般在机械搅拌槽中进行。控制温度为 40~50℃，pH>5.4，黄药用量为钴及镉量的 3~4 倍，时间为 15~20 min，则溶液中 Co 的质量浓度可由 0.008~0.025 g/L 降至 0.001 g/L。

β-萘酚（$C_{10}H_6NOOH$）除钴是基于在 HNO_2 存在下，Co^{2+} 易与 β-萘酚生成难溶的亚硝基-β 萘酚钴沉淀，其反应为：

$$13C_{10}H_6ONO^- + 4Co^{2+} + 5H^+ =\!=\!= C_{10}H_6NH_2OH + 4Co(C_{10}H_6ONO)_3\downarrow + H_2O$$

反应温度约 60~65℃，时间为 120 min，溶液中 Co 的质量浓度可由 0.008 g/L 降至 0.00002 g/L。

以上介绍了几种典型的较通用的从溶液中沉淀金属并选择性分离杂质的方法，下面进一步说明两个问题：

1. 在实践中使用的方法远不限于这些，关键是要找出所处理体系中有关元素的某种化合物在溶解性能上的差异。例如，根据某些卤化物（特别是氟化物）溶解度的差异。例如，可采用卤化物沉淀法析出金属并除杂。某些复盐具有特殊的溶解性能，相应地在冶金中也不乏采用复盐沉淀法进行分离提纯实例，在钨冶金中，铵钠复盐[$3(NH_4)_2O \cdot Na_2O \cdot 10WO_3 \cdot 15H_2O$]沉淀法就曾用来从 Na_2WO_4 溶液中析出钨化合物。在稀土冶金中，早期人们也广泛利用各种稀土金属的硫酸盐与碱金属硫酸盐形成复盐沉淀以进行稀土分组，La, Ce, Pr, Nd, Sm 的硫酸复盐的溶解度最小，U，Eu，Gd，Tb，Dy 的次之，Ho，Er，Tm，Yb，Lu，Y 的硫酸复盐的溶解度则相对较大，因此可分为三组。在锆冶金中 Ngain 等根据硫酸锆铵复合物的难溶解性，提出用硫酸锆铵沉淀法提纯锆化合物，即向工业纯的硫酸锆溶液中加入铵化合物，在 pH 为 0.1~2.5 的条件下析出 $NH_4^+ : ZrO_2 : SO_4^{2-} = 2 : 2 : 3$（摩尔比）的化合物，经煅烧得 ZrO_2 后，其中 U 的质量分数为 3×10^{-6}，Ti 为 5×10^{-6}，Ca，Si，Al 的质量含量均低于标准液。因此，应当根据给定溶液体系中各组份的物理化学性质上的差异并考虑到后续工序要求的不同而正确选用或研究新的沉淀方法。

2. 在应用沉淀法进行溶液中不同元素的分离时，往往仅利用与沉淀剂所形成的化合物溶解度的差异是不够的。还必须充分运用物理化学原理扩大这种差异，以达到提高分离效果的目的。这样的实例在冶金化工中不胜枚举。例如，在硫酸法制取钛白的过程中为防止 Fe^{3+} 与 $TiOSO_4$ 一道水解而预先用铁屑将 Fe^{3+} 还原成难水解的 Fe^{2+}；在锌冶金中为水解除铁，而将 Fe^{2+} 预先氧化成易水解的 Fe^{3+}；在钨冶中，当用 Ca^{2+} 从含 WO_4^{2-} 的溶液中沉淀人造白钨以回收钨时，为防止溶液中的 MoO_4^{2-} 同时沉淀而利用钼和钨亲硫性质的不同，先加入适量的 S^{2-}，在一定条件下使 MoO_4^{2-} 优先转化为难被 Ca^{2+} 沉淀的 MoS_4^{2-} 从而实现了在沉淀钨的同时，就使钨钼的部分分离；在从 $(NH_4)_2WO_4$ 溶液中析出仲钨酸铵时，为防止其中的 MoO_4^{2-} 同时结晶析出，也同样预先将 MoO_4^{2-} 转化成 MoS_4^{2-}，实现钨与钼的部分分离。总之在进行沉淀法分离时，对系统中各待分离的元素的性质先进行充分研究，设法扩大差异是保证和提高分离效果的重要途径。

3.3.5 沉淀方法的发展

沉淀过程作为一种历史悠久的冶金和化工方法，它已成熟地应用到冶金、化工的各个领域，具有操作简单、成本低、投资少等一系列优点，但随着科学技术的发展，现有沉淀方法往往难以适应用户对产品纯度和相似元素分离中分离精度的要求，许多精密分离的过程都限于用萃取法和离子交换法。因而其学科上的发展亦受到一定的限制，但事物总是在前进，相关领域的技术进步往往给传统技术的发展提供了新的理论基础和应用空间，给传统的技术带来的新的生命力，因此，近代科学技术的新成就也将给沉淀方法带来的新的发展。

当前有希望的主要是应用分子设计的理论和方法，开发新的高效沉淀分离试剂。本节所介绍的各种沉淀方法都是利用已知的各种沉淀剂进行沉淀分离，由于试剂成分和性能已定，它们与各种金属离子形成的难溶化合物的溶度积也是一定的，用于相似元素分离时，分离效果也受到限制，近年来分子设计的理论和方法取得了迅速的发展，它能根据设定的目标和工作的对象的特点设计新的试剂，例如在医药制造中设计新的药物；在萃取领域中根据镍、钴化合物性质的不同，设计新的镍钴萃取分离试剂；在选矿领域中根据待分选矿性质的不同设计新的高效浮选药剂。因此，作为沉淀过程完全可以超出现有沉淀剂的范围，而根据待分离的物质的特点，设计新的高效沉淀分离试剂，使沉淀过程建立于更新的理论基础上，在这方面作者已结合水溶液中相似元素钨、钼的分离进行过非常初浅的探索，取得了可喜的成果。

众所周知，在钨酸盐溶液中，在碱性或弱碱性的条件下，钨及杂质钼主要以 WO_4^{2-} 和 MoO_4^{2-} 形态存在，两者性质极为相近，难以分离，而根据分子结构理论、体积较大的离子则容易被极化形成分子化合物沉淀。因此，首先进行转化处理，利用其性质的差异，在保持 WO_4^{2-} 结构性质基本不变的情况下，使 MoO_4^{2-} 转变成体积大的另一种阴离子，为钼化物的优先沉淀创造了初步条件，进而根据含钼阴离子的特点，合成了易与其作用形成难溶化

合物的 M_{115}，从而实现了利用它高效地将溶液中钼除去的目的。这种方法已迅速用于我国的钨冶金领域，某厂在工业条件下的结果如表 3-9 所示。

表 3-9　工业生产条件下用 M_{15} 从 $(NH_4)_2WO_4$ 溶液中除钼的结果

批号	每批处理量/m^3	高峰液成分/质量浓度 g/L		除钼效果		除钼率/%
		WO_3	Mo	净液成分		
				$\rho_{Mo}/$(质量浓度 g/L)	ρ_{Mo}/ρ_{WO_3}	
1	30	209	0.208	0.015	8×10^{-5}	94.6
2	33	208	0.563	0.011	6×10^{-5}	98.1
3	32	244	0.658	0.015	7×10^{-5}	97.7
4	32.5	209	0.890	0.004	2×10^{-5}	99.5
5	32.5	209	0.458	0.0064	3×10^{-5}	98.7

用上述净化除钼后的 $(NH_4)_2WO_4$ 溶液，蒸发结晶制取仲钨酸铵（APT），即使在结晶率达 97% 的情况下，产品中钼的质量分数仍 $<10\times10^{-6}$（按照国标要求，最高级 APT 中 Mo 的容许质量分数为 20×10^{-6}）。

这种方法同样适用于从钨酸盐溶液中除锡、砷等杂质，某厂使用的难选复杂钨中矿中 Mo 的质量分数为 0.4%~0.76%，Sn 为 1.04%~1.68%，As 为 1% 左右，分别超过标准精矿的 700 倍、5~8 倍和 5 倍，直接用这种原料采用碱浸出、离子交换工艺生产的 APT 中 Sn 的质量分数达 8×10^{-6}，Mo 为 96×10^{-6}，As 达 20×10^{-6}。严重超过国家标准。用本技术处理后，Sn 降为 0.8×10^{-6}，As 降为 7×10^{-6}，Mo 降为 10×10^{-6}。以上只是分子设计的理论和方法在本领域应用的初步试探，其结果已表明，它有着美好的前景。

3.4 结晶过程在提取冶金中的应用

结晶过程在提取冶金中主要用以从溶液中结晶析出有色金属盐类,作为冶金的中间产品或化工产品,如从 $CuSO_4$ 溶液中结晶胆矾($CuSO_4 \cdot 5H_2O$),从钨酸铵溶液中结晶仲钨酸铵等,此外,作为被淘汰的冶金方法,分步结晶法曾用以分离相似元素。

3.4.1 从钨酸铵溶液中结晶仲钨酸铵

在钨冶金中通过离子交换或萃取工艺或经典工艺(见图1-4)得含游离 NH_4OH 的纯$(NH_4)_2WO_4$ 溶液,为从中得到仲钨酸铵,常用蒸发结晶法,即通过蒸发使其中游离 NH_3 挥发除去,溶液的 pH 降低,从而钨以仲钨酸铵形态析出。其反应为:

$$NH_4OH \longrightarrow NH_3\uparrow + H_2O$$
$$12(NH_4)_2WO_4 \longrightarrow 5(NH_4)_2O \cdot 12WO_3 \cdot 5H_2O + 14NH_3 + 2H_2O$$

在结晶过程中,溶液中微量的杂质钼、磷、砷、硅等往往比仲钨酸铵后析出,故结晶率控制在 90%~95% 时,结晶体的纯度远比原始溶液高,杂质主要富集在结晶母液中。

蒸发结晶可在搪瓷反应锅或连续式结晶器中进行。

在仲钨酸铵蒸发结晶过程中,有时要控制产品一定粒度,理论分析和实践都表明:提高结晶温度往往使粒度变粗。

3.4.2 分步结晶法分离相似元素

分步结晶法曾是分离相似元素,如钽-铌分离、锆-铪分离等的重要方法之一,因其流程繁锁,成本高,已基本上被先进的分离方法如萃取法所取代。

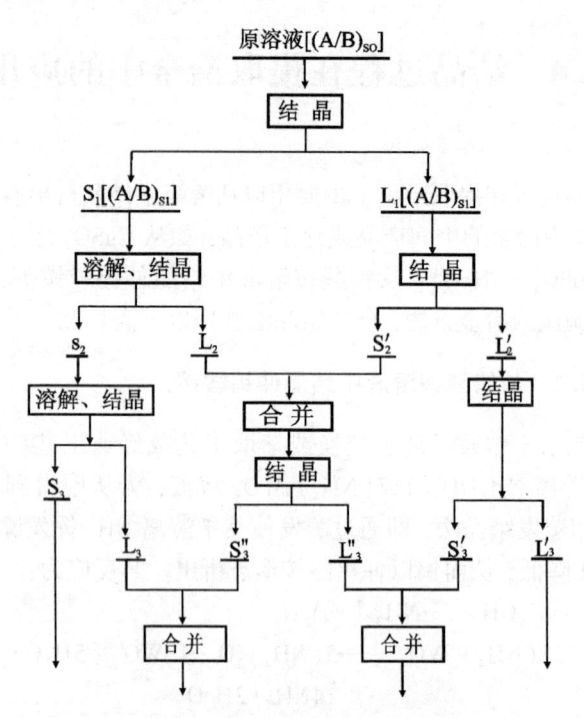

图 3-12 分步结晶的工艺流程图

分步结晶法分离相似元素的基本概念可用图 3-12 说明，设有两相似元素的化合物 A 和 B，A 和 B 的性质十分相近，但其差异是 A 在某溶剂中的溶解度小于 B，设原溶液中 A、B 浓度之比为 $[A/B]_{L_0}$，将它进行蒸发且部分结晶得固体 S_1 和母液 L_1，显然 S_1 中 A 与 B 之比 $[A/B]_{S_1} > [A/B]_{L_0}$，母液中 $[A/B]_{L_1} < [A/B]_{L_0}$，将 S_1 溶解，再部分结晶，得 S_2 与 L_2，S_2 进一步溶解，结晶得 S_3 和 L_3，显然：

$$[A/B]_{S_3} > [A/B]_{S_2} > [A/B]_{S_1} > [A/B]_{L_0}$$

当溶解—结晶次数适当多,则得到固相中基本上不含 B。对上述一次结晶的母液 L_1 再进行二次结晶得晶体 S_2' 和 L_2', L_2' 再结晶,得母液 L_3',显然 $[A/B]_{L_3'} < [A/B]_{L_2'} < [A/B]_{L_1'} < [A/B]_{L_0}$,当次数适当多,所得母液中可基本上不含 A。至于二次结晶所得的 L_2 和 S_2' 则要合并,再用分步结晶的方法分离。

3.5 用沉淀法或共沉淀法制备特种陶瓷的粉体

近年来,无机材料越来越广泛地用于各技术部门,如发动机部件、计算机元件、超导体、催化剂、磁性材料等。在这些应用领域中,决定其应用效果的重要因素之一是其前驱材料——粉末体的质量。对这些粉体要求粒度分布均匀,化学成分及致密度一致,同时还要求在下阶段深加工过程中有较好的稳定性(包括化学成分的稳定性和物理形态的稳定性)和加工性能。此外,为适应不同应用领域的要求,还必须具备该材料所必需的物理化学性能,如导电性能、导磁性能等。因此,制备这些粉末体是一个复杂的技术问题。而正如在本书绪论中已经分析指出的那样,相对于其他各种制备方法而言,湿法冶金的方法具有一系列技术上和经济上的优势,因此,传统的沉淀法和共沉淀法广泛用于研究制备各种特殊粉末。

用沉淀法或共沉淀法制取各种粉末与提取冶金中的沉淀结晶过程在原理及工艺上大同小异,但在具体要求上往往有很大的差别。一方面,在产品的化学成份上,提取冶金着眼于分离提纯,即重点在选择性沉淀,同时主要关心的是产品在总体上的纯度或分离效果,至于微观成分的均匀性如何,往往不是考查的主要指标;对制取特种粉末而言,一方面要求避免将原料中的有害杂质共沉淀进入产品,而在很多场合下当目的是制取复杂成份的粉末时,它要求各有关组分都能按一定比例共同进入沉淀物中,同时它不仅要求宏观上沉淀物的平均化学成分,而且在微观上也要求其成分有一定的相对一致性;其次在沉淀物的物理形态上,在提取冶金领域中,在大多数场合下都是要求沉淀物有较粗的粒度以保证因表面吸附等原因而带来的杂质尽可能少,同时保证有好的过滤和洗涤性能,至于沉淀颗粒的晶形结构、粒度分布则往往不是考查的主要指标;而在制取特种粉体时,则视用户的不同,对沉淀物的粒度、粒形、晶型结构、粒度分布往往提出不同程度的要求,因此,在沉淀法或共沉淀法制取特殊粉体材料时,产品的成分、粒度、粒度分布及形貌是人们研究的主要问题。

3.5.1 影响粉末成分、粒度、形貌的因素及其控制

1. 影响粉末成分及其粒度、粒度分布、形貌的因素

在沉淀法或共沉淀法制取特种粉末时,其成分、粒度、粒度分布、形貌很敏感地随着溶液成分、添加剂的种类和用量、技术参数及操作方法的改变而改变,影响情况十分复杂,在3.2.2.4节中已介绍沉淀过程中影响沉淀物的形态及粒度的一般规律,那些规律对产出的粉末同样适用,这里结合粉末的制备进一步介绍前人的一些重要的研究结果:

(1)溶液的化学成分。溶液的化学成分不同,则沉淀出的颗粒的成分、性能各异,有时即使溶液中阳离子相同,仅阴离子不同,所得沉淀物成分及物理形态也相差很大,例如,S. Kratohvil 在有尿素存在的条件下,分别从不同铜盐溶液中进行中和沉淀,对 $CuCl_2$ 溶液而言,沉淀物为八面体的氯氧化铜;对 $CuSO_4$ 溶液而言,却为针形结晶的碱式硫酸铜;对 $Cu(NO_3)_2$ 溶液而言,则为球状黑色的氧化铜或球状绿色的碱式碳酸铜。

R. S. Sapiesko 等用强制水解法制取 $\alpha\text{-}Fe_2O_3$ 时,发现产品的

成分和形貌决定于 Fe^{3+} 浓度、pH 和溶液中阴离子形态，从 $Fe(NO_3)_3$ 溶液和高氯酸盐溶液中得 $\alpha\text{-}Fe_2O_3$，而从 $FeCl_3$ 溶液中得 $\beta\text{-}FeOOH$ 或 $\alpha\text{-}Fe_2O_3$ 或它们的混合物。

许多学者研究了将铁盐水解制取 $\alpha\text{-}FeOOH$ 过程，也发现溶液中的阴离子 Cl^-、F^-、ClO_4^-、NO_3^-、SO_4^{2-} 等都对产品的成分、形貌有较大影响。

溶液的成分同样影响着最终产品的结晶形态，李凤翔等在用水解法分别从 $TiOSO_4$ 溶液和 $TiOCl_2$ 溶液中制备偏钛酸时，发现其结构与溶液成分密切相关，从有足量的 SO_4^{2-} 溶液中沉淀的偏钛酸有微弱的锐钛矿型结构，在煅烧时首先转化成锐钛矿型 TiO_2 晶体，然后再转变成金红石型；而从有足量 Cl^- 溶液中沉淀的偏钛酸则有微弱的金红石型结构，其煅烧时，直接转变成金红石 TiO_2。

（2）浓度。从化学组成相同的溶液中析出的沉淀物，往往由于溶液浓度不同，其沉淀物的化学成分和形貌也可能不同。E. Matijevic 在将 $FeCl_3$ 溶液加热水解时，随着浓度不同而分别析出长棒形的 $\beta\text{-}FeOOH$ 和球形、立方形或椭圆形的 $\alpha\text{-}Fe_2O_3$ 晶体，Masataka Ozaki 在研究从 $FeCl_3$ 溶液用强制水解法制取 $\alpha\text{-}Fe_2O_3$ 时，发现在有乙醇存在下，当 $FeCl_3$ 浓度为 0.02 mol/L，NaH_2PO_4 或 NaH_2PO_2 浓度为 $1\times10^{-5} \sim 1\times10^{-4}$ mol/L 时，析出的为 $\alpha\text{-}Fe_2O_3$，高于上述浓度范围则析出为 $\alpha\text{-}Fe_2O_3$，与 $\beta\text{-}FeOOH$ 的混合物。

E. Matijevic'在有尿素存在条件下，研究从 $Y(NO_3)_3$ 溶液中沉淀钇化合物时，发现沉淀物的形态明显地随着浓度变化而变化，如图 3-13 所示。

（3）添加剂。溶液中加微量添加剂，有时能改变产品的形貌。上述 Masataka Ozaki 在研究从 $FeCl_3$ 溶液制备 $\alpha\text{-}Fe_2O_3$ 时，就发现溶液中 NaH_2PO_4 浓度由 0 增至 4.5×10^{-4} mol/L 时，$\alpha\text{-}Fe_2O_3$ 颗粒的长度由 0.12 μm 增至 0.55 μm，长径比由 1 增至 5.5。E. Matijevic 等研究在有尿素存在条件下由 $GdCl_3$ 溶液中沉淀钆化合物时，发现

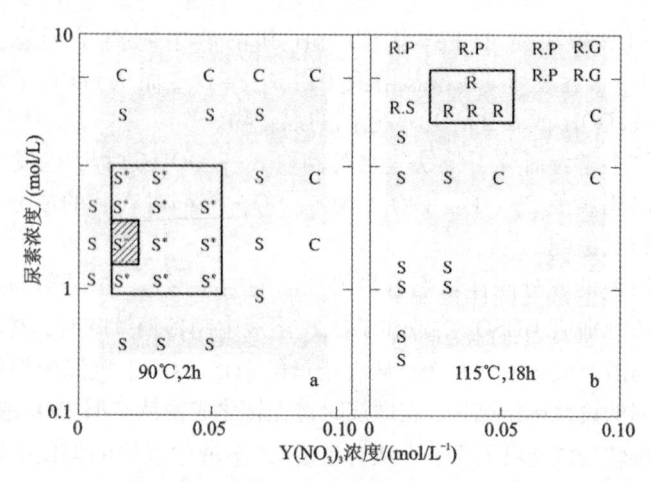

图 a,90℃,陈化 2 h;图 b,115℃,陈化 13 h。

R—棒状；S—球形；S*—均匀球形；C—聚合球体；P—小片状；G—胶态。

图 3-13 有尿素存在下，从 Y(NO$_3$)$_3$ 溶液中沉淀钇化合物时，沉淀物形态与 Y(NO$_3$)$_3$ 及尿素浓度的关系

在同样条件下当 NaH$_2$PO$_4$ 浓度为 10^{-4} mol/L，则沉淀物为球形颗粒的聚集体，而进一步增加 NaH$_2$PO$_4$ 浓度，则产品为针状。

沉淀过程中加入某些表面活性物质，往往有利于制取细颗粒产品，由于超细颗粒之间往往由于范德华力作用而粘结，特别是制取磁性粉末（如磁铁矿 Fe$_3$O$_4$ 粉）时更加严重，而加入某些表面活性剂能缓解或防止这一现象，可维持粉末的微细结构。Jiwen Lee 等在中和摩尔比为 2∶1 的 FeCl$_2$、FeCl$_3$ 混合溶液制取 Fe$_3$O$_4$ 粉末时，发现当溶液中含质量分数为 1%聚乙烯醇（PVC）时，其起始粒度为 4.2±0.1 nm，不含 PVC 则为 26.5±1 nm，而且经 1 h 以后增大为 300~400 nm，说明磁力作用使颗粒聚合，一般的防止颗粒聚合的表面活性剂，除上述 PVC 外还有油酸钠、十二烷胺、羧基甲基纤维素等。

(4) 操作条件。沉淀过程的操作条件如温度、保温时间、pH、搅拌情况等都可能影响颗粒的形貌及粒度分布，有些产品的形貌对操作条件的波动十分敏感。E. Matijevic 研究 La(NO$_3$)$_3$ 溶液在有尿素存在下的沉淀情况时，发现在密闭设备中进行，其沉淀颗粒为球形，而在敞开设备中同时进行搅拌时，颗粒为长条形。他们在有尿素存在的条件下将 YCl$_3$ 溶液进行沉淀时，在 90℃下保温 2.5 h，产品为均匀球形的 Y(OH)CO$_3$·H$_2$O，而在 115℃较长的时间保温，则产品有棒状的 Y$_2$(NH$_3$)(CO$_3$)$_3$·3H$_2$O。

操作方法的不同有时还会影响到粉末后续的加工性能，M. D. Rasmussen 曾用 NH$_4$OH 中和沉淀法从 Y(NO$_3$)$_3$ 溶液中制取 Y(OH)$_3$，后者经烘干煅烧得 Y$_2$O$_3$，发现该 Y$_2$O$_3$ 的烧结性能与沉淀的操作方法、烘干脱水制度有关，若中和过程为将 Y(NO$_3$)$_3$ 溶液加入 NH$_4$OH 溶液中，在同样烧结制度下，最终 Y$_2$O$_3$ 的烧结密度随着中和 pH 的升高而迅速下降；相反，当中和过程为将 NH$_4$OH 溶液加入 Y(NO$_3$)$_3$ 溶液中时，其烧结密度与最终 pH 关系却不大。

2. 沉淀过程中粉末粒度、形貌的控制

综上所述，沉淀过程中对粉末粒度、形貌的影响因素十分复杂，而且其规律性往往随具体的体系而有所不同，粒度及形貌对条件的改变也十分敏感，这一方面增加了控制粒度、形貌的难度，但另一方面也给通过控制适当参数以控制或改变粒度、形貌提供了可能性。

一般来说，为了控制粒度和形貌，应根据具体体系中各种因素对其影响的规律性采取适当措施，因此具体措施是随体系而变，但是都遵循一个共同规律，即为了制得粒度均匀的颗粒，应创造条件使晶核能在整个溶液中同时地均匀地生成并长大。为此，应保证沉淀剂的浓度和待沉淀物的过饱和度在整体溶液中是均匀的。为实现这一点，带有普遍意义的措施是：

(1)均相沉淀法。为当前采用最广的方法，其原理已在 3.2.3.3 节中介绍，一般是通过在一定范围内调节 pH，以实现的沉淀过程。如氢氧化物沉淀、磷酸盐沉淀、某些碱式盐沉淀等，通常是用加尿素的方法，通过尿素在溶液中的分解以调节 pH，达到均相沉淀的目的。E Matijevic 在有尿素存在下从 $GdCl_3$ 溶液中沉淀的 $GdOHCO_3 \cdot H_2O$ 的 TEM，如图 3-14 所示。对生成硫化物的过程而言，通常是加入硫代乙酰胺(CH_3SNH_2)使之在溶液中分解而析出 H_2S。

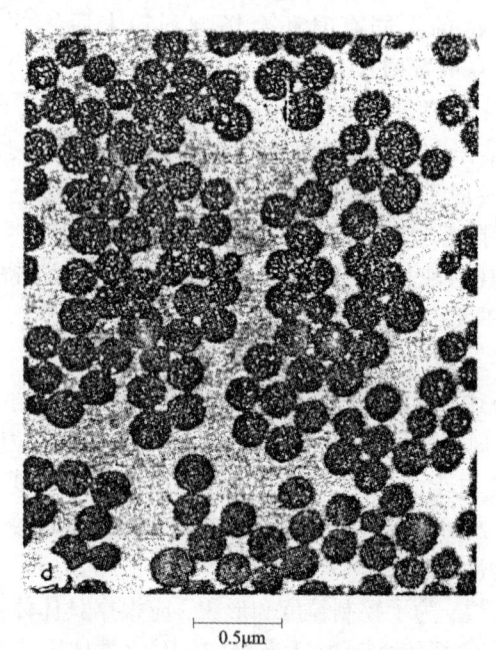

溶液含 $GdCl_3$ 浓度为 $5.6×10^{-3}$ mol/L、尿素浓度为 0.5 mol/L、H_2SO_4 浓度为 $1×10^{-4}$ mol/L，85℃ 1.5 h。

图 3-14 从 $GdCl_3$ 溶液中沉淀的 $GdOHCO_3 \cdot H_2O$ 的透射电镜照片

(2) 强制水解法。对某些盐的水解反应而言,在高温下是向生成氢氧化物的方向进行(参见表 2-10)。因此,将溶液控制适当 pH,由常温升至高温,即使不加沉淀剂也会从溶液中直接产生沉淀,这种沉淀的成核过程是在整体溶液中均匀进行的。Masataka Ozaki 曾在有 Na_2HPO_4 或 NaH_2PO_4 存在下,在 $100\pm2℃$ 时将浓度为 0.02 mol/L 的 $FeCl_3$ 溶液进行水解,制得纺锤状的 $\alpha\text{-}Fe_2O_3$(赤铁矿),其透射电镜照片如图 3-15 所示。

3.5.2 用沉淀法制取化合物粉末的工艺

1. 纯化合物粉末

(1) 氧化物及弱碱盐:

铁氧化物 MasaTaka Ozaki 分别用两种方法都制成了单一分散的纺锤形的 $\alpha\text{-}Fe_2O_3$ 粉末。其中,一种方法为强制水解法,即将含 $FeCl_3$ 浓度为 0.02 mol/L、NaH_2PO_4 浓度为 $1\times10^{-4}\sim4.5\times10^{-4}$ mol/L 的水溶液或 $FeCl_3$ 浓度为 0.02 mol/L、NaH_2PO_4 浓度为 $1\times10^{-5}\sim10\times10^{-4}$ mol/L 的水—醇溶液在 $100\pm2℃$ 的条件下陈化 2~7 天,即可得纺锤形粒度分布均匀的 $\alpha\text{-}Fe_2O_3$ 粉末(其形貌见图 3-15),但在水—醇溶液中产品粒度较粗。另一种方法为先将 $Fe(NO_3)_3$ 溶液中和到 pH 10.5~10.8,水解得 $Fe(OH)_3$ 后洗至 pH 9.3 左右,再控制 HCl 浓度为 0.01~0.04 mol/L,NaH_2PO_4 浓度为 $1\times10^{-4}\sim5\times10^{-4}$ mol/L,在 100℃ 下陈化 2 小时,同样可得纺锤状 $\alpha\text{-}Fe_2O_3$ 粉。

shihai Kan 等用强制水解法制取了粒度分布范围狭窄的纳米级的立方 $\alpha\text{-}Fe_2O_3$ 胶态粉末,其主要过程为将含 $FeCl_3$ $5\times10^{-3}\sim1\times10^{-2}$ mol/L 和 HCl 2×10^{-3} mol/L 的溶液迅速升温至沸腾并保温以生成均匀的含水的铁氧化物晶核,然后尽快冷却,再用渗析法将残留的 Fe^{3+} 和 Cl^- 除去,最后在一定条件下进行陈化,得到粒度 40nm 左右的均匀粉末。椐研究,其核心生成的阶段控制在数秒

a—含 NaH$_2$PO$_4$ 浓度为 2×10^{-4} mol/L；
b—含 NaH$_2$PO$_4$ 浓度为 4.5 mol/L；
c—含 NaH$_2$PO$_4$ 浓度为 4×10^{-4} mol/L, HCl 0.02 mol/L。

图 3-15 将浓度为 **0.02 mol/L** 的 **FeCl$_3$** 溶液在 **100±2℃**, 陈化 **2 d** 的条件下所得纺锤状 **α-Fe$_2$O$_3$** 颗粒的透射电镜照片

钟内完成，核心为 3~5 nm 的非晶形的铁氧化物，后者再转化为 β-FeOOH 进而变成 α-Fe$_2$O$_3$。

Kulamani Parida 等在有尿素存在下用均相沉淀法从 Fe(NO$_3$)$_3$ 溶液中沉淀 α-FeOOH(针铁矿)，溶液含 Fe(NO$_3$)$_3$ 浓度为 1.5 mol/L，尿素浓度为 0.8 mol/L，并加入不同数量的 SO$_4^{2-}$，发现 SO$_4^{2-}$ 与 Fe^{3+} 的摩尔比、起始 pH、温度对产品形态有影响，当 SO$_4^{2-}$/Fe^{3+} 摩尔比<0.5 时得纯针铁矿，而≥1.0 时由于形成聚合离子 FeSO$_4^+$，影响针铁矿的沉淀过程，同时发现不同条件（SO$_4^{2-}$ 与 Fe^{3+} 摩尔比、pH、温度）下，即使粒度，晶格参数基本相同，而内部孔隙度，比表面积也不同，当 SO$_4^{2-}$ 与 Fe^{3+} 摩尔比为 0.5、起始 pH 为 1.5 时，温度为 90℃，产品中微孔隙多，比表面积大，可达 133.5 m^2/g。

镉化合物 A. Janekovic 等研究了在有尿素存在的条件下，从不同的镉盐中制备单—分散的胶态镉化合物，发现沉淀物的形态和粒度与镉盐种类、pH、温度密切相关，对 Cd(Ac)$_2$ 溶液而言，当溶液含 Cd(Ac)$_2$ 为 0.1 mol/L，含尿素浓度为 2×10^{-3}~2×10^{-1} mol/L、65~90℃，得椭球状 CdCO$_3$ 沉淀，粒度约为 10 μm。对 CdCl$_2$ 溶液而言，在 CdCl$_2$ 浓度为 1 mol/L、尿素浓度为 0.02 mol/L、在 90℃下陈化 16 h、当 pH<6.4，则为 Cd(OH)Cl 与 CdCO$_3$ 的混合物；当 6.4<pH<7.2，为立方形 CdCO$_3$。对 Cd(NO$_3$)$_2$ 溶液而言，当 Cd(NO$_3$)$_2$ 浓度为 1 mol/L，尿素浓度为 2 mol/L，在 65℃和 90℃，陈化 16 h，得均匀立方体的 CdCO$_3$，其粒度分别为 10μm 和 20 μm；对 CdSO$_4$ 溶液而言，在 65~90℃随着 pH 的不同，分别为 β-Cd(OH)$_2$·CdSO$_4$ 或 β-Cd(OH)$_2$·CdSO$_4$ 与 CdCO$_3$ 的混合物或 CdCO$_3$。在室温下为制备单一分散均匀粒度的产品，最佳条件为：溶液含镉盐浓度为 10^{-3}mol/L、尿素浓度为 5 mol/L，产品形貌为菱形，粒度约 1μm。

钴化合物 TaTsuo Ishikawa 等研究了在有尿素和十二烷基硫酸纳(SDS)存在下，从 $CoSO_4$、NaH_2PO_4 溶液中制取 $Co_3(PO_4)_2 \cdot xH_2O$ 的试验，发现产品的形态和成分与温度、陈化时间以及各种反应剂、添加剂浓度有关，一般在 80℃ 下保温 3h 较好，至于 $CoSO_4$、尿素、十二烷基硫酸钠浓度的影响见图 3-16。

钴化合物中 Co_3O_4 为重要的催化剂，为了从水溶液中制备 Co_3O_4，Giuliana Furlanetto 等研究了在有 NH_3 作缓冲剂的情况下由 $Na_3Co(NO_2)_6$ 溶液制备 Co_3O_4，所得产品为单一分散的立方结晶，粒度为 $0.2\sim 0.3\mu m$，性能远超过火法制取的产品。

(2) 硫化物和硒化物：CdS 和 CdSe 为重要的光敏陶瓷材料。Tadao Sugimoto 等以硫代乙酰胺(TAA)为硫化剂，从 $Cd(OH)_2$ 的悬浮液中用沉淀法制取 CdS 超细粉，所用溶液的成分为：$Cd(OH)_2$ 浓度为 0.5 mol/L，硫代乙酰胺浓度为 0.55 mol/L，NH_4NO_3 浓度为 1 mol/L。外加质量分数为 1% 明胶，温度 20℃，通过 NH_3 调节 pH 为 8.5，研究表明反应的进行过程为：

$$CH_3CSNH_2 = CH_3CN + H_2S \Longrightarrow CH_3CN + 2H^+ + S^{2-}$$

TAA 存在下溶液中有一定量的 S^{2-}：S^{2-} 与溶液中 Cd^{2+} 作用成 CdS 沉淀，使 Cd^{2+} 浓度减少，破坏了溶液中的平衡，促使 $Cd(OH)_2$ 迅速溶解再产生 Cd^{2+}，以致完成整个由 $Cd(OH)_2$ 转化成 CdS 的过程。

产生的 CdS 粒度均匀为球状，平均直径为 40nm，每个粉末由小约 8.6nm 的次结晶体不规则排列而成。

Jason Gran 亦以 TAA 为硫化剂，在有尿素存在下，从 $NiCl_2$ 溶液中制取 NiS，发现尿素的存在能大幅度提高硫化物的产出率。例如在 $NiCl_2$ 浓度为 0.05 mol/L、起始 pH 为 1.8、温度为 80℃ 的条件下，当尿素浓度由 0.4 mol/L 提高至 0.8 mol/L，则产出率由 9.6% 急剧提高至 66.0%。他们认为尿素有两方面的作用：一是它增快了 TAA 的分解速度，相应地增加了 H_2S 的浓度，二是尿素

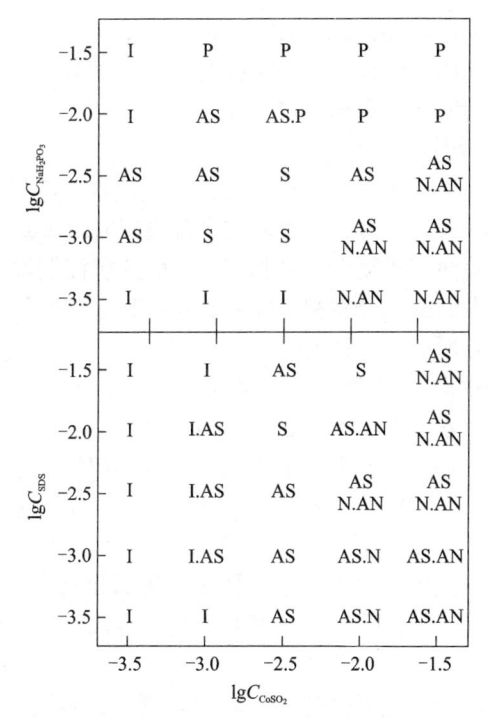

$\lg C_{\text{NaH}_2\text{PO}_4}$					
-1.5	I	P	P	P	P
-2.0	I	AS	AS.P	P	P
-2.5	AS	AS	S	AS	AS N.AN
-3.0	AS	S	S	AS N.AN	AS N.AN
-3.5	I	I	I	N.AN	N.AN

$\lg C_{\text{SDS}}$					
-1.5	I	I	AS	S	AS N.AN
-2.0	I	I.AS	S	AS.AN	AS N.AN
-2.5	I	I.AS	AS	AS N.AN	AS N.AN
-3.0	I	I.AS	AS	AS.N	AS.AN
-3.5	I	I	AS	AS.N	AS.AN
	-3.5	-3.0	-2.5	-2.0	-1.5
			$\lg C_{\text{CoSO}_4}$		

上图：在尿素浓度为 1 mol/L、SDS 浓度为 0.01 mol/L 时 $CoSO_4$ 浓度(mol/L)和 NaH_2PO_4 浓度(mol/L)的影响；

下图：在尿素浓度为 1 mol/L、NaH_2PO_4 浓度为 3.2×10^{-3} mol/L 时，$CoSO_4$ 浓度(mol/L)和 SDS 浓度(mol/L)的影响。

P—小片状 $Co(NH_4)PO_4 \cdot xH_2O$；N—针状含水 $CoSO_3$；AN—针状物聚集体；S—球状 $Co_3(PO_4)_2 \cdot XH_2O$；AS—球状物聚集体。

图 3-16 80℃保温 3h 的条件下有关物质浓度对产品 $Co_3(PO_4)_2 \cdot xH_2O$ 形态和成分的影响

的分解提高了溶液的 pH，相应地在一定 H_2S 浓度下，使 S^{2-} 浓度增加，但发现尿素的存在使颗粒的聚团现象加重。

与上述工作相类似，J. GoBet 等以硒脲(NH_2CSeNH_2)作为硒化剂，分别与 $Cd(Ac)_2$ 溶液或 $Pb(NO_3)_2$ 溶液作用，制得了粒度均匀的 CdSe 和 PbSe 粉末。

2. 复合材料

在含多种离子的溶液中选用适当的沉淀剂，控制适当的条件和采用适宜的操作方法，可使某些化合物同时沉淀或互相形成复杂化合物沉淀而制得复合材料粉末，目前共沉淀制取复合材料粉末已引起了人们的充分重视，现主要介绍其在制取铁氧体及增韧氧化锆陶瓷方面的研究情况。

(1) 铁氧体。铁氧体为重要的磁性材料，其成份主要为 Fe_2O_3 与 Mn, Zn, Cu, Ni, Mg, Ba, Pb, Sr, Li, Y, Sm, Eu, Gd, Tb, Dy, Ho, Er 等金属氧化物的复杂化合物，例如 $NiFe_2O_4$, $Y_3Fe_5O_{12}$ 等。应用中往往根据用途的不同将两种或两种以上铁酸盐复合，如 Mn-Zn 铁氧体 ($Mn_xZn_{(1-x)}Fe_2O_4$) 等。

为制备铁氧体材料可用干法从相应的氧化物合成，也可用共沉淀法制备其粉末，后一种方法由于其纯度高，成分均匀而得到人们的重视。

共沉淀法制备铁氧体是从含相应阳离子的溶液中用沉淀剂将它们共沉淀以得到相应的铁氧体粉末，所用的沉淀剂，视具体情况的不同可以是钠或铵的氢氧化物，碳酸盐或草酸盐，张忠仕将一定成分的铁、锰、锌的硫酸盐的混合溶液加热到 60℃，然后将 60℃的草酸铵溶液在搅拌的情况下加入其中，产生相应的沉淀物，再在 180~200℃下烘干、煅烧得锰锌铁氧体粉末，再按照传统的方法加工得锰、锌、铁氧体材料，发现成分 (%) 为：Fe_2O_3 51.6、MnO_2 23.4、ZnO 25.0 的产品，具有良好的磁性能。A. Goldman 等，以碳酸盐—氢氧化物为沉淀剂从 Fe, Mn, Zn 的硫酸盐溶液中沉淀得锰锌铁氧体，其导磁率比传统方法高 15%，而损耗因素仅为其 $\frac{1}{2}$ (1×10^{-6} 和 2×10^{-6})。他们发现沉淀过程中的 pH、CO_3^{2-} 与 OH^- 摩尔比值都对产品质量有一定影响。

Toshio Takada 在制备铁氧体时，采用了悬浮物氧化法，即将 NaOH 溶液加入含 Fe^{2+} 及其他组分的阳离子的溶液进行中和，使之产生二价氢氧化物的混合沉淀，然后在 60~90℃下通 O_2 进行搅拌，则 $Fe(OH)_2$ 氧化成 Fe_2O_3，并与其他氢氧化物形成尖晶石型铁氧体。在氧化过程中，其产品形态与溶液的 pH 及温度有密切关系，同时与二价离子的浓度及通氧条件有关，对 $Fe(OH)_2$ 的氧化过程而言，产品形态与温度及 pH（或中和时 2 NaOH 与 $FeSO_4$ 的摩尔比）的关系如图 3-17 所示。

x—2NaOH 与 $FeSO_4$ 的摩尔比。

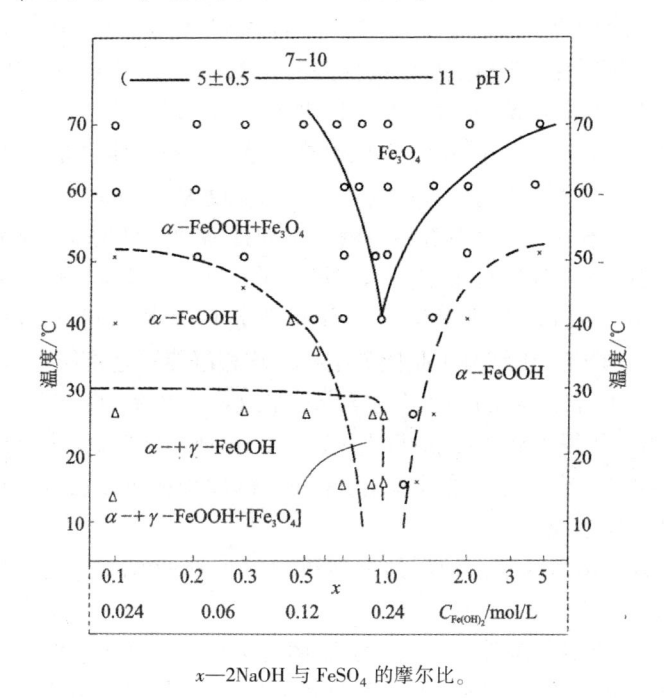

图 3-17　$Fe(OH)_2$ 氧化沉淀过程中 pH 及温度对沉淀物形态的影响

(2) 增韧氧化锆陶瓷材料。氧化锆陶瓷[包括部分稳定氧化锆陶瓷(PSZ)、四方氧化锆多晶体(TZP)、部分稳定氧化锆与 Al_2O_3 复合材料($Y-PSZ/Al_2O_3$)，ZrO_2 增韧 Al_2O_3(ZTA) 等]为重要的工程材料，在这些材料中都是在 ZrO_2 中加入 Y_2O_3，CeO_2，MgO 等作为 ZrO_2 四方相的稳定剂。共沉淀法是加入稳定剂的有效方法之一，所用的沉淀剂一般为 NH_4OH。

为制备摩尔分数分别为 CeO_2 5.5%-$YO_{1.5}$ 2%-ZrO_2 92.5%的超细四方多晶体，Jyung-Dong Li 等研究成了两种共沉淀工艺，即氨共沉淀—水热处理工艺和在有尿素存在下的均相沉淀工艺，前者是首先制备 $n_{ZrOCl_2}:n_{Y(NO_3)_3}:n_{Ce(NO_3)_3}=92.5:2:5.5$ 的混合物溶液，混合液中阳离子总浓度控制为 0.25 mol/L~1 mol/L，将它滴入 NH_4OH 溶液，控制 pH≈11，所得的非晶形沉淀物用无离子水洗去 Cl^-，然后在 200℃下用水热法处理 3.5h，使之变成晶体，再用乙醇脱水，用这种方法制备的产品粒度为 4.8 nm 左右，比表面积为 206 m^2/g，随着起始料液浓度的提高则粒度增加，比表面积减小，其晶体结构全部为四方形，同时堆装密度大，烧结温度低(<1400℃)。上述氨沉淀物如果不是用水热法处理而是在 500℃下煅烧，则结晶不是四方结构。均相沉淀法是将尿素(浓度为 0.3~0.42 mol/L)加入上述含 Zr，Y，Ce 的料液，在 100℃下煮 2~12h，所得沉淀物在 500℃下煅烧 0.5h，则其结构完全是四方形，同时其成分与原始料液几乎相同，因此均相沉淀法容易控制产品的化学成分。

朱宣惠研究了三种用共沉淀法制备 $Y-PSZ/Al_2O_3$ 的具体工艺，它们是：

1) 全部共沉淀法：将一定比例的 $ZrOCl_2$、$AlCl_3$、YCl_3 混合溶液以喷雾的方式喷入 40℃的稀氨水中，控制 pH 为 9 左右沉淀物用乙醇脱水，干燥后，在 880℃下煅烧 1h；

2) 沉淀包裹法：将一定比例的 $ZrOCl_2$，YCl_3 混合溶液喷入

含 NH_4OH 和固体 $\alpha-Al_2O_3$(直径约 70nm)的悬浮液中,使 Zr,Y 共沉淀并包裹在 Al_2O_3 颗粒表面,其沉淀条件及后处理方式与上述全部共沉淀法大体相同;

3)混合法:将 $ZrO_2(Y_2O_3)$ 粉末及 $\alpha-Al_2O_3$ 粉末在水中混合过滤,干燥。

结果表明前两种工艺的成分均匀,晶粒细至 $10.5\mu m$ 左右,ZrO_2 四方相质量分数高达 95% 以上,但其中全部共沉淀法所得粉末的成型性能较差,烧结时收缩率大。

混合法则均匀性较差,四方相所占比例小。

除了上述用氨水作中和沉淀剂外,M.P.O. Toole 研究了用醇类(如甲醇、乙醇、异丙醇等)作为沉淀剂,即将含 $Zr(SO_4)_2$ 浓度为 0.405 mol/L 和 $Y_2(SO_4)_3$ 浓度为 0.01 mol/L 的水溶液(或含 $Zr(SO_4)_2$ 浓度为 1.98 mol/L,$Y_2(SO_4)_3$ 浓度为 0.05 mol/L 的溶液)通过不同的喷雾装置雾化后喷入搅拌的醇溶液,则发生中和水解反应得混合氧化物沉淀,后者经过过滤再用丙酮脱水后,干燥,在 750℃ 下煅烧 1h 即得 Y-PSZ 粉末。研究表明用弱极性的醇(如异丙醇)所得产品粉末比强极性醇的细而均匀,同时其化学成分更接近原始料液的成分。对雾化装置而言,用低压超声波雾化器的产品质量比空气雾化器好,7 kg/批的试验表明,产出的 Y-PSZ 粉末单斜相比例 <5%,粒度为 25~75nm,比表面积为 30 m^2/g,化学成分均匀,在 70 MPa 下成型再在 1500℃ 烧结 2h,产品密度为 5.98 g/cm^3,收缩率为 40%。

3. 包覆粉末

包覆粉末由于其特有的物理化学性质或工艺上的特性或经济方面的效益,而得到人们的广泛重视和应用,目前沉淀法是制取包覆粉末的重要方法之一。

为从水溶液中制取包覆粉末,常用的方法是将预定的包覆粉的内核物质(如制取 $CaAl_2O_4$ 包覆 Al_2O_3 粉末时的 Al_2O_3 粉)首先均匀分散悬浮在含包覆物质离子的溶液中[如 $Ca(NO_3)_2$ 和 $Al(NO_3)_3$ 溶液],然后控制条件使溶液中的离子形成难溶化合物,在其沉淀物形成析出的过程中,则以悬浮的内核物质为核心,因而形成包覆粉。

E. Matijevic 曾用上述方法成功地制取了 $YOHCO_3 \cdot H_2O$ 或 Y_2O_3 包覆 $\alpha\text{-}Fe_2O_3$ 颗粒的包覆粉,即将纺锤状的 $\alpha\text{-}Fe_2O_3$ 均匀悬浮在 $Y(NO_3)_3$ 溶液中,控制溶液中 $\alpha\text{-}Fe_2O_3$ 的质量浓度为 50~210 mg/L,或每升溶液中 $\alpha\text{-}Fe_2O_3$ 的颗粒数为 $(0.37~1.5)\times 10^{13}$ 个。$Y(NO_3)_4$ 浓度为 $(1~5)\times 10^{-3}$ mol/L,然后在 90℃下保温 2h,则在尿素存在下发生 $YOHCO_3 \cdot H_2O$ 的均相沉淀,沉淀过程以 $\alpha\text{-}Fe_2O_3$ 颗粒为核心,形成 $YOHCO_3 \cdot H_2O$ 包覆 $\alpha\text{-}Fe_2O_3$ 的包覆粉,如果将粉末进一步在 800℃下进行煅烧,则变成 $Y_2(CO_3)_3$ 包覆 $\alpha\text{-}Fe_2O_3$ 的包覆粉。

在沉淀过程中为防止 $YOHCO_3 \cdot H_2O$ 单独形成核心长大成球状的 $yOHCO_3 \cdot H_2O$ 颗粒,应控制好单位体积内悬浮物($\alpha\text{-}Fe_2O_3$) 的数量与 $Y(NO_3)_3$ 浓度的恰当比例,以及沉淀速度,一般当 $\alpha\text{-}Fe_2O_3$ 量和 $Y(NO_3)_3$ 浓度控制在上述范围内时,能防止球状 $YOHCO_3 \cdot H_2O$ 颗粒的形成。

4. 由油包水型乳浊液(亦称微型反应器)制备纳米粉

上述各种沉淀法控制适当的条件都有可能制取各种纳米粉,但由于大体积的水溶液中用沉淀法制取的粉末难免颗粒间进一步聚集长大,因而粉末粒度难以控制。近年来,人们发现,如果改变反应的条件,即在油包水的微乳滴中进行,则可防止颗粒间的聚集,同时得到的纳米粉的粒度均匀,当前在微型反应器中进行沉淀过程有两种方式。

(1)膜外相的沉淀剂扩散通过液膜进入内相、与内相的物质发生反应生成沉淀物。Iskandar Lyaacol 等曾将阳离子表面活性剂十六烷基三甲基溴化铵和阴离子表面活性剂十二烷基苯磺酸加入含铁离子的溶液,形成乳浊液,应用透析法将膜外相的铁氯化物用 NaCl 代替,然后再加入 NaOH,则 OH⁻扩散通过膜进入微滴内部与铁离子发生水解反应而生成磁铁矿或 γ-铁氧体颗粒,颗粒的粒度均匀,理论上其直径 d 可按下式计算。

$$d = 0.1D(m \cdot M/\rho)^{1/3}$$

式中,D 为微滴的内径,m 为微滴内铁盐的摩尔浓度,M 为生成物的摩尔质量,ρ 为生成物的密度,由于 D 值往往可达数十纳米,因而生成的沉淀物亦为纳米级。

(2)将反应物与沉淀剂在有表面活性剂存在下分别形成油包水型的乳浊液,然后将两种乳浊液混合,在两个不同的乳滴碰撞过程中发生交互反应生成沉淀物。最后表面活性剂则附着在颗粒的表面,防止其进一步长大。M. A. Lopej-QutinteLa 等利用这种方法制取了尖晶石型磁铁矿,即将含 $FeCl_2$ 浓度为 0.15 mol/L 和 $FeCl_3$ 浓度为 0.3 mol/L 的乳浊液和含 NH_4OH 的乳浊液混合,两者反应生成沉淀物,经离心脱水后再先后用庚烷和丙酮洗涤,其粒度为 4nm,具有超顺磁(superparamagnetic)性。

用同样的方法亦制成了高临界温度的超导体 YBaCuO 粉末,即将含 $Y(NO_3)_3$ 浓度为 0.05 mol/L,$Ba(NO_3)_2$ 浓度为 0.1 mol/L,$Cu(NO_3)_2$ 浓度为 0.15 mol/L 的乳浊液与含 $(NH_4)_2C_2O_4$ 浓度为 0.3 mol/L 的乳浊液混合得沉淀物,经庚烷、丙酮洗涤后在 825℃下在空气中煅烧 24 小时,再在 450℃在氧中热处理 6 小时,产品原始粒度为 30 nm,热处理后为 100 nm,临界温度为 80K。

应用上述原理,人们同样可通过适当的还原剂与溶液中的金属离子作用而制取纳末级的金属粉或合金粉。LiMin Qi 等曾分别将浓度为 0.2 mol/L $CuCl_2$ 和浓度为 0.4 mol/L $NaBH_4$ 的水溶液加入由 TX-100、n-已醇环已烷组成的有机相,有机物中 TX-100 的浓度为 0.126 mol/L,TX-100 与 n-已醇的质量比为 4∶1,分别形成两种乳滴浊液,将两种乳浊液按等体积迅速混合,则

247

$CuCl_2$ 被 $NaBH_4$ 还原而得铜粉,该铜粉为均匀分散颗粒,粒度为纳米级。

M. A. LopeZ-Quintela 采用含水溶液(质量分数为15%)和 n-heptan 和 AOT([H_2O]/[AOT] = 10)乳浊液体系分别制备 $NiCl_2$ 浓度为 0.1 mol/L 和 $NaBH_4$ 为 0.2 mol/L 的两种乳浊液,将两种乳浊液混合后制得了镍粉。同样用类似的方法采用不同的乳浊液体系制得了粒度为 30nm 的 FeNi 合金粉。

参考文献

1. А. Н. Зеликман, Теория пидрометаллургческих процессов москва, издательство《Металлургии》, Глава(8):288~320; Глава(9):337~352
2. 柳松等. 水溶液中的沉淀过程. 稀有金属及硬质合金,1996.2:50
3. A Audsley. Extraction and Refining of the Rare Metal. London,1957:351~359
4. 王淀佐,胡岳华著. 浮选溶液化学. 长沙:湖南科技出版社,1988:340~345
5. 武汉大学主编. 分析化学(第二版). 高等教育出版社,1982:397~437
6. E. Matijeviē: Colloid Science of Ceramic Powders. Pure and Appl Chem. 60(10):1471~1491(1988)
7. 李凤翔等. SO_4^{2-} 和 Cl^- 对偏钛酸结构的影响. 稀有金属,1988(2) 7(1):7~11(2.1988)
8. J. Dousma et al. J. Inorg Nucl Chem (41):1565~1568
9. J. Dousma et al. ibid V.40:1089~1093
10. MasaTaka ozaki, J. Colloid and interface Science. 1984 102(1)(Nov.1984):146~171
11. Ji Wan Lee. ibid (177):490~494(1996)
12. M. D. Rasmssen, Ceramics international, 9(2):59(1983)
13. E. Matijevic et al, J. Colloid and Interface Science. 118(2):506~524

(1987)
14. Shihai Kan. ibid. 1997 191：503~509
15. Kulamani Parida. ibid. 1996 178，586~593
16. Shihai Kan, ibid, 1996（178）673~680
17. A. Janekoviē, ibid 1985（103）：436~447
18. Tadao Sugimote, ibid. 1995（176）：442~453
19. Jason Grau, J. Am. Ceram Soc. 1997 80(4)：941~951
20. J. Gobet et al. J. Colloid and interface Science. V. 100：555~560
21. 张忠仕. 磁性材料及器件. 1984 15（3）：11~16
22. A. Goldman. Journal De Phsique. 1997 4.（38）：297
23. 李洪桂等. 选择性沉淀法从钨酸盐溶液中除钼、砷、锑、锡等杂质的研究. 中国钨业. 1998.（4）：17
24. Jyung-Dong Lin et al. J. Am Ceram Soci. 1997 80(11)：92~98
25. 朱宣惠等. 硅酸盐学报，1986. 6：1~6
26. M. P. O. Toole et al. Am. Ceramic Soc. Bull. 1997 66(10)：1486~1489
27. E. Matijeviē. J. of Colloid and interface Science 1988 126，(2). Dec
28. M. A Lopez-Quintela. J. Colloid and interface Scienceń 1993（158）：446~45

第 4 章 离子交换法

4.1 概述

离子交换法是基于固体离子交换剂在与电解质水溶液接触时，溶液中的某种离子与交换剂中的同性电荷离子发生离子交换作用，结果溶液中的离子进入交换剂，而交换剂中的离子转入溶液中，例如：

$$2\overline{R-H} + Ca^{2+} \Longrightarrow \overline{R_2=Ca} + 2H^+$$

$$2\overline{R-Cl} + SO_4^{2-} \Longrightarrow \overline{R_2=SO_4} + 2Cl^-$$

其中，$\overline{R-H}$ 表示 H^+ 型阳离子交换剂，$\overline{R-Cl}$ 表示 Cl^- 型阴离子交换剂。

离子交换现象是自然界中一种普通现象，很早以前就被人们发现和应用，早期主要应用于处理水，使硬水成为软水。最初一般是用天然交换剂，例如铝基沸石，蒙脱石[$Al_2(OH)_2Si_4O_{11} \cdot nH_2O$]和海绿石(铁铝酸盐矿物)等。天然交换剂是一种无机离子交换剂，交换容量小，且一般只能交换阳离子，后来制成了人造沸石，磺化煤等，但这些交换剂仍不能满足工业的需要，1935~1936 年人们成功地合成了交换容量高、化学性稳定、机械强度大的有机离子交换树脂。从此，离子交换技术很快地应用于工业的各个领域。

在湿法冶金中，20世纪40年代后期成立了第一个离子交换色层法生产单一稀土元素的试验工厂，1952年南非把离子交换用于大规模提铀工业上，近年来，由于科学技术的发展，已合成了各种性能的离子交换树脂，例如大孔网状树脂、两性树脂、螯合树脂、氧化还原树脂、均孔树脂、离子交换膜和离子交换纤维等，以满足工业的需要。在湿法冶金中，目前离子交换主要用于下列几个方面：

(1) 从贫液中富集和回收有价金属，例如铀的回收，贵金属和稀散金属的回收；

(2) 提纯化合物和分离性质相似的元素，例如钨酸钠溶液的离子交换提纯和转型，稀土分离，锆铪分离和超铀元素分离等；

(3) 处理某些工厂的废水；

(4) 生产软化水。

20世纪60年代以来，溶剂萃取法有了很大的发展，在许多方面已取代了离子交换法，但是，在提取高纯稀有金属化合物方面，离子交换法仍然是目前的主要分离方法之一。

4.2 离子交换树脂及其性能

4.2.1 离子交换树脂的结构

离子交换树脂是一种人工合成的有机高分子固体聚合物，一般由以下三部分构成：

1. 高分子部分

高分子部分是树脂的主干，常用的为聚苯乙烯或聚丙烯酸脂等，它起着连结树脂的功能团的作用；

2. 交联剂部分

它的作用是把整个线状高分子链交联起来，使之具有三度空间的网状结构，这种网状结构就是树脂的骨架，在网状骨架中有一定大小的孔隙，可允许交换的离子自由通过，树脂中交联剂(通常为二乙烯苯)所占质量分数称为树脂的交联度：

$$交联度(D \cdot V \cdot B) = \frac{交联剂质量}{高分子质量 + 交联剂质量} \times 100\%$$

树脂的交联度，在我国常用符号"×"后数字表示，例如强碱201×7，表示交联度为7%，它的大小决定了树脂的机械强度、交换容量和溶胀性等性质。

3. 功能团部分

它是固定在树脂高分子部分上的活性离子基团，例如—SO_3H，—$COOH$，在电解质水溶液中可电离出可交换离子(如—SO_3H 中的 H^+)与溶液中的离子进行交换。功能团的种类，含量和酸碱性的强弱决定了树脂的性质和交换容量。例如，聚苯乙烯/二乙烯苯型强酸性阳离子交换树脂有如下的结构：

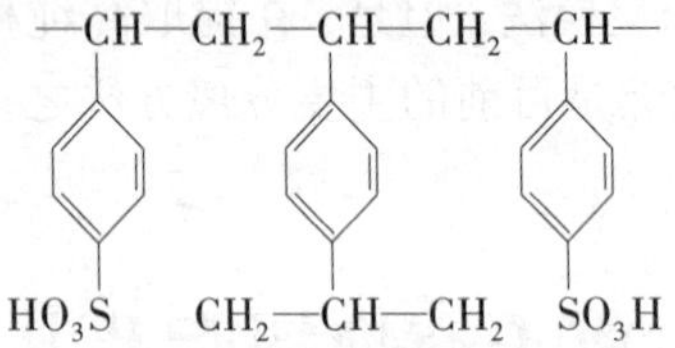

聚苯乙烯/二乙烯苯型强碱性阴离子交换树脂的结构如下：

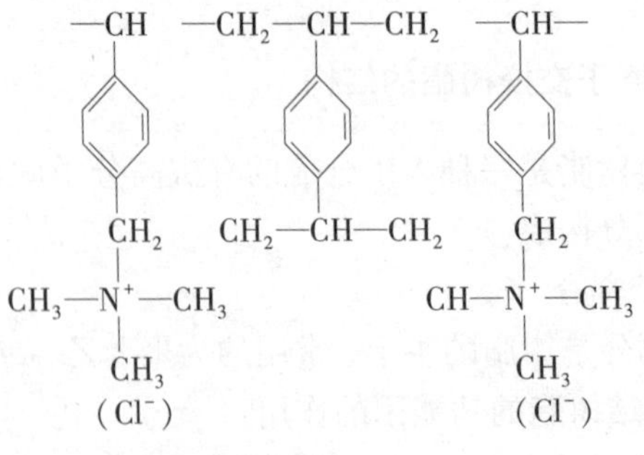

4.2.2 离子交换树脂的分类

离子交换树脂的品种繁多，分类方法也不统一。一般按树脂所带功能团的性质不同，将树脂分为两大类，即阳离子交换树脂和阴离子交换树脂，其中又分为七类。如表4-1所示。

表 4-1 离子交换树脂的分类

分类名称	功能团举例
强酸性阳离子交换树脂	磺酸基（—SO_3H）等
弱酸性阳离子交换树脂	羧酸基（—COOH）、磷酸基（-PO_3H_2）等
强碱阴离子交换树脂	季铵基（—$N^+(CH_3)_3$）、（—N$\diagup^{(CH_3)_2}_{\diagdown CH_2-CH_2-OH}$）等
弱碱阴离子交换树脂	伯、仲、叔胺基（-NH_2）、（=NH）、（≡N）等
螯合树脂	胺羧基（—CH_2—N$\diagup^{CH_2-COOH}_{\diagdown CH_2-COOH}$）、（—$CH_2$—N$\diagup^{CH_3}_{\diagdown C_6H_8(OH)_5}$）等
两性树脂	强碱-弱酸（—$N(CH_3)_3^+$、—COOH） 弱碱-弱酸（（—NH_2、—COOH）
氧化还原树脂	硫醇基（—CH_2SH）、 对苯二酚基（OH—⬡—OH）等

1. 强酸性阳离子交换树脂

树脂上带有强酸性功能团，例如—SO_3H，其性质类似无机强酸，在酸性介质中仍能电离出可交换离子 H^+，故能在 pH 0~14 下与溶液中的阳离子进行交换，树脂若为—SO_3H，称为 H^+ 型树脂，若为—SO_3NH_4，称为 NH_4^+ 型树脂。

2. 弱酸性阳离子交换树脂

树脂上带有弱酸性功能团，例如-COOH，其性质类似无机弱酸，在酸性介质中难电离出可交换离子 H^+，故一般适合于 pH>6 的条件下与溶液中的阳离子进行交换。

3. 强碱性阴离子交换树脂

树脂上带有强碱性功能团，例如 R_4NOH，其性质类似无机强碱，在碱性介质中仍能电离出可交换离子 OH^-，故能在 pH 0~14 下与溶液中的阴离子进行交换，树脂若为 R_4NOH，称为 OH^- 型树脂，若为 R_4NCl，称为 Cl^- 型树脂。

4. 弱碱性阴离子交换树脂

树脂上带有弱碱功能团，例如 $-NH_3OH$、$=NH_2OH$ 等，其性质类似无机弱碱，故一般只适合于 pH<7 下与溶液中的阴离子进行交换。

5. 螯合树脂

螯合树脂是指带有具有螯合能力的功能团，对特定离子具有特殊选择能力的树脂，因为它既有生成离子键又有形成配位键的能力，故能与待交换的阳离子形成稳定的螯合物（内络合物），例如胺羧基螯合树脂与 2 价金属阳离子的交换反应为：

$$R-CH_2N\begin{matrix}CH_2COOH\\ \\CH_2COOH\end{matrix} + M^{2+} = R-CH_2N\begin{matrix}CH_2-\overset{O}{\overset{\|}{C}}-O\\ \\CH_2-\underset{O}{\underset{\|}{C}}-O\end{matrix}M + 2H^+$$

6. 两性树脂

两性树脂和螯合树脂的差别在于，两性树脂的两种功能团分别独立存在两种单体上,其作用是各自独立的,螯合树脂的两种功能团是连接在一种单体上,作用中多半是其中一种主要作用,而另一种只起辅助配合作用,两性树脂既可以和阳离子发生交换,也可以和阴离子发生交换。在络合能力上,两性树脂与螯合树脂有点相象,也对许多金属离子有特殊选择性。

7. 氧化还原树脂

氧化还原树脂,是指能使周围离子(或化合物)氧化或还原的一种树脂,典型的例子是对苯二酚基树脂:

$$\text{还原形式树脂} \underset{\text{还原(得到电子)}}{\overset{\text{氧化(丢去电子)}}{\rightleftharpoons}} \text{还原形式树脂} + 2H + 2e$$

树脂失去电子,由原来的还原形式变为氧化形式,而周围的物质就被还原。

按不同的合成工艺和树脂形态,又把树脂分为凝胶型和大孔型两种。由普通方法制得的凝胶型树脂,在溶胀状态下,其孔径一般为 $2\sim 4nm$,这种树脂在干燥时,失去水分,体积减小,微孔缩紧闭合,丧失离子交换能力。大孔型树脂是一般凝胶型树脂的基础上制得的一种树脂,它的基本特点是具有物理孔结构,从外表看也和凝胶型不同,它没有光泽,在整个树脂内部,无论是干、湿状态或收缩、溶胀状态都存在着比凝胶型树脂更多、更大孔道,而且布满树脂内部。因而比表面积大($20\sim 130m^2/g$,而凝胶型为 $\sim 5m^2/g$),孔径大(大于 $20nm$,甚至数千纳米),在离子交换过程中,离子容易扩散,交换速度快(为凝胶型的10倍左右),工作效率高,同时,大孔树脂的交联度一般都比较大,因而其选择性也高。由于以上特点,一般说,在非水(有机溶剂)体系中或交换半径较大的络合离子时,就应该采用大孔树脂。

在我国,凡大孔型离子交换树脂,在型号前加"大"字的汉语拼音首位字母"D"表示，例如 D202（大孔强碱阴离子交换树脂），前苏联用"П"表示。例如 KЪ-2-10П（大孔弱酸阳离子交换树脂），我国常用离子交换树脂的性能如表 4-2。

目前还合成了离子交换纤维，它是将交换功能团结合到碳纤维上得到的。这种纤维的表面积约为颗粒树脂的 20 倍，可提高交换速度和容量。

4.2.3　树脂的基本性能

4.2.3.1　物理性能

1. 溶胀性

树脂浸入水时，由于树脂的网状结构表面有很多毛细孔，水从毛细孔渗入树脂而引起溶胀，另外，树脂上功能团具有亲水性，也促使树脂溶胀，使树脂体积增大。

因此，树脂的交联度愈小，空隙愈大，吸水愈多，溶胀性就愈强；树脂功能团的亲水性愈大，水合程度愈强、溶胀性也愈强，故强酸树脂比弱酸树脂的溶胀性大很多；树脂从水溶液中所吸附的离子水合能力愈强，或水合离子半径愈大，则其溶胀性也愈大。

在强酸性阳离子交换树脂中，根据功能团上可交换离子水合离子半径的大小，树脂的溶胀性顺序为：

$H^+ > Li^+ > Na^+ > NH_4^+ > K^+ > Ag^+$

强碱性阴离子交换树脂的溶胀性顺序为：

$F^- > CH_3COO^- > OH^- > HCO_3^- > Cl^- > Br^- > I^-$

在弱酸或弱碱性的树脂中，当其 H^+ 或 OH^- 为其他离子置换，即转为盐型时，体积膨胀较大。

因此，在树脂吸附不同离子时，将引起树脂层体积的变化，这种性质在设计交换柱时应给予充分考虑。

表 4-2 我国常用离子交换树脂的性能

树脂牌号	树脂名称	外观	交换容量/(mol×10⁻³/g 干树脂)	粒度	湿真密度/(g/cm³)	湿视密度/(g/cm³)	水分/%	固定功能团	用途
732(001×7)	强酸性苯乙烯系阳离子交换树脂	淡黄色至褐色球状颗粒	≥4.5/Z	0.25~0.80 mm占95%以上	1.23~1.27	0.75~0.85	46~52	$-SO_3^-$	稀土分离及纯水制备
724(112×1)	弱酸性丙烯酸系阳离子交换树脂	乳白色球状颗粒	≥9/Z	0.25~0.64 mm占80%以上	—	—	≤65	$-COO^-$	水处理及抗菌素提炼等
717(201×1)	弱石性苯乙烯系阴离子交换树脂	淡黄色至金黄色球状颗粒	≥3/Z	0.25~0.80 mm占80%以上	1.06~1.11	0.65~0.75	40~50	$-N(CH_3)_3^+$	有色冶金及纯水制备
711(201×4)	同上	同上	≥3.5/Z	同上	1.04~1.08	0.65~0.75	50~60	同上	同上
704(303×2)	弱碱性苯乙烯系阴离子交换树脂	淡黄色至球状颗粒	≥5/Z	0.25~1.27 mm占90%以上	1.04~1.08	0.65~0.75	45~55	$=NH_2^+$ $-NH_3^+$	水处理及抗菌素提炼
701(331)	弱碱性球阴离子交换氧树脂	金黄色至琥珀色球状颗粒	≥9/Z	同上	1.05~1.09	0.6~0.75	45~63	$-NH_3^+$ $=NH_2^+$ $-NH^+$	同上
7503(D202)	大孔强碱性苯乙烯系阴离子交换树脂	淡黄色至黄色球状颗粒	≥3.4/Z	0.3~1.84 mm	1.06~1.10	0.65~0.75	40~58	$-N(CH_3)_3^+$	有色冶金及废水处理

* Z为可交换离子的价数

湿法冶金学

2. 粒度

合成树脂的外形几乎都是球形颗粒，在柱上作业时，树脂的粒度应同时兼顾其交换过程的动力学特性和水力学特性。若树脂粒度小，则比表面积大，交换速度快，操作交换容量大，但溶液流过树脂层的阻力大；若树脂粒度大，则溶液的流过阻力小，但交换速度慢，交换容量小。因此，树脂的粒度应适当。目前国产树脂粒度一般为 15~50 目，即直径为 0.3~0.9mm。

3. 密度　树脂密度分为干树脂真密度、湿树脂真密度和视密度。一般常用树脂的湿视密度及湿真密度来表示。

湿视密度：

$$D_a = \frac{S}{V_a}$$

式中　　S——溶胀后湿树脂质量；

　　　　V_a——溶胀后湿树脂堆积体积。

树脂的湿视密度一般在 0.6~0.9g/cm³。

湿真密度：

$$D_w = \frac{S}{V_w}$$

式中　　V_w——溶胀后湿树脂的真实体积（不包括树脂颗粒间的空隙体积）。为了使树脂在水中不上浮，其湿真密度一般在 1.04~1.30 g/cm³ 左右。由湿视密度和湿真密度可计算出树脂颗粒之间的空隙率：

$$空隙率 = \left(1 - \frac{D_a}{D_w}\right) \times 100\%$$

4.2.3.2　化学性能

离子交换树脂的化学性能取决于树脂上功能团的性质，主要为其交换容量。交换容量常以每克干树脂或每毫升湿树脂上的交换离子的摩尔数表示。交换容量又可分为总交换容量、操作容量、漏穿容量和全容量。

总交换容量是指单位树脂中所含功能团上可交换离子的总摩尔数,总交换容量与树脂的交联度有关,交联度小则总交换容量大。

操作容量是指在一定的交换条件下所达到的实际交换容量,即树脂中实际参加交换反应的离子摩尔数。

漏穿容量是指柱上作业时,溶液中的离子开始出现在流出液时,树脂中实际参加交换的摩尔数,它可用如下公式近似计算:

$$漏穿容量 = \frac{(V-V_1)C}{V_2} \quad mol/L$$

式中 V——至漏穿时流过的料液体积,L;

V_1——树脂床的空隙体积,L;

V_2——树脂床体积,L;

C——料液中金属离子浓度,mol/L。

实际上,操作容量和漏穿容量的大小除了与树脂的功能团总量有关外,还与树脂粒度、操作条件及溶液的组成有关。

全容量。离子交换树脂除了通过功能团进行交换外,还能通过链节结构上的特点,以分子间吸引力,即范德华力吸引其他分子,包括强、弱电解质及非电解质等,其结果是树脂的容量往往超过总交换容量,所以有时把总交换容量和范德华力吸引的量之和叫全交换容量。不过范德华力吸引的量一般很小。

国内外常用离子交换树脂牌号对照如表 4-3 所示。

表 4-3 国内外常用离子交换树脂牌号对照表

树脂名称	国内牌号	国外牌号	国名
强酸性苯乙烯系阳离子交换树脂 R—SO$_3$H	732 (001×7)	Dowex-50, Amberlite IR-120	美国
		Zerolit 225	英国
		Duolite C-20	法国
		Wofatit KPS-200	东德
		神胶 1 号	日本
		KY-1,KY-2	苏联

续表 4-3

树脂名称	国内牌号	国外牌号	国名
弱酸性苯乙烯系阳离子交换树脂 R—COOH	724 (112×1)	Amberlite IRC-50 Zerolit 226 Duolite CS-101 Wofatit CP-300 Diaion WK10 КБ6-2	美国 英国 法国 东德 日本 苏联
强碱性苯乙烯系阴离子交换树脂 R≡NCl	717 (201×7)	Dowex-1, Amberlite IRA-400 Zerolit FF, De-Acidite FF Duolite A101D Wofatit SBW 神胶 800 СПв-3, AB-17	美国 英国 法国 东德 日本 苏联
强碱性环氧系阴离子交换树脂 R—NH$_3$OH R=NH$_2$OH R≡NHOH	701 (331)	Dowex-1, Amberlite IR-45 Zerolit G, De-Acidite M Wofatit L-50 Duolite A-30T Diaion WA10 ЭДЭ-10	美国 英国 法国 东德 日本 苏联

4.3　离子交换平衡

在实际工作中，常用选择系数、分配比、分离系数等参数表征交换平衡情况。

4.3.1　选择系数

离子交换树脂对离子选择性的大小，或者各种离子对树脂亲和力的大小，常用离子的选择系数来表示。

当离子交换树脂与电解质溶液接触时，电解质溶液中的离子就和树脂中的可交换离子进行交换，例如：

$$2\overline{H}+Ca^{2+} \Longleftrightarrow \overline{Ca}+2H^+$$

$$2\overline{Cl}+SO_4^{2-} \Longleftrightarrow \overline{SO_4}+2Cl^-$$

若用通式表示（为简单起见省略各离子的价态符号），则：

$$z_B\overline{A}+z_A B \Longleftrightarrow z_B A+z_A\overline{B}$$

式中　$\overline{A}$、$\overline{B}$——树脂相上的离子；

　　　z_A、z_B——为 A、B 离子的价数。

离子交换反应和其他化学反应一样，完全服从质量作用定律，当达到平衡时，其平衡常数为：

$$K = \overline{a}_A^{z_B} \cdot a_B^{z_A} / (\overline{a}_B^{z_A} \cdot a_A^{z_B})$$

式中　$\overline{a}_A$、$\overline{a}_B$ 和 a_A、a_B——分别为 A、B 离子在树脂相和溶液中的活度。

由于目前还缺乏树脂相中离子活度系数的数据，故上述反应常用浓度平衡常数（也称为浓度商）来表示：

$$K_c = \overline{C}_A^{z_B} \cdot C_B^{z_A} / (\overline{C}_B^{z_A} \cdot C_A^{z_B})$$

式中　$\overline{C}_A$、$\overline{C}_B$ 和 C_A、C_B——分别为 A、B 离子在树脂相和溶液中的摩尔浓度。

显然，K_c 愈大，则表示树脂对 B 离子的亲和力愈大，或者树脂对 B 离子的选择性愈大。在离子交换技术中，称 K_c 为选择系数。由于 K_c 是 B 离子相对于 A 离子而言，故严格地讲，应称为离子对的相对选择系数；某些阳离子和阴离子在不同交联度的树脂上相对于 Li^+ 和 Cl^- 的选择系数，分别列于表 4-4 和表 4-5。

从表 4-4 看出，交联度愈大，不同离子之间的选择性差异也愈大，即树脂的筛选能力愈强。

表 4-4　某些阳离子的选择数

金属离子	选择系数		
	×=4	×=8	×=16
Li^+	1.00	1.00	1.00
H^+	1.32	1.27	1.47
Na^+	1.58	1.93	2.37
NH_4^+	1.90	2.55	3.34
K^+	2.27	2.90	4.50
Rb^+	2.46	3.16	4.52
Cs^+	2.67	3.25	4.65
Ag^+	4.73	8.51	22.99
Tl^+	6.71	12.4	28.5
UO_2^{2+}	2.36	2.45	3.34
Mg^{2+}	2.95	3.29	3.51
Zn^{2+}	3.13	3.47	3.78
Co^{2+}	3.23	3.74	3.81
Cu^{2+}	3.29	3.85	4.46
Cd^{2+}	3.37	3.88	4.95
Ni^{2+}	3.45	3.93	4.06
Be^{2+}	3.43	3.99	6.23
Mn^{2+}	3.42	4.09	4.91
Ca^{2+}	4.15	5.16	7.27
Sr^{2+}	4.70	6.51	10.1
Ba^{2+}	7.47	11.5	20.9
Pb^{2+}	6.56	9.91	18.0
Cr^{3+}	6.6	7.6	10.5
La^{3+}	7.6	10.7	17.0
Ce^{3+}	7.5	10.6	17.0

树脂　牌号：Dowex 50

×　表示树脂交联度，交联剂是二乙烯苯

表 4-5 某些阴离子的选择系数

离子	选择系数 Dowex-1	选择系数 Dowex-2	离子	选择系数 Dowex-1	选择系数 Dowex-2
Cl^-	1.00		HSO_3^-	1.3	1.3
OH^-	0.09	0.65	NO_3^-	3.3	3.3
F^-	0.09	0.13	NO_2^-	1.2	1.3
Br^-	2.8	2.3	$H_2PO_4^-$	0.25	0.34
I^-	8.7	7.3	CNS^-		18.5
ClO_4^-		3.2	CN^-	1.6	1.3
BrO_3^-		1.01	HCO_3^-	0.32	0.53
IO_3^-		0.21	$HCOO^-$	0.22	0.22
HSO_4^-	4.1	6.1	CH_3COO^-	0.17	0.18

树脂对不同离子的相对亲和力(或相对选择性)主要取决于树脂功能团的性质、离子的种类和离子的水合能大小,一般有如下的经验规律:

(1)在常温下的稀溶液(0.1mol/L以下)中,树脂对离子的相对亲和力随着离子价数的增大而提高,如:

$Th^{4+}>RE^{3+}>Cu^{2+}>H^+$

(2)在常温下的稀溶中,离子价数相同时,强酸性阳离子交换树脂对离子的相对亲和力随着水合离子半径的减小而增大,如:

$Tl^+>Ag^+>Cs^+>Rb^+>K^+>NH_4^+>Na^+>Li^+$

$Ba^{2+}>Pb^{2+}>Sr^{2+}>Ca^{2+}>Ni^{2+}>Cd^{2+}>Co^{2+}>Mg^{2+}>UO_2^{2+}$

其中:Li^+、Na^+、K^+、Rb^+、Cs^+ 的水化能分别为 531、423、339、314 和 280 $KJmol^-$。

对弱酸性阳离子交换树脂而言,功能基-COO^-对氢离子的相对亲和力特别强,同时对多价金属离子有特殊选择性,其相对亲和力的顺序为:

$$H^+ \gg Fe^{3+} > Ba^{2+} > Sr^{2+} > Mg^{2+} > K^+ > Na^+ > Li^+$$

（3）强碱性阴离子交换树脂对阴离子的相对亲和力随离子的水合半径的减小而增大，如：

$$SO_4^{2-} > C_2O_4^{2-} > I^- > NO_3^- > CrO_4^{2-} > Br^- > SCN^- > Cl^- > OH^- > CH_3COO^- > F^-$$

多原子的阴离子的水合能除了与价数有关外，还与中心原子的碱性有关，其亲和力随中心原子碱性的减小而增大，如：

$$MnO_4^- > TcO_4^- > ReO_4^-$$

$$CrO_4^{2-} > WO_4^{2-}$$

$$ClO_3^- > BrO_3^- > IO_3^-$$

$$SO_3^{2-} > SeO_3^{2-} > TeO_3^{2-}$$

（4）对弱碱性阴离子交换树脂而言，OH^- 的亲和力远远大于其他许多阴离子的亲和力，而且树脂的碱性愈弱，OH^- 的亲和力愈大，一般有如下的顺序：

$$OH^- > SO_4^{2-} > CrO_4^{2-} > NO_3^- > PO_4^{3-} > HCO_3^-$$

4.3.2 分配比

离子交换达到平衡时，离子（如 B）在树脂相和溶液相的浓度比值称为分配比，对于反应：

$$z_B \overline{A} + z_A B = z_B A + z_A \overline{B}$$

B 离子的分配比 D 为：

$$D = \overline{C}_B / C_B \tag{4-1}$$

根据上述浓度平衡常数 $K_C = C_A^{z_B} \cdot \overline{C}_B^{z_A} / (\overline{C}_A^{z_B} \cdot C_B^{z_A})$，则 D 与 K_C 的关系为：

$$K_C = \left(\frac{\overline{C}_B}{C_B}\right)^{z_A} \cdot \left(\frac{C_A}{\overline{C}_A}\right)^{z_B} = (D)^{z_A} \cdot \left(\frac{C_A}{\overline{C}_A}\right)^{z_B}$$

或

$$D^{z_A} = K_C \left(\frac{\overline{C_A}}{C_A}\right)^{z_B}$$

$$D = \left[K_C \left(\frac{\overline{C_A}}{C_A}\right)^{z_B}\right]^{1/z_A}$$

由上式可知，分配比与 K_C 和溶液的浓度有关。

4.3.3 分离因数

当溶液中存在两种待分离的离子 A 和 B 时，常用分离因数来表示这两离子的分离效果。分离因数在数值上等于相同条件下两离子的分配比的比值：

$$\beta_{B/A} = \frac{D_B}{D_A} = \frac{\overline{C_B}/C_B}{\overline{C_A}/C_A} = \frac{\overline{C_B}/\overline{C_A}}{C_B/C_A}$$

由上式看出，当 $\beta_{B/A}=1$ 时，$\overline{C_B}/\overline{C_A}=C_B/C_A$ 即 A 和 B 在树脂相的浓度比与溶液中的浓度比相等，故无分离作用，$\beta_{B/A}$ 与 1 差值愈大，则表示分离愈容易，同时还可以看出，当两离子均为 1 价时，$\beta_{B/A}$ 在数值上等于 K_C。

4.3.4 离子交换等温线

对于下列的交换反应

$$x_B \overline{A} + x_A B = x_A \overline{B} + x_B A$$

当以 $\overline{x_B}$ 表示 B 在树脂相的摩尔分数，以 x_B 表示 B 在溶液相的摩尔分数时，$\overline{x_B}$ 与 x_B 之间的关系可用坐标图表示(见图 4-1)，图中的线称为离子交换等温线。

设 $x_A = x_B = 1$（对于 $x_A \neq x_B \neq 1$ 的情况，也可按照相似的方法进行推导），则有：

$$\overline{x_B} = \frac{\overline{C_B}}{\overline{C_B}+\overline{C_A}} = \frac{\overline{C_B}}{N} \text{ 或 } \overline{C_B} = \overline{N} \cdot \overline{x_B}$$

$$\bar{x}_A = \frac{\bar{C}_A}{\bar{N}} = 1-\bar{x}_B \text{ 或 } \bar{C}_A = \bar{N} \cdot (1-\bar{x}_B)$$

$$x_B = \frac{C_B}{C_B+C_A} = \frac{C_B}{N} \text{ 或 } C_B = N \cdot x_B$$

$$x_A = \frac{C_A}{N} = 1-x_B \text{ 或 } C_A = N \cdot (1-x_B)$$

式中　$\bar{N}$ 和 N 分别表示 A、B 离子在两相中总浓度。

将上述各项代入 K_C 的表示式，则：

$$K_C = \frac{C_A \cdot \bar{C}_B}{\bar{C}_A \cdot C_B} = \frac{\left[\frac{\bar{N}\bar{x}_B}{Nx_B}\right]}{\frac{\bar{N}(1-\bar{x}_B)}{N(1-x_B)}} = \frac{\bar{x}_B(1-x_B)}{x_B(1-\bar{x}_B)}$$

或　　　$\bar{x}_B = K_C \cdot x_B / [1+(K_C-1)x_B]$

用上式可由已知的 K_C 和 x_B 确定 $\bar{x}_B$，即可确定 B 离子的交换等温线的形状。

（1）当 $K_C = 1$ 时，则 $\bar{x}_B = x_B$，其等温线就是正方形的对角线（图 4-1 中的 2 线）。即 B 在两相中等量分配；

（2）当 $K_C > 1$ 时，则 $\bar{x}_B > x_B$，等温线呈凸状（图 4-1 中 1 线），说明 B 在树脂相中的分配大于在溶液中的分配，故称为有利 B 的交换平衡；

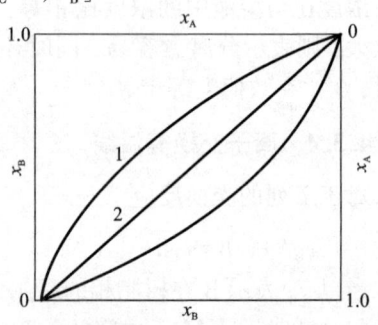

图 4-1　离子交换等温线
1—凸状等温线；2—直线状等温线；
3—凹状等温线

(3) 当 $K_C<1$ 时，则 $\bar{x}_B<x_B$，等温线呈凹状（图 4-1 中 3 线），说明 B 在树脂相中的分配小于在溶液中的分配，故称为不利 B 的交换平衡。

4.4 离子交换动力学

4.4.1 离子交换的历程

离子交换属于多相反应，设溶液中的 B 离子与树脂中的 A 离子进行交换，则其交换过程一般经过如下的步骤：

(1) 溶液中 B 离子通过树脂颗粒周围的扩散层达到树脂的表面；

(2) 达到树脂表面的 B 离子向树脂内部扩散；

(3) 进入树脂颗粒中的 B 离子与树脂内部的 A 离子发生交换的反应；

(4) 被 B 离子取代出的 A 离子由树脂内部向树脂表面扩散；

(5) A 离子由树脂表面通过树脂颗粒周围的扩散层进入溶液。

以上五个步骤中，(1) 和 (5) 的扩散为膜扩散（或称外扩散），(2) 和 (4) 的扩散为颗粒扩散（或称内扩散）。

一般情况下，离子交换的交换反应速度非常快，故离子交换的速度取决于膜扩散速度或颗粒扩散速度。通常，如溶液浓度较低（<0.03 mol/L）则多为膜扩散控制，如浓度较高（>0.1 mol/L）则多为颗粒扩散控制。

4.4.1.1 膜扩散的动力学方程

过程的速度遵守菲克定律，设在扩散层中 B 离子的浓度梯度为常数，对于球形树脂颗粒而言，则

$$\mathrm{d}\bar{Q}_B/\mathrm{d}\tau = S\mathscr{D}\frac{C_B-C_{B界}}{\delta} = 4\pi r^2 \mathscr{D}\frac{C_B-C_{B界}}{\delta} \qquad (4-2)$$

式中　$\overline{Q}_B$——树脂吸附 B 离子的量；
　　　C_B——溶液中 B 离子浓度；
　　　$C_{B界}$——树脂颗粒周围扩散层中 B 离子浓度；
　　　δ——扩散层厚度；
　　　r——球形树脂颗粒半径；
　　　$\mathscr{D}$——B 离子在扩散层中的扩散系数。

树脂颗粒吸附 B 离子的总量为：

$$\overline{Q}_B = 4/3\pi r^3 \overline{C}_B$$

式中　$\overline{C}_B$——树脂内部 B 离子浓度。

假定 B 离子在两相中的分配比为 D，根据式(4-1)可得：

$$C_{B界} = \frac{\overline{C}_B}{D} = \frac{\overline{Q}_B}{\frac{4}{3}\pi r^3 D}$$

代入式(4-2)得：

$$\mathrm{d}\overline{Q}_B/\mathrm{d}\tau = (4\pi r^2 \mathscr{D}/\delta)\left(C_B - \frac{\overline{Q}_B}{4/3\pi r^3 D}\right) =$$

$$\frac{3\mathscr{D}}{r\delta D}(4/3\pi r^3 C_B D - \overline{Q}_B) \tag{4-3}$$

当吸附达到平衡，即 $C_{B界} = C_B$ 或 $\overline{C}_B = C_B D$ 时，则 $\overline{Q}_{B平} = 4/3\pi r^3 C_B D$

令　　$K = 3\mathscr{D}/(r\delta D)$ \hfill (4-4)

由式(4-3)得：$\mathrm{d}\overline{Q}_B/\mathrm{d}\tau = K(\overline{Q}_{B平} - \overline{Q}_B)$ \hfill (4-5)

当边界条件 $\tau = 0$ 时，则 $\overline{Q}_B = 0$，对式(4-5)积分得：

$$R = \overline{Q}_B/\overline{Q}_{B平} = 1 - \exp(-K\tau) \tag{4-6}$$

式中　R——在时间为 τ 时 B 离子吸附分数。

将式(4-6)改成常用对数形式，则：

$$\lg(1-R) = -K\tau/2.303 \tag{4-7}$$

式(4-7)即为膜扩散的动力学方程。

4.4.1.2 颗粒扩散动力学方程

当树脂颗粒中的离子由内部向颗粒表面(或相反过程)扩散时,扩散速度方程式应遵守菲克第二定律:

$$\partial \overline{C}/\partial \tau = \overline{\mathscr{D}}(\partial^2 \overline{C}/\partial X^2)$$

如果是在球体中扩散,并假定只是沿着径向扩散,则在球坐标中有:

$$\partial \overline{C}/\partial \tau = \overline{\mathscr{D}}(\partial^2 \overline{C}/\partial r^2) + (2/r)(\partial \overline{C}/\partial r) \tag{4-8}$$

式中 $\overline{C}$——树脂内部离子的浓度;

r——至球形颗粒中心的距离,为自变量;

$\overline{\mathscr{D}}$——离子在颗粒内部的扩散系数。

离子由颗粒内部向颗粒表面扩散时,有如下的情形:

(1)当 $\tau = 0$ 时,整个颗粒中的离子初始浓度 $\overline{C}_o$ 均相等;

(2)当 $\tau = \infty$ 时,$\overline{C} = \overline{C}_\text{平}$,其中 $\overline{C}_\text{平}$ 为平衡浓度;

(3)当 $\tau \neq 0$ 时,$\overline{C}_\text{表平} = DC$。其中,$\overline{C}_\text{表平}$ 为颗粒表面的平衡浓度,D 为分配比,C 为溶液浓度。当 C 可视为常数,则利用上述边界条件解式(4-8)并简化得:

$$R = 1 - (\frac{6}{\pi^2})\exp(-B\tau)$$

或 $$\ln(1-R) = \ln(\frac{6}{\pi^2}) - B\tau \tag{4-9}$$

式中 B——比例常数,$B = \overline{\mathscr{D}}\pi^2/r_0^2$,$r_0$——树脂颗粒半径。

若将 $\ln(1-R)$ 对 $B\tau$ 作图,则可从图中求出 B 值,再由 B 值求出 $\overline{\mathscr{D}}$。不同的离子在颗粒内的 $\overline{\mathscr{D}}$ 值不同,但一般在 $10^{-6} \sim 10^{-9} \text{cm}^2/\text{sec}$ 之间,而在溶液中的 $\mathscr{D}$ 值一般为 $10^{-2} \sim 10^{-4} \text{cm}^2/\text{sec}$ 之间。

通常可用实验来判断速度控制步骤,若为颗粒扩散控制,那么在离子交换的初始阶段,离子的吸附分数提高很快,而随交换时间的增加,吸附分数提高缓慢,但是,当两相中断接触一段时间后再接触时,由于颗粒中的离子浓度梯度得到恢复,故吸附分数又迅速提高(见图4-2中实线2),而在膜扩散控制的动力学曲线上则没有上述现象,如图4-2中虚线所示。

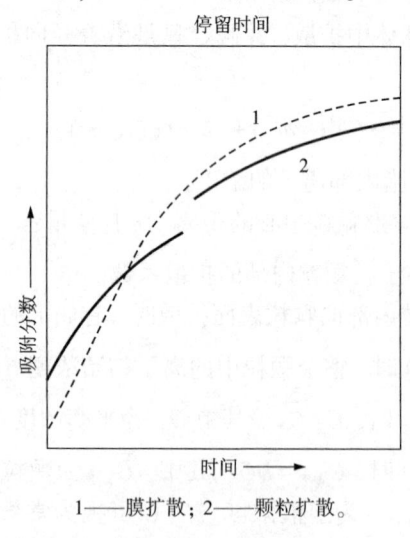

1——膜扩散;2——颗粒扩散。

图4-2 颗粒扩散和膜扩散动力学曲线

4.4.2 影响交换速度的因素

4.4.2.1 颗粒扩散为控制步骤时的影响因素

(1)树脂颗粒的大小。颗粒大小决定了离子从树脂表面扩散到树脂内部的路程,颗粒愈大,路程愈长,因此颗粒小,交换速度快。

(2)树脂的性质。溶胀性大则交换速度快,例如当颗粒大小相同时,5%交联度的树指比17%交联度的树脂交换速度快6倍,交换速度还与树脂的功能团性质有关,强酸、强碱性的树脂交换速度快,弱酸、弱碱性树脂的交换速度慢。

(3)温度。温度高,扩散系数大,交换速度也大,温度每提高1℃,颗粒扩散速度提高4%~8%。

(4)交换离子的性质。离子价数愈大,扩散系数愈小,25℃时,不同的电荷的离子在10%交联度的磺酸型聚苯乙烯树脂颗粒内的扩散系数如表4-6所示。

表4-6 各种价态离子在树脂颗粒内的扩散系数

离子	Na^+	Zn^{2+}	Y^{3+}	Th^{4+}
扩散系数/($cm^2 \cdot sec^{-1}$)	$2.76×10^{-7}$	$2.89×10^{-8}$	$3.18×10^{-9}$	$2.15×10^{-10}$

由表看出,阳离子每增加1个电荷,其扩散系数约降低1个数量级,而对于阴离子而言,每增加1个电荷,降低50%~70%倍。

颗粒扩散速度还与离子大小有关,水合离子半径愈大,扩散系数愈小。

4.4.2.2 膜扩散为控制步骤时的影响因素

其交换速度取决于温度、树脂颗粒大小、溶液浓度和搅拌等因素,但温度及颗粒大小的影响不如颗粒扩散控制时那么大。

(1)溶液浓度。溶液中离子浓度愈大,膜内外浓度梯度愈大,膜扩散速度愈大,一般当溶液浓度大于0.1mol/L时,膜扩散所需的时间极短,此时,整个交换速度转变为颗粒扩散控制。

(2)温度。温度每提高1℃,膜扩散速度约加快3%~5%。

(3)搅拌情况。搅拌速度愈快,膜的厚度愈小,膜扩散速度愈快。

4.5 柱上离子交换

在湿法冶金中,柱上离子交换法通常有运动树脂床和固定树脂床两种操作方法,前者的特点是树脂和溶液(或矿浆)在设备内均处于运动状态,故称为动态操作,但是从交换反应来说,当达到交换平衡时,溶液中总含有与树脂成平衡的离子存在,而且其平衡浓度是一定的,即这种方法具有静态特性,故也称为静态法,这种方法交换的结果,离子在树脂上一般仅作均匀分布。因此通常用于溶液(或矿浆)中富集金属。而后者称静态操作,其特点是树脂层在柱中固定不动,让溶液(不宜用矿浆)从一个方向流入,也就是说,树脂和溶液在一个方向上有相对移动,溶液总是依次碰到柱上某份较新鲜的树脂,因此,从交换反应来说是属动态过程,即这种方法具有动态特性,故也称为动态法,显然,若溶液的流速足够慢,同时有足够量的树脂,就能将溶液中的离子完全吸附到树脂上,若溶液中存在不同的离子,则亲和力大的离子首先吸附在柱的上部,达到分离的作用,故这种方法适于分离化学性质相似的元素。本节着重讨论固定树脂层(动态法)的离子交换规律。

4.5.1 柱上离子交换过程

含 B 离子的溶液自上而下流经含可交换离子 A 的固定树脂层时,则发生离子交换: $B + \overline{A} = \overline{B} + A$

假定 B 离子的选择系(对树脂的亲和力)比 A 离子大,则随着溶液的不断流入,A 离子逐步被 B 离子置换,结果柱上部的树脂层完全吸附了 B 离子,在柱中部的树脂层,由于溶液中 B 浓度降低，故只吸附了部分 B 离子，还保留部分 A 离子，故此层称为交换层(或称交换带)。在柱的底部树脂层仍完全保留原来的 A 离子。对于溶液而言，柱上部溶液的浓度 C_B 等于溶液初始浓度 C_o，而柱底部溶液的浓度 $C_B=0$。

经过交换后，A、B 离子在树脂层上的分布如图 4-3 所示。

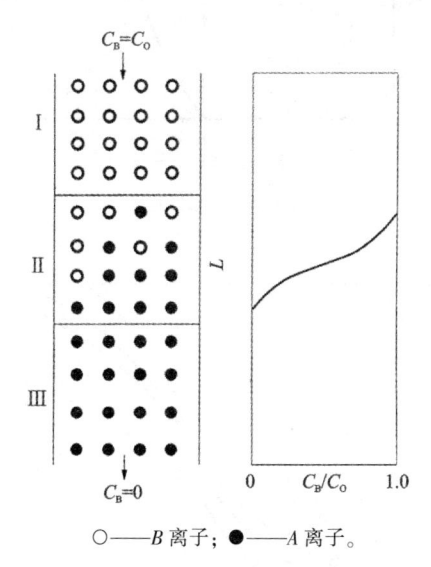

○——B 离子；●——A 离子。

图 4-3　交换柱内离子交换过程示意图

如果以流出液体积(V)或流出时间(t)为横坐标，以流出液中 B 离子浓度 C_B 与溶液 B 离子初始浓度 C_o 之比(C_B/C_o)为纵坐标作图，则得到如图 4-4 所示的曲线。此曲线称为流出曲线，图中 b 点称 B 离子漏穿点，面积 $abcd$ 表示树脂的漏穿容量，面积 $abfed$ 表示树脂的总交换容量(或称饱和容量)。

影响漏穿容量的主要因素有：

(1)溶液的流速。若流速快，则 B 离子尚未充分交换而流出柱子，故流速愈大，漏穿容量愈小，如图 4-5 所示。

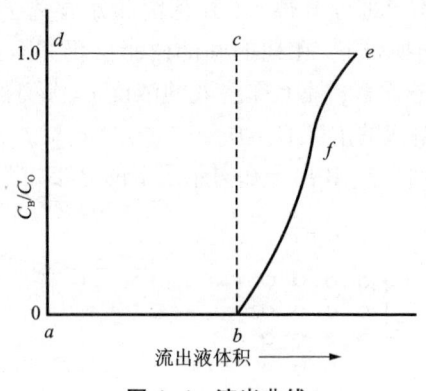

图 4-4 流出曲线

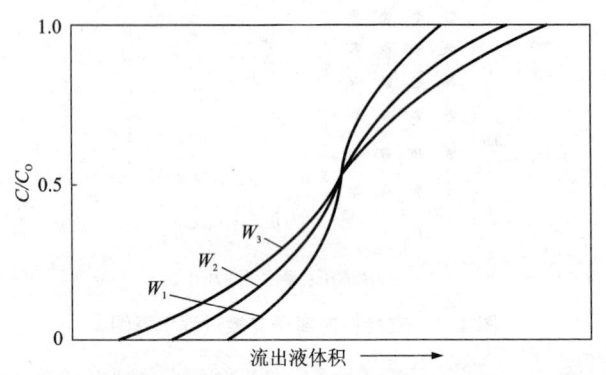

图 4-5 流速对流出曲线形状及漏穿容量的影响流速 $W_3>W_2>W_1$

(2)溶液的浓度。在一定的流速下,溶液中 B 离子浓度愈大,则也由于尚未充分交换而流出柱子,使漏穿容量降低。

(3)溶液中杂质离子。如果含亲和力较 B 离子大或相近的杂质离子,则由于其被吸附而引起树脂对 B 离子的漏穿容量降低。

(4)交换速度 凡能提高交换速度的因素均能提高漏穿容量,例如减少树脂的粒度和交联度,提高温度等。不过,工业上一般采用常温离子交换操作,因为在较高温度下树脂容易老化,而且交换柱需采用加温、保温措施。

4.5.2 柱上离子交换技术分类

1 简单离子交换分离法

该法是将溶液流过离子交换柱,使溶液中能够起交换作用的离子或交换能力强的离子吸附到树脂上(此过程称为吸附或负载),而其他不起交换作用的离子或交换能力弱的离子则随溶液流出。接着用水洗去交换柱中残留的溶液后,再用适当的解吸剂将已吸附在树脂上的离子解吸下来(此过程称解吸),得纯溶液。树脂再经过洗涤去掉剩余的解吸剂后即可再用。其操作顺序如图 4-6 所示。

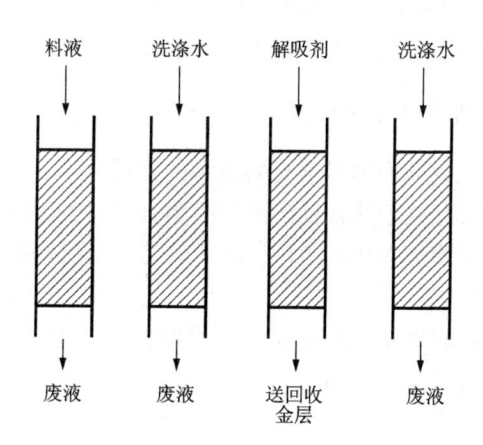

图 4-6 简单离子交换作业示意图

此法多用于从稀溶液或废液中回收有价金属,以及从溶液中除去杂质。

2. 离子交换色层分离法

离子交换色层法一般用于分离性质非常相近的元素,由于它们的选择系数很相近,故仅依靠吸附过程不能将它们很好分离,其分离作用主要靠淋洗过程。目前工业上常用有络合剂存在下的置换色层分离法,其实质将在第4.7节中详细介绍。

4.6 简单离子交换法在提取冶金中的应用

简单离子交换法通常用于分离选择系数差别较大的离子,其分离作用主要依靠在吸附过程中树脂对各离子亲和力不同,亲和力大的离子首先吸附在树脂上,而亲和力小的离子流出交换柱,因此一般不需采用络合剂作为淋洗剂。

简单离子交换法在提取冶金中应用较广,以下介绍几个典型工艺,另外对于纯水的制备也作简单介绍。

4.6.1 纯铀化合物的提取

铀工业是最早采用离子交换技术的领域之一,第二次世界大战的前几年已有关于从含铀溶液中吸附铀的详细报告。首先采用从溶液中吸附铀是南非的工厂,而从矿浆中吸附铀则首先在美国工厂采用。

工业上铀的离子交换是在铀矿的硫酸浸出液中进行的,树脂为强碱性阴离子交换树脂。

1. 吸附过程

在硫酸浸出液中,铀(Ⅵ)以 $UO_2(SO_4)_2^{2-}$ 或 $UO_2(SO_4)_3^{4-}$ 形态存在,其吸附过程的反应为:

$$2R\equiv NX + UO_2(SO_4)_2^{2-} \rightleftharpoons (R\equiv N)_2 UO_2(SO_4)_2 + 2X^-$$

或

$$4R\equiv NX + UO_2(SO_4)_3^{4-} \rightleftharpoons (R\equiv N)_4 UO_2(SO_4)_3 + 4X^-$$

式中，X 表示 NO_3^-、I^-、HSO_4^- 或 $1/2SO_4^{2-}$。

显然，以阳离子存在溶液中的金属杂质 VO_2^{2+}、Mn^{2+}、Fe^{2+}、Cu^{2+}、Co^{2+}、Ni^{2+}、Zn^{2+} 等均不被吸附而留在溶液中达到分离，而以阴离子存在的杂质 MoO_4^{2-}、HPO_4^{2-}、$Fe(SO_4)_2^-$、VO_3^- 则仅部分与铀一起被吸附。

影响铀吸附的主要因素：

(1) 料液的 pH 的影响。pH 低时会生成易吸附的 HSO_4^-，降低铀的交换容量，故铀的交换容量是随 pH 的增大（从1.45至1.85）而提高。但 pH 过高时也会生成稳定的 $Fe(SO_4)_2^-$ 和 $FeOH(SO_4)_2^{2-}$ 被吸附，故料液的 pH 以 1.5~1.8 为宜。

(2) 料液中 ClO_3^-、Cl^-、NO_3^- 的影响。这些离子对阴离子交换树脂的亲和力较大，它们的存在会明显降低铀的交换容量。这些杂质主要来自铀矿的予先氯盐焙烧（为了回收钒）时作为氧化剂加入的 $NaClO_3$；用 NO_3^- 或 Cl^- 解吸铀后，树脂床中残余的 NO_3^-、Cl^- 带入下一循环的料液中。

2. 解吸过程

工业上通常用 1mol/L 的 NO_3^- 或 Cl^- 溶液作铀的解吸剂。虽然硝酸盐比氯盐贵，但解吸效果更好，故最常采用。解吸反应为：

$$R\equiv N_2UO_2(SO_4)_2 + 2X^- \Longrightarrow 2R\equiv NX + UO_2^{2+} + 2SO_4^{2-}$$

或

$$R\equiv N_4UO_2(SO_4)_3 + 4X^- \Longrightarrow 4R\equiv NX + UO_2^{2+} + 3SO_4^{2-}$$

所用的盐可以是铵盐、钠盐或镁盐。解吸剂的酸度为 0.1~0.4mol/L H^+。所得的富铀解吸液送去中和沉淀纯铀化合物，例如仲铀酸铵 $(NH_4)_2U_2O_7$。

3. 设备及操作

在铀的离子交换技术中典型的设备如图 4-7 所示。

湿法冶金学

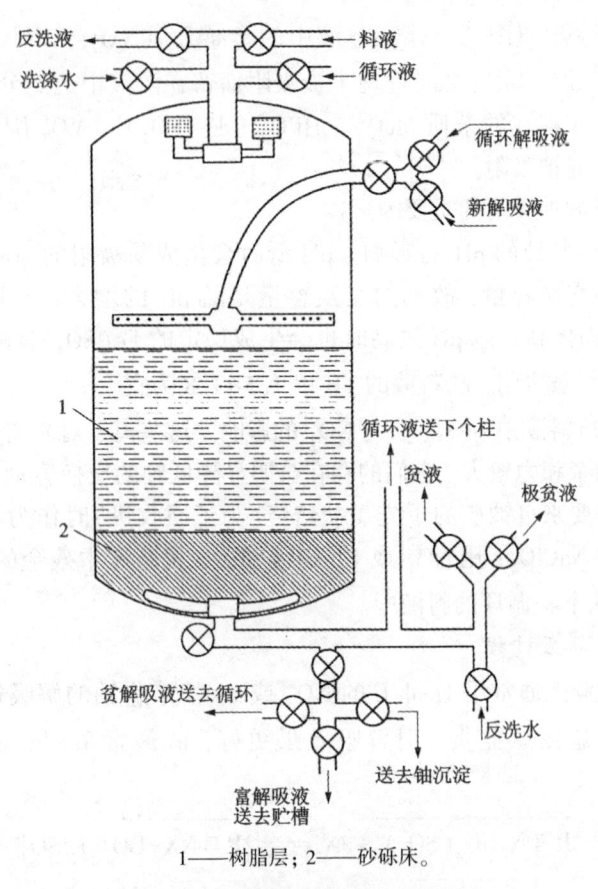

1——树脂层；2——砂砾床。

图 4-7 铀溶液离子交换的典型设备

  整个铀的提取操作可分为五步：①从柱的上部通入料液至树脂饱和铀；②从柱的上部通入纯水洗涤饱和铀的树脂床；③从柱的下部通入反洗纯水；④从柱的中部通入解吸剂；⑤从柱的下部通入反洗纯水，洗去残余的解吸剂。

4.6.2 离子交换法在钨钼冶金中的应用

近 30 年来，离子交换法在钨钼冶金中的应用研究工作获得很大进展，有的已应用到工业生产上，例如，用离子交换法将粗钨酸钠溶液净化并转型，已被我国多数钨工厂采用，成为生产重要钨中间产品仲钨酸铵(APT)的主要方法。在纯钼化合物(例如仲钼酸铵 APM)的生产方面，离子交换法的应用也已达到一定规模，有的已实现半工业生产。另外，在用离子交换法分离钨钼方面也已初步实现工业化。

4.6.2.1 粗钨酸钠溶液的净化与转型

用苛性钠分解钨矿所得的粗钨酸钠溶液中，钨以 WO_4^{2-} 形态存在，杂质磷、砷、硅和钼分别以 PO_4^{3-}、AsO_4^{3-}、SiO_3^{2-} 和 MoO_4^{2-} 形态存在，料液的 pH 一般在 10 以上，故采用强碱性阴离子交换树脂。实践证明，201×7 强碱性阴离子交换树脂对 WO_4^{2-} 的亲和力远大于 PO_4^{3-}、AsO_4^{3-}、SiO_3^{2-}，而与 MoO_4^{2-} 相近。因此，当粗钨酸钠溶液通过交换柱时，WO_4^{2-} 吸附在树脂上，而绝大部分的 PO_4^{3-}、AsO_4^{3-} 和 SiO_3^{2-} 不吸附而从柱的底部流出，达到分离提纯目的。其原则流程如图 4-8 所示。过程主要由吸附、淋洗和解吸三个步骤组成。

1. 吸附

含磷、砷、硅、钼、锡等杂质的粗钨酸钠料液首先用水稀释成 15~25 g/L、≤8 g/L≤0.7 g/L，用 Cl^- 型 201×7 树脂吸附，此时 WO_4^{2-} 首先被吸附：

$$2R\equiv NCl+Na_2WO_4 \Longleftrightarrow (R\equiv N)_2WO_4+2NaCl$$

由于 PO_4^{3-}、AsO_4^{3-}、SiO_3^{2-} 对树脂的亲和力小，故绝大部分随交后液从柱下部排出。交后料含 $WO_3\leq 0.1$ g/L，在吸附过程中影响钨交换容量和吸附率的主要因素有：

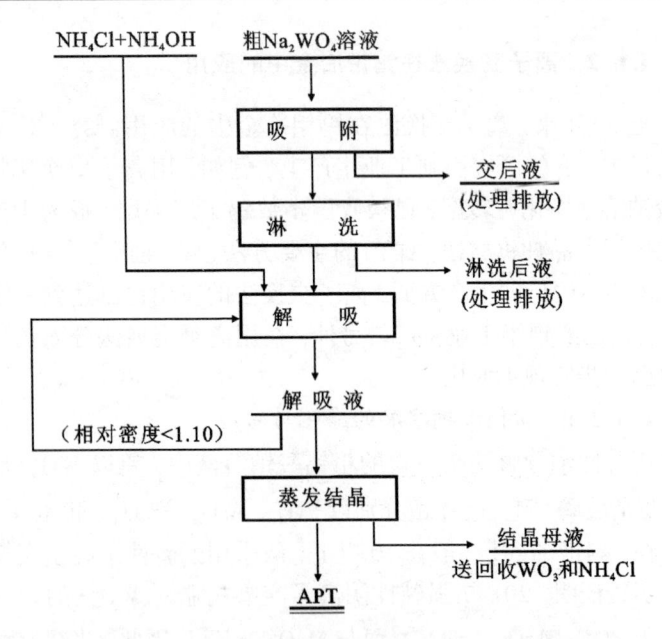

```
        NH₄Cl+NH₄OH      粗Na₂WO₄溶液
              │                │
              │                ▼
              │            ┌───────┐
              │            │ 吸  附 │
              │            └───┬───┘──────→ 交后液
              │                │            (处理排放)
              │                ▼
              │            ┌───────┐
              │            │ 淋  洗 │
              │            └───┬───┘──────→ 淋洗后液
              │                │            (处理排放)
              │                ▼
              │            ┌───────┐
              └──────────→│ 解  吸 │
                           └───┬───┘
                               │
                               ▼
                             解吸液
      (相对密度<1.10)            │
                               ▼
                           ┌───────┐
                           │蒸发结晶│
                           └───┬───┘──────→ 结晶母液
                               │            送回收WO₃和NH₄Cl
                               ▼
                              APT
```

图 4-8 离子交换法制备纯钨酸铵溶液的原则流程

(1) 料液的成分。料液中 Cl^- 和 OH^- 的存在会降低钨的交换容量，因为这两种阴离子对 201×7 树脂都有较大亲和力，当它们的含量大时会明显降低钨的交换容量。料液中 WO_4^{2-} 浓度对钨的操作容量也有较大影响，一方面 WO_4^{2-} 浓度大时，在流过树脂床过程中，即使树脂上吸附的钨量尚不多，也来不及充分交换而发生过早漏穿，另方面，WO_4^{2-} 浓度过大，则由交换产生的 Cl^- 浓度也大，故对钨的交换不利。但是，将料液中 WO_4^{2-} 浓度稀释过低时，废水处理量大，同样是不合理的。一般 WO_4^{2-} 浓度控制为 15~30 g/L。

(2) 溶液的流速。在溶液浓度一定的情况下，流速大则生产能力大，但是流速大又意味着溶液与树脂接触的时间短，容易造成过早穿透。

2. 淋洗去杂质

如果钨酸钠溶液中含 AsO_4^{3-}、PO_4^{3-} 和 SiO_3^{2-} 较高，树脂上也吸附部分这些杂质，故需用一种恰当的淋洗剂先将它们淋洗下来，基于 Cl^- 或 OH^- 对树脂的亲和力比 AsO_4^{3-}、PO_4^{3-} 等杂质为大，故采用含 Cl^- 或 OH^- 的溶液进行淋洗。以淋洗 AsO_4^{3-} 为例，其反应为：

$$(\overline{R \equiv N})_3 AsO_4 + 3Cl^- \Longrightarrow 3\overline{R \equiv NCl} + AsO_4^{3-}$$

淋洗剂中 Cl^- 浓度不宜过高，否则 WO_4^{2-} 也会被 Cl^- 置换下来，造成钨的损失。

在用 201×7 强碱性阴离子交换树脂处理 Na_2WO_4 溶液时，吸附阶段杂质的除去率大致为：As 80%~85%；P 80%~90%；Si 90%~95%；Sn>90%，在淋洗过程中又能将被吸附的上述杂质除去 80%~90%，因此总除杂率为 90%~95%，甚至更高，但对除钼则无明显效果。

3. 解吸钨

当吸附了 WO_4^{2-} 的树脂与含 Cl^- 浓度较高的溶液接触时，Cl^- 将置换 WO_4^{2-}，使 WO_4^{2-} 进入溶液，同时树脂重新转型成 Cl^- 型，便于下一周期的交换，解吸反应为：

$$(\overline{R \equiv N})_2 WO_4 + 2Cl^- \Longrightarrow 2\overline{R \equiv NCl} + WO_4^{2-}$$

解吸过程的效果取决于 Cl^- 浓度和解吸剂的流速。Cl^- 浓度愈大，则解吸液中 WO_3 浓度大，同时只需要较小体积的解吸剂即可解吸完全，如图 4-9 所示。因此一般采用 5mol/L 的 NH_4Cl + 2mol/L 的 NH_4OH 混合液作解吸剂，采用 NH_4Cl 的目的，一方面是其中含 Cl^-，另方面在于解吸后，溶液即为纯钨酸铵溶液，便于直接制取仲钨酸铵(APT)产品。NH_4OH 的作用在于保持溶液为弱碱性，防止解吸过程中就析出 APT 结晶，堵塞树脂层。

离子交换过程可用动态法或静态法，我国多采用前者，其交

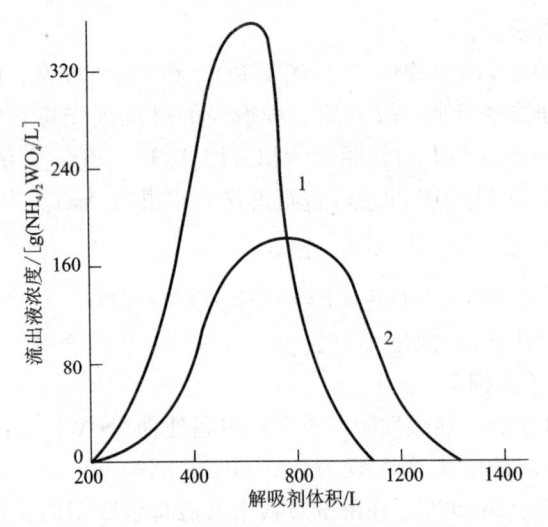

1—5 mol/L NH$_4$Cl+2 mol/L NH$_4$OH； 2—3mol/L NH$_4$Cl+2mol/L NH$_4$OH。

图 4-9 负钨树脂的解吸曲线

换柱结构如图 4-10 所示，柱体由钢板焊成，内衬防腐材料，在柱体上端和下端设分布板 2、4，水帽 8 则固定在分布板上，通过水帽使溶液能均匀通过柱体，离子交换树脂堆在柱体内，溶液（如交前液、淋洗剂等）由进液口 9 加入，经过树脂层后通过水帽再由排液口 10 排出。

一般交换柱直径为 1000~2000mm，高度/直径比为 5~6。

4.6.2.2 纯钼化合物的制取

钼(Ⅵ)在水溶液中的形态主要取决于溶液的 pH。据研究，MoO_4^{2-} 在酸性溶液中能聚合成不同形态的同多酸离子：

$$nMoO_4^{2-}+2(n-x)H^+ = Mo_nO_{3n+x}^{2x-}+(n-x)H_2O$$

$$Mo_nO_{3n+x}^{2x-}+yH^+ = H_yMo_nO_{3n+x}^{(2x-y)-}$$

而在 pH<2 时可生成 $Mo_nO_{3n-1}^{2+}$ 阳离子：

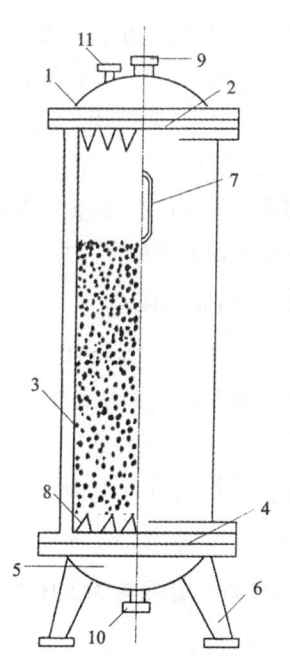

1—端盖；2—上分布板；3—柱体；4—下分布板；5—底盖；
6—支承脚；7—窥视口；8—水帽；9—进液口；10—排液口；11—排气口。

图 4-10　交换柱结构地意图

$$Mo_nO_{3n+x}^{2x-}+2(n+x)H^+ \rightleftharpoons nMoO_2^{2+}+(n+x)H_2O$$

$$6MoO_2^{2+} \underset{}{\overset{+6H^++3H_2O}{\rightleftharpoons}} 3Mo_2O_5^{2+} \underset{}{\overset{+2H^++H_2O}{\rightleftharpoons}} 2Mo_3O_8^{2+}$$

同时，在酸度较大的溶液中且有较高的 SO_4^{2-}、Cl^- 或 NC_3^- 存在时，Mo(Ⅵ)还可生成 $MoO_2(SO_4)_2^{2-}$、$MoO_2Cl_3^-$ 等形态的离子。由此可见，当从含钼(Ⅵ)的溶液中进行离子交换回收钼时，应根据溶液的性质采用不同的技术条件和工艺。

1. 离子交换法净化钼酸铵溶液

在辉钼矿经过氧化焙烧、氨浸出后所得的钼酸铵溶液中含有铜、铁、锰、镁、镍和钴等杂质，由于杂质元素在该溶液中是以阳离子形态存在，如$[Fe(NH_3)_6]^{2+}$、$[Cu(NH_3)_4]^{2+}$等，而钼则以阴离子形态MoO_4^{2-}存在，又由于杂质离子是少量的，钼是大量的，故可采用NH_4^+型阳离子交换树脂，当溶液通入吸附柱时，其中的杂质阳离子被树脂吸附，但MoO_4^{2-}不被吸附而流出，从而达到钼与杂质分离，其交换反应（以铜为例）为：

$$2R\text{—}COONH_4 + [Cu(NH_3)_4]^{2+} = (R\text{-}COO)_2[Cu(NH_3)_4] + 2NH_4^+$$

这样，从柱中流出的溶液就是纯钼酸铵溶液。被吸附在树脂上的杂质可用稀盐酸解吸：

$$(R\text{—}COO)_2[Cu(NH_3)_4] + 6HCl = 2R\text{—}COOH + CuCl_2 + 4NH_4Cl$$

解吸后的树脂可用NH_4OH溶液转为NH_4^+型（即再生）而重复使用。再生反应为：

$$R\text{-}COOH + NH_4OH = R\text{-}COONH_4 + H_2O$$

我国某厂曾在半工业规模下用122和110两种树脂净化$(NH_4)_2MoO_4$溶液，设备由5个串联的$\varnothing 307 \times 2000$ mm的交换柱组成，其中1、2两柱装122树脂，3~5柱装110树脂，前者对除铜效果好，后者除锰镁效果好。交前液密度1.17g/cm³，pH 8~8.5，流速约4 cm/min，流出液送生产仲钼酸铵，产品中Fe<8×10^{-6}，Si<6×10^{-6}，Cu<3×10^{-6}，Mg<30×10^{-6}。本工艺钼的回收率由经典工艺的88.5%提高到92.4%，盐酸消耗减少50%。

2. 粗钼酸钠溶液的净化和转型

粗钼酸钠溶液可以是辉钼矿焙砂苛性钠或苏打浸出所得，也可以是钼回收过程所得。基于201×7树脂对MoO_4^{2-}的亲和力大于$HAsO_4^{3-}$、HPO_4^{3-}、SiO_3^{2-}，因此将含上述杂质的溶液流过树脂床，

则 MoO_4^{2-} 优先被吸附,而杂质的绝大部分留在交后液中。饱和钼的树脂用 $5MNH_4Cl+2MNH_4OH$ 溶液解吸,得纯 $(NH_4)_2MoO_4$ 溶液。牟德渊等曾在 Ø145×960 mm 的交换柱中以 201×7 树脂净化含 Mo、SO_4^{2-}、P、As、Si 的质量浓度分别为 5.13 g/L、10.9 g/L、0.001 g/L、0.004 g/L、0.011 g/L、pH 为 10 的溶液,流速为 5 cm/min,最终解吸液含 62.3 g/LMo,P、As、SiO_2、SO_4^{2-} 的除去率分别为 90%、92.5%、93.7%和 75%。

3. 从辉钼矿硝酸分解母液或高压氧浸母液中回收钼

А.Г 霍尔姆戈罗夫曾用大孔径弱碱性阴离子交换树脂 AH-80-7П 从辉钼矿硝酸分解母液中回收钼。母液含 15.6 g/LMo、14.2 g/LFe、65~67 g/LSO_4^{2-}、205 g/LHNO_3,中和至 pH2.5~3.0 后流过交换柱,至交后液含 1~1.4 g/lMo 时,树脂含钼达 115~136 g/L(湿树脂),钼的吸附率为 92.7%~92.8%,负载树脂用 pH2.5~3.0 的酸化水洗去铁,再用 10%~15%NH_4OH 溶液解吸,得含钼 60~65 g/L 的 $(NH_4)_2MoO_4$ 溶液。解吸后的树脂用质量浓度为 50~60 g/L HNO_3 转为 NO_3^- 型,再进行下周期的吸附。含钼 1~1.4 g/L 的交后液用氨中和至 pH7~8 除 Fe^{3+} 后,再用 AH-80-7П 树脂吸附钼,最终废液含钼≤30 mg/L,钼总回收率达 99.4%~99.6%。

4.6.2.3 离子交换法分离钨钼

钨矿物原料中通常含有少量的钼,而作为高纯钨产品来说,对钼的含量往往有严格的要求,例如 GB10116-88 要求 O 级 APT 中的钼量为≤20×10^{-6}。因此,需要在钨的冶金过程中予先将钼除去。工业上最常用的方法是三硫化钼沉淀法,但由于该法有损失钨量较大,操作环境不好等缺点,故近年来人们开展了溶剂萃取法和离子交换法除钼的研究,其中陈洲溪等采用的离子交换新工艺可将钼定量地除去,且具有工艺简单、钨回收率高的优点。其流程如图 4-11 所示。

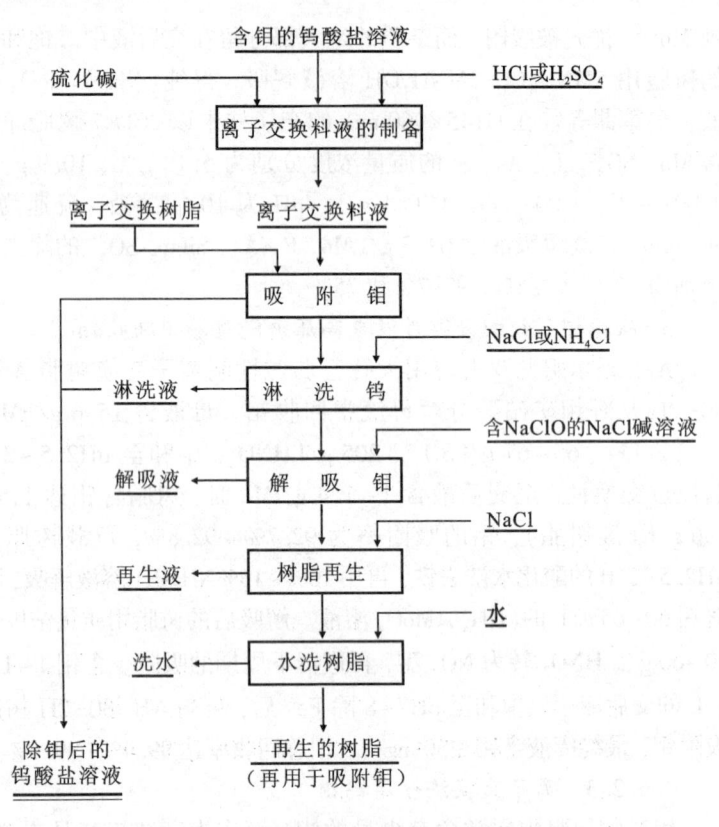

```
              含钼的钨酸盐溶液
   硫化碱 ────┐   │   ┌──── HCl或H₂SO₄
              ▼   ▼   ▼
           ┌─────────────┐
           │ 离子交换料液的制备 │
           └─────────────┘
                  │
     离子交换树脂  离子交换料液
         │        │
         │        ▼
         │   ┌─────────┐
         │   │ 吸 附 钼 │
         │   └─────────┘
         │        │          ┌── NaCl或NH₄Cl
         │        ▼          ▼
   淋洗液─┤   ┌─────────┐
         │   │ 淋 洗 钨 │
         │   └─────────┘
         │        │     ┌── 含NaClO的NaCl碱溶液
         │        ▼     ▼
   解吸液─┤   ┌─────────┐
         │   │ 解 吸 钼 │
         │   └─────────┘
         │        │     ┌── NaCl
         │        ▼     ▼
   再生液─┤   ┌─────────┐
         │   │ 树脂再生 │
         │   └─────────┘
         │        │     ┌── 水
         │        ▼     ▼
   洗 水─┤   ┌─────────┐
         │   │ 水洗树脂 │
         │   └─────────┘
         ▼        ▼
    除钼后的    再生的树脂
    钨酸盐溶液  (再用于吸附钼)
```

图 4-11 离子交换法分离钨钼的原则流程

含钼的钨酸盐溶液，用 NaOH(也可用 NH₄OH)或用 HCl(也可用 H₂SO₄)调 pH7.2~9.2，WO₃ 浓度小于 130 g/L。加入硫化碱 NaHS 或 Na₂S(净化[NH₄]₂WO₄ 溶液时用(NH₄)₂S)，使溶液中的 MoO_4^{2-} 转化成 MoS_4^{2-} 或 $MoO_xS_y^{2-}$ ($x+y=4$)。硫化碱的加入量为溶液中使 MoO_4^{2-} 转化成 MoS_4^{2-} 的计算值再过剩 S^{2-} 0.57~1.43 g/L。加热至 40~90℃，保温 1~2.5 小时。

将上述制备的料液流过强碱性阴离子交换树脂，则钼选择性地吸附在树脂上,用 NaCl 或 NH$_4$Cl 溶液将树脂吸附的少量钨淋洗下来后,再用含 NaClO 的 NaCl 溶液解吸树脂上的钼,最后用 NaCl 溶液再生树脂。

该工艺所用的树脂为大孔径季铵盐强碱性阴离子交换树脂 D231 或凝胶季铵盐强碱性阴离子交换树脂;钨的淋洗剂成分为 pH 8.5~13、NaCl 浓度为 1~3 mol/L;钼的解吸剂成分为 pH 为 11~14、NaCl 浓度为 0.5~3.5 mol/L、NaClO 含 1~15 g/L 有效氯;树脂的再生剂为 1~2mol/L NaCl 溶液。

净化后的钨酸盐溶液中 Mo/WO$_4$ 比值为 0.005%~0.015%,钨的回收率达 99%~99.5%。

该工艺过程中也可同时分离去钨酸盐溶液中的少量砷、磷、硅、锡等杂质。

4.6.3 离子交换法提取贵金属

用离子交换法提取贵金属(Au、Ag、Pt 等)已有许多研究报导,有的已用于工业生产中,下面以原苏联用阴离子交换树脂从氰化矿浆中吸附金为例进行介绍,其原则流程如图 4-12 所示。

所用树脂为 AM-2Ъ 阴离子交换树脂,其结构为:

$$R\begin{cases}CH_2HN(CH_3)_2Cl\\(CH_2)_2N(CH_3)_2Cl\end{cases}$$

此树脂上有季铵功能团和叔胺功能团,骨架为氯代甲醇处理过的苯乙烯和二乙烯苯的共聚物,交联度为 10%~12%。

树脂使用前用 0.5%HCl 或 H$_2$SO$_4$ 洗涤除去树脂中的杂质,并筛除 <0.4mm 的碎树脂,然后用稀 NaOH 溶液转成 OH$^-$ 型树脂。

1. 交换过程及其主要反应

(1)吸附。矿浆经过 NaCN 溶液氰化后,游离 NaCN 浓度为

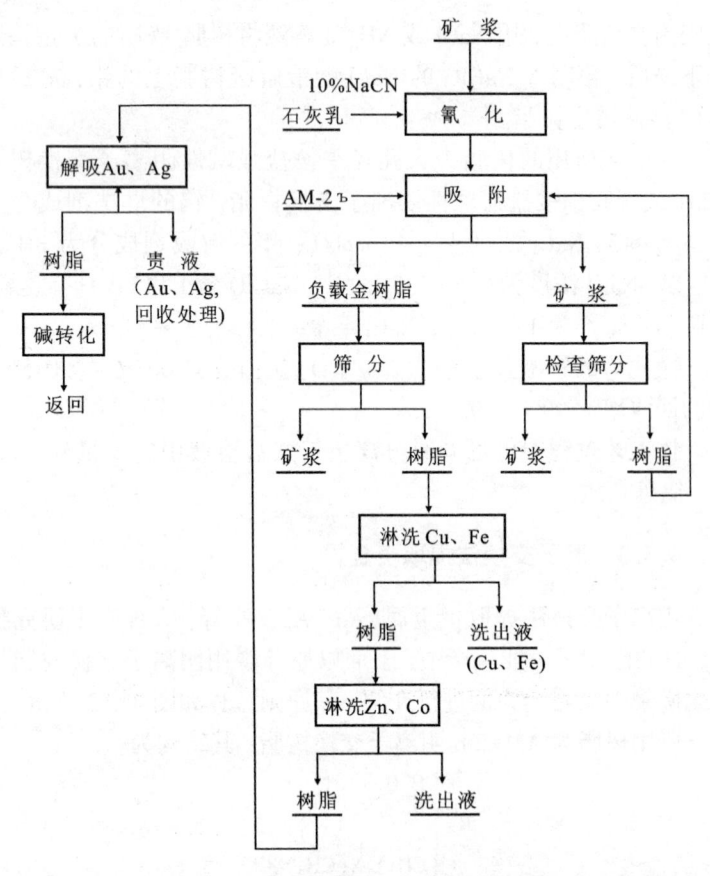

```
                            矿浆
                             │
                    10%NaCN  ▼
           石灰乳 ──────→  氰 化
                             │
    ┌──────────────┐         ▼
    │ 解吸Au、Ag   │  AM-2ъ→ 吸 附
    └──────────────┘         │
       │         │       ┌───┴───┐
    树脂      贵液     负载金树脂  矿浆
       │     (Au、Ag,     │       │
       ▼     回收处理)   筛 分   检查筛分
    碱转化                 │       │
       │                ┌──┴──┐  ┌─┴──┐
       ▼               矿浆  树脂 矿浆 树脂
      返回                    │
                           淋洗Cu、Fe
                              │
                         ┌────┴────┐
                        树脂     洗出液
                         │       (Cu、Fe)
                         ▼
                      淋洗Zn、Co
                         │
                      ┌──┴──┐
                     树脂  洗出液
```

图 4-12 矿浆吸附处理金矿原则流程

$0.01\% \sim 0.02\%$，用树脂直接与氰化矿浆混合进行吸附。在吸附过程中，贵金属和杂质(Zn, Cu, Ni, Co 等)的氰化络合阴离子按下列反应被吸附：

$$\overline{R-OH} + Au(CN)_2^- \Longleftrightarrow \overline{R-Au(CN)_2} + OH^-$$

$$\overline{R-OH} + Ag(CN)_2^- \Longleftrightarrow \overline{R-Ag(CN)_2} + OH^-$$

$$2\overline{R-OH}+Zn(CN)_4^{2-} \Longleftrightarrow \overline{R_2-Zn(CN)_4}+2OH^-$$

$$4\overline{R-OH}+Fe(CN)_6^{4-} \Longleftrightarrow \overline{R_4-Fe(CN)_6}+4OH^-$$

$$\overline{R-OH}+CN^- \Longleftrightarrow \overline{R-CN}+OH^-$$

$$\overline{R-OH}+CNS^- \Longleftrightarrow \overline{R-CNS}+OH^-$$

虽然树脂对 $Au(CN)_2^-$ 的亲和力最大,可以把亲和力较小的阴离子杂质从树脂上置换下来,但由于 $Au(CN)_2^-$ 浓度小,且矿中杂质含量高,故从矿浆中吸附到树脂上的杂质仍比金高几倍。

(2)用浓 NaCN 溶液淋洗铜、铁。采用 4%~5%浓度的 NaCN 淋洗树脂上的铜、铁时,其反应为:

$$\overline{R_2-Cu(CN)_3}+2CN^- \Longleftrightarrow 2\overline{R-CN}+Cu(CN)_3^{2-}$$

$$\overline{R_4-Fe(CN)_6}+4CN^- \Longleftrightarrow 4\overline{R-CN}+Fe(CN)_6^{4-}$$

此时金银也有部分被洗下,故只在铜铁积累到严重降低树脂对金的操作容量时才用 NaCN 淋洗。

(3)用硫酸淋洗锌、钴。用 H_2SO_4 的质量浓度为 20~30 g/L 的溶液淋洗锌、钴时的反应为:

$$\overline{R_2-Zn(CN)_4}+H_2SO_4 \Longleftrightarrow \overline{R_2-SO_4}+2CN^-+2HCN+Zn^{2+}$$

$$2\overline{R-CN}+H_2SO_4 \Longleftrightarrow \overline{R_2-SO_4}+2HCN$$

因此,用硫酸淋洗时,也除去树脂中的 CN^-。

(4)用硫脲解吸金、银。用 9%硫脲+3%硫酸溶液解吸的反应为:

$$2\overline{R-Au(CN)_2}+2CS(NH_2)_2+2H_2SO_4 \Longleftrightarrow$$
$$\overline{R_2-SO_4}+[AuCS(NH_2)_2]_2SO_4+4HCN$$

所得解吸液可用电积法,置换法或碱沉淀法回收金、银。

2. 离子交换设备

该工艺采用了直接从氰化后的矿浆中提取金、银的离子交换法。从矿浆中吸附的基本规律性与从清液中吸附完全相同。矿浆吸附的优点在于它可省去劳动繁重的倾析或过滤作业。

矿浆吸附装置的种类较多，有容器式（或称篮筐式）装置、机械搅拌塔和空气搅拌塔等。前苏联常采用帕秋卡（即空气搅拌塔）装置，如图4-13所示。这种装置可大大减小树脂的磨损。为了能使树脂尽量达到饱和以及矿浆中的有价金属尽量吸附完全，

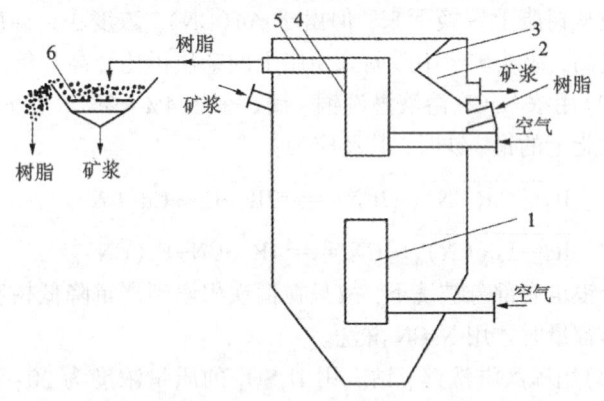

1—循环管；2—矿浆斗；3——筛网；4—气升管；5—树脂输送管；6—振动筛。

图4-13　帕秋卡矿浆吸附示意图

一般采用若干个吸附塔组成的逆流系统，即在塔与塔之间，树脂与矿浆成逆流方向流动，如图4-14所示。显然，在每个塔内均可达到近于吸附平衡状态。塔数愈多，树脂的吸附饱和度愈大，但由于受经济方面的限制，不能过多地增加塔数。

4.6.4　稀散金属的回收

1. 从铅锌矿中回收镓

锌焙砂酸性浸出渣中一般富集了镓、铟、锗等，此渣先在高温下硫酸化焙烧，再用稀硫酸浸出，此时少量铁和全部的镓、锗

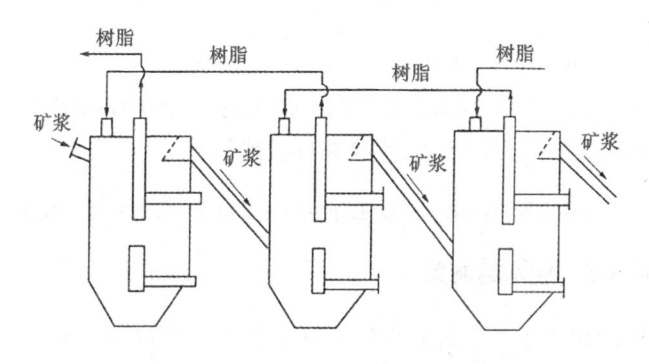

图4-14 帕秋卡连续矿浆吸附示意图

进入溶液,用碱中和至pH5,镓和锗与Fe(OH)$_3$共沉淀,再用盐酸浸出,得到溶液含GaO、GeO、Fe的质量浓度分别为1 g/L、36 g/L、5~23g/L。用强碱性阴离子交换树脂AB-17或弱碱性阴离子交换树脂AH-2φ吸附溶液中的镓,然后用水解吸,得到富镓的解吸液,以进一步提取镓。

2. 从锌矿中回收铟

西德的Duisburg矿用钠型弱酸性阳离子交换树脂IDA从含铟的锌镉渣的硫酸浸出液中提铟。

硫酸浸出液首先用钠型IDA吸附,其反应为:

$$3\overline{IDA-Na} + In^{3+} \Longleftrightarrow \overline{(IDA)_3-In} + 3Na^+$$

吸附了铟的树脂先用水洗去树脂上吸附的锌、镉后,再用硫酸解吸铟,其反应为:

$$2\overline{(IDA)_3-In} + 3H_2SO_4 \Longleftrightarrow In_2(SO_4)_3 + 6\overline{IDA-H}$$

3. 从辉钼矿中回收铼

辉钼矿(MoS$_2$)沸腾焙烧时,90%左右的铼以Re$_2$O$_7$挥发进入烟气,烟气经水淋洗得到含HReO$_4$的溶液,经过加苏打除铁、铜、镉后,滤渣用苛性钠调至pH10,然后用强碱性阴离子交换树脂从溶液中吸附铼;

$$(R\equiv N)Cl + HReO_4 \rightleftharpoons (R\equiv N)ReO_4 + HCl$$

此时也有部分 MoO_4^{2-} 被吸附，故先用 3%NaOH+10%NaCl 溶液洗钼，然后用 3%NH_4SCN 溶液解吸铼。

$$(R\equiv N)ReO_4 + NH_4SCN \rightleftharpoons (R\equiv N)SCN + NH_4ReO_4$$

4.6.5 纯水的制备

待净化的水中常含有少量阳离子杂质（例如 Ca^{2+}、Mg^{2+} 等）和阴离子杂质（例如 CO_3^{2-}、Cl^- 等），当此水先后流过装有 H^+ 型阳离子交换树脂的吸附柱和装有 OH^- 型阴离子交换树脂的吸附柱时，便先后发生阳离子交换和阴离子交换，结果，水中的阳离子杂质和阴离子杂质被分别吸附到阳离子柱和阴离子柱上：

$$nR\text{—}H + M^{n+} = \overline{R_n\text{—}M} + nH^+$$
$$nR\text{—}OH + A^{n-} = \overline{R_n\text{—}A} + nOH^-$$

实践中先让原水流过阳离子柱，柱底流出的水进入一除气塔，向塔中鼓入空气吹去水中的二氧化碳，然后再进入阴离子柱，最后让水流过一装有 H^+ 和 OH^- 型树脂的混合柱，将水中残留的阳离子和阴离子几乎全部除去，从而得到高纯的"无离子"水。

经过长期使用后的阳树脂和阴树脂，吸附了较多的杂质，此时可分别用 5%~10%HCl 和约 5%NaOH 溶液解吸，将杂质除去，并使树脂重新转成 H^+ 型和 OH^-，最后用纯水洗至中性，即可循环使用。

4.7 离子交换色层法分离稀土元素

由于稀土元素的原子半径及其正 3 价离子半径很相近（见表 4-7），这就决定了它们的化学性质非常相似，在采用离子交换法分离时单靠吸附过程而达到分离是不可能的,例如用强酸性阳离子交换树脂分离正 3 价稀土元素时,其分离因素甚小(见表 4-8),因此必需采用离子交换置换色层法才有可能有效地分离。

表 4-7 稀土元素的原子半径及其正 3 价离子半径

原子序数	元素	原子半径/nm	正 3 价离子半径/nm
57	La	0.1877	0.1061
58	Ce	0.1826	0.1031
59	Pr	0.1828	0.1013
60	Nd	0.1821	0.0996
61	Pm	0.1810	0.0979
62	Sm	0.1802	0.0964
63	Eu	0.2042	0.0950
64	Gd	0.1802	0.0938
65	Tb	0.1802	0.0928
66	Dy	0.1773	0.0908
67	Ho	0.1766	0.0894
68	Er	0.1757	0.0891
69	Tm	0.1746	0.0869
70	Yb	0.1940	0.0859
71	Lu	0.1734	0.0848
39	Y	0.1801	0.0880
21	Sc	0.1641	0.0680

表 4-8 相邻正 3 价稀土离子对的分离因素(β)

离子对	La/Ce	Ce/Pr	Pr/Nd	Nd/Sm	Sm/Eu	Eu/Gd	Gd/Tb
β	1.025	1.140	1.027	1.153	1.016	1.183	1.003
离子对	Tb/Dy	Dy/Ho	Ho/Er	Er/Tm	Tm/Yb	Yb/Lu	
β	1.156	1.053	1.018	1.005	1.004	1.072	

目前虽然溶剂萃取法分离稀土元素取得了很大进展,已广泛用于工业生产,但是由于离子交换法的设备较简单,操作方便,投资少,所以在生产高纯单一重稀土产品方面,离子交换法仍然是主要方法之一。

在稀土冶金中,分解稀土矿物原料(如独居石、氟碳铈矿、离子吸附型稀土矿等)所得的分解产物均为稀土元素的混合物,为了获得单一稀土元素产品,通常先用溶剂萃取法将混合稀土分成 3 组或 4 组,再用溶剂萃取或离子交换法将各组元素彼此分离。

4.7.1 离子交换色层法分离稀土元素基本原理

4.7.1.1 工艺过程

在弱酸性水溶液中,稀土一般以 +3 价离子(RE^{3+})形态存在,故应采用强酸性 NH_4^+ 型阳离子交换树脂进行吸附,其反应为:

$$\overline{3R-NH_4} + RE^{3+} \Longleftrightarrow \overline{R_3-RE} + 3NH_4^+$$

由于镧系收缩现象,在镧系元素中其 +3 价离子半径随原子序数的增加而减小,或说其水合离子半径随原子序数的增加而增大,而离子相对亲和力随水合离子半径的减小而增大的规律,所以,当含混合稀土的料液通过离子交换柱时,原子序数小的 RE^{3+} 主要吸附在树脂层的上部,而原子序数大的 RE^{3+} 主要吸附在树脂层的下部。但是这并未达到有效的分离。为了扩大稀土元素的分离效果,常采用络合剂进行淋洗,这是由于稀土元素的络合能力随原子序数的增加而增大,故在交换带上原子序数大的元素首先络合并被淋洗下来。显然,首先从吸附柱上淋洗下来的淋洗液中主要含原子序数大的元素,但也含有少量原子序数小的元素,当此淋出液再通入带有延缓离子的树脂的分离柱时,由于延缓离子的阻挡作用,使元素的分离效果得到进一步的提高。

4.7.1.2 淋洗剂

在稀土元素的置换色层分离法中,采用络合剂作为淋洗剂的作用主要是利用不同离子半径的稀土离子与络合剂形成络合物的稳定常数有较大的差异,以提高分离效果,假定在吸附柱中吸附了 A、B 两离子,并假定络合剂 X 与 B 离子的络合能力大于 A,那么,当络合剂自上而下流过树脂层时,由于 BX 的络合物稳定常数大于 AX,则 B 首先从树脂上淋洗下来进入溶液,但也有少量的 AX 同时被淋洗下来,当此含 BX 和少量 AX 的溶液流经下一层树脂时,发生 AX 与树脂上 B 的置换反应,即 AX+B=BX+A,此时 A 重新吸附到树脂上,由此可知,当继续淋洗时,B 总是优先进入淋洗液,而 A 即使有少量被淋洗下来,也会重新吸附到树脂上,就是说,络合剂起着 A、B 两离子反复置换的作用,使得开始的淋出液中主要含 B。

下面进一步定量地分析络合剂的作用。如果将络合剂 X 溶液通过已吸附 A、B 两离子的树脂时,在吸附柱内发生 X 与 A、B 的络合反应:

$$B+X=BX$$
$$A+X=AX$$

假设 BX 络合常数大于 AX,则 AX 将与下层树脂中的 B 发生置换反应:

$$\overline{B}+A=BX+\overline{A}$$

其浓度平衡常数为:

$$K_c = \frac{[BX][\overline{A}]}{[AX][\overline{B}]} \tag{4-10}$$

又因为 A、B 与 X 形成的络合物稳定常数为：

$$K_{络(A)} = \frac{[AX]}{[A][X]} \tag{4-11}$$

$$K_{络(B)} = \frac{[BX]}{[B][X]} \tag{4-12}$$

将式 4-11 和 4-12 代入 4-10，得

$$K_c = \frac{K_{络(B)}}{K_{络(A)}} \times \frac{[\overline{A}]/[A]}{[\overline{B}]/[B]}$$

已知 $[\overline{A}]/[A]$ 和 $[\overline{B}]/[B]$ 为分配比 D_A 和 D_B，故

$$K_c = \frac{K_{络(B)}}{K_{络(A)}} \times \frac{D_A}{D_B} = \frac{K_{络(B)}}{K_{络(A)}} \times \beta_{A/B}$$

即 K_c 在数值上等于无络合剂时的分离因数 $\beta_{A/B}$ 乘以 $K_{络(B)}/K_{络(A)}$，故可写成：

$$K_c = \beta_{络A/B} = \frac{K_{络(B)}}{K_{络(A)}} \times \beta_{A/B} \tag{4-13}$$

已知 $K_{络(B)}/K_{络(A)} > 1$，因此，用络合剂淋洗时，A、B 离子之间的分离因数 $\beta_{络A/B}$ 增大了。

根据以上的分析，作为淋洗剂的络合剂，首先必需具有与不同稀土元素形成络合物的稳定常数有较大的差异，其次，它与树脂上的离子反应速度要快，从经济观点来说，要求其价格要便宜，且易于回收重新使用。

用于分离稀土的络合剂一般有醋酸铵、柠檬酸和某些氨羧络合剂，例如 EDTA（乙二胺四乙酸）、HEDTA（羟乙基乙二胺三乙酸）、DTPA（二乙三胺五乙酸）、NTA（氨三乙酸）和 DCTA（环己烷二胺四乙酸）等。

某些氨羧络合剂与稀土生成络合物的络合物稳定常数和原子序数的关系如图 4-15 所示。相邻稀土之间的分离因素如表 4-9 所示。

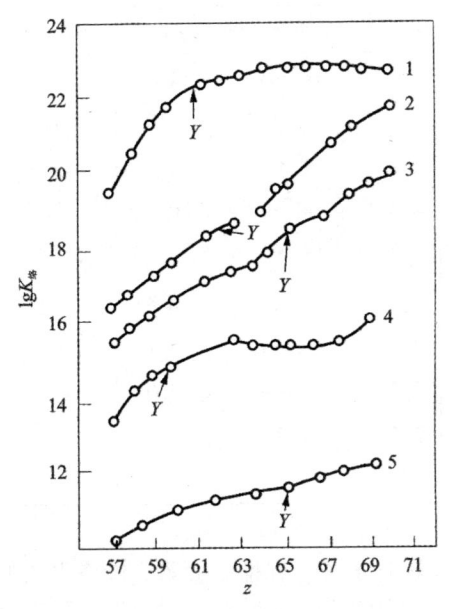

1—DTPA；2—DCTA；3—EDTA；4—HEDTA；5—NTA。

图 4-15 某些氨羧络合剂与稀土离子以 1∶1 比例形成络合物的 $\lg K_{络}$-z 关系

表 4-9 相邻稀土之间的分离因素 β

正 3 价离子对	β_{EDTA}	正 3 价离子对	β_{HEDTA}	正 3 价离子对	β_{NH_4Ac}
Lu-Yb	1.8	Lu-Yb	1.4	Lu-Yb	1.12
Yb-Tm	2.1	Yb-Tm	1.8	Yb-Tm	0.96
Tm-Er	3.3	Tm-Er	1.6	Tm-Er	0.84
Er-Ho	1.8	Er-Ho	1.3	Ho-Dy	0.89

续表 4-9

正 3 价离子对	β_{EDTA}	正 3 价离子对	β_{HEDTA}	正 3 价离子对	β_{NH_4Ac}
Ho-Dy	3.6	Ho-Dy	1.0	Dy-Tb	0.78
Dy-Y	1.5	Dy-Tb	1.0	Gd-Sm	1.00
Y-Tb	1.5	Tb-Gd	1.0	Sm-Nd	0.32
Tb-Gd	4.8	Gd-Eu	0.7	Pr-Ce	2.51
Gd-Eu	1.02	Eu-Sm	1.0		
Eu-Sm	1.4	Sm-Nd	2.8		
Sm-Nd	3.1	Nd-Pr	2.1		
Nd-Pr	2.0	Pr-Ce	2.0		
Pr-Ce	2.3	Ce-La	5.0		
Ce-La	4.7				

EDTA 能有效地分离所有稀土元素，价格也较便宜，但由于 EDTA 在酸性溶液中的溶解度很小，故吸附柱的阳树脂应先将 H^+ 型转成 NH_4^+ 型，否则会因交换出来的 H^+ 使溶液酸度升高，造成 EDTA 结晶堵塞交换柱，以及影响分离效果。为了获得满意的分离效果，用 EDTA 时，淋洗剂的酸度应控制在柱内 pH 不小于 2。NH_4Ac 主要用于提取高纯氧化钇，对于镧、镨、钕的分离也是有效的，但对于中、重稀土的分离效果较差。由于 NH_4Ac 便宜，且用它时不需延缓离子，与稀土形成的络合物溶解度大等特点，因而在制取轻稀土和钇时也得到广泛的应用。

4.7.1.3 延缓离子

为了扩大 A、B 离子的分离效果，有时在分离柱树脂上先吸附一部分与络合剂(X)的络合能力更强的阳离子(M)，即 MX 络合物的稳定常数大于 BX。显然，当从吸附柱中出来的淋洗液(开始主要含 B，也含少量 A)通入分离柱时，就会发生溶液中的 BX

与树脂中的 M 的交换反应 BX+M=B+MX。此时,M 从树脂进入溶液,而 B 从溶液重新进入树脂,避免 B 过早随溶液流出分离柱,有利于 A 与 B 有更多的机会进行置换反应,使离子带(也称色带)更加分明。因为 M 有这种功能,所以,把它称为延缓离子,又叫做阻挡离子。由此可见,在分离柱的树脂上,上层为 A,中层为 B,下层为 M,或者说,最先从分离柱流出的是 M 液,最后为 A 液,当分别收集淋出液时,则可得到单一的 A 液和 B 液。

用 EDTA 淋洗时,任何与 EDTA 形成的络合物的稳定常数比稀土离子与 EDTA 形成的络合物稳定常数大的离子均可作延缓离子,表 4-10 是一些金属离子与 EDTA 的络合物稳定常数。

表 4-10　某些金属离子与 EDTA 的络合物稳定常数

金属离子	Co^{2+}	Cd^{2+}	Zn^{2+}	Pb^{2+}	Ni^{2+}	Cu^{2+}	Fe^{2+}
$\lg K_{络}$	16.10	16.48	15.58	18.20	18.45	18.86	25.10

根据表中的 $\lg K_{络}$ 值并考虑到来源广,价格便宜,易于回收,操作简单等因素,目前应用最广的是 Cu^{2+},它不仅延缓效果好,而且有颜色,操作时容易观察和控制。

4.7.2　用 EDTA 淋洗分离镨、钕

4.7.2.1　基本过程

(1)吸附。当含有 Pr^{3+} 和 Nd^{3+} 的弱酸性溶液通过装有 NH_4^+ 型强酸性阳离子交换树脂时,发生如下的阳离子交换反应:

$$\overline{3R—NH_4} + Pr^{3+} = \overline{R_3—Pr} + 3NH_4^+$$

$$\overline{3R—NH_4} + Nd^{3+} = \overline{R_3—Nd} + 3NH_4^+$$

由于 Pr^{3+} 的水合半径小于 Nd^{3+} 的,故对树脂的亲和力比 Nd^{3+} 稍大,因此,在树脂层的上部主要吸附镨,同时吸附少量的钕,但随着料液的继续流入,料液中的镨将置换树脂上吸附的钕,其置换反应为:

$$\overline{R_3\text{—Nd}} + Pr^{3+} = \overline{R_3\text{—Pr}} + Nd^{3+}$$

这种作用又使吸附在柱上层树脂镨的浓度稍高,而下层树脂钕的浓度稍高,最后,树脂被镨、钕饱和而使流出液中出现镨、钕,即漏穿。这时镨、钕并没有很好地分离,只是在不同时间内流出液中镨、钕的相对浓度有些不同。所以,吸附柱的作用是使待分离的稀土离子吸附在树脂上,以作下步淋洗分离镨、钕之用。

(2)淋洗。所用淋洗剂为 EDTA,以 H_4X 表示,一般用它的铵盐溶液,在溶液 pH = 7.5~8.5 时,其分子式为 $(NH_4)_3HX$,将此淋洗剂通过已吸附镨、钕的吸附柱时,则发生淋洗反应:

$$\overline{R_3\text{—Pr}} + (NH_4)_3HX = 3\overline{R\text{—NH}_4} + H^+ + PrX^-$$

$$\overline{R_3\text{—Pr}} + (NH_4)_3HX = 2\overline{R\text{—NH}_4} + \overline{RH} + NH_4^+ + PrX^-$$

和

$$\overline{R_3\text{—Nd}} + (NH_4)_3HX = 3\overline{R\text{—NH}_4} + H^+ + NdX^-$$

$$\overline{R_3\text{—Nd}} + (NH_4)_3HX = 2\overline{R\text{—NH}_4} + \overline{RH} + NH_4^+ + NdX^-$$

由于 NdX^- 的稳定常数大于 PrX^-,故 NdX^- 被优先淋洗下来,虽然此时也有部分 PrX^- 淋洗下来,但当它流经下层树脂时,与树脂中的钕发生置换反应,使树脂层中 Pr–Nd 分层更完全。其反应为:

$$\overline{R_3Nd} + PrX = \overline{P_3Pr} + NdX^-$$

将从吸附柱流出的淋出液通入带有延缓离子 Cu^{2+}-H^+ 的树脂分离柱时,淋出液中的 PrX^- 和 NdX^- 将与延缓离子发生反应:

$$2\overline{R_2\text{—Cu}} + 2\overline{R\text{—H}} + 2(NH_4)[PrX] =$$
$$2\overline{R_3\text{—Pr}} + (NH_4)_2[CuX] + H_2(CuX)$$

和

$$2\overline{R_2\text{—Cu}} + 2\overline{R\text{—H}} + 2(NH_4)[NdX] =$$
$$2\overline{R_3\text{—Nd}} + (NH_4)_2[CuX] + H_2(CuX)$$

$$\overline{R_2\text{—Cu}} + \overline{R\text{—H}} + H[NdX] = \overline{R_3\text{—Nd}} + H_2[CuX]$$

由于 $[CuX]^{2-}$ 比 $[PrX]^-$ 和 $[NdX]^-$ 稳定,故反应强烈向右进

行，结果溶液中的稀土离子取代了树脂上的 Cu^{2+} 离子，而重新被吸附在树脂上，也就是说，稀土离子被阻留在 $Cu^{2+}-H^+$ 离子带的上层。随着淋洗剂的继续流入，重新被吸附到树脂上的稀土又与不断流入的淋洗剂作用，再次发生解吸反应。同时，由于 NdX^- 的稳定常数大于 PrX^-，故 Pr^{3+} 首先被 Cu^{2+} 置换而吸附在分离柱的上层，Nd^{3+} 则吸附在下层，继续淋洗时，上层的 Pr^{3+} 发生解吸，当它流经下一层吸有 Nd^{3+} 的树脂时，Pr^{3+} 与 Nd^{3+} 又发生置换反应，Pr^{3+} 重新吸附到树脂上，经过如此反复的吸附-解吸-置换的交替作用，最后，分离柱底层为 Cu^{2+} 带，中部为 Nd^{3+} 带，上部为 Pr^{3+} 带，当溶液从分离柱流出时，开始流出的是无稀土的 $(NH_4)_2[CuX]$ 和 $H_2[CuX]$ 液，当 $Cu^{2+}-H^+$ 带在柱上消失时，流出液便是 $(NH_4)[NdX]$ 液，最后为 $(NH_4)[PrX]$ 液，从而分别收集到含单一稀土的纯溶液。

如果以淋出液的体积(或流出时间)作横坐标，淋出液中稀土离子浓度 C (或 C/C_o，C_o 为淋出液中最大浓度)为纵坐标作图，便可得到淋洗曲线，Pr-Nd 淋洗曲线如图 4-16 所示。

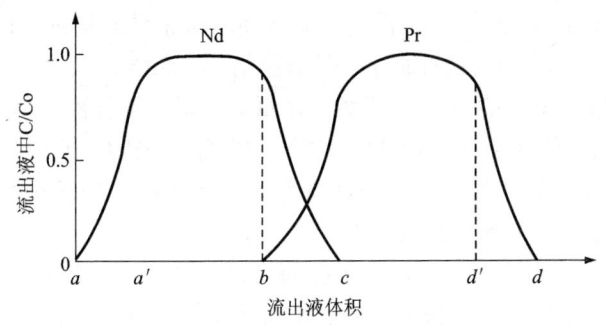

图 4-16　Pr-Nd 淋洗曲线示意图

图中曲线表明，在 ab 段流出的是纯钕液，流出液中钕浓度很快提高到最大值，流出一定体积后，钕浓度逐步降低到零，bc 段为镨、钕的重叠区，流出液中同时有镨、钕，cd 段流出的是纯镨液。假定料液中除含镨、钕外，还含有其他稀土离子，显然，纯钕液实际为 $a'b$ 段流出液，纯镨液实际上为 cd' 段流出液，交换柱上离子重叠区愈短，则 bc 段流出液体积愈小，表明分离效果愈好。

4.7.2.2 影响分离效果的主要因素

1. 淋洗剂溶液的 pH 和浓度

EDTA 是四元氨羧酸 H_4X，在水溶液中能逐级离解，即：

$$H_4X = H^+ + H_3X^-$$
$$H_3X^- = H^+ + H_2X^{2-}$$
$$H_2X^{2-} = H^+ + HX^{3-}$$
$$HX^{3-} = H^+ + X^{4-}$$

从以上的离解式可知，当淋洗剂溶液的 $[H^+]$ 浓度小时，有利于生成 HX^{3-} 或 X^{4-}，即有利与稀土离子（RE^{3+}）的络合反应。因此，当淋洗剂溶液的 pH 大时，镨、钕都容易与 EDTA 形成稳定的络合物，使得分离效果降低，而且 pH 过大还会引起稀土离子水解，生成 $RE(OH)_3$ 沉淀析出。另方面，淋洗剂溶液的 pH 小时，由于络合能力强的钕在低 pH 下仍能络合，而络合能力小的镨只有在高 pH 下才能络合。因此，pH 低时，有利于分离。但是，若 pH 过低，则容易引起 EDTA、HRE·EDTA·nH_2O、Cu(CuX) 的结晶析出，故一般当采用 EDTA 浓度为 0.015~0.03 mol/L 时，pH 控制在 8.0~8.2 为宜，此时淋出液的 pH>2。

淋洗过程中当采用较大浓度的 EDTA 时，则淋洗剂溶液体积可小一些，所需的淋洗时间短，流出液中稀土含量也高，有利于缩短生产周期，但 EDTA 浓度过高时，容易出现 HRE·EDTA·nH_2O 和 Cu[CuX] 结晶析出，从而使淋洗操作不能正常进行，故分离镨钕工艺一般采用 0.021 mol/L 的 EDTA 溶液，某些稀土 EDTA 络合物的溶解度如表 4-11 所示。

表 4-11 常温时稀土 EDTA 络合物的溶解度

元素	化合物	溶解度 mol/L	gRE$_2$O$_3$/L*
La	H[LaEDTA]·6H$_2$O	6.7×10^{-4}	0.12
La	H[LaEDTA]	9.33×10^{-5}	0.017
Pr	H[PrEDTA]·6H$_2$O	3.94×10^{-3}	0.66
Pr	H[PrEDTA]	9.25×10^{-4}	0.16
Nd	H[NdEDTA]·6H$_2$O	5.80×10^{-3}	0.99
Nd	H[NdEDTA]	1.13×10^{-3}	0.19
Sm	H[SmEDTA]·6H$_2$O	5.81×10^{-2}	10.52
Sm	H[SmEDTA]	3.33×10^{-3}	0.52
Gd	H[GdEDTA]·6H$_2$O	1.36×10^{-2}	2.50
Y	H[YEEDTA]·2.7H$_2$O	1.21×10^{-2}	1.50
Y	H[YEEDTA]·4H$_2$O	1.73×10^{-2}	1.92
Y	H[YEEDTA]	1.11×10^{-2}	1.38
Dy	H[DyEDTA]·2.8H$_2$O	1.84×10^{-2}	3.43
Dy	H[DyEDTA]·3H$_2$O	2.42×10^{-2}	4.52
Er	H[ErEDTA]·5.2H$_2$O	2.84×10^{-2}	5.42

* 该络合物中的稀土，以 RE$_2$O$_3$ 计的溶解度

2. 淋洗剂流速

流速快则溶液在树脂层中停留时间短，树脂上的稀土离子不能充分与络合剂发生络合、置换过程，即稀土离子在树脂上的解吸—再吸附的次数减少，分离效果降低，但流速过小则生产率降低。因此淋洗剂线速度以 0.4~1.0 cm/min 为宜。

3. 树脂粒度

离子交换的化学反应通常很快，因此，交换速度主要取决于交换离子在树脂相和扩散层中的扩散速度。离子交换反应是固液的非均相反应，增加固液接触面积有利于反应速率提高。显然，树脂粒度细，则树脂的总表面积大，扩散速度快，在树脂上的置换次数增加，分离效果提高，但树脂也不能过细，否则阻力大，流速减慢，所以一般采用 0.147~0.165 mm 粒径的树脂为宜。

4. 温度

提高温度能增加交换离子的扩散速度，从而加快交换过程速度，并且交换速度大，使得稀土离子之间及稀土离子及延缓离子之间的重复交换次数增多，所以有利于稀土的分离，但提高温度给操作和设备带来一定困难。故一般是在常温下进行，只有在冬天采取提高温度的措施。

5. 柱形与柱比

(1) 柱形。柱形是指交换柱的直径与柱长的比值。当树脂的体积和溶液的流速相同时，采用较小的柱径，即用较长的交换柱，则能减少镨、钕重叠区的相对量，有利于提高分离效率，但是柱径过小，即交换柱过长，又会增加溶液流过树脂层阻力，使淋洗速度减慢，降低生产率。在生产实践中，交换柱的柱形还与树脂的粒度、溶液流速等因素有关，故其柱形变动较大，一般为 1∶(10~40)。

(2) 柱比。柱比是指分离柱树脂总体积和吸附柱树脂总体积之比，当分离柱和吸附柱的直径相同时，也就是分离柱总长度与吸附柱总长度之比。柱比愈大，分离柱愈长，则镨、钕在分离柱上的交换重复次数愈多，分离效果愈好，但是，过大的柱比会增加树脂的用量，增加淋洗所需时间和淋洗剂的用量，所以，应该在能达到分离要求的前提下，选用较小的柱比。

柱比的选择与原料组成(镨、钕的相对含量)淋洗剂的种类和对产品纯度的要求等因素有关，因此，合理的柱比需通过实践来

确定,也可用下列经验公式来初步确定所需的柱比:

$$\gamma = \frac{1+\varepsilon n_0}{\varepsilon} \tag{4-14}$$

式中 γ——需要的柱比;

$\varepsilon = \beta_{Pr/Nd} - 1$,其中 $\beta_{Pr/Nd}$ 为分离系数;

n_0——优先淋洗下来的元素(即钕)的摩尔分数。

由(4-14)式可知,分离二元素混合物时,分离系数愈大和 n_0 愈小,则所需柱比愈小。

在实际分离体系中,料液往往是由多个稀土元素混合物组成,成分比较复杂,在计算柱比时,公式中的 ε 应着重考虑欲分离成纯度高的那个元素,而此元素与前后相邻元素的分离又应着重考虑较难分离的那个相邻元素。

4.7.2.3 分离实践

1. 设备

工业生产中,置换色层工艺通常由三个交换柱组成一个系列,如图4-17所示。第一个为吸附柱,其他两个为分离柱,均先装有 NH_4^+ 型强酸性阳树脂,交换柱一般采用塑料或有机玻璃制成,下部装有多孔筛板,筛板上铺有泡沫塑料和尼龙丝做成的底垫,以免树脂由筛板漏出。

2. 操作

(1)树脂的预处理。市售的强酸性阳离子交换树脂一般为 Na^+ 型,且含有杂质,使用前必须进行预处理,即先用水浸泡12~24小时,使树脂充分溶胀,漂洗去过细的树脂和夹杂物,然后用 2~3mol/L 盐酸再浸泡24小时,以除去铁等杂质,同时将树脂转成 H^+ 型,再用去离子水洗至 pH=5 左右,即可装柱。

(2)树脂转型。用5%的 NH_4Cl 溶液(也可用 NH_4Ac 或 NH_4OH 溶液)通入已装有 H^+ 型树脂的交换柱,将树脂转成 NH_4^+ 型,以最后流出液的 pH=5 左右为宜,然后用去离子水清洗柱内

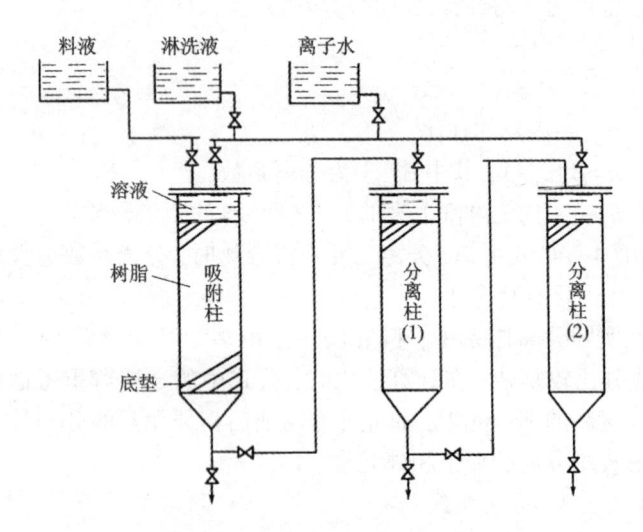

图 4-17 离子交换过程设备示意图

的 Cl$^-$ 离子。

(3)吸附柱负载稀土。将吸附柱与料液高位槽连接,料液以约 0.3 cm/min 的线速度通过 NH$_4^+$ 型树脂层,流出液经常用草酸检验,当溶液中有稀土出现时(会生成草酸稀土沉淀),立即停止进料,并以去离子水洗吸附柱,洗去残留的稀土溶液。

(4)分离柱饱和 Cu^{2+}-H$^+$。将第二、三柱与 CuSO$_4$-H$_2$SO$_4$ 溶液高位槽连接,并以约 0.4 cm/min 线速度通过树脂,使树脂饱和延缓离子 Cu^{2+} 和 H$^+$,当 Cu^{2+} 带离第三柱底部一定高度时,切断溶液流入,并用去离子水洗柱,洗至无 SO$_4^{2-}$ 离子为止,水洗流速约为 1 cm/min。

(5)淋洗。串联第一、二、三柱,将第一柱与 EDTA 溶液高位槽连接,使淋洗剂从第一柱顶部加入,至第三柱底部流出,流速为约 0.4 cm/min,当色带达到第三柱中部时可改用 1 cm/min,直至淋洗结束,分别得到高纯的镨和钕的溶液。

(6)流出液处理和 EDTA 回收

①EDTA-Cu 溶液处理。淋洗时当稀土带前沿抵达第三柱底部前,淋出液为 EDTA 与铜的络合物,该溶液在搪瓷反应锅内加热蒸浓至原体积的 1/4~1/3,并在 90℃以上加入石灰,不断搅拌直至溶液 pH 为 10 左右,使铜以 氢氧化铜形态完全沉淀,过滤,滤液加 HCl 至 pH 为 11 左右,经剧烈搅拌使 EDTA 结晶析出,过滤、洗涤、回收的 EDTA 返回配淋洗剂。

②EDTA-Cu-RE 溶液的处理。淋出液中有一部分为含稀土和铜的 EDTA 溶液,将该溶液加热浓缩,加入适量金属铝屑,将铜置换出来,过滤后,滤液加盐酸调至 pH 为 1,剧烈搅拌使 EDTA 结晶析出,静置过滤,EDTA 晶体返回使用,滤液加稀氨水调至 pH3 左右,加饱和草酸溶液沉淀稀土,静置过滤,将草酸稀土烘干,灼烧成稀土氧化物。

③EDTA-RE 液的处理。加热浓缩,调整 pH 至 3 左右,加饱和草酸溶液沉淀稀土,后面的操作与 EDTA-Cu-RE 液的处理一样。

3. 树脂的再生

当树脂经过长期的使用后,其交换能力降低,必需对树脂进行适当处理,使其恢复交换能力,这个过程称为再生,一般处理方法如下:先用水将树脂床反冲,除去树脂床中的气泡和悬浮杂质,使树脂层松动,保证再生液自由通过(必要时将树脂从中取出重新装柱),然后用浓度约为 3 mol/L 的 10%盐酸进行再生。再用纯水洗至中性,并根据需要进行转型,重新使用。

4. 树脂中毒及处理方法

在离子交换过程中,可能有些物质吸附在树脂上,而且逐渐地积累起来,导致树脂交换性能下降,这种现象称为"树脂中毒"。其"中毒"又可分为"物理中毒"和"化学中毒"两种,物理中毒是指溶液中某些胶体微粒沉积在树脂骨架空隙中或树脂表面上，掩盖了活性团，使交换容量降低，对这种情况可设法使胶体微粒溶解，例如对于 H_2SiO_3 胶体微粒，可用 NaOH 溶液处理，使硅酸转化成 Na_2SiO_3 溶解下来。化学中毒是指树脂吸附了某亲和力很强的杂质离子，一般的再生剂不能将它们置换，在这种情况下，可用某种与该离子结合很强的试剂处理，恢复树脂的交换能力。如果是由于树脂的化学稳定性受到破坏，例如在强氧化性或强还原性介质中树脂的活性团受到破坏，也会降低树脂的交换容量，对于这种中毒一般不能恢复。

4.7.3 离子交换色层法分离重稀土元素

4.7.3.1 铽镝分离

将含 Tb_4O_7 或 Dy_2O_3 不少于10%，稀土总量不低于95%的稀土氧化物溶于盐酸后，用纯水调配成 RE_xO_y 50 g/L，pH 2.5~3.0 的吸附料液，控制线速度 0.5 cm/min，使料液流入予先装有 NH_4^+ 型强酸性阳离子交换树脂的吸附柱(柱形1∶10)，用草酸溶液检查流出液有稀土时，即可停止加入料液。用纯水洗去柱内残余料液。吸附的结果，吸附柱上层 Tb^{3+} 的浓度稍高，而下层 Dy^{3+} 的浓度稍高，铽镝并没有达到有效分离。

然后将饱和 RE^{3+} 的吸附柱与原先吸附延缓离子 $Cu^{2+}-H^+$ 的第1个分离柱串联，将 EDTA 淋洗剂从稀土吸附柱顶部流入，控制线速度 0.8 cm/min，当第1个分离柱 Cu^{2+} 带尚留 10 cm 时，即可接第2个分离柱进行淋洗，当第2个分离柱 Cu^{2+} 带尚留 10 cm 时，再串第3个分离柱。当 RE^{3+} 色带到达最后1个分离柱下部，即将开始收集稀土产品时，流速可加大至 1 cm/min，直到淋洗结束。

生产实践证明，当原料中氧化铽含量为50%时，若要使其产品收率为70%，其柱比与产品纯度之间有如下关系：

Tb_4O_7 产品纯度/%	柱比
99	1∶1.5
99.9	1∶2.5
99.99	1∶3.5
99.999	1∶4.5

4.7.3.2 制取高纯氧化钇

原料为富钇氧化物，含少量轻稀土元素。用盐酸溶解后制成氯化稀土溶液。将溶液通过装有001×7铵型树脂吸附柱，然后用NH_4Ac溶液淋洗稀土。淋洗时稀土流出的顺序为：Sm—Y—Nd—Pr—La。一般采用5个交换柱构成系列，第1柱为吸附柱，其余为分离柱。分离柱中也装有001×7铵型树脂。在分离过程中，通常不需添加延缓离子。

用NH_4Ac淋洗制取高纯氧化钇的工艺条件如下：

料液：氯化稀土溶液，RE_2O_3的质量浓度约为50 g/L，pH为3~4；

淋洗剂：NH_4Ac溶液浓度为0.5±0.01 mol/L，pH为6.5±0.1，流速0.4 cm/min。

树脂：001×7铵型，吸附柱树脂粒径0.173~0.23 mm，分离柱树脂粒径0.147~0.173 mm。

采用上述工艺条件可制得纯度大于99.99%的Y_2O_3产品。

4.7.4 理论塔板数和塔板当量高度的确定

离子交换柱内物质的分离与精馏塔内物质的分离原理相类似。为了估算达到既定的分离效果所需的交换柱高度，参考精馏塔有关理论塔板数和塔板当量高度的概念和计算方法。

4.7.4.1 理论塔板数的确定

对于离子交换柱而言，把交换柱自上而下看成由若干个达到交换平衡的树脂层组合而成，那么为达到既定分离效果所需的树脂层数就是理论塔板数。

设交换柱的树脂上含有 A、B 两种元素,并假设用络合剂进行淋洗时,每个树脂层的分离因素($\beta_{A/B}$)相等,那么为了使 A、B 两元素达到既定纯度所需的理论塔板数可用下式求出:

$$\frac{(X_A/X_B)_m}{(X_A/X_B)_o}=\beta_{A/B}^n \tag{4-15}$$

或

$$n=\frac{\lg\left(\frac{X_A}{X_B}\right)_m-\lg\left(\frac{X_A}{X_B}\right)_o}{\lg\beta_{A/B}} \tag{4-16}$$

式中 $(X_A/X_B)_o$——树脂层中某个参考点"o"上,X_A 与 X_B 之浓度比;

$(X_A/X_B)_m$——A、B 组分中从"o"点下移到"m"点时,X_A 与 X_B 之浓度比;

n——树脂层中"o"点到"m"点之间的理论搭板数。

从(式4-16)看出,若已知分离因素 $\beta_{A/B}$ 及对产品纯度的要求(即在稀土带上"m"点的 X_A/X_B),就可算出所需的理论塔板数。

4.7.4.2 理论塔板当量高度的确定

设 A、B 两元素在树脂层中的重叠区高度为 L,若重叠区内有 n 个理论塔板数,则理论塔板当量高度 h 为:

$$h=\frac{L}{n}$$

对照(式4-16),则:

$$n=\frac{L}{h}=\left[\lg\left(\frac{X_A}{X_B}\right)_m-\lg\left(\frac{X_A}{X_B}\right)_o\right]\Big/(\lg\beta_{A/B})$$

或

$$\lg\left(\frac{X_A}{X_B}\right)_m=\frac{\lg\beta_{A/B}}{h}L+\lg\left(\frac{X_A}{X_B}\right)_o \tag{4-17}$$

式(4-17)为一直线方程式,只要以 $\lg\left(\frac{X_A}{X_B}\right)_m$ 对 L 作图,这直线的斜率即为 $\lg\beta_{A/B}/h$ 图(4-18)。

图 4-18 $\lg\left(\dfrac{X_A}{X_B}\right)_m$ 与 L 的关系图

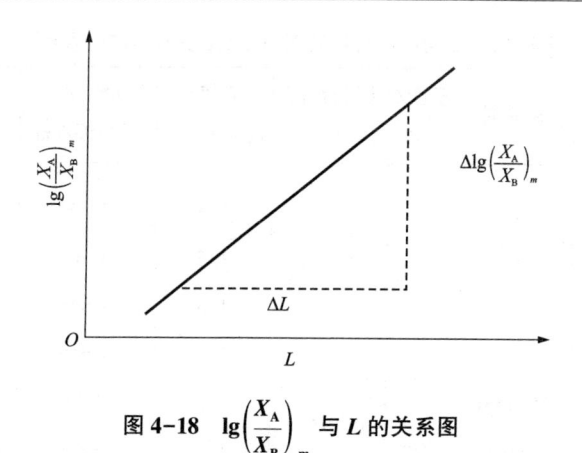

由图可知：$\lg\beta_{A/B}/h = \dfrac{\Delta\lg\left(\dfrac{X_A}{X_B}\right)_m}{\Delta L}$

即 $\quad h = \lg\beta_{A/B}\dfrac{\Delta L}{\Delta\lg(X_A/X_B)_m}$ （4-18）

由于 $\beta_{A/B}$ 是已知的，因此只要用实验方法确定了直线的斜率就可求出理论塔板当量高度。表 4-12 列出某些稀土元素对的理论塔板当量高度。

4.7.4.3 影响理论塔板当量高度的因素

理论塔板当量高度是交换过程两相接触时间及交换速度的函数，其大小受淋洗剂的浓度、酸度、流速、温度、树脂粒度和交联度，以及稀土络合物稳定性的影响，但不受原料组成、处理量、柱径的影响。通常理论塔板当量高度随温度的提高而减小，随淋洗剂流速的提高而增大，如图 4-19 和图 4-20 所示。

近年来，稀土的离子交换技术有了新的发展，例如采用萃淋树脂的萃取色层法、离子交换纤维法以及高压离子交换法等，这些方法均能提高交换速度、增加分离产品纯度和收率的效果。

表 4-12 理论塔板当量高度(EDTA 及 HEDTA 体系)

元素对	淋洗剂	温度/°C	树脂粒度/mm	流速/(cm·min^{-1})	理论塔板当量高度/cm	树脂
La-Ce				1.5	1.63	
Ce-Pr				1.5	1.63	铵型
Pr-Nd				1.5	0.823	树脂
Nd-Sm				1.5	0.645	
Sm-Gd	0.015M			1.5	0.51	
Tb-Y	EDTA	室温	0.175~0.21	1.0	0.60	
Y-Dy	pH8.4			1.5	0.672	
Dy-Ho				1.5	2.15	稀土型
Ho-Er				1.5	0.824	树脂
Er-Tm				0.8	1.51	
Yb-Lu				0.5	0.75	
La-Ce		25		3.0	2.58	铵型
Pr-Nd	0.018M	25		3.0	0.72	树脂
Nd-Sm	HEDTA	25		3.0	1.63	稀土型
Y-Dy	pH7.5	25	0.175~0.21	3.0	1.47	树脂
Er-Tm		室温		2.0	0.656	
Tm-Yb	0.018M	室温		0.5	0.23	
Yb-Lu	HEDTA	室温	0.175~0.21	2.0	0.70	铵型
Ce-Pr	pH7.5	35		3.0	1.22	树脂

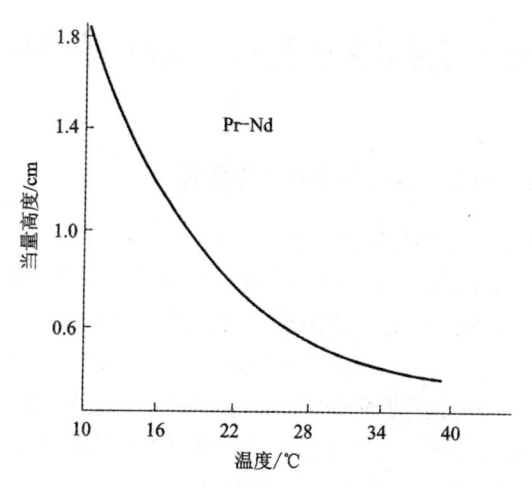

图 4-19 温度对理论塔板当量高度的影响

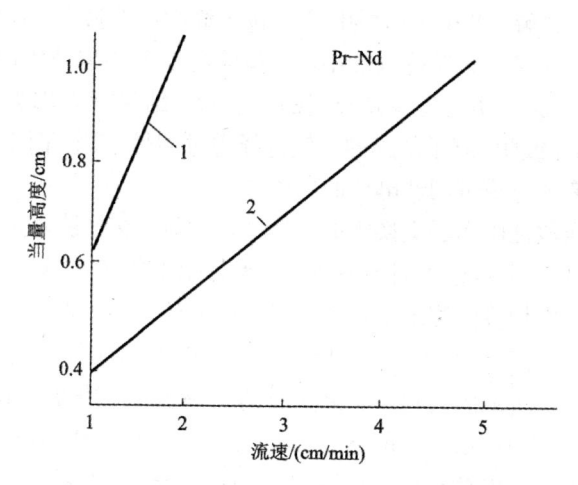

1—EDTA 0.015mol/L pH8.4；2—HEDTA 0.018mol/L pH7.5。

图 4-20 流速对理论塔板当量高度的影响

4.8 离子交换膜及其在提取冶金中的应用

4.8.1 离子交换膜概念及工作原理

4.8.1.1 离子交换膜概念

离子交换膜在结构上和普通离子交换树脂一样，有固定的骨架结构，在骨架上带有可以离解出可交换离子的功能团，在与溶液中的离子接触时，由于交换功能团的作用，使离子交换膜具有选择透过性，所以离子交换膜实际上是离子选择性透过膜。在外加直流电场的情况下，更能提高阴、阳离子的选择透过能力。

4.8.1.2 离子交换膜的工作原理

和粒状离子交换树脂一样，离子交换膜中的功能团在水溶液中会发生离解，产生阳（或阴）离子进入周围的溶液，致使膜带有负（或正）电荷，为保持电性中和，膜就会吸引外溶液中的阳（或阴）离子，通过膜的离解和吸引的全过程，结果就表现为外部溶液中的阳（或阴）离子从膜的一侧选择透过到另一侧，而不会或很少使溶液中与膜带同性电荷的离子透过。

以强酸性阳离子交换膜的工作原理为例，交换膜功能团上的阳离子(H^+)离解进入周围溶液后，膜骨架上的负电基($-SO_3^-$)在膜的孔道中构成强烈的负电场，溶液中的阳离子(M^{n+})扩散到孔道附近时，按异电荷相吸的原理，与孔道中构成负电场的$-SO_3^-$离子相吸而进入膜孔道，如果在膜的另一侧M^{n+}浓度较低，那么靠浓差推动力向浓度低的方向移动（透过），由于M^{n+}离子与膜上固定负电基的电荷相反，故称M^{n+}为反离子，对于溶液中的阴离子(A^{n-})来说，则由于受膜内$-SO_3^-$同号电荷相斥，不能通过膜，仍留在此溶液中(A^{n-}称为同离子)。这样，阳离子交换膜表现出只准反离子(M^{m+})通过,不准同离子(A^{n-})通过,这就是阳膜对阳离子的选择透过性,如果使用阴离子交换膜,则情况恰好相反,,因为膜孔骨架上的正电基(例如$\equiv N^+$)构成强烈的正电场,就造成只准阴离子透过,而不准阳离子透过。

膜的选择透过能力可用膜与溶液之间产生的膜电位(也称扩散电位)来衡量,其值愈大表明选择透过离子的能力愈强,对于相反离子对的膜电位可用能斯特方程表示:

$$E = \left[\frac{U_k - U_a}{U_k + U_a}\right] \times \left[\left(\frac{RT}{ZF}\right)\ln\left(\frac{a_1}{a_2}\right)\right]$$

式中 U_k、U_a——分别为阳离子和阴离子的迁移率,$cm^2/(L \cdot Sec)$;

a_1、a_2——为膜两侧的离子平均活度。

对于阳膜,理想的选择透过性应该是 $U_a \approx 0$,此时则:

$$E \approx +\left(\frac{RT}{ZF}\right)\ln\left(\frac{a_1}{a_2}\right)$$

对于阴膜,理想的选择透过性应该是 $U_k \approx 0$,此时则:

$$E \approx -\left(\frac{RT}{ZF}\right)\ln\left(\frac{a_1}{a_2}\right)$$

同时,对于溶液中各种不同的反离子来说,由于它们在膜中的扩散系数各不相同(例如水合离子半径不同),以及膜中空隙的筛分作用等,它们的透过能力也不相同,例如,同样都是阳离子,其透过阳膜的能力不同,因此,采用离子交换膜进行分离,正是利用这种选择透过性。

从以上膜的工作原理看出,外部溶液与膜之间的离子传递,并不真正的离子交换,而是选择渗析,这两者的工作原理差别很大,粒状离子交换树脂在使用上需要分为吸附-淋洗(解吸)-再生等步骤。而离子交换膜不需再生等步骤,可以连续作用,同时,两者在工业上的使用范围也有很大的不同,前者主要用于富集和分离相似元素,后者主要用于渗析、电渗析和作为电极反应的隔膜等。

4.8.2 离子交换膜的分类

按离子交换膜结构的不同，可分为均相膜和非均相膜两种，所谓均相膜，就其膜体结构来说，与粒状离子交换树脂完全一样，通常是利用带交换功能团的单体制成连续性的膜，或通过高分子反应后的高分子膜片上引入交换功能团制得，所谓非均相膜，就是将粒状离子交换树脂微粒分散在粘结剂中，然后加工成为离子交换膜，均相膜具有优良的电化学性质和物理性能，所以应用最为普遍。

按膜的作用分类，通常可分为下列三类：

1. 阳离子交换膜

它和阳离子交换树脂一样，膜中带有阳离子功能团，对溶液中的阳离子有选择透过性，按功能团离解度的强弱，分为强酸性阳膜和弱酸性阳膜，带磺酸基的属强酸阳膜，带羧酸基的属弱酸阳膜。

2. 阴离子交换膜

它和阴离子交换树脂一样，膜中带有阴离子功能团，对溶液中的阴离子有选择透过性，按功能团离解度的强弱，分为强碱性阴膜和弱碱性阴膜，带季铵基的属强碱阴膜，带伯、仲、叔胺基的属弱碱阴膜。

3. 两极膜和两性膜

两极膜是在膜的一面为阳膜，另一面为阴膜的离子交换膜，两性膜是在一张膜里，阴、阳两种功能团同时存在的离子交换膜。

4.8.3 离子交换膜应用举例

自从发现离子交换膜具有选择透过性以来，在应用上的发展非常迅速，已在化工、医药、食品、废水处理、海水淡化等许多领域使用，同时，在有色冶金方面也已进行了许多研究，取得了较大的进展，这里只简略地介绍在冶金方面的一些例子。

1. 用阳膜电渗析回收碱

用苏打高压浸出白钨精矿所得的 Na_2WO_4 溶液中，一般含有较多的过剩 Na_2CO_3。此浸出液如果按溶剂萃取工艺，必需用酸中和至 pH 2.5~3.0，这样，不仅浪费了过剩碱，而且酸的消耗也很大；如果采用阳膜进行电渗析从浸出液中回收碱，是很经济的。其电渗析槽如图 4-21 所示，在阳极室中通入浸出液，在阴极室通入稀 NaOH 溶液，浸出液中的 Na^+ 离子透过阳膜至阴极室，由于阴极存在着 $H_2O+e\rightarrow OH^- +1/2H_2\uparrow$ 的电化学反应，使 OH^- 离子浓度增大，与 Na^+ 结合生成 NaOH，再经碳酸化则可得 Na_2CO_3 溶液，在阳极由于存在着 $H_2O+2e\rightarrow 2H^+ +1/2O_2\uparrow$ 的电化学反应，使 H^+ 离子浓度增大，并与 CO_3^{2-} 离子结合成 H_2CO_3，在操作温度和压力下，H_2CO_3 分解成 CO_2 析出。所以，在阳极室可得到碱度低的 Na_2WO_4 溶液，当 pH 低时，甚至可生成偏钨酸溶液。

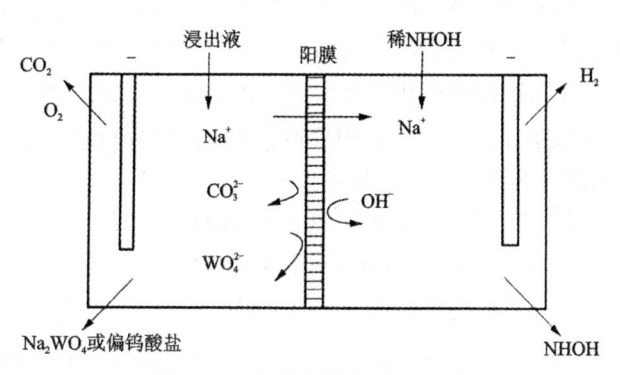

图 4-21 电渗析回收碱示意图

2. 用阳膜电渗析制备偏钨酸铵溶液

据分析具有很高水溶性的偏钨酸铵（AMT）作为一种钨的中

间产物具有很大的应用潜力,用电渗析法由(NH$_4$)$_2$WO$_4$溶液制备 AMT 的原理如图 4-22 所示。

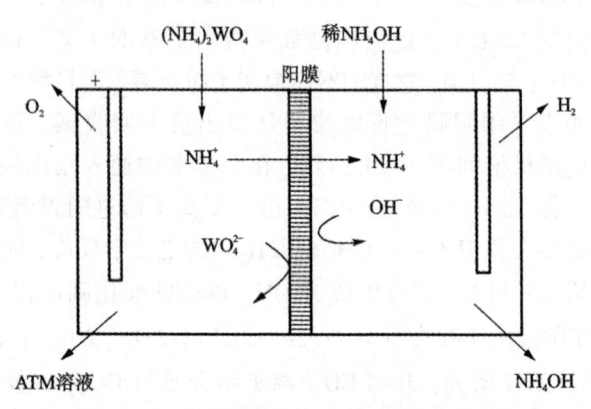

图 4-22　电渗析法制备 AMT 溶液的示意图

在阳极室中通入 pH=9~10 的(NH$_4$)$_2$WO$_4$ 溶液,在阴极室通入稀氨水。阳极室(NH$_4$)$_2$WO$_4$ 溶液中的 NH$_4^+$ 离子透过阳膜到阴极室,并与阴极室电化学反应产生的 OH$^-$ 离子结合成 NH$_4$OH,所以在阴极室得到氨水。在阳极室,由于阳极反应产生 H$^+$ 离子,溶液的 pH 下降至 3 时,即得到偏钨酸溶液,其反应为:

$$12(NH_4)_2WO_4 + 18H^+ + (n-9)H_2O \Longrightarrow$$
$$3(NH_4)_2O \cdot 12WO_3 \cdot nH_2O + 18NH_4^+$$

3. 从 Na$_2$SO$_4$ 制取 H$_2$SO$_4$ 和 NaOH

双膜电渗析法从 Na$_2$SO$_4$ 制取硫酸和苛性钠的原理如图 4-23 所示。

槽的左侧装有阴膜,右侧装有阳膜,槽的两侧外加直流电场,两种交换膜将电解槽分隔成阳极室、阴极室和中间室。在中间室通入 Na$_2$SO$_4$ 溶液,阳极室通入稀硫酸,阴极室通入稀苛性

第 4 章　离子交换法

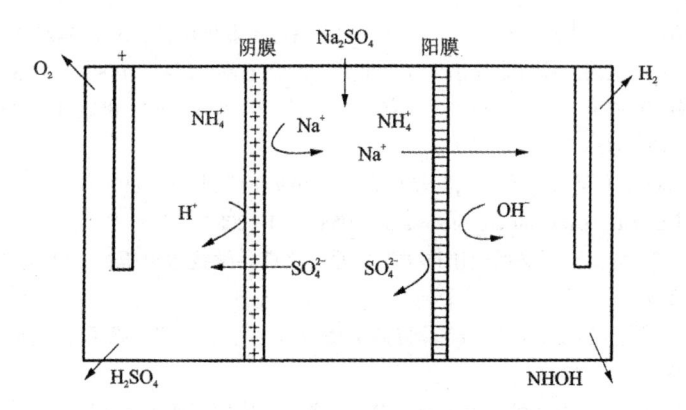

图 4-23　双膜电解 Na_2SO_4 示意图

钠溶液，中间室中的 Na^+ 离子通过阳膜到阴极室，与阴极上产生的 OH^- 离子结合成 NaOH，即在阴极室得到 NaOH 溶液，中间室的 SO_4^{2-} 离子透过阴膜到阳极室，与阳极上产生的 H^+ 的离子结合成 H_2SO_4，即在阳极室得到 H_2SO_4。

目前，利用离子交换膜的电渗析法可以很便宜地除去天然水中 80%以上的盐类杂质，若再配合各种组合方式的离子交换树脂柱，可获得高质量的纯水。

据报导，美国曾进行过模拟太空飞行密闭舱试验，供四个宇航员三个月饮用的水，就是通过膜装置，配合活性碳层由小便和污水净化回收的。

参考文献

1. 李洪桂主编. 稀有金属冶金原理及工艺. 北京：冶金工业出版社，1982年：67~97
2. Зеликман А Н，Вопъщан Г М. Теория гидрометаллургических лроцессов лроцессов，Москва：Издателъство《Металлургия》，1983：246~276

3. 《稀土》编写小组. 稀土(上册). 北京：冶金工业出版社, 1978. 342~274
4. 李洪桂主编. 稀有金属冶金学. 北京：冶金工业出版社, 1980. 269~382
5. 钱庭宝主编. 离子交换剂应用技术. 天津：天津科学技术出版社, 1984：1~15, 373~382
6. Winter D G 等. 稀有金属与硬质合金. 1989 年增刊：77~80
7. Foleg D D, Uranium ore processing. 1958：191~208
8. 王方编译. 离子交换应用技术. 北京：北京科学技术出版社, 1990：258~273
9. 陶祖贻, 赵爱民编著. 离子交换平衡及动力学. 北京：原子能出版社, 1989：119~121
10. 卢宜源、宾万达编. 贵金属冶金学. 长沙：中南工业大学出版社, 1990：166~173
11. 周令治编著. 稀散金属冶金. 北京：冶金工业出版社, 1988：243~245, 273~274
12. 陈洲溪等, 中国专利, 申请号 88105712, 公告日：1992.4.8

第 5 章 溶剂萃取

5.1 概述

5.1.1 基本概念

溶剂萃取作为一个单元过程在提取冶金及冶炼废水处理领域得到了广泛的应用,一般金属的溶剂萃取过程,分为萃取、洗涤和反萃取三个主要阶段,如图 5-1 所示。

萃取:使含有萃取剂的有机相与含有欲被提取的金属离子的水溶液在一个接触器中充分混合,此时发生化学反应,被萃取的金属离子与萃取剂生成萃合物而进入有机相,沉清以后,分离两个液相,水相如已不含有价金属则可弃去(称之为残液),如含有其他可被回收的有价金属离子,则进一步处理回收(此时称为萃余液)。

洗涤:又称为萃洗,上一阶段得到的含有被萃取金属离子的负载有机相,因含少量杂质金属离子,故在另一个接触器中与合适的另一水相接触,使杂质金属离子进入这一水相。

反萃取:简称反萃,经洗涤净化后之负载有机相在第三个接触器中与合适的水溶液接触,使被萃金属离子进入水相并送往后续提取单元过程处理。此时有机相可直接返回萃取阶段或者经适当处理后返回萃取阶段再次使用。

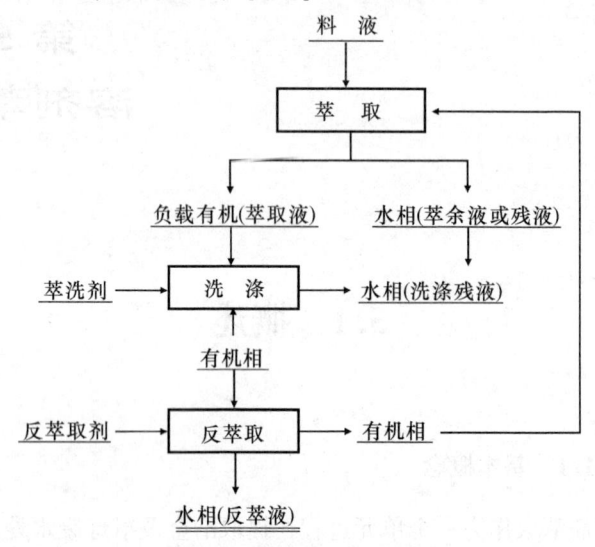

图 5-1 萃取过程主要阶段

5.1.2 溶剂及其互溶规则

了解溶剂的性质并正确选择溶剂是实现一个萃取过程的关键因素。一般有机相中的溶剂，按其在萃取过程中所起的作用可分为萃取溶剂、稀释剂、相调节剂(极性改善剂)三类。

萃取溶剂是一种能与被萃物作用，生成一种不溶于水相而易溶于有机相的萃合物的有机溶剂(某些萃取剂在配制有机相以前也可以固态试剂状态存在)。

稀释剂是一种用于改善有机相的物理性质，如：密度、粘度、表面张力并使有机相有合适的萃取剂浓度的有机溶剂，原则上它与被萃物间不发生化学结合作用。常用稀释剂及其物性列於表 5-1。

表 5-1 常用稀释剂及

释释剂名称		分子式	摩尔质量/($g \cdot mol^{-1}$)	密度/(g/cm^3)	沸点/℃
取代碳氢化物	四氯化碳	CCl_4	156	1.5842(25℃)	76.75
	氯仿	$CHCl_3$	121.5	1.4892(20℃)	91.152
煤油	磺化煤油(260#煤油)	芳烃含量% wt<0.001		0.750(20℃)	198~241
	(240#煤油)	2.4	96.5(正烷烃)	0.752(20℃)	197~240
	Escald100	30		0.790(20℃)	191
饱和脂肪烃	环已烷	C_6H_{12}	84.158	8.77855(25℃)	80.738
	正已烷	nC_6H_{12}	86.172	0.65937(20℃)	68.742
	正庚烷	nC_7H_{16}	100.198	0.67951(25℃)	98.427
	正十二烷	$nC_{12}H_{26}$	170.33	0.7452(25℃)	216.3
芳香烃	苯	C_6H_6	78.115	0.87368(25℃)	80.103
	甲苯	$C_6H_5(CH_3)$	93.142	0.86231(25℃)	110.623
	邻二甲苯	$C_6H_4(CH_3)_2$	106.169	0.87595(25℃)	144.414
	间二甲苯	$C_6H_4(CH_3)_2$	106.169	0.85990(25℃)	139.102
	对二甲苯	$C_6H_4(CH_3)_2$	106.169	0.85669(25℃)	138.348

* 脂肪烃(正烷烃)的质量分数为98.3%

其特性参数

熔点/℃	黏度/(mPa·s)	表面张力/(N/m×10^{-3})	折光率/n_D^t	介电常数	在水中溶解度
22.99	0.965(20℃)	26.15	1.46030(20℃)	2.338(20℃)	0.8g/L(20℃)
-63.55	0.596(20℃)	26.53(25℃)	1.44858(15℃)	4.806(20℃)	10g/L(15℃)
	1.9345(20℃)				
	1.9633(20℃)				
6.554	0.898(25℃)	25.64(15℃)	1.42623(20℃)	2.023(30℃)	质量分数为0.006%
-95.340	0.2923(25℃)	18.94(15℃)	1.37455(20℃)	1.890(30℃)	0.13g/L(15.5℃)
-90.601	0.3903(25℃)	20.85(15℃)	1.38765(20℃)	1.924(20℃)	质量比0.0511g/100g(25℃)
-9.6	1.365(25℃)	25.48(30℃)	1.42152(20℃)	2.014(20℃)	很小
5.533	0.6035(25℃)	28.78(20℃)	1.50110(20℃)	2.284(20℃)	质量比0.180g/100g(25℃)
-94.991	0.5516(25℃)	28.53(20℃)	1.49693(20℃)	2.379(25℃)	0.627g/L(25℃)
-25.175	0.756(25℃)	30.03(20℃)	1.50543(20℃)	2.568(20℃)	质量分数为0.018%
-47.872	0.581(25℃)	26.63(20℃)	1.49721(20℃)	2.374(20℃)	0.0196g/L(35℃)
13.263	0.605(25℃)	28.31(20℃)	1.49581(15℃)	2.27(20℃)	0.208g/L(25℃)

极性改善剂是用于改善有机相中萃取剂及萃合物的溶解性能而添加的极性有机溶剂。在一定情况下，某些萃取剂也可作为极性改善剂使用。

用于萃取的有机相可以由单纯的萃取溶剂构成，而在大多数情况下，由萃取溶剂、稀释剂两者或者萃取溶剂、稀释剂、极性改善剂三者混合构成。

1. 溶剂分类

为了研究各种溶剂间的互溶规律，可以根据溶剂分子间形成氢键的能力将溶剂进行分类。众所周知，作用于溶剂分子之间的作用力有两种，即范德华力与氢键，后者比前者强。范德华力存在于任何分子之间，其大小随分子的极化率和偶极矩的增加而增加。氢键 A—H⋯B 的生成(其中 A 和 B 为电负性大而半径小的原子如氧、氮、氟)依赖于溶剂分子具有给电子的原子 B 和受电子的 A—H 键。因此，可按照是否含有 A—H 或 B 可把溶剂分为下述四种类型。

(1) N 型溶剂。即惰性溶剂，如烷烃类、苯、四氯化碳、煤油等。它们不能生成氢键。

(2) A 型溶剂。即受电子溶剂，如氯仿、二氯甲烷、五氯乙烷等。含有 A-H 基团，能与 B 型或 AB 型溶剂生成氢键。

一般的 C—H 键(例如 CH_4 中的 C—H 键)不能形成氢键。但如碳原子上连接几个 Cl 原子，则由于 Cl 原子的诱导作用，使 C 原子的电负性增加，所以能形成氢键。

(3) B 型溶剂。即给电子溶剂，如醚、酮、醛、酯、第三胺等，它们含有给电子的 B 类原子，能与 A 型溶剂生成氢键。

(4) AB 型溶剂。即给受电子溶剂，同时具有 A—H 和 B，因此它们可以结合成多聚分子，且可以分为三类。

a. AB(1)型，交链氢键缔合溶剂，如多元醇、胺基取代醇、羟基羧酸、多元羧酸、多元酚等；

b. AB(2)型，直链氢键缔合溶剂，如醇、胺、羧酸等，其结构式举例如下：

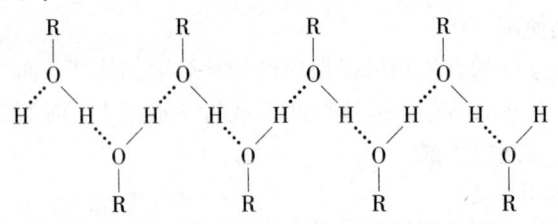

c. AB(3)型，生成内氢键的分子，如邻位硝基苯酚，因已形成内氢键，故 A—H 已不再起作用，所以它们的性质与一般 AB 溶剂不同，而与 B 型和 N 型溶剂相似，如

尽管水不是有机溶剂，但它是一种最普遍应用的溶剂，而且是 AB(1)型溶剂中，生成氢键缔合最强的溶剂。

2. 溶剂互溶规则

(1) 相似性原则。结构相似的溶剂容易互相混溶，结构差别较大的溶剂不易互溶。

a. 溶剂的结构与水的相似性愈大，则在水中的溶解度愈大，如表 5-2 所列，随着苯基上 OH 基的增加，即与水的相似性增加，在水中溶解度增加。

表 5-2　苯和酚在水中的溶解度(20℃)

化 合 物	分 子 式	溶解度/(g/100g 水)
苯	C_6H_6	0.072
酚	C_6H_5OH	9.06
苯二酚[1.2]	$1.2\text{-}C_6H_4(OH)_2$	45.1

b. 溶剂的结构与水的相似性减少,则在水中的溶解度也减小,如表5-3所示,随着醇中碳链增长,在水中的溶解度也越来越小,这是因为碳氢基团部分是与水不相同的部分,这部分增大,就意味着与水不相似部分增加,所以溶解度就越来越小。

表5-3 醇的同系物在水中的溶解度(20℃)

化合物	分子式	溶解度, g/100g 水
甲 醇	CH_3OH	完全互溶
乙 醇	C_2H_5OH	完全互溶
正丙醇	C_3H_7OH	完全互溶
正丁醇	C_4H_9OH	8.3
正戊醇	$C_5H_{11}OH$	2.0
正已醇	$C_6H_{13}OH$	0.5
正庚醇	$C_7H_{15}OH$	0.12
正辛醇	$C_8H_{17}OH$	0.03

这一规律不仅适用于解释溶剂的互溶性,而且它是物质溶解于溶剂的一条普遍规律。一般而言,极性强的溶质易溶于强极性溶剂中,而弱极性的溶质易溶于弱极性溶剂中,所以也可以利用这一规律解释萃合物在有机相中的可溶性。

(2)分子间的相互作用与溶剂的互溶性。由表5-3可知,甲醇、乙醇、丙醇都能与水完全互溶,除了相似原因之外,还由于它们与水分子之间产生了氢键而缔合缘故,即

$$\begin{matrix} & R \\ & | \\ O\!-\!H\cdots O\!-\!H \\ & | \\ & H \end{matrix}$$

一般而言,凡两种溶剂混合生成氢键的数目和强度,大于混合前氢键的数目和强度,则有利于互相混溶,反之则不利于互溶,故溶剂之间互溶性规律可归纳如下:

a. A型和B型溶剂混合前无氢键，混合后形成氢键，故有利于完全互溶，如氯仿与丙酮；

b. AB型和A型，AB型和B型，AB型与AB型在混合前后都有氢键形成，互溶度大小视混合前后氢键的强弱及多少而定；

c. A型和A型，B型和B型，N型和N型，N型和A型，N型和B型，混合前后均无氢键形成，互溶度大小取决于混合前后范德华力的大小，即由分子的极化率和偶极矩决定。

5.1.3　常用萃取剂及其分类

比较直观的一种萃取剂分类法是根据萃取剂分子中功能基的特征原子进行分类，常用冶金萃取剂的特征原子是氧、氮、磷、硫。因此目前冶金中常用的萃取剂可分为四大类。

1. 含氧萃取剂

此类萃取剂分子中只含有碳、氢、氧三种元素的原子，包括醚 $\left(\begin{array}{c}R\\ \diagdown\\ O\\ \diagup\\ R\end{array}\right)$、醇（R—OH）、酮 $\left(\begin{array}{c}R\\ \diagdown\\ C{=}O\\ \diagup\\ R\end{array}\right)$、酸（RCOOH）、酯 $\left(\begin{array}{c}R\\ \diagdown\\ C{=}O\\ \diagup\\ R{-}O\end{array}\right)$ 的各种有机化合物，它们与被萃取物的结合，是通过氧原子进行的。

2. 含磷萃取剂

此类萃取剂分子中除含有碳、氢、氧三种元素外，还含有磷原子，它们亦可分为三类。

(1) 中性磷（膦）型萃取剂。它可视为正磷酸 $\left(\begin{array}{c}HO\\ HO{-}P{=}O\\ HO\end{array}\right)$ 分子中的羟基或氢原子完全被烃基取代的衍生物，故也称为酯。

$$\begin{matrix} R\text{—}O \\ R\text{—}O\text{—}P\text{=}O \\ R\text{—}O \end{matrix} \quad 或 \quad \begin{matrix} R \\ R\text{—}P\text{=}O \\ R \end{matrix}$$，前者分子中只有 C—O—P 键，故称为中性磷酸酯，后者分子中有 C—P 键，故称为中性膦酸酯，它们通过磷氧键上的氧原子发生配位作用。

(2) 酸性磷(膦)型萃取剂。它可视为正磷酸分子中部分羟基或氢为烃基取代的衍生物。同样，只有 C—O—P 键者称为磷酸，而有 C—P 键者称之为膦酸，例如：

$$\begin{matrix} HO \\ RO\text{—}P\text{=}O \\ RO \end{matrix} \quad \begin{matrix} HO \\ R\text{—}P\text{=}O \\ R \end{matrix} \quad \begin{matrix} HO \\ HO\text{—}P\text{=}O \\ RO \end{matrix} \quad \begin{matrix} HO \\ HO\text{—}P\text{=}O \\ R \end{matrix}$$

双烷基磷酸　　双烷基膦酸　　单烷基磷酸　　单烷基膦酸

一般情况下，它们通过羟基上的氢与金属阳离子发生交换，在高的酸度下，磷氧键上的氧原子也可参与配位。

3. 含氮萃取剂

含有碳、氢、氮或碳、氢、氧、氮原子的萃取剂称为含氮萃取剂，它们主要分为如下四类。

(1) 胺类萃取剂。它可视为氨的烷基取代衍生物，氨分子中一个氢为烷基取代的衍生物，称为伯胺(RNH_2)，两个氢为烷基取代的衍生物为仲胺(R_2NH)，三个氢为烷基取代的衍生物为叔胺(R_3N)，季铵盐 R_4NCl 可视为氯化铵分子中的四个氢为烷基取代的衍生物，它们通过氮原子与金属离子配位。

(2) 酰胺萃取剂。氨分子中的一个氢为酰基 RO—C 取代，另两原子氢为烷基取代的衍生物为酰胺，如 $R\text{—}\underset{\underset{O}{\|}}{C}\text{—}N\begin{matrix}R'\\R'\end{matrix}$ 它们也是通过氧原子与金属离子配位。

(3) 羟肟与异羟肟酸类萃取剂。同时含有肟基 C=NOH 及羟基的萃取剂，称为羟肟萃取剂，例如 $\underset{\underset{OH}{|}}{R-CH}-\underset{\underset{NOH}{\|}}{C-R'}$。它们通过羟基氧原子与肟基氮原子与金属离子生成螯合物而实现萃取。对具有 $R-\underset{\underset{NH-OH}{|}}{\overset{\overset{O}{\|}}{C}}$ 结构的萃取剂为异羟肟酸，金属离子也是与它生成螯合物而被萃取。

(4) 羟基喹啉类萃取剂。最有代表性的是 Kelex 100，其结构式为 [结构图]，它也是一种螯合萃取剂。

4. 含硫萃取剂

此类萃取剂的分子中，除含碳、氢外，还含有硫，在提取冶金中目前研究应用的有硫醚类及亚砜类两类萃取剂。

硫醚 (R_2S) 可以看作是硫化氢的二烷基衍生物，而亚砜 ($R_2S=O$) 则可视为硫醚被氧化的产物。

硫醚的萃取作用主要是通过硫原子实现的，而亚砜类萃取剂的萃取则是通过氧原子配位实现的。

表5-4列出了常用萃取剂及它们的代号(缩写)。

在冶金学中，也常从讨论萃取过程化学反应出发，将萃取剂分为如下三类。

(1) 阳离子交换萃取剂(酸性萃取剂)。表5-4中的螯合萃取剂，羧酸类萃取剂及酸性磷型萃取剂均属此类，后两类又统称为非螯合酸性萃取剂。其共同特征是被萃物以阳离子形式与此类萃取剂的氢离子发生交换，故也称为液体阳离子交换剂。

表 5-4　常用稀释剂——中性

类　型		化合物名称	代号或缩写	结构式	磨尔质量/(g/mol)	密度/(g·cm^3)	沸　点/℃
中性磷型萃取剂	磷酸酯	磷酸三丁酯	TBP	$\begin{array}{c}C_4H_9O\\C_4H_9O-P=O\\C_4H_9O\end{array}$	266.37	0.9727(25℃) 0.9760 (25℃)(水饱和)	150 (1333.2 Pa)
	膦酸酯	甲基磷酸二甲庚酯	P350	$\begin{array}{c}C_6H_{13}\\CH_3CH-O\\CH_3-P=O\\C_6H_{13}CH-O\\CH_3\end{array}$	320.3	0.9148 (d_4^{25})	120-122 (26.7Pa)
	三烷基氧化膦	三辛基氧膦	TOPO	$(C_8H_{17})_3PO$	386.65	0.9198 (25℃)	210-225 (400Pa)
		三烷基氧膦	TRPO	$\begin{array}{c}R\\R'-P=O\\R''\end{array}$ (RR'R''C$_6$-C$_8$ 的烷基)			
中性含氧萃取剂	醇	仲辛醇	OCTAN-OL-2	$\begin{array}{c}CH_3(CH_2)_3CHOH\\CH_3\end{array}$	130.22	0.8193 (20℃)	178.5
	酮	甲基异丁基酮	MIBK	$\begin{array}{c}O\\\|\|\\CH_3CCH_2CH(CH_3)_3\end{array}$	100.156	0.8006 (30℃)	115.65

磷型萃取剂和中性含氧萃取剂

黏度/(mPa·s)	表面张力/(N/m×10⁻³)	折射率/n_D^t	介电常数	在水中溶解度/(g/L)	应用举例
3.32(25℃) 3.39(25℃) 水饱和	26.7	1.4224 (25℃)	7.96 (80℃)	0.39g/L ℃	核燃料前后处理及稀土、有色金属元素分离，也可用作添加剂
7.5677 (25℃)	28.9 (25℃)	1.4360 (25℃)	4.55 (20℃)	0.01g/L (25℃)	主要用于稀土分离，锑(Ⅲ)-(Ⅳ)分离，并用作添加剂
				0.008g/L (25℃)	协萃剂、添加剂和分析试剂
					协萃剂、添加剂
		1.4260 (20℃)		1.0g/L	从 HCl 溶液中萃取铊(Ⅲ)、铁(Ⅲ)、金(Ⅲ)；从 H_2SO_4-HF 溶液中萃取分离铌-钽；用作添加剂
0.585 (20℃)	23.64 (20℃)	1.3958 (20℃)	13.11 (20℃)	1.7%(wt) (25℃)	铌-钽和锆-铪分离；早期曾用于核燃料后处理。

(2)阴离子交换萃取剂(碱性萃取剂)。表 5-4 中的胺类萃取剂属于此类,其基本特征是此类萃取剂与酸形成的胺盐,在萃取过程中与水相中以阴离子形态存在的被萃物发生交换反应,故也称为液体阴离子交换剂。

(3)中性萃取剂。表 5-4 中的中性含磷,中性含氧萃取剂均属此类,其基本特征是萃取过程完全依靠特征氧原子的配位作用,既无阳离子交换,也无阴离子交换反应发生。

5.2 萃取过程的化学原理

5.2.1 分配平衡

5.2.1.1 分配定律

萃取过程的实质是组分在两不互相混溶的液相中进行分配,这种分配受能斯特分配定律支配。

恒温恒压下,溶质 M 在两基本不互相混溶的液相进行分配,如果溶质在两相中的存在形式相同,即其分子式相同,在达到平衡时,其化学位相等,从而有:

$$a_{M(2)}/a_{M(1)} = \exp[-(\mu_1^\ominus - \mu_2^\ominus)/(RT)] = \lambda^\ominus$$

式中 $a_{M(2)}$,$a_{M(1)}$ 分别为溶质 M 在 1,2 两相平衡时的活度,$\mu_1^\ominus$,$\mu_2^\ominus$ 为 M 在两相的标准化学位。

按活度定义可得

$$a_{M(2)}/a_{M(1)} = [M_2] \cdot \gamma_2 / ([M_1] \cdot \gamma_1) = \lambda \gamma_2 / \gamma_1 \approx \lambda^\ominus$$

式中,γ_2 和 γ_1 分别为溶质 M 在两相的活度系数。在稀溶液中其值为 1。因此,可以认为在稀溶液中,溶质 M 在两相的分配达到平衡时,它在两相的浓度比 λ 近似为常数。λ 称为能斯特分配平衡常数，而 $\lambda^{\ominus}$ 则称为能斯特热力学分配平衡常数。

事实上，冶金过程实际处理的溶液往往并不是稀溶液，且溶质在两相中由于逐级络合作用或缔合作用，它们存在的形式并不相同，这就使人们直接用能斯特分配定律来定量处理萃取分配平衡发生困难，于是，就人为地规定一些指标来定量描述萃取过程。

5.2.1.2 萃取过程的参数

1. 分配比(D)及它与能斯特分配平衡常数之间的关系

同一金属离子在溶液中由于络合或缔合作用，而具有多种形态，往往是其中一种或几种形态的离子能被萃取。换言之，即能在两相之间分配，其中每一种形态的离子的分配都应服从分配定律，但是各形态离子的 λ 并不一定相同，而目前在宏观上分别测定各种形态离子的浓度还不可能。因此，在实际工作中就用分配比(D)来描述物质在两平衡液相之间的分配，其定义为：在萃取达到平衡后，被萃取物在有机相的总浓度和在水相中的总浓度之比值称为分配比。

$$D=\frac{\overline{C_T}}{C_T}=\frac{\overline{[M_1]}+\overline{[M_2]}\,\overline{[M_3]}+\cdots\overline{[M_n]}}{[M_1]+[M_2]+[M_3]+\cdots[M_n]}$$

式中 C_T 和 $\overline{C_T}$ ——分别为被萃物在水相和有机相的总浓度；

$[M_1][M_2]\cdots[M_3]$ ——分别为各种形态的被萃物在水相的浓度。上面带一横线的表示在有机相的浓度(下同)。

显然 D 与 λ 之间有一定的关系。D 受 λ 支配，即受分配定律支配，但是 D 的具体数值容易测定，而 λ 却是难于测定的。在一些文献中将 D 称之为分配系数。应该注意，不要把分配比与分配常数混淆。从下面的实例中，可以区别 D 和 λ 的不同意义。

例：用 TBP 从硝酸溶液中萃取钍时，因钍在硝酸溶液中可能有 Th^{4+}、$Th(NO_3^-)^{3+}$、$Th(NO_3^-)_3^{2+}$、$Th(NO_3^-)_3^+$、$Th(NO_3^-)_4$、$Th(NO_3^-)_6^{2-}$ 各种形态存在，而仅仅中性的分子能被萃取。此时钍的

分配比为:

$$D_{Th} = \frac{\overline{C_T}}{C_T} = \frac{\overline{[Th(NO_3^-)_4]}}{[Th^{4+}]+[Th(NO_3^-)^{3+}]+\cdots+[Th(NO_3^-)_6^{2-}]}$$

而中性 $Th(NO_3)_4$ 的分配平衡常数则为:

$$\lambda_{Th(NO_3)_4} = \frac{\overline{[Th(NO_3^-)_4]}}{[Th(NO_3^-)_4]}$$

2. 萃取率(q)

定义为被萃取物进入有机相中的量占萃取前料液中被萃取物总量的百分数。即:

$$q = \frac{\overline{C_T}\overline{V}}{\overline{C_T}\overline{V}+C_T V} \times 100\% = \frac{\overline{C_T}}{\overline{C_T}+C_T(V/\overline{V})} \times 100\% =$$

$$\frac{\overline{C_T}}{\overline{C_T}+C_T(1/R)} \times 100\% = \frac{D}{D+1/R} \times 100\%$$

式中 R 称之为相比,即有机相体积($\overline{V}$)与水相体积(V)之比。

3. 分离因数

当有两组分在互不相溶的两个液相之间分配时,用分离因数(符号 $\beta_{A/B}$)表示它们分配的难易程度,定义分离因数为在同一萃取体系内,在同样条件下两组分的分配比的比值,即 $\beta_{A/B} = \frac{D_A}{D_B}$。

5.2.1.3 萃取等温线,饱和容量与饱和度

由分配比的定义可以知道,D 是一个变数,当水相中被萃取物浓度改变时,D 即随之发生变化,也就是说有机相的浓度也要随着变化。因此,在一定温度下,被萃取物质在两相的分配达到平衡时,以该物质在有机相的浓度和它在水相的浓度关系作图。可得到如图 5-2 所示的曲线,称为萃取等温线(又称萃取平衡线,

简称平衡线)。当水相浓度达到一定程度时,则曲线趋向水平,说明当水相金属离子浓度逐渐升高到一定程度后,有机相的金属离子浓度基本维持不变。这种现象表明一定浓度的萃取剂能结合的金属离子的最大量是一定的,也就是说,它具有一定的饱和容量。当曲线趋于水平时,有机相中

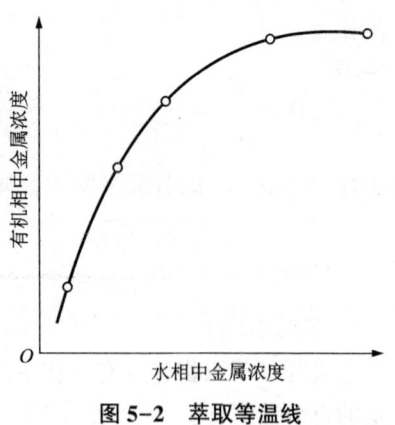

图 5-2 萃取等温线

金属离子的浓度就是该萃取剂对该离子的饱和容量。根据萃取等温线,可以计算出不同浓度时的分配比,还可以确定萃取级数,推测萃合物的组成等。

萃取饱和容量的单位为:被萃取物质量(g)/有机相体积(L)或被萃取物质量(g)/萃取剂摩尔数等等。其测定方法除了用等温线外切线法之外,还可以用一份有机相同数份新鲜水相接触。直到有机相不再发生萃取作用为止,分析此时有机相所含被萃物的量即为饱和容量。

在实际工作中,还用到饱和度的概念,所谓饱和度系指有机相中的实际容量与饱和容量之比。

5.2.2 萃取体系

按照有无化学反应发生,萃取体系可以分为有反应萃取或无反应萃取两大类。

无反应萃取的基本特征是溶质简单按照溶解度的差别在两相之间发生分配,溶剂与被萃物之间没有化学结合,萃取剂本身在水相与有机相之间的分配基本上属于这一类萃取。

至于金属的溶剂萃取,在绝大部分情况下均伴随有化学反应发生,即水相中的金属离子以不同的形式与萃取剂发生化学结合,生成易溶于有机相的萃合物而被萃取。冶金学家更为关心的也是这一类萃取。按照化学反应的不同,或被萃金属的存在形式,这类萃取一般包括下列三个子类。

1. 中性溶剂化络合萃取

当组分以生成中性溶剂化络合物的形式被萃取时,具有以下三个特征:①被萃取物是以中性分子形式与萃取剂作用。如 $UO_2(NO_3)_2$;②萃取剂本身也是以中性分子,如 TBP、R_2O 等形式发生萃合作用;③生成的萃合物是一种中性溶剂化络合物,如 $UO_2(NO_3)_2 \cdot 2TBP$ 或 $UO_2(NO_3)_2 \cdot (H_2O)_4 \cdot 2R_2O$。其中萃取剂的功能团直接与中心原子(原子团)配位的称为一次溶剂化,通过与水分子形成氢键而溶剂化的称为二次溶剂化。其结构式如图 5-3 所示。

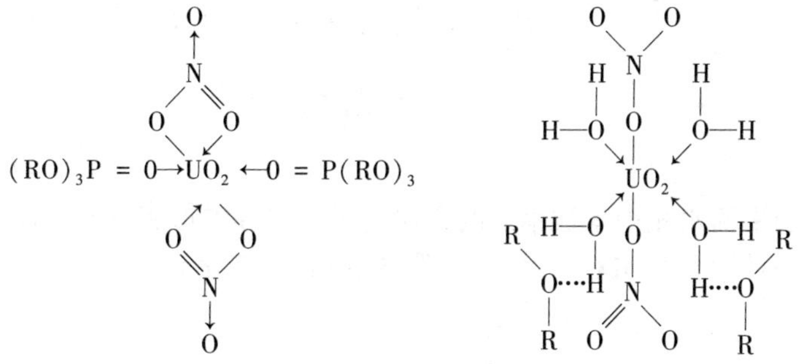

图 5-3　中性溶剂化络合物结构式

a——一次溶剂化;b——二次溶剂化

现假设有一个正 m 价的金属离子按中性溶剂化机理被萃取,它在水相中与一价阴离子 X^- 成逐级络离子:MX^{m-1},…,MX_m,…MX_n^{m-n},$n>m$,中性分子 MX_m 能被萃取剂 R 所萃取,并与萃取剂分子生成逐级萃合物 $MX_m \cdot R$，$MX_m \cdot 2R$，$\cdots$，$MX_m \cdot eR$，它们进入有机相。设平衡后此金属在有机相总浓度为 $\overline{C}_T$，在水相总浓度为 C_T，则：

$$\overline{C}_T = \overline{[MX_m \cdot R]} + \overline{[MX_m \cdot 2R]} + \cdots + \overline{[MX_m \cdot eR]}$$
$$= \{K_1[\overline{R}] + K_2[\overline{R}]^2 + \cdots + K_e[\overline{R}]^e\}[M][X]^m$$

其中，K_1、$K_2 \cdots K_e$ 为生成各种形式的萃合物的平衡常数，$\overline{R}$ 表示萃取剂在有机相浓度。

$$C_T = [M] + [MX] + \cdots + [MX_n] =$$
$$\{[M] + K_{络1}[M][X] + \cdots + K_{络n}[M][X]^n\} =$$
$$\{1 + \sum_{n=1}^{n} K_{络n}[X]^n\}[M]$$

其中，$K_{络n}$ 为水相中络离子的积累稳定常数。

萃取达到平衡时，分配比可表示为：

$$D = \frac{\overline{C}_T}{C_T} = \frac{\{K_1[\overline{R}] + K_2[\overline{R}]^2 + \cdots + K_e[\overline{R}]^e\}[X]^m}{(1 + \sum_{n=1}^{n} K_{络n}[X]^n)}$$

(5-1)

当平衡水相中未被萃取的金属离子只以 M^{m+} 形态存在，且只生成一种萃合物 $MX_m \cdot eR$ 时，则(5-1)式可简化为：

$$D = Ke[\overline{R}]^e[X]^m = K_s[\overline{R}]^e[X]^m \quad (5-2)$$

因只生成一种萃合物，故 Ke 就是萃取反应的总平衡常数，以 K_s 表示，称为萃合常数。

例如，用 TBP 萃取三价稀土元素时，发生下列萃合反应：

$$RE^{3+} + 3NO_3^- + 3\overline{TBP} = \overline{RE(NO_3)_3 \cdot 3TBP}$$

显然，按照(5-2)式

$$D = K_s[NO_3^-]^3[\overline{TBP}]^3 \quad (5-3)$$

必须指出的是，式中$[\overline{\text{TBP}}]$代表萃取平衡时自由萃取剂浓度，它等于 TBP 的起始浓度（即总浓度 $\overline{C}_{\text{TBP}}$）减去三倍萃合物浓度，如果有部分硝酸也被 TBP 萃取的话，还必须减去硝酸结合的 TBP 浓度，即：

$$[\overline{\text{TBP}}] = \overline{C}_{\text{TBP}} - 3[\overline{\text{RE(NO}_3)_3 \cdot 3\text{TBP}}] - [\overline{\text{HNO}_3 \cdot \text{TBP}}]$$

一般 TBP 萃取金属中性盐时，萃合物大致有三类：

$\text{M(NO}_3)_3 \cdot \text{TBP}$ （M——三价稀土及锕系元素）

$\text{M(NO}_3)_4 \cdot 2\text{TBP}$ （M——四价锕系元素及锆铪）

$\text{M(NO}_3)_2 \cdot 2\text{TBP}$ （M——六价锕系元素）

由 5-2 式可见，水相中阴离子配位体浓度及游离萃取剂浓度对分配比 D 有重大的影响。

2. 阳离子交换萃取

阳离子交换萃取又称为酸性络合萃取，它具有三个特征：①萃取剂是一种有机弱酸，可用通式 HR 表示。②被萃物是以阳离子或荷正电原子基团被萃取；③萃取反应是阳离子交换：

$$M^{n+} + n\text{HR}_n = \text{MR}_n + n\text{H}^+$$

能按此原理发生萃取作用的萃取剂一般有三类：

（1）螯合萃取剂。它们有两种官能团，即酸性官能团和配位官能团。金属离子与酸性官能团作用，置换出氢离子，形成一个离子键，而配位官能团又与金属离子形成一个配价键，从而生成疏水螯合物（内络盐）而进入有机相，在选择合适的条件下，能达到很完全的萃取，且分离系数也较大，但它们的萃合反应速度一般较慢，萃合物在有机溶剂中的溶解度不够大，萃取剂的价格也较贵。在冶金中，目前较有应用前途的螯合萃取剂主要是含氮螯合萃取剂。如羟肟类萃取剂、异羟肟酸类萃取剂，及 8-羟基喹啉类萃取剂（见表 5-4）。8-羟基喹啉类萃取剂在酸性介质和碱性介质中有不同的配位方式：

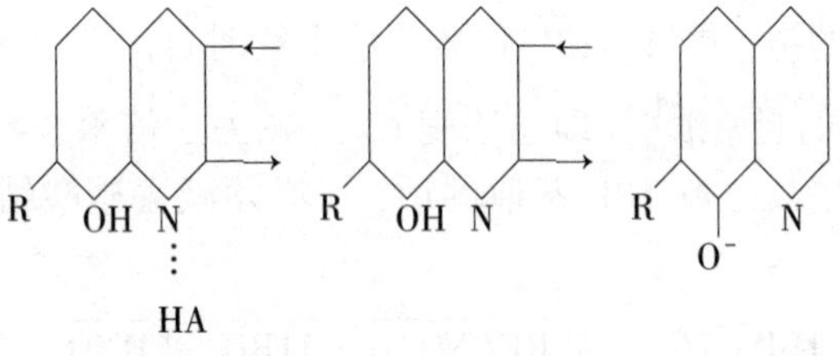

酸介质　　　　　　　　　　　　碱介质

因此，可以在碱性介质中与金属阳离子配位生成螯合物，而在酸性介质中借助氢键萃取金属的络合酸。

(2) 酸性磷型萃取剂。在这一类萃取剂中目前获得最广泛应用的有磷酸二异辛酯，又称磷酸二(2-乙基已基)酯，代号 P_{204}，缩写为 HDEHP 或 D_2EHPA；异辛基磷酸单异辛酯，又称 2-乙基已基膦酸 2-乙基已基酯，缩写为 HEHEHP，代号 P_{507} (见表 5-4)。

这类萃取剂(例如 P_{204})，在非极性溶剂中由于氢键作用以二聚形态存在，以 $(HR)_2$ 表示：

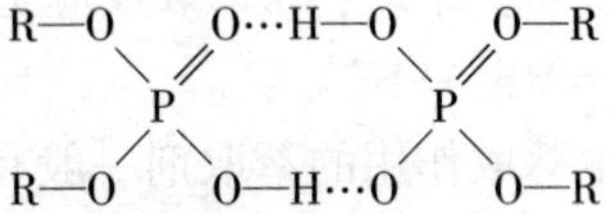

二聚分子与金属阳离子发生交换反应：

$$M^{n+} + n\overline{(HR)_2} = \overline{M(HR_2)_n} + nH^+$$

生成的萃合物也有螯环，其结构式如图 5-4 所示。这类萃合物的结构中有三个八原子环，其中四个氧原子在一个平面上，但是这种螯环中有氢键存在，故稳定性不如螯合萃取剂生成的螯环。

(3) 羧酸萃取剂。RCOOH 以单分子和二聚分子两种形式参与萃取反应，其反应式可表示为：

$$M^{n+} + n\overline{HR} = \overline{MR_n} + nH^+$$

$$M^{n+} + n\overline{(HR)_2} = \overline{M(HR_2)_n} + nH^+$$

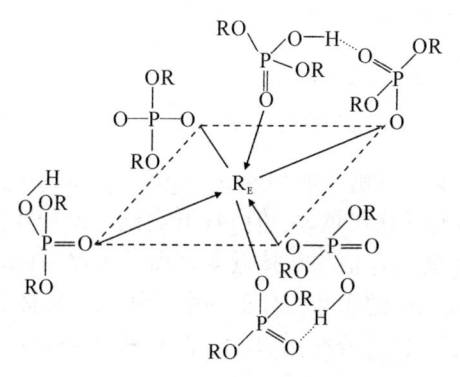

图 5-4 P₂₀₄ 与稀土离子的萃合物的结构

在它们的萃合物中也可能有螯环结构，如稀土萃合物 $\overline{\mathrm{RE(HA_2)_3}}$ 中含有与 P_{204} 萃合物类似的螯环。在 $\overline{\mathrm{RER_3}}$ 中也可能有不稳定的四元螯环。

羧酸类萃取剂中应用最多的是异构羧酸及环烷酸。后者是石油工业的副产品，价廉易得，使用更为广泛。

上述三类萃取剂中，就酸性而言酸性磷型萃取剂比螯合与羧酸萃取剂均要强，故能在较酸性的溶液中进行萃取；就螯合物的稳定性而言，羧酸最差，P_{204} 居中，因为它们的萃取原理相同，所以影响萃取的因素也是相似的。

这类萃取体系的总化学反应通式可表示为：

$$n[\overline{\mathrm{HR}}] + \mathrm{M}^{n+} = \overline{\mathrm{MR}_n} + n\mathrm{H}^+$$

萃合常数 $K_s = \dfrac{[\overline{\mathrm{MR}_n}][\mathrm{H}^n]}{[\overline{\mathrm{HR}}]^n[\mathrm{M}^{n+}]} = D \times \dfrac{[\mathrm{H}]^n}{[\overline{\mathrm{HR}}]^n}$

所以 $D = K_s \dfrac{[\overline{\mathrm{HR}}]^n}{[\mathrm{H}^+]^n}$ (5-4)

将(5-4)式用对数展开,得

$$\lg D = \lg K_s + n\lg[\overline{HR}] - n\lg[H^+] =$$
$$\lg K_s + n\lg[\overline{HR}] + n\mathrm{pH} \quad (5-5)$$

由式(5-5)可见,自由萃取剂浓度与 pH 对 D 的影响很大,$[\overline{HR}]$ 大则 D 大,pH 高 D 也越大,但 pH 升高到一定程度,金属离子发生水解,因此最大 D 值是在接近金属离子水解 pH 处。

由于 D 是 pH 的函数,对一个具体的萃取体系,总可以有一个 pH,在此 pH 时分配比 $D=1$,此时式(5-5)变成下列形式:

$$\mathrm{Lg}D = 0 = \lg K_s + n\lg[\overline{HR}] + n\mathrm{pH}$$

故 $\quad \mathrm{pH} = -1/n\lg K_s - \lg[\overline{HR}]$

当游离萃取剂浓度一定时,此 pH 为一常数,以符号 $\mathrm{pH}_{1/2}$ 表示之,即

$$\mathrm{pH}_{1/2} = -1/n\lg K_s - \lg[\overline{HR}] \quad (5-6)$$

$\mathrm{pH}_{1/2}$ 不是体系的变量,对任一特定的体系它是一个固定的数值。因此,我们将它作为判定酸性络合萃取体系的萃取能力的一个指标。其意义可以理解为当萃取相比为 1,则根据式 $q = \dfrac{D}{D+1/R} \times 100\%$,在 $D=1$ 时 $q=50\%$,故取其名称为半萃取时的水相平衡 pH。

如果水相中的 $[HA]$,$[A^-]$ 和 $[MA_n]$ 均可忽略不计,假设有机相内不发生二聚作用,则自由萃取剂浓度可以按下式计算:

$$[\overline{HR}] = C_{HA} - n[MA_n]$$

将(5-6)式代入(5-5)式,则有:

$$\lg D = \lg K_s + n\lg[\overline{HR}] + n\mathrm{pH} = n(\mathrm{pH} - \mathrm{pH}_{1/2}) \quad (5-7)$$

(5-7)式中 pH 为体系的变量,是可以人为改变的萃取条件,而

pH$_{1/2}$是在固定萃取体系、固定游离萃取剂浓度情况下表征该体系萃取能力的一个指标。如上所述，水相 pH 越高则 D 越大，因此对同一萃取体系而言，pH$_{1/2}$值越小的金属离子越容易被萃取。对同一金属离子而言，具有 pH$_{1/2}$越小的萃取体系越有利于该金属离子的萃取。

根据(5-7)式，在用同一有机相体系萃取不同金属离子时，可得到一组对称的 S 形曲线，图 5-5 则为不同价态金属离子的理论萃取曲线。

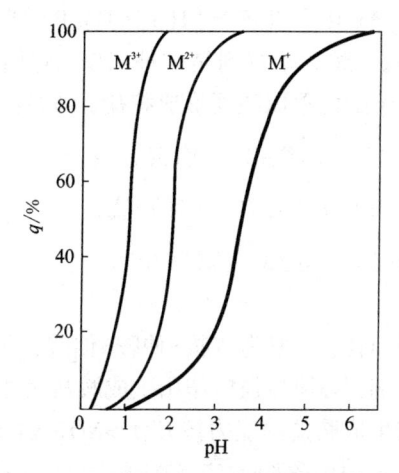

图 5-5　各种价态金属离子的理论萃取曲线

3. 金属络阴离子萃取

这类萃取的基本特征是被萃金属以络阴离子形式与带相反电荷的大的有机阳离子形成疏水性的离子缔合体而进入有机相，在萃取化学中它们被划入离子缔合类萃取。在金属提取过程中主要应用𨦡盐萃取及胺盐萃取两大类。

（1）𨦡盐萃取。一般含氧萃取剂与磷型萃取剂，在水相酸度高的情况下可按生成𨦡盐形式萃取金属离子，此时萃取剂的氧原子提供电子对与氢离子配位形成𨦡阳离子，而金属离子却生成络阴离子，两者靠静电作用形成疏水离子对而进入有机相。例如乙醚从盐酸溶液中萃取铁，发生典型的生成𨦡盐的反应：

$$\begin{bmatrix} R \\ \diagdown \\ O:H \\ \diagup \\ R \end{bmatrix} + [FeCl_4]^- = \begin{bmatrix} R \\ \diagdown \\ O:H \\ \diagup \\ R \end{bmatrix} FeCl_4^-$$

近代对溶液化学研究的深入认为：含氧萃取剂是与水化质子结合成大的阳离子，尔后再与金属络阴离子缔合，例如：

$$[H^+(H_2O)_n R_m] + TaF_6^- = [H^+(H_2O)_n R_m] TaF_6$$

(2) 胺盐萃取。胺类萃取剂是一种弱碱，它们靠氮原子的未共用电子对与质子配位萃取酸而形成胺盐，例如：

$$\overline{RHN_2} + HCl = \overline{RNH_3Cl} \quad （伯胺盐）;$$

$$\overline{R_2NH} + HCl = \overline{R_2NH_2Cl} \quad （仲胺盐）;$$

$$\overline{R_3N} + HCl = \overline{R_3NHCl} \quad （叔胺盐）。$$

就碱性强弱而言，一般为叔胺>仲胺>伯胺，它们均属于中等强度的碱性萃取剂，必须与强酸作用生成胺盐后才能萃取金属络阴离子。无机酸生成胺盐的能力按 $ClO_4^- > NO_3^- > Cl^- > HSO_4^- > F^-$ 的顺序逐渐减小。在水相中络阴离子的配体 (X^-) 浓度足够大时，胺盐萃取金属络阴离子的反应为阴离子交换：

$$(n-m)\overline{R_3NH \cdot X} + MX_n^{(n-m)-} = \overline{[R_3NH]_{n-m}[MX_n]} + (n-m)X^-$$

在 X^- 浓度较小时，可能是按亲核反应而被萃取

$$(n-m)\overline{R_3NH \cdot X} + MX_m = \overline{[R_3NH]_{n-m}[MX_n]}$$

伯、仲、叔胺的盐及𨦡盐与较强之碱作用可分解出相应的胺或含氧萃取剂，如

$$\overline{RNH_3Cl} + NaOH = \overline{RNH_2} + NaCl + H_2O$$

同时弱碱强酸的盐还可发生水解反应：如

$$\overline{RNH_3Cl} + H_2O = \overline{RNH_2} + HCl \cdot H_2O$$

利用上述原理，可用碱和水(或稀酸)作为伯、仲、叔胺及锌盐萃取之反萃剂。

锌盐萃取的总反应为：

$$M^{m+} + nX^- + (n-m)\overline{R_2O} + (n-m)H^+ = \overline{(R_2OH^+)_{n-m} \cdot MX_n^{(n-m)-}}$$

萃合常数 $K_s = \dfrac{[\overline{(R_2OH^+)_{n-m} \cdot MX_n^{(n-m)-}}]}{[M^{m+}] + [X^-]^n [\overline{R_2O}]^{n-m} [H^+]^{n-m}} =$

$$D \times \dfrac{1}{[X^-]^n [\overline{R_2O}]^{n-m} [H^+]^{n-m}}$$

故 $D = K_s [X^-]^n [\overline{R_2O}]^{n-m} [H^+]^{n-m}$ (5-8)

胺盐萃取的总反应为：

$$M^{m+} + (n-m)H^+ + nX^- + (n-m)\overline{R_3N} = \overline{(R_3NH^+)_{n-m} \cdot MX_x^{(n-m)-}}$$

萃合常数 $K_s = \dfrac{[\overline{(R_3NH^+)_{n-m} \cdot MX_n^{(n-m)-}}]}{[M^{m+}][H^+]^{n-m} \cdot [X^-]^n \cdot [\overline{R_3N}]^{n-m}} =$

$$D \times \dfrac{1}{[H^+]^{n-m} \cdot [X^-]^n [\overline{R_3N}]^{n-m}}$$

故 $D = K_s [H^+]^{n-m} \cdot [X^-]^n \cdot [\overline{R_3N}]^{n-m}$ (5-9)

(式5-8)与(式5-9)式有完全相同的形式，显而易见，氢离子浓度，形成络阴离子的配位体浓度及游离萃取剂浓度对分配比有重要的影响。由于胺类萃取剂的碱性比含氧萃取剂强，故胺类萃取与锌盐萃取相比，可相对在较低酸度下进行。

季胺盐有所不同，它本身就是一种盐，无需先萃酸就能萃取金属络阴离子。它属于强碱性萃取剂，在酸性、中性和碱性溶液中均可萃取。由于金属阳离子必须先生成络阴离子才能被萃取，故配体 X^- 的浓度，游离萃取剂浓度对分配比 D 的影响仍是至关重要的。而对金属含氧酸根阴离子如 WO_4^{2-}, ReO_4^-，它能直接萃取。此时游离萃取剂浓度对分配比 D 的影响很大。

5.2.3 萃取过程的影响因素

以上(5-2)、(5-5)、(5-8)、(5-9)四式均说明游离萃取剂浓度、水相酸度(或 pH)、及水相阴离子配位体浓度对过程的分配比有重要影响。因此，调整这些参数就可以改变被萃物的分配比，改变待分离金属离子的分离系数。除此之外，每类萃取体系的萃合参数 K_s 都会受到许多因素的制约，例如水相络离子或被萃络合物的稳定常数；萃取剂在两相的分配或离解；萃合物的溶解性等等。因此，萃取过程的影响因素是多方面的。

1. 空腔效应

因为溶剂分子之间存在相互作用力，溶质进入溶剂则必须施加能量破坏这种作用力，以便在溶剂中形成一个空腔接纳溶质。如果将溶质分子视作球形，则这种空腔的大小为 $4/3\pi R^3$。假设溶质在两相中存在形式相同，即溶质溶于任何一相均需在其中形成相同大小的空腔，而形成空腔所需的能量越小则溶质越易进入溶剂。如前所述，由于 AB 型溶剂中有氢键缔合，其分子间相互作用力最大，而水是 AB(Ⅰ)型溶剂中氢键缔合最强者，因此溶质进入水相的空腔能总是比进入有机相的空腔能为大，溶质分子越大，这种差别就越大，溶质进入有机相的倾向就越大，即"被萃物分子越大越有利于萃取"。无论是哪一种萃取体系，都可以看作是将小的被萃物与有机分子结合成大的萃合物而进入有机相。

2. 离子水化作用

在水溶液中金属离子以水化离子形式存在，为了进入有机相，必须去掉包围金属离子的水分子层。而离子水化与离子本身的电荷及大小有关，可用 Z/r(荷径比)、Z^2/r(离子势)定量描述离子水化程度，即离子电荷越高，半径越小，则水化程度越强烈。对于非球形的复杂离子，还可用"比电荷"对其水化趋势进行粗略的估计。所谓比电荷即复杂离子的静电荷与组成复杂离子的原子个数之比，如 $FeCl_4^-$ 络离子的比电荷为 $1/(1+4)=1/5$，而 $ZnCl_4^{2-}$ 络离子的比电荷为 $2/(1+4)=2/5$。比电荷越大越难萃取，例如，在盐酸溶液中用含氧萃取剂很容易将三价铁离子萃取出来，其原因就在于三价铁的氯络离子的比电荷很小，而又有足够之氢离子使萃取剂生成𨦡阳离子，因而能生成大分子𨦡盐进入有机相。

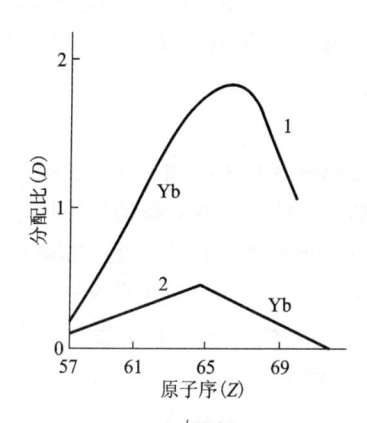

图 5-6 $P_{350}/RE(NO_3)_3 \Big/ {HNO_3 \atop HNO_3+NH_4NO_3}$ 体系 D-Z 关系图

又如图 5-6 表示在硝酸溶液中用 P_{350} 萃取稀土离子时，三价稀土离子原子序数与分配比的关系。在重稀土部分，随着原子序数增加和离子半径的减小，离子势 Z^2/r 增加，离子水化作用增强，故分配比减小。那么为什么在轻稀土部分，同样随着离子势增加，分配比反而增加呢？这是因为随着原子序数增加，稀土络合物的稳定性也增加，在轻稀土部分、络合物稳定性的影响比水化作用影响大，故分配比呈上升趋势，而在重稀土部分，水化作用的影响占主导地位，故分配比呈下降趋势。

3. 金属离子的水解或水解聚合作用

金属离子与水分子相互作用的结果，可以使金属离子发生水解与水解聚合作用，例如在稀的盐酸溶液中，三价铁离子由于水解作用可以以 $Fe(OH)^{2+}$ 及 $Fe(OH)_2^+$ 形式存在，此时形成氯络阴离子 $FeCl_4^-$ 的几率很小，故不能被含氧萃取剂以𨥁盐形式萃取。

前述阳离子交换萃取体系中，由式(5-5)可知，pH 增加，分配比 D 增加，但 pH 的增加受金属离子水解的限制。因为 pH 增加到一定程度时，会产生氢氧化物沉淀，所以最大之分配比只可能在接近水解 pH 附近。

4. 盐析作用

在萃取过程中，可以往水相中添加一种无机盐，它本身并不被萃取，但是由于它的加入可使被萃取对象的分配比增加，这种盐被称之为盐析剂。盐析作用的原理有两个方面，如果盐析剂与被萃取的金属的中性分子或者络阴离子有共同的阴离子，则由于同离子效应使分配比增加。例如往硝酸稀土溶液中添加硝酸铵，由于 NO_3^- 浓度增加，按式(5-2)，稀土元素的分配比增加，反映在图 5-6 中线 1 比线 2 高出了许多。又如在含钴镍的氯化物溶液中，镍不被胺萃取，此时溶液 pH≈1，由于镍浓度高达 100 g/L，其盐析作用可使 50 g/L 左右的钴能以氯离子形式被三正辛胺定量萃取。

盐析作用的第二方面在于添加的无机盐的阳离子有强烈的水化作用，吸引了一部分自由水分子，相当于脱除或部分脱除了被萃金属离子的水化层，故使它们的分配比增加，盐析作用一般随离子强度增加而增加,所以高价金属离子的盐的盐析作用更强烈一些。从这一观点出发,阳离子交换萃取体系中同样可以添加盐析剂以提高 D 值。如用螯合萃取剂从硫酸盐溶液中萃取分离钴镍,以$(NH_4)_2SO_4$ 作盐析剂,金属的萃取率随水相中$(NH_4)_2SO_4$浓度的升高而增大,如图 5-7 所示。事实上,在阳离子交换体系中盐的阳离子不参与萃取反应,式(5-5)中也反映不出它们对 D 的影响,但是由于它们可以通过对金属离子的水合能力的强弱起作用,从而间接地影响分配比,所以在阳离子交换体系中选择适当的水相成分也是重要的。

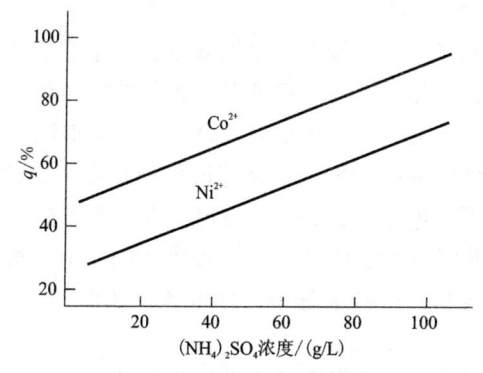

图 5-7 $(NH_4)_2SO_4$ 浓度对 N_{530} 萃取钴镍的影响

添加盐析剂尽管可以提高分配比,但是它的回收方法及对下工序的影响也是必须考虑的问题。因此,有时为了简化流程,可用提高料液浓度的办法来代替外加盐析剂,这种情况叫做"自盐析"。还需要注意的是,被萃金属离子浓度对分配比的影响不是绝对的,当它们浓度的提高,影响到自由萃取剂浓度明显降低时,分配比反而会降低。

5. 水相中添加其他络合剂的作用

在萃取过程中也可以采用添加水溶性络合剂的方法调整被萃

物的分配比。例如在稀土硝酸盐萃取时，若往水相中添加乙二胺四乙酸(EDTA)，它能与稀土离子生成 1∶1 的螯合物，因为它有很多亲水基团，故使稀土离子更加亲水而不能进入有机相，从而使分配比下降，这种络合剂称为抑萃络合剂，也叫做掩蔽剂。

添加络合剂有时也可增加分配比，这种络合剂就称为助萃络合剂，例如萃取硝酸稀土时，水相中添加硝酸盐可使分配比增加，其原因之一是作为络合配位体的硝酸根的同离子效应，如前所述，它们被称之为盐析剂，但从络合作用去理解，这种无机盐就是一种简单的助萃络合剂。

6. 丧失亲水性作用

螯合萃取之所以有较好的萃取效果就在于它们在生成电中性的盐的同时，还有配位原子满足中心离子的配位数，排挤掉与中心离子配位的水分子，从而使中心离子丧失亲水性。

前述中性溶剂络合作用也是使被萃物丧失亲水性，由于萃取剂分子提供孤对电子配位，可以挤掉与中心离子配位的水分子形成一次溶剂化络合物，或者与第一水化层的水分子配位，形成二次溶剂化络合物，而将水分子屏蔽起来，从而使其亲水性降低，分配比增加。

因此，在萃取中选择有适当碳链长度或支链的萃取剂，使被萃物丧失亲水性是提高分配比的基本途径。

7. 协萃作用

有时使用两种萃取剂组成的混合体系萃取金属离子，此时金属的分配比远远大于每种萃取剂单独使用时它们的分配比之和，称这种现象为出现了协萃效应。如图 5-8 所示。

协萃作用使分配比 D 增大的本质可以理解为生成了比单一萃取剂的萃合物分子更大的萃合物，如 $UO_2R_2(HR)_2 \cdot B$ 或 $UO_2R_2B_2$，根据空腔效应原理，它更易进入有机相，或者第二种萃取剂取代了单一萃取剂的含水萃合物如 $UO_2(H_2O)_xR_2(HR)_2$

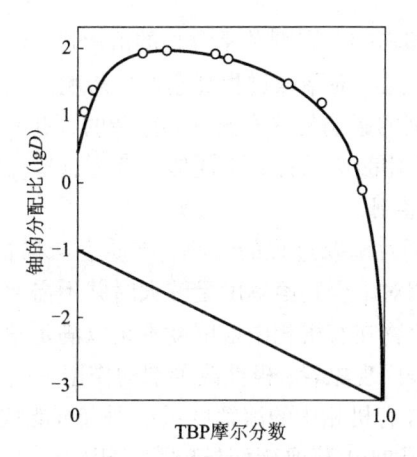

图 5-8 以 TTA+TBP 混合溶剂萃取铀的分配比与混合溶剂成分关系

中的水分子而变成更疏水的 $UO_{2R}(HR)_2 \cdot YB$ 萃合物,根据丧失亲水性原理,它更易进入有机相。

8. 稀释剂

释释剂对萃取过程的影响从本质上而言是使前述各关系式中的萃合常数 K_s 发生变化,从而使分配比发生变化。

稀释剂与萃取剂之间可能以氢键相结合,从而使萃取剂的有效浓度发生变化,例如 TBP 萃取硝酸铀酰时,醇与 TBP 之间发生氢键结合,使 TBP 有效浓度降低,从而使分配比 D 下降。但是用仲辛醇在氢氟酸溶液中萃取钽铌时,酮的作用却使分配比 D 增加,此时酮与醇分子之间发生氢键结合,使相互之间以氢键结合的长链醇分子断开,此时醇的有效浓度增加。

稀释剂影响到萃取剂或被萃化合物在有机相的聚合作用,这种聚合作用如有利于萃取,则增加这种聚合作用的稀释剂对萃取过程有利,反之亦然。

稀释剂能够影响萃取剂及萃合物的溶解度,影响有机相的粘度及表面性质,这些对萃取过程都会产生影响。

因此稀释剂的影响是多方面的,复杂的,对不同体系其效果不一样,实际应用时必须针对不同体系慎重选择稀释剂。

9. 极性改善剂

极性改善剂对萃取过程的影响,本质上与稀释剂是一致的。但是,当有机相对萃合物溶解度足够大时并不需要添加极性改善剂,只有在萃合物在有机相中溶解度不足以满足萃取要求时才添加它,因此从表面现象看,极性改善剂的作用是使分配比增加。

若萃合物在有机相中的溶解度过小则有可能从有机相中析出形成第三相。用 TBP 萃取硝酸钍时,三相的生成是一个典型代表,如图 5-9 所示。当有机相 TBP 质量分数为 20% 时,平衡水相钍浓度超过 80g/L 则出现三相,如采用 100% 的 TBP,此时过量之 TBP 本身就相当于"极性改善剂",有机相的总极性的增加,使三相得以消除。

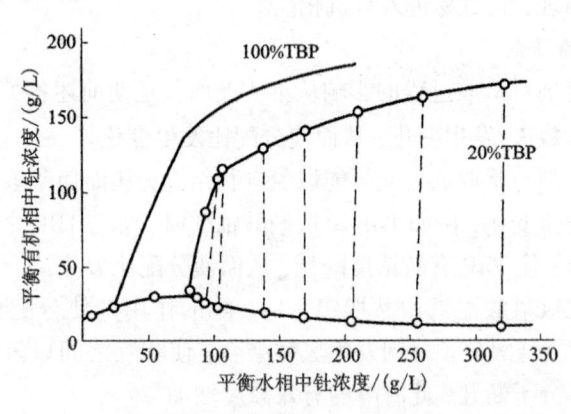

水相酸度:5M;相比 1:1;温度 25℃。

图 5-9 TBP-煤油萃取 Th(NO$_3$)$_4$ 时第三相的形成

10. 温度

根据范特荷夫等压方程式，前述各反应方程中的萃合常数 K_s 与温度的关系可表示为：

$$\left(\frac{\partial \ln K_s}{\partial T}\right)_P = \frac{\Delta H^{\ominus}}{RT^2}$$

对于吸热反应，$\Delta H^{\ominus} > 0$，萃合常数 K_s 随温度升高而增加。对于放热反应，$\Delta H^{\ominus} < 0$，萃合常数 K_s 随温度的升高而减小。因此萃取过程的温度对分配比有一定的影响。例如用质量分数为 10% 的 P_{507} 及质量分数为 90% 的 260 号煤油萃取分离钴镍时，$\Delta H_{Co}^{\ominus} = 31.3$ kJ/mol，$\Delta H_{Ni}^{\ominus} = 6.8$ kJ/mol，所以，温度升高，它们的分配比增加，但钴的热函值大，故温度对它的分配比影响大，而 $\Delta H_{Ni}^{\ominus}$ 很小，故其分配比值变化不大。从而可用改变温度的办法来调整它们的分离系数，有关试验结果如表 5-5 所示。

表 5-5　温度对 P_{507} 萃取分离钴镍的影响

温度/℃	10	20	30	40	50
D_{Co}	18.3	32.6	53.1	61.5	151
D_{Ni}	0.304	0.294	0.304	0.294	0.341
$\beta_{Co/Ni}$	60.2	111	202	412	443

温度还影响萃取过程的分相性能，例如用叔胺萃取偏钨酸盐时，一般需在 40℃ 的温度下进行，其主要原因是温度较低时，分相速度过慢，只有在 40℃ 下进行萃取其分相速度才能满足工程化的要求，而在反萃时适当加温却是为了减少反萃过程中仲钨酸铵沉淀的产生。

利用温度的影响还发展了一种高温萃取体系，例如将 TBP 溶解在多联苯的熔体（150℃）中，并从 $LiNO_3$-KNO_3 的低熔混合物（熔点 30℃）中萃取硝酸稀土，其分配比可以比在相应的硝酸水溶液中提高 100~1000 倍。

5.2.4 萃取过程动力学

萃取反应的速度，即达到平衡所需时间，对于萃取设备类型的选择、萃取设备的大小及溶剂的用量有明显的影响，甚至当两种金属的反应速度相差较大时，还可利用这种差异实现动力学分离。因此，研究萃取过程动力学对于解决萃取过程的工程技术问题有非常现实的意义。

实际上，与萃取的工业应用及萃取化学的其他分支相比较，萃取动力学的研究是相当落后的。究其原因，除了问题的复杂性外，生产实践对解决此问题的迫切性不足是一重要原因。因为对于大部分实际应用的萃取体系而言，反应速度一般很快，至多在几分钟内就能达到平衡，所以在相当一段时间内对动力学研究重视不足。随着萃取工业的发展，人们发现在核燃料萃取中，减少两相接触时间对于减缓萃取剂的辐照降解现象有益，人们还观察到在羟肟类萃铜的大规模工业应用实践中某些元素有极慢的萃取反应速度，萃取动力学的研究才逐渐活跃起来。

萃取动力学的影响因素复杂，而且还受实验技术的影响，采用不同的研究方法往往会得到不同的结论。因此，至今尚无法得出统一的结论，甚至对不同的萃取体系也还得不到适合这一类体系的一致结论。因此，本文对这一问题也只能作一粗略的介绍。

1. 分类

由于萃取是涉及在两个液相中进行的带有化学反应的传质过程，故可像处理气体吸收速度或液固反应速度那样，将萃取过程按动力学特征分为三类，即动力学控制萃取过程，扩散控制萃取过程和混合类型萃取过程。事实上，由于萃取反应既可能发生在相内也可能发生在相界面上，从而使萃取过程的动力学变得更加复杂。

(1) 扩散控制萃取过程。这类过程的化学反应速度相当快,当化学反应发生在相界面上时,界面组成,即界面上反应物及生成物的比例与界面反应平衡表示式中各物质的浓度关系相一致。萃取速度不仅与搅拌强度及界面积有关,而且慢的扩散物浓度也有影响。

(2) 动力学控制的萃取过程。这类过程的化学反应速度相当慢,因此研究控制萃取速度的一个或若干个化学反应发生的位置,即判明反应是发生在相内或者是相界面上,还是在界面附近很薄的一个相邻区域内,是很重要的。

1) 相内化学反应控制的情况。此时萃取剂的溶解度,它们的分配常数(它随稀释剂的种类及水相离子强度不同而变化),萃取剂在水相的离解常数及相比是研究此类动力学的重要参数。

2) 界面化学反应控制的情况。此时界面积、反应物的界面活度及与界面上分子优先取向、有关的分子的几何排列是研究动力学的重要参数。

2. 不同萃取体系的动力学特征

迄今为止,对不同萃取体系的动力学研究发展极不平衡。相对而言,阳离子交换体系的动力学研究,特别是对螯合萃取剂的动力学行为研究较为集中。

(1) 阳离子交换体系的动力学

在前面的讨论中提到的萃取过程总反应式可以表示为一个多阶段的反应过程:

1) 萃取剂在两相的分配 $\overline{RH} \rightleftharpoons RH$

2) 水相中萃取剂的解离 $RH \rightleftharpoons R^- + H^+$

3) 萃取剂阴离子与金属阳离子的逐级络合作用

$$M^{n+} + R^- \rightleftharpoons MR^{(n-1)+}$$

$$(MR^{n-1})^+ + (n-1)R^- \rightleftharpoons MR_n$$

4)萃合物在两相分配 $MR_n \rightleftharpoons \overline{MR_n}$

此类反应的正向反应速度可表示为：

$$-\frac{d[M^{n+}]}{dt}=\frac{k_f[M^{n+}]^x[\overline{HR}]^y}{[H^+]^z}$$

式中，k_f为反应速度常数，x,y,z为反应级数。

①酸性非螯合萃取剂。在冶金上常用的此类萃取剂有酸性有机磷萃取剂及羧酸。后者的动力学研究数据还不充分。而现有对酸性有机磷萃取金属离子的动力学资料表明大部分研究过的萃取体系都具有界面化学反应控制特征，也有一些研究表明存在混合扩散-化学反应动力学特征。

②螯合萃取剂。这类萃取剂的动力学研究报道较多，用非水溶性的打萨宗萃取 Zn^{2+} 的较近期的研究报道表明，速度控制步骤随 Zn 浓度变化而变化，在高 Zn 浓度时，打萨宗扩散至界面的速度是控制步骤，而在低 Zn 浓度时，界面上打萨宗阴离子与 Zn^{2+} 的化学反应是控制步骤。

而用同系列的水溶性的萃取剂的研究表明，很可能是随水相萃取剂浓度增加，反应控制区从界面移向水相内。

(2)阴离子交换体系的动力学

1)胺萃取酸的情况。用三月桂胺的甲苯溶液萃取盐酸的结果证明，萃取中有两个慢的过程，一为界面化学反应，二为生成的胺盐从界面离去的过程，即：

$$H^+ + R_i \rightleftharpoons (RH)_i^+ \quad (慢过程)$$

$$Cl^- + (RH)_i^+ \rightleftharpoons (RHCl)_i \quad (快过程)$$

$$(RHCl)_i + \overline{R} \rightleftharpoons \overline{HRCl} + R_i \quad (慢过程)$$

下标 i 代表界面浓度。

2)胺盐萃取金属的情况。由于胺盐的界面活性很大，有理由相信在这一体系内界面反应也占有优势。例如，三月桂胺萃取铁的情况可表示为：

$$FeCl_3 + q(RHCl)_i \rightleftharpoons [FeCl_3(RHCl)_q]_i$$

$$[FeCl_3(RHCl)_q]_i + \overline{RHCl} \rightleftharpoons \overline{FeCl_3(RHCl)} + q(RHCl)_i$$

$$[FeCl_3(RHCl)_q]_i + 3\overline{RHCl} \rightleftharpoons \overline{FeCl_3(RHCl)_3} + q(RHCl)_i$$

用二正癸胺从硫酸盐介质中萃取铀的研究表明，萃取机理取决于水相硫酸盐浓度，在低浓度下为中性物质的传质过程。

$$\overline{3(R_2NH_2)_2SO_4} + UO_2SO_4 \rightleftharpoons \overline{(R_2NH_2)_6UO_2(SO_4)_4}$$

但在高硫酸盐浓度的情况下，则为阴离子交换反应

$$\overline{3(R_2NH_2)_2SO_4} + UO_2(SO_4)_2^{2-} \rightleftharpoons$$

$$\overline{(R_2NH_2)_6UO_2(SO_4)_4} + SO_4^{2-}$$

反应同样发生在相界面上。

(3) 中性溶剂化络合体系动力学

主要的研究对象是中性有机磷萃取剂，对 HNO_3-TBP、HSCN-TBP、HNO_3-TOPO、HSCN-TOPO 体系的水反萃的动力学研究表明，其传质过程为界面化学反应所控制，而随着反应的进行而变为扩散控制，在扩散控制的情况下，溶质从有机相内向界面的扩散是控制步骤。但是，对 $HClO_4$-TBP 体系而言，在整个过程传质似乎均为扩散所控制。

3. 影响萃取速度的因素

(1) 搅拌速度及界面积。扩散控制的萃取过程速度与搅拌强度和界面积大小均有关系。随搅拌强度增加其速度呈规律性的上升。而化学反应控制的情况则比较复杂；在相内化学反应控制的情况下，萃取速度与界面大小及搅拌强度均无关系；在界面化学反应控制的情况下，萃取速度与搅拌强度无关，但随界面积增大而增大。

（2）温度。如果是扩散控制，温度上升时粘度与界面张力下降，萃取速度会有所上升，但影响不是那么明显，而对于化学反应控制的过程，则温度影响非常显著。一般而言，化学反应控制的活化能大于 42 kJ/mol，但也并非绝对如此，有的化学反应控制的活化能也很小。

（3）水相成分。如前所述，被萃金属离子浓度对萃取速度有直接影响，随其浓度的变化，速度的控制步骤会发生变化；其次，由速率表示式也可看出，水相酸度对萃取过程也有影响。

除此之外，水相中其他阴离子配位体对萃取速度有重要影响。例如用烷基磷酸萃取铁时，氯离子能加速 Fe^{3+} 的萃取，这是因为氯离子可取代 Fe^{3+} 的水化层水分子而生成动力学活性被萃物；又如 TTA-苯从 $HClO_4$ 中萃铁的反应很慢，若往水相中加入 NH_4SCN，则由于 SCN^- 与 Fe^{3+} 生成 $Fe(SCN)_3$，能立即被萃入有机相，尔后被有机相中的 TTA 将 SCN^- 取代出来，从而使反应速度大大增加。

（4）有机相组成。由于稀释剂对萃取剂的聚合作用有影响，从而影响到有机相内各组分的活度系数及反应的活化能。因而同一萃取剂用不同稀释剂时对同一水相同一金属离子萃取时的反应级数是不相同的。

萃取剂分子在相界面上的几何排列对萃取速度有影响，同属螯合萃取剂的 β-醛肟比 β-羟基酮肟萃酮的速度快许多就是由于前者的分子构形有利于形成优越的界面分子几何排列，遗憾的是目前尚不能进行定量处理。

合成萃取剂时引入的杂质对萃取速度也有影响，如合成芳香族 β-羟肟时带进的杂质壬基酚引起萃取速度明显下降。因此，可以认为壬基酚是一种动力学阻萃剂。相反，向有机相中添加某些添加剂也可起到加速萃取的作用，它们称之为动力学协萃剂。最典型的例子是向 Lix65N 中加入 Lix63，形成一种新的萃铜萃取剂 Lix64N，其中，Lix63 起动力学协萃剂作用。

5.3 萃取工程技术

5.3.1 萃取体系与方式的选择

5.3.1.1 萃取体系的选择

在湿法冶金中进入萃取工序的料液的性质与组成，例如酸性溶液还是碱性溶液，酸或碱的种类和浓度，存在的其他无机盐的种类或浓度等等都是由前面的工序所决定的。根据上工序来的料液情况，也就是根据被分离组分的基本存在形式，可以确定选用的萃取体系的类型。例如，拟从钨酸钠溶液中提取钨。因为钨是以钨酸根阴离子状态存在的，所以决不可选酸性络合萃取体系，而只能从𨰿盐或胺盐萃取体系去考虑。由于前者的基本条件是在高酸下萃取，而各种形态的钨酸根离子只能在弱酸性及碱性条件下存在，故只能考虑胺盐萃取的可能性了。又如钽铌矿用氢氟酸分解所得料液，钽铌均以氟络阴离子状态存在，且料液酸度相当高，因此在各种含氧萃取剂中寻找合适之萃取体系是恰当的，而氧化铜矿的硫酸浸出液中，铜以二价阳离子形式存在，故选择酸性络合萃取体系是适宜的。

当然也有这样的情况，为了适应有较好分离效果的萃取体系的需要，而对料液的酸度与组成进行调整，故在萃取工序前往往有一配料工序，甚至还有为此目的而改变矿石的处理方法的。例如，在钽铌冶金史上，分解矿石的方法曾经是多样的，但是由于氢氟酸介质中分离钽铌的优越性，目前所有其他分解钽铌原料的方法均被氢氟酸法所取代。

后续工序的可能与要求也是选择萃取体系必须考虑的因素，例如尽管在盐酸介质中有对铜的高容量萃取剂，但由于氯化铜电解获得致密铜有困难，目前工业上仍只得选择在硫酸介质中萃取铜，而同时研究氯化铜的电解。

萃取过程的经济因素也是选择萃取体系所必须考虑的又一个因素。在选择萃取体系时应考虑尽量使低浓度组分优先萃取，使高浓度组分留在水相中，从而减少传质量。

萃取体系的选择，关键在于选择萃取剂、稀释剂与相调节剂。选择一个尽善尽美的体系是困难的，只能权衡轻重而定。萃取剂的选择应遵循如下原则：

a. 良好的萃取与反萃取性能

——对被萃元素有较高之萃取容量，大的分配比，因而可用较少的萃取剂来处理浓度较高的料液；

——在待分离组分之间有高的分离系数，即选择性好；

——反萃容易，因而为后处理、萃取剂的再生循环及提高金属回收率带来很多好处；

——与稀释剂或者相调节剂能很好混溶；

——有好的化学稳定性及辐照稳定性，因而能反复循环使用而不降解。

b. 良好的分相性能

——与水相混合时不生成稳定乳状液，这就要求有合适的粘度与密度，较大之表面张力。

c. 高的安全性

——无毒，不易燃，不挥发。

d. 经济性

——在水相中有很低的溶解度，价格便宜，来源广。

稀释剂与相调节剂的选择，同样应遵循具有良好的相分离性能，经济性，安全性等原则，另外，还应注意到它们与萃取剂之间的相互作用，对萃取性能的影响。

稀释剂是原油的一些分馏产品，由于各地原油的成分不同，稀释剂的组分也不相同，而且稀释剂中的杂质还有可能对萃取过程产生影响。

稀释剂与相调节剂的选择一般应经过实验筛选，循环使用来决定取舍。

5.3.1.2　萃取方式的选择

将含有被萃组分的水溶液与有机相充分接触，经过一定时间后，被萃取组分在两液相间的分配达到平衡，两相分层后，把有机相与水相分开，此过程称为一级萃取。在一般情况下，一级萃取常常不能达到分离、提纯和富集的目的，而需经过多级萃取。将经过一级萃取的水相与另一分有机相充分接触，平衡后再分相，称之为二级萃取。依此类推，将这样的过程重复下去，称为三级、四级、五级等。同样，也不难理解多级洗涤和多级反萃。这种水相与有机相多次接触，从而大大提高分离效果的萃取工艺称为串级萃取。

为了提高分离效果，获得预期萃取结果，按有机相与水相接触方式不同，串级工艺可分为：并流萃取、逆流萃取、回流萃取与错流萃取。

1. 并流萃取

水相和有机相按同一方向在萃取设备中由一级流经下级，一直到从最后一级流出，称为并流萃取，如图5-10所示。

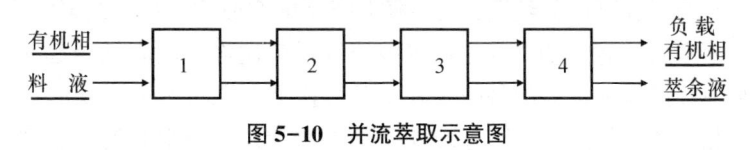

图5-10　并流萃取示意图

2. 逆流萃取

多级逆流萃取就是把有机相与水相分别从多级萃取器的两端加入，两相逆流而行，如图5-11所示。在每一个萃取器中，两相经过充分接触和澄清分离的过程。然后，分别进入相邻的两个萃取器。

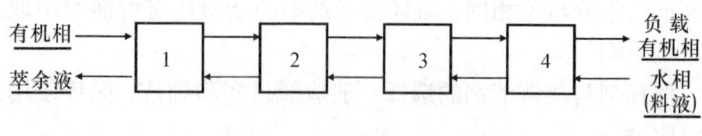

```
有机相 →  ┌─┐ → ┌─┐ → ┌─┐ → ┌─┐ → 负载
          │1│   │2│   │3│   │4│    有机相
萃余液 ←  └─┘ ← └─┘ ← └─┘ ← └─┘ ← 水相
                                    (料液)
```

图 5-11　逆流萃取示意图

事实上，水相(料液)进入端，是料液浓度最高的水相与游离萃取剂浓度最低的有机相相遇，而在有机相进入端则是游离萃取剂浓度最高的有机相与被萃物浓度最低的水相接触，从而使有机萃取剂得到了充分的利用，它特别适合于分配比和分离系数较小的物质的萃取分离。

3. 分馏萃取

分馏萃取就是加上洗涤段的逆流萃取，如图 5-12 所示。

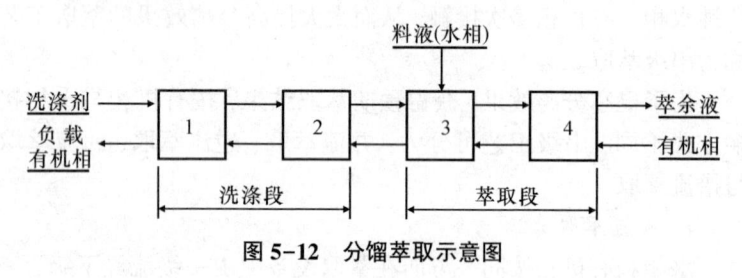

```
                          料液(水相)
                             ↓
洗涤剂 →  ┌─┐ → ┌─┐ → ┌─┐ → ┌─┐ → 萃余液
          │1│   │2│   │3│   │4│
负载      └─┘ ← └─┘ ← └─┘ ← └─┘ ← 有机相
有机相
          ├──── 洗涤段 ────┤├── 萃取段 ──┤
```

图 5-12　分馏萃取示意图

为了提高产品纯度，又不降低产品的实收率，就将经多级逆流萃取后的有机相，再进行多级连续逆流洗涤。两者结合起来，利用洗涤保证足够的纯度，利用多级逆流萃取可获得高实收率。因此，这种方法可以使分配比不高的物质，获得很高的实收率，并保证得到要求的纯度，也能使分离系数相近的各种元素得到较好的分离。

4. 回流萃取

回流萃取实际上是分馏萃取的一种改进，采用萃取法来分离性质极相近的两元素时,用回流萃取可以提高产品的纯度,改进分离效果,但产量有所降低。

例如:在料液中含 A、B 两性质相似的元素。A 易被萃取,B 难被萃取(以后均同)。若按图 5-12 进行分馏萃取,所得萃余液中有纯 B,而萃取有机相中有纯 A。

但为了分别提高 A、B 的纯度,而使分馏萃取的洗涤剂中含有一定量的纯 A,在洗涤过程中,使它与负载有机相中所含的微量 B 进行交换,从而使进入反萃段的负载有机相中 A 的纯度进一步提高。同样,为了使水相产品中 B 的纯度提高,而使有机相在进入萃取段前,在转相段中与部分水相产品接触,从而含有部分纯 B。这部分纯 B 与水相中含的 A 进行交换,使水相产品 B 的纯度更高。这种带有回流的分馏萃取,就称为回流萃取,如图 5-13 所示。

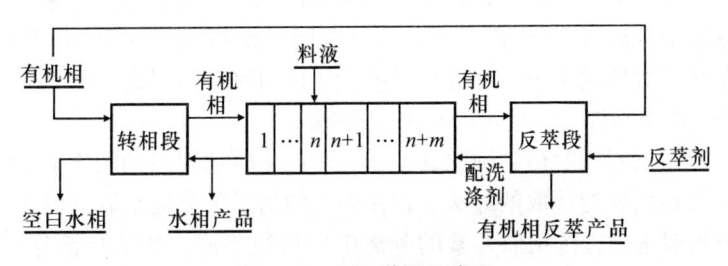

图 5-13　回流萃取示意图

5. 错流萃取

错流萃取方式如图 5-14 所示。将新鲜的有机溶剂与料液按一定的相比,加入第一级萃取器,经充分混合后分相,再将负载有机相排出,萃余液进入第二级萃取器,按同一相比与新鲜有机相重新混合澄清分相,又将负载有机相排出,萃余液又进入下一萃取器。并依此类推,直到最后一级。

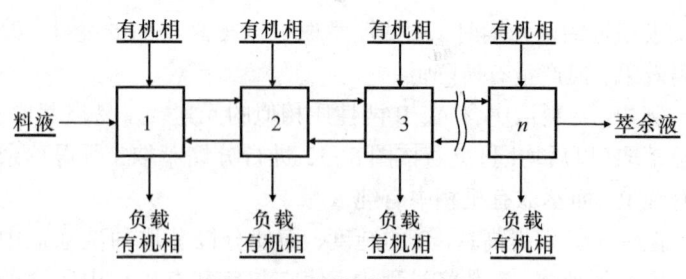

```
  有机相    有机相    有机相         有机相
    ↓        ↓        ↓             ↓
料液→ [ 1 ]→[ 2 ]→[ 3 ]→╫←[ n ]→萃余液
    ↓        ↓        ↓             ↓
   负载     负载     负载           负载
  有机相    有机相    有机相         有机相
```

图 5-14　错流萃取示意图

上述几种方式中，以逆流萃取与分馏萃取应用最为普遍。具体选择何种萃取方式，主要取决于对分离产品的纯度和收率的要求。

逆流萃取用于从溶液中提取有价金属离子。例如从硫酸介质中用螯合萃取剂萃铜，从偏钨酸钠溶液中用叔胺萃钨。当逆流萃取用于分离 A、B 两组分时，不可能同时得到纯的 A 和 B，即使在 β 不大的情况下，可得到纯 B，但 B 的收率不很高，或者反过来，可得到纯 A，但 A 的收率不很高。

如果要同时得到纯的 A 和 B，而且又要求较高的收率时，就必须采用分馏萃取的办法。在 β 不大的情况下分馏萃取也可实现分离要求，这在相似元素的分离中用得很普遍。如锆与铪分离，钽与铌分离，稀土分离等。在有价金属与杂质的萃取分离中，也广泛采用分馏萃取法。

如果 β 相当小，又要求纯度较高时，这就必须采用回流萃取的手段，实际上，这是用牺牲一定的产量的办法来实现高纯度的要求。

错流萃取虽可得到一个纯产品，但收率低，试剂消耗大，只是在个别特定情况下（如分相很困难）才采用。

并流萃取也是只有在特定情况下才被采用，例如我们研究从含硫代钼酸铵的有机相中用次氯酸钠进行氧化反萃，开始用逆流反萃，由于负载有机相是与次氯酸钠含量最低之反萃剂相遇，故硫代钼酸根被氧化成钼酸根及元素硫。而单质硫是乳化剂，使相分离困难，而被迫停车，后改用并流反萃。这时，负载有机相与氧化能力最强之新鲜反萃剂相遇，反萃产物是钼酸根与硫酸根，没有元素硫存在，故乳化现象得以消除。

5.3.2 逆流萃取的计算

1. 萃取平衡线的实验测定

测定萃取平衡的实验方法有相比变化法及变化料液浓度法两种。

相比变化法是用同一种浓度的料液，按不同的相比与同一种组成的有机相接触。例如，同时在11个分液漏斗中，分别按相比1/10、1/8、1/6、1/4、1/2、1/1、2/1、4/1、6/1、8/1、10/1，放入有机相和料液，然后振荡混合相同的时间，尔后令其澄清分相，取样分析，再根据有机相中金属浓度，对水相中的金属浓度作萃取平衡线。应用相比变化法测平衡线时，应注意在全部试验中，各个试验点的水相平衡pH应相同，其办法是澄清分相后检查水相的pH，如果需要的话，加酸或碱调节之，以后再振荡两相，为保证分析数据可靠，必须保证彻底分相，没有夹带，除了延长澄清时间外，可用离心机分离。

变化料液浓度法在全部实验过程中维持相比不变，事先配制一组金属浓度不同但酸度(pH)相同的料液。在一组分液漏斗中，按同一相比加入不同浓度的料液与同一种有机相，振荡相同的时间后，澄清分相，分别测定两相平衡组成，将所得数据绘在坐标纸上连成平衡线。同样需注意维持各试验点水相平衡酸度相同，保证分相彻底。

测定平衡线的全部实验应在同一温度下进行，所以平衡线又称之为分配等温线。

2. 图解法确定萃取级数

像蒸馏过程一样，在多级逆流萃取过程中我们可以利用 McGabe-Thiele 图解，即利用平衡线与操作线作图，求理论萃取级数。

设有一多级逆流萃取过程如图 5-15 所示。

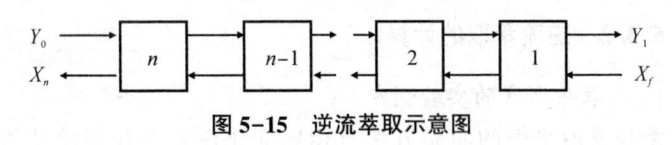

```
Y₀ →  ┌───┐ → ┌─────┐ → ┌───┐ → ┌───┐ → Y₁
      │ n │   │ n-1 │   │ 2 │   │ 1 │
Xₙ ←  └───┘ ← └─────┘ ← └───┘ ← └───┘ ← X_f
```

图 5-15　逆流萃取示意图

经 n 级逆流萃取后的总物料平衡：

$$V \cdot X_f + \overline{V} \cdot Y_0 = V \cdot X_n + \overline{V} \cdot Y_1$$

$$V(X_f - X_n) = \overline{V}(Y_1 - Y_0)$$

$$Y_1 = V/\overline{V}(X_f - X_n) + Y_0 =$$
$$1/R(X_f - X_n) + Y_0 \tag{5-10}$$

这是一条斜率为 $1/R$ 的直线方程，凡流入同一级的水相和流出同一级的有机相中被萃取组分的浓度状态点，都在此直线上，这条直线即为操作线。

将平衡线与操作线绘于同一坐标系中，即可用阶梯法求级数(图 5-16)。显而易见，进入第 1 级的水相组分浓度 x_f 与离开第 1 级的有机相浓度 y_1 在操作线上反映为同一点(A)，而离开第 1 级的水相组分浓度 x_1 与离开第 1 级的有机相组分浓度 y_1 应在平衡线上，即点 B，从 B 点作垂直线交操作线 C，其坐标(x_1, y_2)表示进入第 2 级的水相组分浓度与离开 2 级的有机相组分浓度。从 C 点作水平线交平衡线于 D，其坐标(x_2, y_2)代表离开该级的有机相和水相的浓度，如此继续下去，一直作到水相出口浓度接近 x_n 为止，所得之阶梯数，即为所求理论级数。如图 5-16 上所画的阶梯数为 5，即所求理论级数为 5。

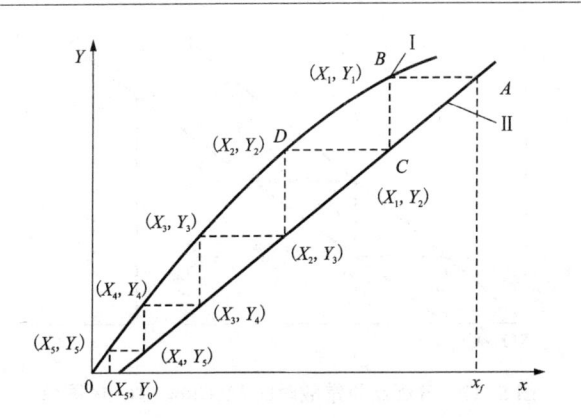

图 5-16 McGabe-Thiele 图解

3. 用图解法推导逆流萃取的计算式

首先我们定义一个描述萃取平衡分配的参量，萃取比(E)，它等于有机相中某一组分的质量流量(kg/min)与平衡水相中该组分的质量流量之比，即 $E = \dfrac{\overline{CV}}{CV} = DR$，它与萃取率 q 的关系为

$$q = \dfrac{D}{D + 1/R} = \dfrac{E}{E + 1} \times 100\%$$

如果假设各级中组分的分配比 D 相同，过程的相体积不变化，则图 5-16 中的平衡线变成一斜率为 D 的直线。如图 5-17 所示，操作线 CB 的斜率为 $\mathrm{tg}\alpha = 1/R$。显而易见：

$$x_f = a + c + e + g$$

在理想情况下，因为 $\mathrm{tg}\alpha = 1/R = b/c$，所以，$c = bR$。同理 $e = dR$，$g = fR$。又 $b/a = D$，故 $b = aD$。同理 $d = cD$，$f = eD$。可得：$c = aDR$，$e = cDR = a(DR)^2$，$g = fR = eDR = a(DR)^3$，即 $c = aE$，$e = aE^2$，$g = aE^3$。因此可得：

$$X_f = a + aE + aE^2 + aE^3$$

如为 n 级，则 $X_f = a + aE + aE^2 + aE^3 + \cdots + aE^n$

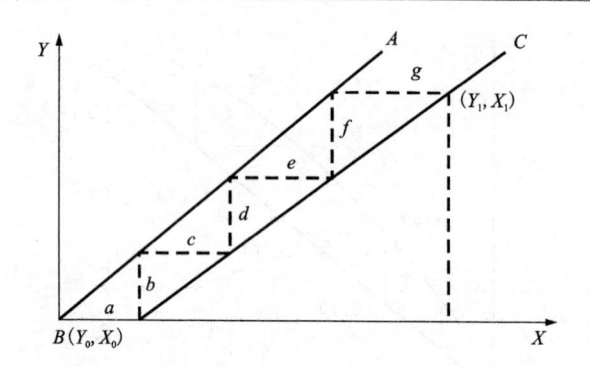

图 5-17 分配比为常数时的 McGabc-Thiele 图解

按等比级数求和计算

$$X_f = \frac{X_n(E^{n+1}-1)}{E-1}$$

如果我们引进一个函数—萃余分数 φ_x，定义其为水相出口组分 X 的质量流量与料液中组分 X 的质量流量之比，显然由上式可得

$$\varphi_x = \frac{X_n \cdot V_1}{X_f \cdot V_1} = \frac{X_n}{X_f} = \frac{E-1}{E^{n+1}-1} \tag{5-11}$$

如有 A、B 两组分，则对 A 组分有

$$\varphi_A = \frac{A_n}{A_F} = \frac{[A]_n}{[A]_F} = \frac{E_A-1}{E_A^{n+1}-1}$$

当 $E_A \to 1$ 时，根据罗彼塔法则有

$$\lim_{E_A \to 1} \varphi_A = \lim_{E_A \to 1} \frac{E_A-1}{E_A^{n+1}-1} = \frac{1}{n+1} \tag{5-12}$$

而对 B 组分有

$$\varphi_B = \frac{B_n}{B_F} = \frac{[B]_n}{[B]_F} = \frac{E_B-1}{E_B^{n+1}-1}$$

通常 $E_B < 1$，$E_B^{n+1} \ll 1$

故 $\quad \varphi_B \approx 1 - E_B \tag{5-13}$

式(5-11)是 A. Kremser 在 1930 年首先提出来的,所以称为 Kremser 方程。

为了方便用 Kremser 方程进行计算,我们必须引进一个概念叫做 B 的纯化倍数,用 b 表示,定义

$$b = \frac{\text{水相出口中 B 与 A 的浓度比}}{\text{料浓中 B 与 A 的浓度比}}$$

即
$$b = \frac{[B]_n/[A]_n}{[B]_F/[A]_F} = \frac{[B]_n/[B]_F}{[A]_n/[A]_F} = \varphi_B/\varphi_A \tag{5-14}$$

产品 B 的纯度 P_B 等于

$$P_B = \frac{[B]_n}{[B]_n + [A]_n} = \frac{[B]_n/[A]_n}{[B]_n/[A]_n + 1} = \frac{b[B]_F/[A]_F}{b[B]_F/[A]_F + 1} \tag{5-15}$$

5.3.3 分馏萃取的计算方法

5.3.3.1 阿尔德斯公式

1959 年阿尔德斯在他的名著"液液萃取"一书中推导出分馏萃取的基本方程:

$$\varphi_A = \frac{(E_A - 1)[(E_A')^m - 1]}{(E_A^{n+1} - 1)(E_A' - 1)(E_A')^{m-1} + [(E_A')^{m-1} - 1](E_A - 1)} \tag{5-16}$$

$$\varphi_B = \frac{(E_B - 1)[(E_B')^m - 1]}{(E_B^{n+1} - 1)(E_B' - 1)(E_B')^{m-1} + [(E_B')^{m-1} - 1](E_B - 1)} \tag{5-17}$$

式中,E 为萃取比;下标 A 及 B 分别代表易萃组分 A 及难萃组分 B,右上角","符号表示洗涤段;m 与 n 分别为洗涤段与萃取段的级数。

阿尔德斯公式一直沿用至今,在溶剂萃取工艺中有重大影响,它的成功之处在于,当知道 n、m、E_A、E_B、E_A'、E_B' 后可利用(5-16)及(5-17)两式计算 φ_A 及 φ_B,以 φ_A 和 φ_B,已知料液组成就可计算产品的纯度和收率。

但是阿尔德斯公式不能解决串级工艺的最优化设计问题,且他假定各级萃取器中萃取比 E_A 和 E_B 是恒定的,这一假定与实际偏差较大。

5.3.3.2 徐光宪串级萃取理论

徐光宪认为对于 A、B 两组分分离体系,尽管 E_A 和 E_B 不恒定,但是萃取段的混合萃取比 E_M 及洗涤段的混合萃比 E_M' 可以认为是恒定的,同时尽管分馏萃取中各级分离系数并不相同,但变化不大,因此可用平均分离系数 β 和 β' 进行计算。在这种基本假设的前提下,推导出一系列计算公式,解决了串级工艺最优化的设计问题。这一理论在稀土萃取工艺中已获得成功的应用,限于篇幅,本书无法详细介绍那些公式的推导过程,仅仅介绍一下它的应用方法。

1. 确定萃取体系,测定分离系数 β

针对要分离的任务,选择合适的萃取体系后,首先是进行单级试验,以确定最适当的有机相组成,皂化度(如用酸性萃取剂),料液及洗液的浓度和酸度,测定萃取段和洗涤段的平均分离系数 β 和 β',如 β 与 β' 相差不多,通常采用两者中较小的 β 值进行计算。

2. 计算分离指标

第一种情况:A 为主要产品,规定了 A 的纯度要求 $\overline{P}_{A(n+m)}$ 及收率 Y_A,其计算步骤按如下顺序

A 的纯化倍数

$$a = \frac{\overline{P}_{A(n+m)}/(1-\overline{P}_{A(n+m)})}{f_A/f_B} \tag{5-18}$$

其中,f_A 与 f_B 分别为料液中 A 和 B 的摩尔分数或重量分数。

B 的纯化倍数

$$b = \frac{a - y_A}{a(1 - y_A)} \tag{5-19}$$

$$P_{B1} = \frac{bf_B}{f_A + bf_B} \tag{5-20a}$$

$$P_{A1} = 1 - P_{B1} \tag{5-20b}$$

$$f'_A = \frac{f_A Y_A}{\overline{P}_{A(n+m)}} \tag{5-21}$$

$$f'_B = 1 - f'_A \tag{5-22}$$

式中，f'_A 与 f'_B 分别为有机相出口分数及水相出口分数。

第二种情况：B 为主要产品，规定了 B 的纯度为 P_{B1} 及收率 Y_B，其计算顺序如下：

$$b = \frac{P_{B1}/(1-P_{B1})}{f_B/f_A} \tag{5-23}$$

$$a = \frac{b - Y_B}{b(1 - Y_B)} \tag{5-24}$$

$$\overline{P}_{A(n+m)} = \frac{a f_A}{a f_A + f_B} \tag{5-25a}$$

$$\overline{P}_{B(n+m)} = 1 - \overline{P}_{A(n+m)} \tag{5-25b}$$

$$f'_B = \frac{f_B Y_B}{P_{B1}} \tag{5-26}$$

$$f'_A = 1 - f'_B \tag{5-27}$$

第三种情况，分别规定了两头产品的纯度 $P_{A(n+m)}$ 和 P_{B1}，未指明收率，共计算顺序如下：

$$a = \frac{\overline{P}_{A(n+m)}/(1-\overline{P}_{A(n+m)})}{f_A/f_B} \tag{5-18}$$

$$b = \frac{P_{B1}/(1-P_{B1})}{f_B/f_A} \tag{5-23}$$

$$Y_A = \frac{a(b-1)}{ab-1} \tag{5-28a}$$

$$Y_B = \frac{b(a-1)}{ab-1} \tag{5-28b}$$

$$f'_A = \frac{f_A Y_A}{P_{A(n+m)}} \tag{5-21}$$

$$f'_B = \frac{f_B Y_B}{P_B} \tag{5-26}$$

3. 计算混合萃取比，萃取量及洗涤量

第一方案：由最优化方程计算 E_M、E'_M、$\bar{S}$，W。

一般应先计算 E_M 及 E'_M，再根据萃出比公式计算萃取量 $\bar{S}$，尔后根据物料平衡计算洗涤量 W，因为优化的 E_M 及 E'_M 值视进料方式及水相出口分数 f'_B 的大小有四种情况，故全部计算程序分四种情况，归纳于表 5-6。

表 5-6 按最优化方程的计算程序

水相进料	如 $f'_B > \dfrac{\sqrt{\beta}}{1+\sqrt{\beta}}$ 应由萃取段控制 $E_M = 1/\sqrt{\beta}$ (5-29) $E'_M = \dfrac{E_M f'_B}{E_M - f'_A}$ (5-30) $\bar{S} = \dfrac{E_M M_1}{1-E_M} = \dfrac{E_M f'_B}{1-E_M}$ (5-33)	如 $f'_B < \dfrac{\sqrt{\beta}}{1+\sqrt{\beta}}$ 应由洗涤段控制 $E'_M = \sqrt{\beta'}$ (5-31) $E_M = \dfrac{E'_M f'_A}{E'_M - f'_B}$ (5-32) $W = \bar{S} - \bar{M}_{n+m} = \bar{S} - f'_A$ (5-34)	
有机进料	如 $f'_B > \dfrac{1}{1+\sqrt{\beta}}$ 应由萃取段控制 $E_M = 1/\sqrt{\beta}$ (5-29) $E'_M = \dfrac{1-E_M f'_A}{f'_B}$ (5-35) $\bar{S} = \dfrac{E_M f'_B}{1-E_M}$ (5-33)	如 $f'_B < \dfrac{1}{1+\sqrt{\beta}}$ 应由洗涤段控制 $E'_M = \sqrt{\beta'}$ (5-31) $E_M = \dfrac{1-E'_M f'_B}{f'_A}$ (5-36) $W = \bar{S} + 1 - f'_A = \bar{S} + f'_B$ (5-37)	

第二方案：由极值公试计算 E_M、E_M'、$\bar{S}$、W。

水相进料的情况，按下列顺序计算

$$W = \frac{1}{\beta^K - 1} \quad (1 > K > 0) \tag{5-38}$$

$$\bar{S} = W + f_A' \tag{5-34}$$

$$E_M = \bar{S}/(W+1) \tag{5-39}$$

$$E_M' = \bar{S}/W \tag{5-40}$$

有机相进料的情况，按下列顺序计算

$$\bar{S} = \frac{1}{\beta^K - 1} \quad (1 > K > 0) \tag{5-41}$$

$$W = \bar{S} + f_B' \tag{5-37}$$

$$E_M = \bar{S}/W \tag{5-42}$$

$$E_M' = (\bar{S}+1)/W \tag{5-43}$$

所选 K 值计算的 E_M 和 E_M' 必须满足关系式：

$1 > E_M > (E_M)_{\min}$

$$(E_M)_{\min} = \frac{(\beta f_A + f_B)(f_A - P_{A1})}{\beta f_A - P_{A1}(\beta f_A + f_B)} \approx$$

$$f_A + f_B / \beta (\text{水相进料}) \tag{5-44}$$

$$(E_M)_{\min} = \left(\frac{f_A}{\beta f_A + f_B} - P_{A1}\right) / (f_A - P_{A1}) \approx$$

$$\frac{1}{\beta f_A + f_B} (\text{有机进料}) \tag{5-45}$$

$1 < E_M' < (E_M')_{\max}$

$$(E_M')_{\max} = (f_B - \bar{P}_{B(n+m)}) / \left(\frac{f_B}{\beta f_A + f_B} - \bar{P}_{B(n+m)}\right) \approx$$

$$\beta f_A + f_B \quad (\text{水相进料}) \tag{5-46}$$

$$(E'_M)_{max} = \frac{\beta' f'_A}{\beta' f_B + f_A} - \frac{\overline{P}_{B(n+m)}}{f_B - \overline{P}_{B(n+m)}} \approx \frac{1}{f_B + f_A/\beta} \quad （有机进料） \quad (5-47)$$

对一般串级工艺参数的计算,可以选取 $K=0.7$ 左右进行计算。

4. 计算级数

料液中 B 是主要组分,水相出口为高纯产品 B 时,按下列公式计算:

$$n = \frac{\lg b}{\lg \beta E_M} \quad (5-48)$$

$$m+1 = \frac{\lg a}{\lg(\beta'/E'_M)} + 2.303\lg \frac{\overline{P}_B - \overline{P}_{B(n+m)}}{\overline{P}_B^* - \overline{P}_{Bn}} \quad (5-49)$$

料液中 A 是主要组分,有机相出口为高纯产品 A 时,按下列公式计算:

$$n = \frac{\lg b}{\lg \beta E_M} + 2.303\lg \frac{P_A^* - P_{A1}}{P_A^* - P_{An}} \quad (5-50)$$

$$m+1 = \frac{\lg a}{\lg(\beta'/E'_M)} \quad (5-51)$$

上列各式中

$$P_A^* = \frac{1}{2}\left\{\frac{\beta E_M - 1}{\beta - 1} + (1-E_M)P_{A1} + \sqrt{\left[\frac{\beta E_M - 1}{\beta - 1} + (1-E_M)P_{A1}\right]^2 + \frac{4(1-E_M)P_{A1}}{\beta - 1}}\right\} \approx$$

$$\frac{\beta E_M - 1}{\beta - 1} + \frac{(1-E_M)\beta E_M P_{A1}}{(\beta E_M - 1) + (1-E_M)(\beta - 1)P_{A1}} \quad (5-52)$$

如产品为高纯 B,即 P_{A1} 很小时,有

$$P_A^* = \frac{\beta E_M - 1}{\beta - 1} \quad (5-53)$$

$$\overline{P}_B^* = \frac{1}{2}\left\{\frac{\beta'/E'_M - 1}{\beta' - 1} + (1 - \frac{1}{E'_M})\overline{P}_{B(n+m)} + \right.$$

$$\sqrt{\left[\frac{\beta'/E'_M-1}{\beta'-1}+(1-\frac{1}{E'_M})\overline{P}_{B(n+m)}\right]^2+\frac{4(1-\frac{1}{1/E'_M})\overline{P}_{B(n+m)}}{\beta'-1}}\approx$$

$$\frac{\beta'/E'_M-1}{\beta'-1}+\frac{\beta'(1-1/E'_M)\overline{P}_{B(n+m)}}{\beta'-E'_M+(E'_M-1)(\beta'-1)\overline{P}_{B(n+m)}}$$

如产品为高纯 A，即 $\overline{P}_{B(n+m)}$ 很小时，有

$$\overline{P}_B^* = \frac{\beta'/E'_M-1}{\beta'-1} \qquad (5\text{-}54)$$

如用精确公式计算级数，则必须知道 P_{An} 或 $\overline{P}_{Bn}$，因假定进料级无分离效果，所以在水相进料情况下，有

$$P_{Bn}=f_B$$
$$P_{An}=f_A$$
$$\overline{P}_{Bn}=\frac{P_{Bn}}{\beta-(\beta-1)P_{Bn}} \qquad (5\text{-}55)$$

在有机相进料情况下：

$$\overline{P}_{Bn}=f_B$$
$$P_{An}=f_A$$
$$P_{An}=\frac{\overline{P}_{An}}{\beta-(\beta-1)\overline{P}_{An}} \qquad (5\text{-}56)$$

5. 确定流比

串级理论的公式是在进料量 $M_F=1{\rm m\ mol/min}$ 情况下推导出来的，知道了进料量 M_F，萃取量 $\overline{S}$ 和洗涤量 W，如果知道相应溶液的浓度，则很容易算出它们相应的比体积流量，从而可以得到它们的流比。M_F、$\overline{S}$、W 单位为 m mol/min（或 g/min），则相应溶液浓度单位为 m mol/ml（或 g/ml）。求出溶液比体积流量为 ml/min。

通常料液浓度 C_F 由单级实验确定，而公式推导是假设混合萃

取比恒定,在接近饱和状态下进行交换萃取,所以有机相浓度通常可取饱和浓度,它也可由单级实验确定,而洗液比体积流量的确定稍麻烦一些,因为洗涤量 W 是洗下之被萃物的量,必须换算为洗液的量,如果还知道洗液浓度则可求出洗液之体积流量。在用酸性萃取剂萃取三价稀土的情况时,因为已知反应 $RER_3 + 3HCl = 3HR + RECl_3$,所以洗液量应为 $3W$,从而可计算洗液的比体积流量,即

$$V_F = M_F / C_F \quad (\text{mL/min})$$

$$V_S = \overline{S} / C_S \quad (\text{mL/min})$$

$$V_W = 3W / C_H \quad (\text{mL/min})$$

5.3.4 串级模拟实验

串级模拟实验是在分液漏斗中用间歇操作模拟连续多级萃取过程的实验。它常常是在予先用图解法或计算法确定级数的基础上用分液漏斗进行的一种验证实验。

5.3.4.1 逆流萃取模拟实验

1. 齐头式模拟法

以三个分液漏斗(以下简称漏斗)模拟三级逆流过程为例,如图 5-18,每一方框代表一个漏斗,每行上方相应之 1#、2#、3# 代表三个漏斗之编号,料液浓度为 100,萃取比 $E = 2$,则可根据下式计算每萃取一次后,有机相及水相中被萃物之量:

$$q = \frac{E}{1+E}$$

$$\varphi = \frac{1}{1+E}$$

F 表示料液,S 代表有机相,且不含被萃物,E 代表萃取液,R 代表萃余液,各方框及箭头上之数字为根据上两式计算的结果。

实验开始,先向 1# 漏斗按相比加入料液与新鲜有机相,振荡平衡后静置分相,水相转入 2# 漏斗,有机相弃去。再在 2# 漏斗中

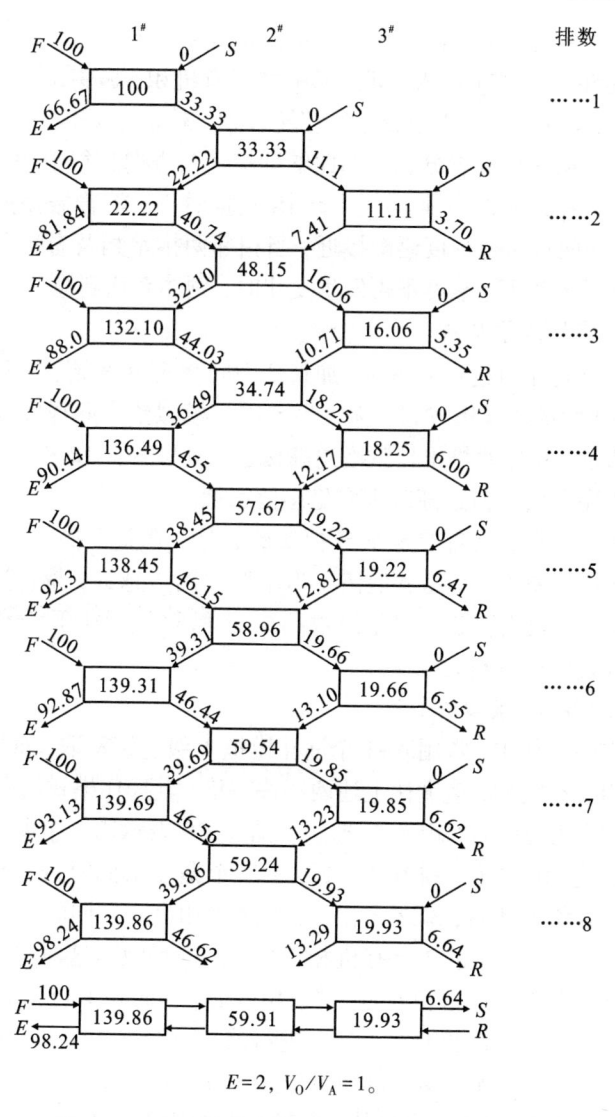

图 5-18 齐头式逆流模拟实验相浓度逐级变化图

$E=2$，$V_O/V_A=1$。

按相比加入有机相，振荡平衡分相，水相转入 3# 漏斗，有机相转入 1# 漏斗。在 1# 中加入料液，3# 中加入有机相，振荡 1#、3# 后静置分相，1# 中之有机相弃之，水相转入 2#，3# 中之水相弃，有机相转入 2#，振荡后静置分相。如此继续按箭头方向进行下去，每出料一次，就称之为一排。由图 5-18 数据看出，随着振荡排数增加，相邻两排出口浓度逐渐接近，当相邻两排水相及有机相出口中被萃组分浓度、酸度不再发生变化时，则体系达到稳态平衡。

2. 宝塔式模拟法

如果同样用这三个漏斗，加料从中间 2# 漏斗开始，则形成如图 5-19 所示之操作方式，称之为宝塔式模拟法。同样随着振荡排数增加，相邻两排出口浓度逐渐接近，但与图 5-18 相反，浓度变化顺序是由高值逐渐减少向稳态值靠扰。

上述两种方法都是经典模拟实验方法，在整个操作过程中，漏斗之位置不变，不易弄混淆。当萃取比离 1 越远，越易达到稳态平衡，一般当振荡排数是级数的 2~3 倍时，大约可达到稳态，可以开始取样分析。

3. "矩阵" 模拟法

实验工作中，常用 $N+1$ 个漏斗模拟 N 级连续萃取，每排同时出水相和有机相，速度比上述两法快一倍，其操作模式如图 5-20 所示，故我们称为 "矩阵" 模拟法。图 5-20 表示用 4 个漏斗模拟三级逆流萃取，第一排在 1#、2#、3# 三个漏斗中同时进有机相和水相，振荡平衡后，3# 之水相弃，2# 之水相进 4#，同时在 4# 进新有机相，1# 之水相进 3#，有机相弃之，2# 进料液。这时进行第二排振荡，平衡后 4# 水相弃之，3# 水相进 1#，同时在 1# 进新有机相，2# 水相进 4#，有机相弃之，在 3# 进料液。再振荡第三排，依此类推，直至稳态平衡达到，这种操作方式有下列特点：

a. 每次除有机相出口外，都只有水相转移漏斗，而有机相留在漏斗中，可减少损失；

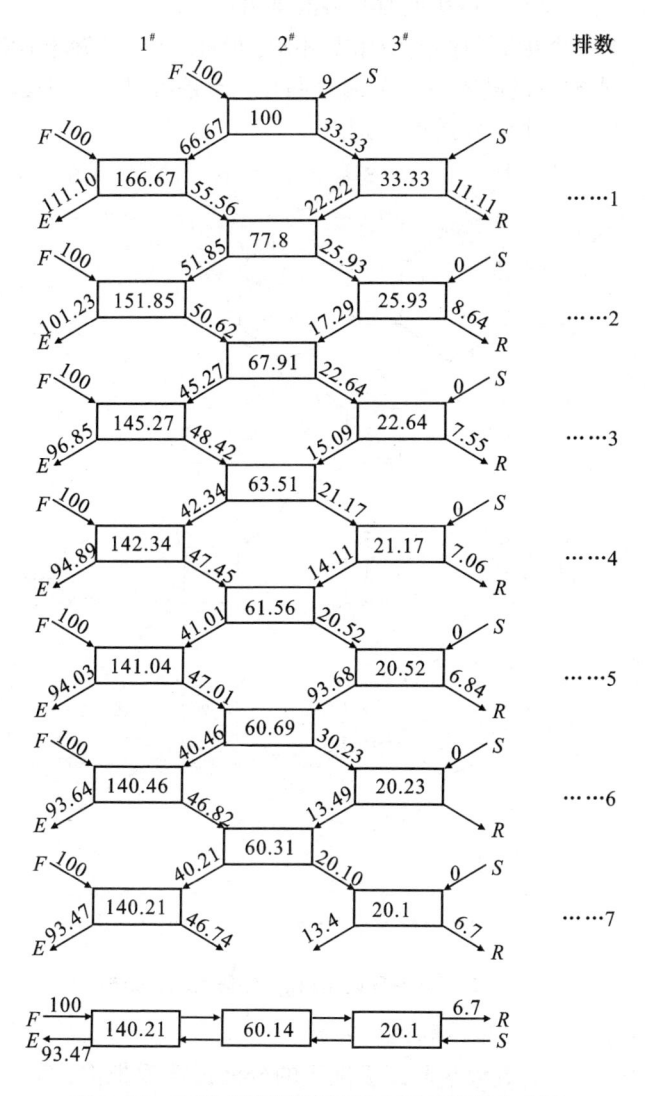

图 5-19 宝塔式逆流模拟实验相浓度逐级变化图

b. 每一排都是两头同时有溶液排出；

c. $N+1$ 个漏斗按序号排列位置不动，但每次空一个漏斗不用。

d. 水相不是进入下一个编号漏斗，而是跳过下一个编号漏斗进入再下一个编号漏斗，或排出。

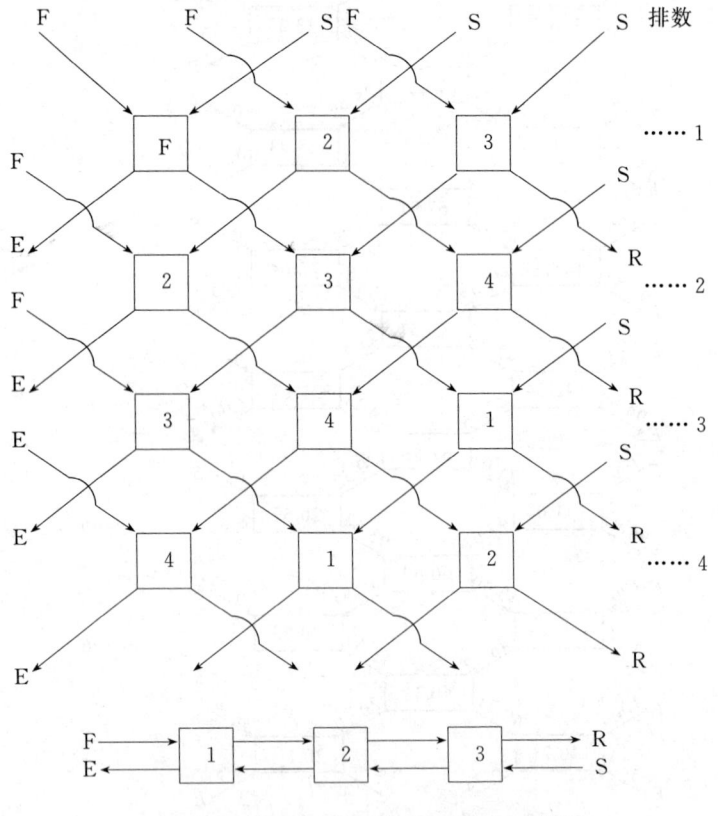

图 5-20　两头同时出料的"矩阵"式模拟法

5.3.4.2　分馏萃取模拟实验

图 5-21 为五级萃取四级洗涤的分液漏斗模拟法，实验步骤如下：

(1) 取九个分液漏斗, 分别编成 1、2、3、4、5、6、7、8、9 九个标号, 开始操作时, 按图所指的箭头方向进行;

(2) 从第 5 号分液漏斗做起, 即加入有机相、料液和洗涤剂振荡之, 待两液相澄清分层后, 有机相转入第 4 号, 水相转入第 6 号;

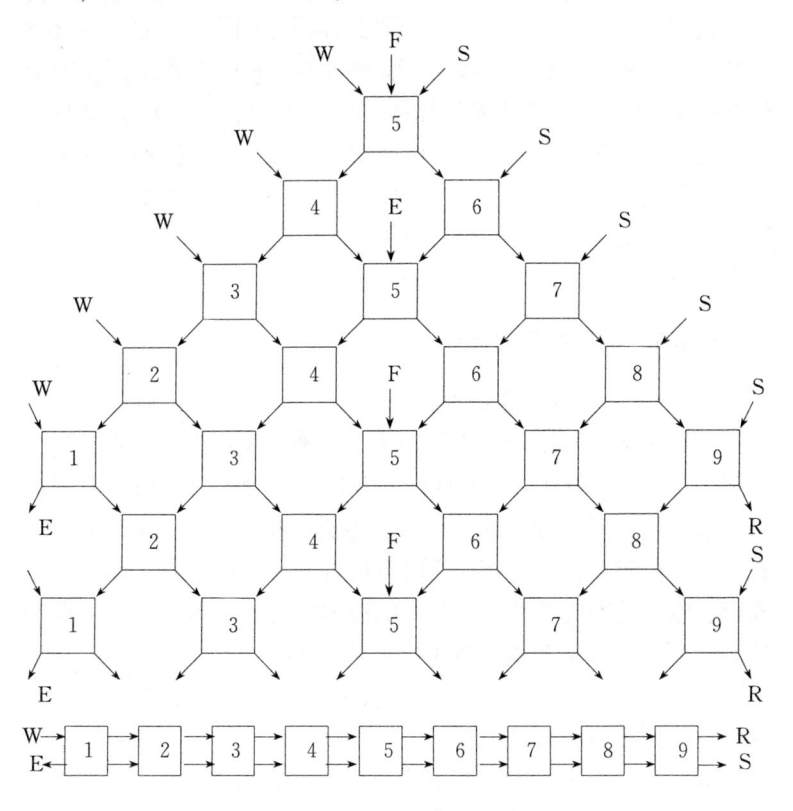

图 5-21 分馏萃取模拟法

(3) 在第 4 号加入洗涤剂, 第 6 号加入新有机相, 第二次振荡 6、4 两号, 静止分层, 第 6 号的有机相移入 5 号, 水相移入 7 号, 而第 4 号的有机相移入 3 号, 水相移入 5 号;

(4)在第3号加入洗涤剂，第7号加入新有机相，第5号加入料液，第三次振荡3、5、7号，随后静止分层，它们的水相分别转入4、6、8号，而有机相移入2、4、6号，在第8号加入新有机相，第2号加入洗涤剂。

按上述步骤继续做下去，一直到体系达到稳态平衡。由图5-21可见，水相总是向右移动，而有机相总是向左移动。在图示的操作中，1、2、3、4级是洗涤级，而5、6、7、8、9级是萃取级。

这种操作法的特点，每次振荡约 $N/2$ 个漏斗，进料级的位置固定不变。开始出料时，记录振荡排数，排数大约为级数2~3倍时，可以取样分析。如出料口溶液浓度、酸度不再变化，即认为达到稳态。

5.3.5 萃取设备的选择

5.3.5.1 萃取设备的分类

萃取设备可按不同的方式分类。一般可按操作方式将它们分为两大类，即逐级接触式萃取设备和连续接触式(微分式)萃取设备。前者由一系列独立的接触级所组成，水相和有机相经混合后在一个大的澄清区中分离，然后再进行下一级的混合。两相混合充分，传质过程接近平衡。混合沉清槽是这类萃取设备中的典型代表。而在连续接触式设备中，两相在连续逆流流动中接触并进行传质，两相浓度连续地发生变化，但并不达到真正的平衡。大部分柱式萃取设备属这一类。

如果按照所采用的两相混合或产生逆流的方法，则萃取设备又可分为不搅拌和搅拌、借重力产生逆流和借离心力产生逆流等类别。表5-7将工业常用萃取器按上述原则进行了分类。

5.3.5.2 冶金工程应用的萃取设备

1. 混合澄清槽

混合澄清槽是湿法冶金中应用最为广泛的一种萃取设备，按多级混合澄清段的装配方式不同可分为卧式混合澄清槽与立式混合澄清槽,前者以水平方式相连,后者以垂直方式相连。混合澄清槽的每一级由两部分构成,即混合槽与澄清槽两部分。混合的手段可以有机械搅拌、空气脉冲、超声波等方式。机械搅拌装置又有桨叶式(平桨或涡轮)及泵式两类。澄清槽通常采用重力澄清方式,为了加速澄清过程,也可在澄清室内充填填料,安装挡板或装设其他促进分散相聚集的装置。因此随混合室、澄清室的不同及它们的连接方式的不同,到目前已开发了约20种混合澄清槽。

表 5-7 萃取设备分类

产生逆流的方式	重力					离心力
相分散的方法	重力	机械搅机	机械振动	脉冲	其它	离心力
逐级接触设备	筛板柱	多级混合澄清槽;立式混合澄清槽;偏心转盘柱(ARDC)		空气脉冲混合澄清槽		圆筒式单级离心萃取器;LX-168N型多级离心萃取器
连续接触设备	喷淋柱 填料柱 挡板柱	转盘柱(RDC);带搅拌器的填料萃取柱;Scheibel萃取柱;带搅拌器的挡板萃取柱(Oldshue-Rushton萃取柱);带搅拌器的多孔板萃取柱(Kuhni萃取柱);淋雨桶式萃取器	振动筛板柱(Karr萃取柱);带溢流口的振动筛板柱;反向振动筛板柱	脉冲填料柱;脉冲筛板柱;控制循环脉冲筛板柱	静态混合器超声波萃取器;管道萃取器;参数泵萃取器	波式离心萃取器

383

(1) 多级箱式混合澄清槽

它把多个单级的混合澄清槽连成一个整体，从外观看，像一个长的箱子，内部用隔板分隔成一定数目的级，不言而喻，每一级都有自己的混合室与澄清室，奇数级与偶数级的混合室交叉相对排列在长箱的两边（澄清室亦同样）。图 5-22 为四级箱式混合澄清槽的三视图。

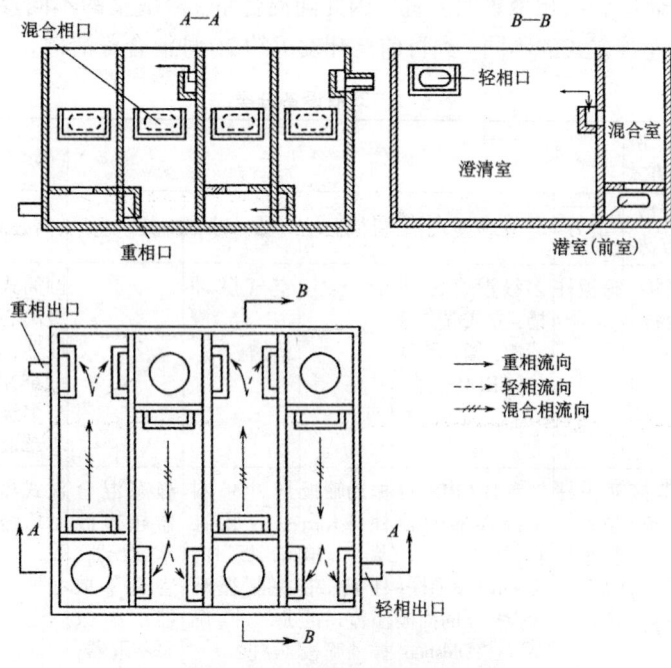

图 5-22 四级箱式混合澄清槽

从 $B-B$ 剖面可以看出，每一个混合室下方设置一个潜室（有的没有设计潜室），重相由相邻级的澄清室经下部的重相口进入潜室，借助搅拌抽吸作用从潜室上部圆孔进入混合室，潜室的作用是使重相稳定的进入混合室并防止返混，而轻相则由与混合室另一边相邻的澄清室经上部的轻相入口进入混合室。混合相则由混合相口进入同级澄清室。各相口设置挡板（或起挡板作用的其他构件），挡板的作用是防止返混和减小搅拌对澄清室的影响。由图5-22可以看出，在这种混合澄清槽中，就同一级而言，两相是并流的，但就整个箱式混合澄清槽来讲，两相的流动方向是逆流的。从图5-23可以更明确地看出在典型的箱式混合澄清槽中两相的流动路线。

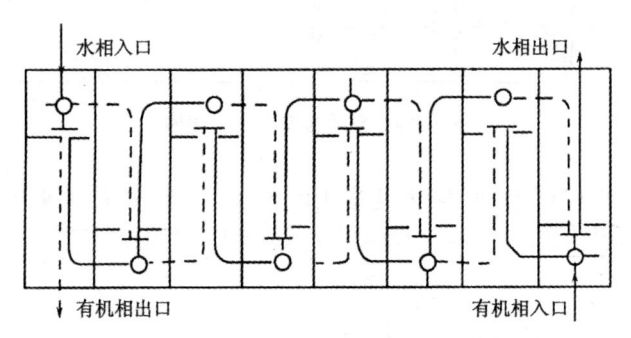

图5-23 典型箱式混合澄清槽两相流动示意图

箱式混全澄清槽把搅拌与液流输送结合起来，取消了级间的输送泵，简化了结构，槽体结构紧凑，便于加工制造，因此它是湿法冶金中生产规模不大时普遍采用的萃取设备。其缺点是生产效率较低，体积大，相应的占地面积，物料和溶剂的积压量也大。

针对不同的需要对箱式混合澄清萃取槽进行了许多改进。例如在同一级内设置两个或多个混合室，延长总混合时间，同时通过调节各混合室有不同的搅拌强度，使进入澄清室的混合相更易分相，图5-24为一种具有双混合室的混合澄清槽。

另一种称之为全逆流混合澄清槽，将混合室的相口由三个减少为两个。上相口同时作轻相入口和混合相出口，出混合相的目的是为了出水相，下相口作重相入口及混合相出口（出混合相的目的

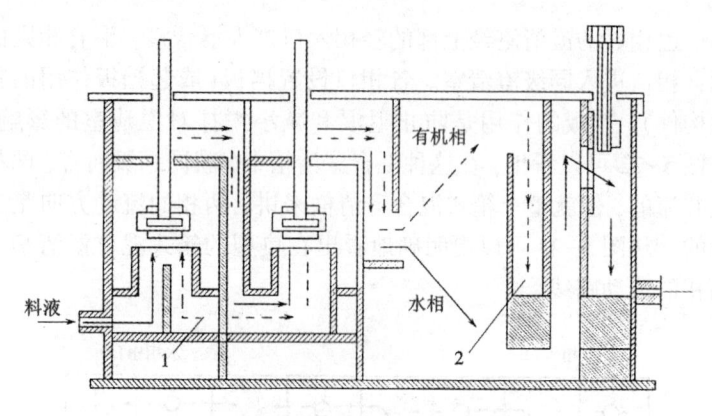

图 5-24 双混合室混合澄清槽

是出有机相),从而使物料走向由图 5-23 的情况(同一级内并流)变为全逆流流动。其结构及物料走向分别示于图 5-25,图 5-26。

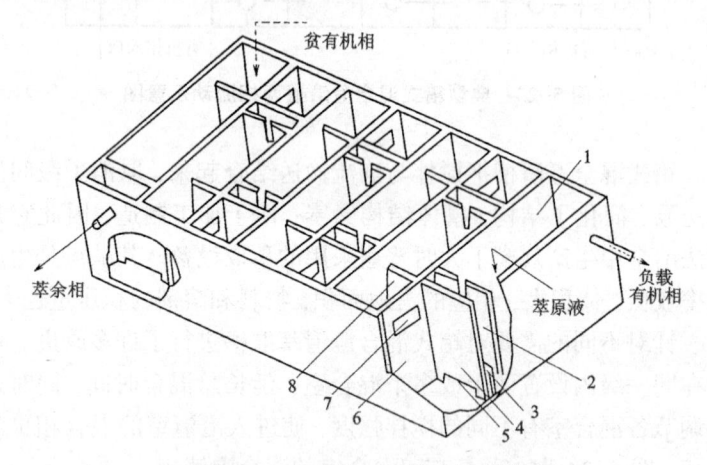

1. 澄清室;2. 轻相堰;3. 重相堰;4. 隔板;
5. 下相口;6. 混合室;7. 上相口;8. 挡流板。

图 5-25 全逆流混合澄清器结构简图

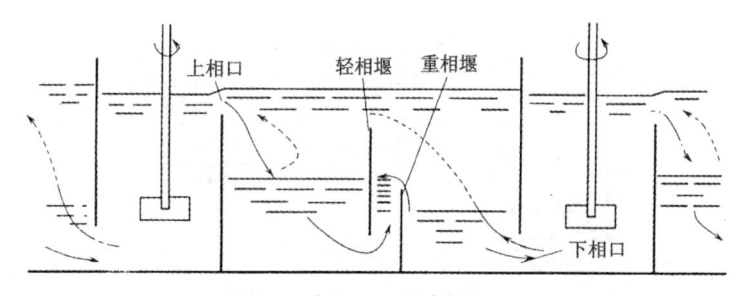

重相——；轻相-----；混合相-·—。

图 5-26　全逆流混合澄清槽内液流流向示意图

(2) 非箱式混合澄清槽

对箱式混合槽进行的一些更深层次的改革结果发展了一系列具有特殊结构的混合澄清槽，如通用磨机公司的浅层澄清混合澄清槽；戴维电力煤气有限公司的混合澄清槽；以色列矿业公司的 I. M. I 混合澄清槽；法国克鲁伯公司的混合澄清槽，英国戴维马克公司的 CMS 萃取槽，等等。

这类萃取槽与箱式混合澄清槽的最主要的差别是其混合槽与澄清槽可以有不同尺寸；混合槽与澄清槽可以分开，而且级与级也可分开，它们之间用管道连接，因此我们简单地称它们为非箱式混合澄清槽。它们的处理量可以很大，据现在掌握的资料，有的萃取槽的总流通量可达 900 m^3/h。图 5-27 为浅层澄清混合澄清槽，它是专为大规模湿法冶金设计的，最初用于铜的萃取。

其混合槽为圆形，壁上安有垂直挡板以消除液流旋涡，混合槽底部的封闭叶轮同时起着混合和泵吸两相液流的作用。澄清槽为浅长方形，其处理能力取决于其载面积。由于采用浅层设计，溶剂积压量大为减少。据报道，浅层澄清槽尺寸可达 36.5 m（长）×12.2 m（宽）×0.76 m（高），与适当混合槽配合，流通量可达 820 m^3/h。

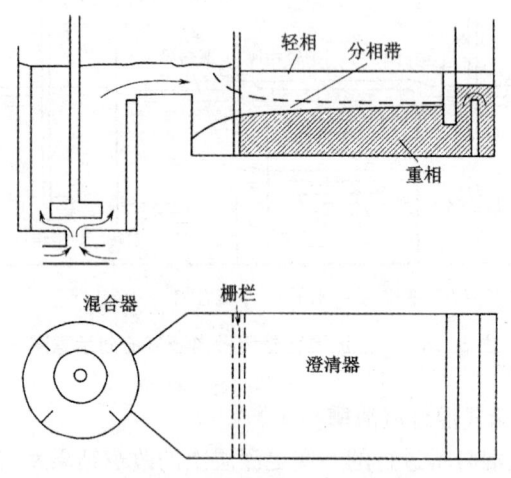

图 5-27　浅层澄清的混合澄清槽

其他各种混合澄清槽可参阅有关专著。

2. 液-液萃取柱

顾名思义，像离子交换柱一样，萃取柱是一种具有一定高度的圆形柱，但在冶金工程中应用的萃取柱比离子交换柱的结构要复杂得多。显然，柱式萃取设备占地面积小，处理能力大而且密闭性能好，对于易燃、易爆及强放射性体系的萃取应用柱式萃取设备非常有利。柱式萃取设备种类很多，对于冶金工程中主要应用的萃取柱简介如下：

(1) 筛板柱

在冶金中较有前途的筛板柱是脉冲筛板柱及振动筛板柱。

脉冲筛板柱：如图 5-28 所示，其基本结构特点是柱内安装了一组水平的筛板。筛板孔径通常为 3mm，板间距约为 50mm。筛板的开孔率一般为 20%~25%。从柱底部输入一外加脉冲能量使柱内流体周期性地上下脉动，这就是所谓的"脉冲"。脉冲的作用是有利于液滴分散，增大流体的湍动，增大两相接触面积，同

a—脉冲筛板塔；b—冲填料塔。

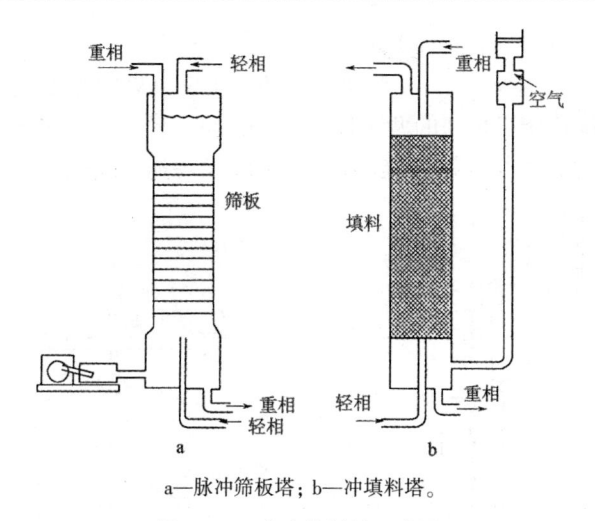

图 5-28　脉冲筛板柱示意图

时它又是流体通过筛板的动力。一般重相从柱顶部加入，底部流出，而轻相则从柱底部进入，上部流出。柱的上下端它们的横截面积较大，以便分别降低两相流速，有利于相澄清与分离。

振动筛板柱：为了克服脉冲筛板柱能耗消耗较大的缺点，研究开发了振动筛板柱，其结构示意如图 5-29 所示。其特点是流体不振动，筛板固定在能作往复运动的轴上作上下往复运动。振动的筛板使液滴得到良好的分散和均匀的搅拌。筛板开孔率约为58%，筛板振幅通常为 3~50mm。振动频率可以从低频一直增加到 1000 次/min。这种柱相分散均匀，混合良好，处理量大，传质速率高，操作弹性大，结构简单，易于放大。因此这种柱的研究和发展比较快。

（2）机械搅拌萃取柱

利用各种形式的机械搅拌可以改善两相的接触，增加单位设备体积内的相界面面积。本书针对这类萃取柱作一简单介绍。

389

转盘柱：一般简称 RDC 柱，如图 5-30 所示，在柱内沿垂直方向等距离地安装了若干固定圆环，在柱中央的轴上安装有圆盘，其位置介于相邻的两个固定圆环之间，借中央轴的转动，圆盘旋转并将两相分散混合，借助密度差实现逆流运动。

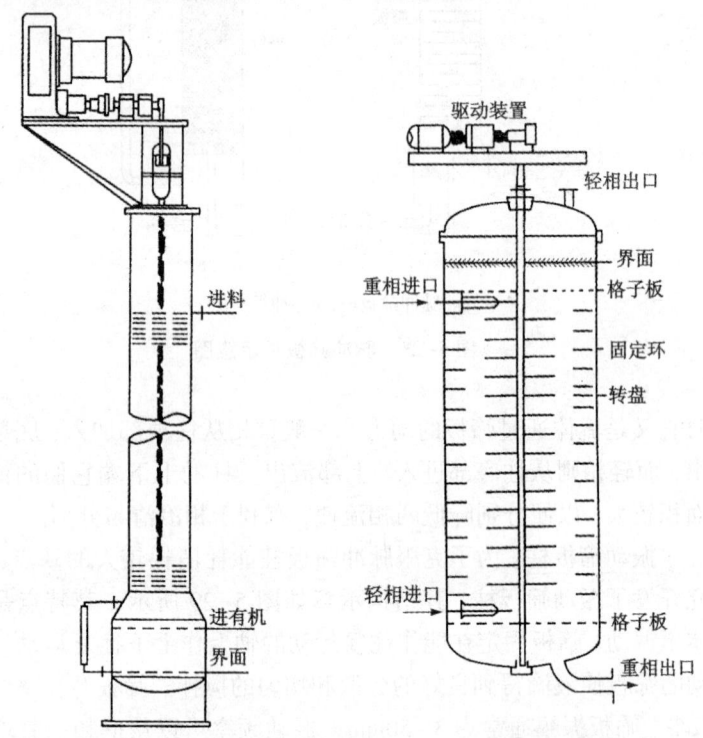

图 5-29　振动筛板柱示意图　　图 5-30　转盘柱(RDC)示意图

Mixco 柱：由搅拌设备公司制造，如图 5-31 所示，柱内装有挡板，搅拌由装在中央旋转轴上的六叶桨式搅拌器完成。它的搅拌器直径约为柱径的 1/3，混合隔室高度约为柱径的 1/2。其优点是电能消耗小。

3. 离心萃取器

离心萃取器有许多种,按安装方式可分为立式与卧式,按其转速则可分为高速与低速,按每台的级数分为单级与多级,按两相接触又分为逐级接触式与连续接触式,图 5-32 为最简单的单筒离心萃取器示意图。

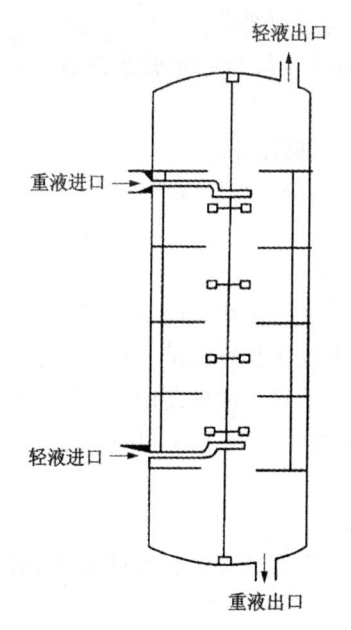

图 5-31　Mixco 柱

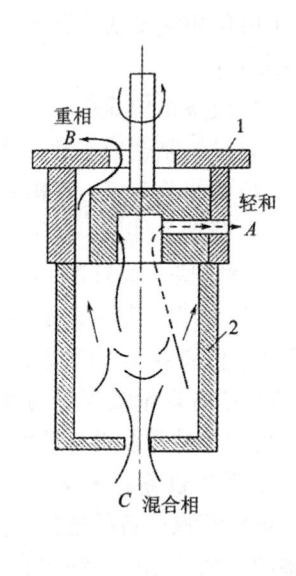

图 5-32　环隙式离心萃取器示意图
1—相堰；2—转鼓

此类萃取器生产能力大,分离效率高,接触时间短,因此对于两相密度差很小(如 $0.01g/cm^3$)及易乳化,化学性质不稳定体系,或利用动力学分离的体系最为合适,但其制造维修费用高,过程对流量控制要求严格。

5.3.5.3　工业萃取设备的选择

由于萃取设备的种类繁多,每一种萃取设备均是为适应一种特定萃取体系的工程化需要而研制的,尔后再进一步推广、改进完善。因此绝对化地说哪一种萃取设备好是不恰当的,它们均有各自的优缺点,因此在选择设备前对各种萃取设备的优、缺点进行归纳比较是必要的。

1. 各种萃取设备的优、缺点

一个好的工业萃取器通常应符合下列要求:

(1)传质速度快,设备的流通量大,综合起来就是设备的效率因素大;

(2)设备结构简单,操作可靠,控制容易;

(3)设备制造成本和操作成本低,易于维修保养;

(4)两相分离好,互相夹带少;

(5)劳动条件好,有利于环境保护。

当然这些要求只是一种理想状态,一种萃取设备不可能满足所有各种要求,其中重点应考察传质效率及流通量。对混合澄清槽而言,传质效率用级效率 η 表示。而对萃取柱则用传质单元高度 HTU 或者理论级当量高度 HETS 表示。表 5-8 归纳冶金工程上使用的几种萃取设备的优、缺点。

2. 萃取设备的选择

最宜萃取设备的选择,涉及的因素比较多,下面对选择萃取设备的一般原则作一简单介绍。

(1)萃取体系性质

a. 萃取体系的化学性质不稳定(如萃取剂易降解),则要求接触时间短;或溶剂昂贵,所需级数又多的体系,要求试剂的存槽量小,则需选用离心萃取器或其他高效萃取设备,而不宜选用混合澄清槽。

b. 影响两相混合澄清性能的因素,主要是两相的密度差及界面张力,其次连续相的粘度亦影响两相的澄清分离,对于易混合而不易澄清的体系(两相密度差及界面张力小),适宜的设备是离心

表 5-8 几种萃取设备的优、缺点

设备分类	优　点	缺　点
混合澄清槽	级效率高；处理能力大；操作弹性好；相比调整范围广；放大可靠；能处理较高粘度液体	溶剂滞留量大；需要厂房面积大；投资较大，级间可能需要用泵输送液体
脉冲筛板柱	HETS 低；处理能力大；柱内无运动部件；能多级萃取；工作可靠	对密度差小的体系处理能力较低，不易高流比操作，处理易乳化体系有困难，扩大设计方法较复杂
机械搅拌柱	处理能力适宜，HETS 适中，结构较简单，操作和维修费用较低	
振动筛板柱	HETS 低，流通量大，结构简单，适应性强，能处理含悬浮固体物的液体，能处理具乳化倾向的混合液，易于放大	
离心萃取器	能处理两相密度差小的体系；能处理易乳化物料，适于处理不稳定物质，接触时间短，传质效率高，溶剂积压量小，设备体积小，占地面积小	设备费用大，操作费用高，维修费用大

萃取器，不应选用外加能量的萃取设备；不易混合而易于澄清分离（两相密度差及界面张力较大的体系），则宜选用外加能量的萃取设备。

c. 动力学因素的影响：体系反应速度快，则可供选用的设备较多，若反应速度快，而聚结速度也高则可采用脉冲柱；如聚结速度低，以采用 Mixco 柱及 RDC 等为宜；假若反应速度慢，又需较长澄清分相时间，则不宜选用接触时间短的离心萃取器，而需采用混合澄清槽，它可以借相的再循环来延长停留时间，有人认为反应时间超过 5 min，许多柱式设备都不宜选用；倘若是利用两种物质的萃取反应速度来进行分离时，则选用离心萃取器最合适。

d. 处理含固体悬浮物的料液，很多萃取器要定期停工清洗，脉冲筛板柱、转盘柱却能适用。Luwesta 离心萃取器，因有排除固体物的装置亦可应用。另外，CMS, Craesser 萃取器，也有一定适应能力。若处理未经固液分离的浸出液，应采用矿浆萃取槽。

e. 如有放射性及其他有害气体和液体，应选用密封性能好，或防护较易的萃取设备，特别是对于挥发性大的体系，一般不宜选用混合澄清槽。

(2) 萃取级数

级数很少时，几乎所有的萃取设备均可选用，级数较多时，选用高效的柱式设备，如脉冲筛板柱、Mixco 柱、转盘柱等。亦可采用箱式混合澄清槽。至于离心萃取器，能适应多级的要求，但目前冶金工业上应用尚不普遍。

(3) 处理能力

物料通过量低而级数不少，可选用喷雾柱、填料柱、筛板柱等无外加能量的萃取设备，物料通过量中等或高时，应选用脉冲柱、转盘柱等效率因素大的萃取设备或混合澄清槽。

(4) 操作条件和现场条件

a. 传质的方向：若由有机相向水相传质时，一般水相液滴尺寸变大，引起喷雾塔，填料柱的性能恶化，机械搅拌的萃取设备可克服这一弊病。

b. 为了获得最大的界面面积，物料通过量大的液相应是分散相。

c. 当厂房高度受限制时，不宜选用立式的柱式设备；当厂房面积受限制时，不宜选用卧式的混合澄清槽。

在选择萃取设备时，除了前述各影响因素外，产品的规格，建厂的投资（也包括物料投资）和产品成本都应予考虑，力图尽量选择经济合理的萃取设备。

5.3.6　溶剂萃取过程的乳化、泡沫的形成及其消除

5.3.6.1　基本概念

1. 乳化与泡沫的定义

在萃取作业中，两相分离情况的好坏往往成为过程能否连续进行下去的关键因素。由于两相有一定密度差，在一般情况下是容易实现迅速分相的，然而事实上在萃取过程中，由于物理或（和）化学的原因，有时出现乳化或泡沫的情况，严重影响了相的分离。

乳化：为保证萃取过程中的传质速度，要求两相接触面积要足够大，这样势必有一个液相要分散成细小的液滴，当液滴的直径在 0.1 至几十个微米之间，就会形成所谓乳状液，在正常萃取过程中的混合阶段，生成的乳状液是不稳定的，到了澄清阶段，不稳定的乳状液就破坏，即分散的液滴聚结，重新分为有机相和水相两相。因此，萃取过程本身就是乳状液的形成和破坏的过程。但是由于各种原因，生成的乳状液很稳定，以致在澄清阶段不再分相，或分相的时间很长，通常所说的乳化就是指的这种情况。当乳化严重时，乳状液分解，在两相界面上常生成一种乳酪状的乳状物（有的称乳块、污物、脏物），它非常稳定，而且往往愈聚愈多，严重影响分离效果和操作。乳状液通常可以分为水包油型（如果我们称有机相为"油"）和油包水型乳状液两种。如分散相是油，连续相是水，叫做水包油型（或 O/W 型）乳状液；如分散相是水，连续相是油，叫做油包水型（或 W/O 型）乳状液。这里所说的连续相和分散相，一般是指占据设备的整个断面的液相称连续相，以液滴状态分散于另一液相的称分散相。

泡沫：在萃取的混合阶段，气体分散在液体中会形成泡沫。

若气体分散在油相中，则形成油包气型的泡沫；若分散在水相中，则形成水包气型的泡沫。有的泡沫不稳定，澄清时就会消失，有的则相当稳定，长时间不消失，我们说的泡沫就是指稳定的泡沫。有大量的泡沫产生，同样会影响分相和萃取操作。

由于泡沫形成的原因及消除方法原理与乳化情况基本一致，故合并在一起讨论。

2. 表面活性物质对乳状液的稳定作用

亲水性表面活性物质的存在可能导致生成水包油型乳状液，亲油性表面活性物质可能导致生成油包水型乳状液。但是有表面活物质不一定使乳状液稳定，决定其稳定性的关键因素是界面膜的强度和紧密程度。膜紧密，则能防止液滴的聚结，因此乳状液就稳定。所以表面活性物质使界面张力降低，使它们在界面上发生吸附，这时，如果此表面活性物质的结构和足够的浓度使得它们定向排列能形成一层稳定的膜，就会造成乳化。此时的表面活性物质就是一种乳化剂。萃取过程中有能成为乳化剂的表面活性物质的存在，就是乳化形成的主要因素。换言之，表面活性物质的存在，是乳化的必要条件，界面膜的强度和紧密程度是乳化的充分条件。

除此之外，胶体微粒带的电荷，根据同性相斥原理，也可以使乳状液稳定。

5.3.6.2 萃取过程乳化、泡沫产生原因的初步分析

乳状液的研究很不成熟，萃取过程乳化原因及其防止的研究就更不成熟，对一种萃取体系适用的结论，对另一萃取体系就未必适用，因此只能一般性地谈一些带共同性的问题。

乳状液和泡沫本质上都属于胶体溶液，只不过分散质不同罢了。前者是液体，后者是气体，泡沫产生的原因和消除办法基本上和乳状液是一致的。因此可以把它们联系起来进行讨论。

为了实现萃取过程，必须使两相充分混合，尔后澄清分相，

即既要使一相的液体能高度分散于另一相中形成乳状液,又要使这种乳状液不稳定,静置时能很快分相。到底哪一相成为分散相,哪一相成为连续相呢?现具体分析如下:如果假设液珠是刚性球体,则因为尺寸均一的刚性球体紧密堆积时,分散相的体积分数(分散相体积对两相总体积的比值)不能超过74%,对于一定的萃取体系,如相比<25%,有机相为分散相;相比大于75%,则水相为分散相;如果相比在25%~75%之间,则两种可能都存在。此时界面张力情况应成为决定乳状液类型的主要因素。如果存在乳化剂,这种乳化剂又是亲连续相而疏分散相的,则乳状液稳定,难于分相,形成了乳化现象。因此研究萃取过程中乳化及泡沫形成的原因主要在于寻找萃取体系的各组分中何种为乳化剂。

1. 有机相中的组分为乳化剂

有机相中存在的表面活性物质有可能成为乳化剂。有机相中表面活性物质的来源:

a. 萃取剂本身,它们有亲水的极性基和憎水的疏水基(非极性基)。

b. 萃取剂本身的杂质及在循环使用时由于无机酸的作用和辐照的影响,使萃取剂降解产生的一些杂质。

c. 稀释剂,例如煤油中的不饱和烃以及在循环使用时由于无机酸和辐照的影响所产生的一些杂质。

这些表面活性物质可以是醇、醚、酯、有机羧酸和无机酸脂(如硝酸丁酯,亚硝酸丁酯)以及有机酸的盐和胺盐等。它们在水中的溶解度大小不一,有可能成为乳化剂。如果它们是亲水性的,就有可能形成水包油型乳状液,如果它们是亲油性的,就可能形成油包水型乳状液。

但决不能认为所有这些表面活生物质一定都是乳化剂。是否成为乳化剂,如前面已经提到的,要看:

1)萃取过程哪一相是分散的,且表面活性物质是亲连续相还是亲分散相。

2) 能否形成坚固的薄膜，即表面活性物质的结构和浓度如何？

3) 它们对界面张力的影响如何？

4) 它们之间的相互作用和影响如何？

例如，据研究，许多中性磷（膦）酸酯萃取剂在长期与酸接触或在辐射的作用下，能缓慢降解，产生少量的酸性磷（或膦）酸酯，它们是表面活性剂，能降低界面张力，同时又可能与金属离子生成能导致乳化的固体或多聚络合物，提高液滴膜的强度，使乳化液稳定。

也有人研究，稀释剂煤油降解所得之含氧化合物与铀形成稳定的复合物，这种复合物是用 TBP 萃取硝酸铀酰时乳化的主要原因，而且用硝酸氧化过的煤油比未用硝酸氧化过的煤油更易引起乳化，可惜未继续深入研究。

2. 固体粉末成为乳化剂

极细之固体微粒也可能成为乳化剂，这与水和油对固体微粒的润湿性有关。根据对水润湿性能的不同，固体也分为憎水和亲水两类，当然这与它们的极性有关。

在萃取过程中，机械带入萃取槽中的尘埃、矿渣、碳粒以及萃取过程中产生的沉淀 $Fe(OH)_3$、$SiO_2 \cdot nH_2O$ 等都可能引起乳化。

例如 $Fe(OH)_3$ 是一种亲水性固体，水能很好地润湿它，所以它降低水相表面张力，是 O/W 型的乳化剂，如图 5-33 所示，此时固体粉末大部分在连续相——水相中，而只稍微被分散相——有机相所润湿。

而碳粒是憎水性较强的固体粉末，是 W/O 型乳化剂。固体粉末大部分也是在连续相——有机相中，而只稍微被分散相——水相所润湿。

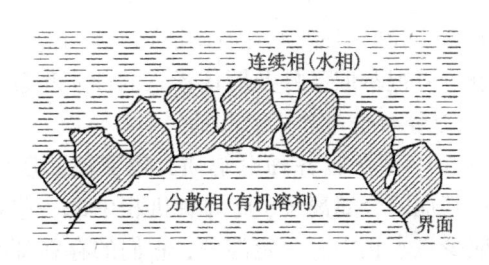

图 5-33 亲水性固体形成乳状液示意图

当固体不在界面上而全部在水相中或有机相中时,则不产生乳化。

当固体能润湿的一相,恰好是分散相而不是连续相时,则不引起乳化。所以萃取体系中,如有固体存在,应使能润湿固体的一相成为分散相。这就是在矿浆萃取时,往往控制相比是 3/1 到 4/1,甚至更高的原因。因为矿粒多半属亲水性,采用高的相比,则能润湿固体的水相刚好为分散相,此时小水滴润湿固体矿粒,且在颗粒上聚结成大水滴,反而有利于分相。

实验证明,湿固体比干固体乳化作用大,絮状或高度分散的沉淀比粒状的乳化作用又强,当用酸分解矿石时,表面看起来是清澈的滤液中,实质上有许多粒度<1μm 的 $Fe(OH)_3$ 等胶体粒子存在。两相混合时,这部分胶体微粒,就在相界面上发生聚沉作用,生成所谓触变胶体(胶体粒子相互搭接而聚沉,产生凝胶,但不稳定,在搅拌情况下又可分散),它们是很好的水包油型乳化剂,由于界面聚沉而产生的这种触变胶体越多,则乳化现象越严重。

又如某厂用含钇稀土草酸盐煅烧成氧化物,然后溶于盐酸,用环烷酸萃取制备纯氧化钇,发现当草酸盐煅烧不完全,会出现乳化现象,这是由于游离炭粒子存在而引起的。此外,在用 P_{204} 萃取分离稀土,P_{350} 或 TBP 萃取分离铀、钍、稀土时均发现由于料液不清,悬浮固体微粒引起乳化,且乳状液破灭后在相界面积累一层污物的情况。

同样的道理，我们只能说，固体粉末可能引起乳化，但并不一定发生乳化，得视萃取条件及固体粉末的性质和数量而定。

3. 水相成分和酸度对乳化的影响

萃取时水相中存在着各种电解质，除了被萃取的金属离子外，还有一些其他的金属离子，此外有机相中的一些表面活性物质，也或多或少在水相中有一定溶解，它们的存在都有可能成为产生乳化的原因。

由于电解质可以使两亲化合物的溶液的界面张力降低，所以可能造成乳化。实验证明：少量的电解质可以稳定油包水型乳状液。

当水相酸度发生变化时，一些杂质金属离子可能水解成为氢氧化物。如前所述，它们是亲水性的表面活性物质，常常有可能成为水包油型乳状液的稳定剂。其中有些金属离子还可能在水相中生成长链的无机聚合物，使粘度增加，分层困难。

在有脂肪酸存在的情况下，脂肪酸与金属离子生成的盐是很好的乳化剂。如 K、Na、Cs 等一价金属的脂肪酸盐是水包油型乳状液的稳定剂，因为这些离子的亲水性很强。此外，这类盐分子的极性基部分的横切面比非极性基部分的横切面为大，较大的极性基被拉入水层而将油滴包住，因而形成了油分散于水中的乳状液，与其相反，Ca、Mg、Zn、Al 等二价和三价金属离子的脂肪酸盐都是油包水型乳状液的稳定剂。这些离子的亲水性较弱，它们的脂肪酸盐分子的非极性基碳链不止一个，因而大于极性基，分子大部分进入油层将水包住，因而形成水分散于油中的乳状液，因此应用脂肪酸作萃取剂时，更应注意萃取剂引起乳化的问题。

4. 料液金属浓度与有机相萃取剂浓度对乳化的影响

有些萃取剂，由于它们的极性基团之间的氢键作用，可以相互连接成一个大的聚合分子，例如用环烷酸铵作萃取剂时发生下述聚合作用：

$$\underset{H}{\overset{R}{O=C-O}}\cdots H-\underset{H}{\overset{H}{N}}-H\cdots\underset{H}{\overset{R}{O=C-O}}\cdots H-\underset{H}{\overset{H}{N}}-H\cdots\underset{H}{\overset{R}{O=C-O}}\cdots H-\underset{H}{\overset{H}{N}}-H$$

它们的存在使有机相进而在混合时使整个分散系的粘度增加，粘度增加，使乳状液稳定，难于分层。所以用这类萃取剂时，一定要稀释，萃取剂的浓度不能太高，如果破坏氢键缔合条件，例如用环烷酸的钠盐代替环烷酸的铵盐，则大大减少乳化趋势。

同样，水相料液浓度过高，则使有机相中金属浓度提高，从而使粘度增加，引起乳化。例如，当用环烷酸萃取稀土时，若水相稀土浓度过高，有机相稀土浓度过大，则容易出现乳化。所以用环烷酸生产氧化钇，当洗涤段洗水的酸度过高或洗水流量过大时，将已萃取的稀土洗下过多，从而造成萃取段水相稀土浓度不断积累提高，以致逐步引起乳化。为此，必须控制好料液的稀土浓度、洗水酸度和流量以及环烷酸的浓度等。由于控制环烷酸的浓度方便些，故可以允许料液稀土浓度高一些，但是环烷酸浓度过高，会使有机相粘度增大，同样引起分相困难。

5. 其他物理因素的影响

过激烈地搅拌常常使液珠过于分散，强烈地摩擦作用，又使液滴带电，难于聚结，而可能引起稳定乳状液的生成。因此，在箱式萃取槽的作业中，适当控制各级搅拌浆的转速，选择恰当的桨叶的形状，调整搅拌浆的高低，都是应当予以注意的。

此外，温度的变化也有影响，因为提高温度，液体的密度也下降，粘度也下降。因此在温度不同时，两相液体的密度差和黏度会发生变化，从而影响分相的速度。如用 P_{350} 萃取时，如温度太低，则有机相发黏，难于分相。

5.3.6.3 乳化与泡沫的预防和消除

乳状液的鉴别是采取预防和消除乳化的第一步。乳状液的鉴别分三步进行：首先观察乳状液的状态；其次，分析乳状物的组成；第三，鉴别乳化物的类型乳化物类型的鉴别方法按胶体化学中介绍的稀释法、电导法、染色法、滤纸润湿法配合进行。在初步判别乳化原因的基础上进行防乳和破乳试验。

乳化与泡沫的预防和消除方法可大致归纳如下：

(1)料液的预处理。加强过滤，尽量除去料液中悬浮的固体微粒或"可溶性"硅酸等有害杂质。含有硅酸的溶液极难过滤，加入适量的明胶(0.2~0.3 g/L)，利用明胶与硅胶带相反的电荷，可以使硅胶凝聚，改善过滤性能。显而易见，明胶加入过量，同样引起乳化。

对于料液中存在的引起乳化的杂质，可以采取事先除去或抑制它们的乳化作用的方法。例如用环烷酸从混合稀土的氯化物溶液中制备纯氧化钇时，往往要有预先水解除铁的作业。在用P_{350}从盐酸体系萃取铀、钍时，由于杂质钛引起乳化，所以采用水解除钛法，使钛优先水解除去。

(2)有机相的预处理和组成的调整　新的有机相或使用过一段时间后的有机相，由于其中有可能引起乳化的表面活性物质的存在，所以应该在使用前进行预处理。处理的方法，一般使用水、酸或碱液洗涤法，要求高时用蒸馏或分馏的方法。例如用环烷酸提取氧化钇的工艺中，使用新配好的有机相，容易产生乳化，如果用稀盐酸洗涤有机相，在两相界面间会产生一种薄膜状乳化物，除去这种乳化物，并用水洗有机相后再使用，乳化就不容易产生。应用P_{350}从盐酸溶液中萃取铀、钍时，发现使用循环过多次存放一年多时间的有机相，有严重乳化和泡沫产生，界面也有很多乳状物。将此有机相先用5%的Na_2CO_3溶液处理，水洗几次之后，再萃取时就没有乳化和泡沫产生。

向有机相中加入一些助溶剂或极性改善剂，改变有机相的组成也可以防止乳化。例如在用P_{204}-煤油从盐酸或硝酸溶液中萃取稀土时，加入少量的 TBP 或高碳醇通常可以预防乳化生成，一般认为是由于改善了有机相的极性，降低了有机相的粘度的缘故。有的还认为 P_{204} 和 TBP 对轻稀土有协萃作用，生成的协合物在有机相中的溶解度增大，是克服乳化的原因之一。环烷酸萃取制备纯氧化钇时，向有机相添加辛醇或混合高碳醇是利用助溶剂破乳的典型例子之一。譬如将 24% 的环烷酸在非极性溶剂——煤油中的溶液，加等当量的浓氨水转化成环烷酸铵盐，有机相就成为胶冻状，流动性很差，这说明环烷酸铵盐在非极性溶液中是高度聚合的，它可能通过氢键缔合形成多聚分子，用这样的有机相去萃取硝酸稀土溶液就会造成乳化，引起分相困难。如果往环烷酸的煤油溶液中添加一定量的辛醇，因为极性溶剂辛醇与环烷酸的铵根一端和羧基一端都能生成氢键，从而使高分子中断。即

$$R-O-H\cdots O=\underset{\underset{H}{|}}{\overset{\overset{R}{|}}{C}}-O\cdots H-\underset{\underset{H}{|}}{\overset{\overset{H}{|}}{N}}\cdots H\cdots O-R$$

因而使有机相的粘度显著下降，流动性能改善，分相效果明显改善。

(3)**转相破乳法** 所谓转相就是使水包油型的乳状液转为油包水型，或者使后者转变为前者。因为乳化的本质原因是有成为乳化剂的表面活性物质的存在，如表面活性物质所亲的一相刚好为分散相，则这样的乳状液不稳定。如果体系中含有亲水性的乳化剂，为了避免形成稳定的水包油型乳状液，则需加大有机相的比例，使有机相成连续相，这样可能达到破乳的目的。例如当料液中含有较多的胶态硅酸时，或矿浆萃取时，料浆中含较多亲水固体微粒时，加大有机相的比例就可能克服乳化。在用 P_{350} 从盐酸体系中萃取分离铀、钍和稀土时，增大有机相的比例成功地解决了乳化问题，就是利用这一方法。

(4)化学破乳法。加入某些化学试剂来除去或抑制某些导致乳化的有害物质的方法叫做化学破乳法。

a. 加入络合剂抑制杂质离子的乳化作用。例如为了消除硅或锆的影响，可考虑在水相中加入氟离子，使之生成氟络离子的方法。而在萃铀工艺中，F^-往往又是有害的乳化剂，此时可加入H_3BO_3，使之生成BF_4^-，从而消除它的乳化作用。但需要注意：加入之络合剂不应与被萃取元素发生络合作用，影响萃取效果。

b. 加入表面活性剂破乳。表面活性物质可以成为乳化剂，但在一定的条件下又可能成为破乳剂。如为了破乳，有时加入戊醇等极性稀释剂。其原因在于：其一，戊醇起到反相破乳作用，因戊醇是亲水性表面活性物质，当乳状液是 W/O 型时，加入戊醇使乳状液在变型时加以破坏；其二，因戊醇有更大之表面活性，所以可将原先之乳化剂顶替出来，但它又形成不了坚固的保护薄膜，固使分散液滴易于聚集，达到破坏乳状液的目的。这种情况又称为顶替法。

c. 其他化学破乳剂。例如加入铁屑使Fe^{3+}还原成Fe^{2+}，从而防止Fe^{3+}水解引起的乳化作用。此时铁屑则为一种破乳剂。在$TBP-HCl+HNO_3$体系中萃取分离锆铪时，加入Ti^{4+}，可以抑制磷引起的乳化作用。这里与用$P_{350}-HCl$体系萃取铀、钍情况相反，Ti^{4+}成了一种化学破乳剂。

(5)控制工艺条件破乳　如前所述，控制相比可以利用乳状液的转型达到破乳的目的。除此之外，还可以控制一些条件来预防和消除乳化。

酸度：溶液 pH 升高时，某些金属离子会水解，生成氢氧化物沉淀。已如前述，新鲜的氢氧化物沉淀是良好的乳化剂，所以萃取过程中酸度的控制是重要的，必要时，在不影响萃取作业正常进行的前提下，还可加酸破乳。

温度：提高操作温度，可降低粘度，从而有利于破乳。但是温度高会增大有机相的挥发损失，引起设备制造上的困难，大多数情况下还会降低分离系数，所以除了冬季必要的保温措施来预防乳化外，一般不希望采用提高作业温度的办法来防止乳化。

搅拌：过激的搅拌造成乳化，已在前面予以说明。为了预防这种原因造成的乳化，应该适当降低搅拌桨转速。但转速太低，混合不均匀，这可以采取低转速大桨叶的办法加以解决。

5.4 溶剂萃取在提取冶金中的应用

溶剂萃取在提取冶金中获得了广泛的应用，而且随着湿法冶金过程的发展，其作用日趋重要，它的应用可归纳为：
(1) 从各种浸出液及废水中富集和回收有价金属。
(2) 分离提纯有价金属。

表 5-9 汇集了一些金属提取中应用的溶剂萃取过程实例，本书中不可能一一介绍，仅略举例予以分析。

表 5-9 提取冶金的溶剂萃取过程

类别	金属	主 要 用 途	说 明
轻金属	Al	从酸性含铝溶液中萃取铝，从铝土矿或粘土矿的酸浸液中萃取除杂，得到纯的含铝的酸性溶液	单12烷基磷酸萃铝仲胺或叔胺萃杂质元素
	Be	从低品位矿的硫酸浸出液中萃取铍	用胺先萃取铁 D_2EHPA 萃铍
	Li	从氯化钠溶液中萃取锂从死海中回收锂、铝共沉淀锂，再用盐酸溶解，尔后萃锂	正丁醇 正已醇　2-乙基乙醇 MIBK

405

续表 5-9

类别	金属	主要用途	说明
轻金属	Mg	从卤水中回收氯化镁	季胺与脂肪酸混合萃取剂,同时萃氯根及镁离子,用水反萃
重金属	Cu	从尾矿、低品位氧化矿的硫酸浸出液中萃铜,从硫化矿的氨浸中提铜,残渣、合金废料、矿石或精矿的硫酸浸出液提铜	羟肟类萃取剂,取代8-羟基喹啉类萃取剂,用羟肟类萃取铜,再用 D_2EHPA 萃取分离镍钴,也可用羧酸(如二壬基萘磺酸,环烷酸等)萃取分离
重金属	Co-Ni	镍锍、粗镍、镍铁、镍残阳极、合金废料等的氯化物酸浸液分离钴镍,含钴-镍-铜的碱性碳酸铵溶液(pH=11)分离钴、镍,含钴-镍-锌的碱性硫酸铵或碳酸铵溶液分离钴、镍,从含镍的碱性硫酸铵溶液萃镍,含钴-镍的碱性硫酸铵溶液(pH=7~8)分离钴、镍	仲胺萃铁,叔胺萃钴,镍得以纯化, D_2EHPA 萃三价钴,Kelex100 优先萃钴 Lix100 或 lix65N Vesatic 911
重金属	Zn 和 Cd	从氯化黄铁矿烧渣的浸出液中萃取锌,从废硫酸电解液中萃锌	仲胺萃锌,反萃后再从反萃液中用 D_2EHPA 二次萃锌添加 NaCl,用 TIOA 萃锌,反萃后再用 D_2EHPA 萃锌用 H_2SO_4 反萃得到纯 $ZnSO_4$ 电解液

续表 5-9

类别	金属	主要用途	说明
重金属		纯化硫酸锌电解质，用 Zn 粉置换之残渣浸出液（Cu, Zn, Cd, Ni, As, Sb）从中萃取回收铜、锌、镉	D_2EHPA
	Sb-Bi	从含铋、锑、砷的烟灰的盐酸浸出液中萃取提纯锌及铋产品	TBP
稀有金属	Ca	盐酸溶液萃镓	TBP
	Zn		
	In		
	Ga	从铝酸钠溶液中萃镓	Kelex100
	Tl	硫酸溶液中萃铊	D_2EHPA
	Ge	从较高深度的硫酸，或盐酸或两者之混合液中富集和纯化锗	Lix63
	Re	从 pH=12 的碱性铼酸盐溶液中萃铼	Aliquat 336
	W	pH=2 的偏钨酸盐溶液萃钨	叔胺，伯胺
	Mo	pH=4~5 的钼酸钠溶液萃钼	三辛胺
	Zr-Hf	从 HNO_3 或 HCl 溶液中萃取分离锆、铪	TBP
	Nb-Ta	从各种无机酸溶液中萃取分离铌、钽	D_2EHPA
		从 $HF-H_2SO_4$ 中分离纯钽、铌	MIBK
			仲辛醇、TBP、乙酰胺

续表 5-9

类别	金属	主要用途	说明
稀有金属	V	从硫酸溶液中萃取五价钒、	叔胺，伯胺
		从硫酸溶液中萃取四价钒	D_2EHPA
		从碱性焙烧浸出液中萃取钒 pH=5.1~9.3	季胺盐
	RE	从盐酸溶液中分组或提取分离单一稀土元素	D_2EHPA
			HEHEHP
			环烷酸
贵金属	Au	王水或氯化物溶液中提取金	二丁基卡必醇
			TBP
			酰胺
	Au-Ag 铂族	碱性氯化物溶液中提金	三辛胺 季胺
			环已酮
		从弱酸溶液中萃取钯	Lix64N 或烷基亚砜
		选择性还原萃取四价铂	仲胺 叔胺
		氧化萃取五价铱	叔胺 仲胺
		从王水中萃钌	叔胺

5.4.1 铜的溶剂萃取

1. 概况

由于能用于铜的萃取剂不断改进，从60年代中期开始，在湿法炼铜的领域开始采用溶剂萃取技术，并迅速实现了工业化，其规模比迄今任何一种金属的萃取都大得多。例如：一个系统的金属生产能力可达 5000~80000 t/年，料液流速达 200~3000 m^3/hr，工厂面积达 50000m²。因此，它的工业化过程不仅推动了湿法炼铜技术的发展，而且带动了萃取剂的合成、设备及工厂设计及萃取理论等多个领域的发展，因而被认为是 70 年代溶剂萃取技术的最伟大成就。

工业上主要的是从低品位氧化铜矿的硫酸浸出液及硫化铜的氨浸液中萃取铜，目前世界上用溶剂萃取—电积法生产的铜已占全球矿产铜量的 15%~20%，1996 年世界上最大的 SX-EW 工厂在智利的 EL Abra 建成，生产能力为 225000 t/年。

采用溶剂萃取的湿法炼铜工艺的原则流程，如图 5-34。溶液在流程中形成三处闭路循环，没有废水产生是其优点，但这也决定了三大主工序之间互相有所制约。

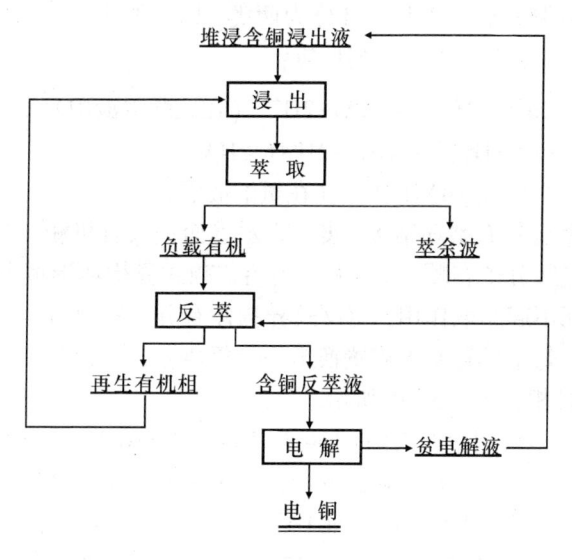

图 5-34 浸出-萃取-电解法生产铜工业流程图

例如，低品位氧化铜矿往往含有一些未风化、未氧化的硫化矿，在采用渗滤浸出工艺时，细菌对提高浸出率的作用是非常重要的。因此，必须保证浸出液的金属与游离酸含量不使细菌中毒，又能满足萃取工艺之要求，另一方面萃余液中有机相的夹带量也要限制到不致于使细菌中毒；就电解工序而言，因为有机物会引起阴极上铜以疏松粉状形式沉积，因此反萃液中的有机夹带量也要严格限制。反过来，因为贫电解质又送往萃取工序作反萃剂，所以在电解工序必须慎重选择为防止酸雾而添加的表面活性剂的种类，并严格控制其用量，以免将它带入萃取工序引起分相的困难，由于电解质中铁离子会引起铜的电流效率下降，其浓度必须严格限制在2g/L以下，因而对萃取剂的选择性也提出了严格的要求。

2. 萃取剂及其萃铜原理

目前铜的萃取剂大致可分为两类，即羟肟类与8-羟基喹啉类。它们萃铜时，发生下列反应：

$$Cu^{2+}+(\overline{HA})_2=\overline{CuA_2}+2H^+ \quad (在硫酸溶液中)$$
$$Cu(NH_3)_4^{2+}+2OH^-+2H_2O+2HA=$$
$$\overline{CuA_2}+4NH_4OH \quad (在氨溶液中)$$

生成的萃合物有螯环结构，丧失亲水性而进入有机相，以羟肟类为例，羟肟分子有顺、反异构体存在，顺式异构体形成分子内氢键，因而不起萃取作用，而反式异构体有分子间氢键，发生萃取作用时，每个醇羟基上被置换出一个氢离子，生成多环螯合物而进入有机相，如图5-35所示。

在众多的铜萃取剂中，Lix63、Lix64和Lix64N最早获得工业应用，但Lix63由于负荷容量低，又易降解，所以目前实际只用作为动力学促进剂，而Lix64已为Lix64N所取代。Lix64N是Lix65与Lix63的混合物。从1975年以来，一些新的萃取剂相继获得了工业应用，它们是P-50系列，Lix70系列，Lix622及6022，SME529等。这些均是从负荷容量、提高料液酸和铜的含量、或者从反萃取酸度、动力学行为各方面进行改进而制得的。目

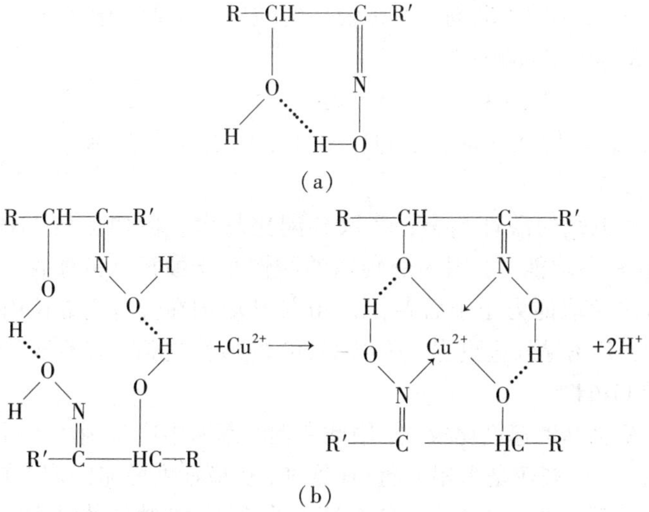

$$R-CH-C-R'$$
$$\quad\ |\quad\ \|$$
$$\quad\ O\quad N$$
$$\quad\ |\quad\ \ \cdot$$
$$\quad\ H\quad H-O$$

(a)

(a)-顺式异构体；(b)-反式异构体萃铜的反应。

图 5-35 羟肟萃铜原理

前获得广泛应用的新萃取剂是汉高公司的 Lix984 及 AVECIA 公司的 M5640。前者是醛肟与酮肟混合物，后者是添加脂作改质剂的醛肟。

国产铜的萃取剂品种较少，有 N_{509}，相当于国外之 Lix63，有 N_{510} 类似于国外 Lix65N，前者在 5 碳原子上有一个仲辛基，而后者是一个辛基。还有 N_{530}，实际上是 N_{510} 的改进，即在 4 碳原子连接有一个仲辛氧基。

萃取过程最重要的影响因素是水相酸度，表 5-10 列出了有关萃剂铜的 $pH_{1/2}$ 值。

表 5-10 不同萃取剂萃铜的 pH

萃取剂	Lix63	Lix64	Lix64N	Lix70	N_{510}	N_{530}
$pH_{1/2}$	4.8	3.3	2.9	2.6	1.5	0.3

$pH_{1/2}$ 小的萃取剂，可在较高的酸度下萃取，国产 N_{530} 对各元素的 $pH_{1/2}$ 的顺序如下：

$$Cu^{2+} < Fe^{3+} < Co^{2+} < Ni^{2+} < Zn^{2+}$$

因此，铜可优先萃取；当 pH<3 时，只有 Fe^{3+} 共萃，其 $\beta_{Cu/Fe}$ = 120~257。

萃取剂的酸性越强，萃取分配比越大。例如比较 Lix63 与 Lix64 的萃取能力，因为醇羟基的酸性小于酚羟基的酸性，所以前者之萃取能力小于后者，Lix70 类萃取剂在羟基之邻位引入氯离子，其诱导效应更强，所以 Lix70 的酸性更强，其萃取能力又大于 Lix64。

螯合萃取速度比较慢，因此在铜的萃取中应特别注意过程的速度，一般规律是水相平衡 pH 增加，反应速度增加，所以在氨溶液中萃铜速度远大于在硫酸溶液中的速度，在盐酸体系中的萃铜速度大于硫酸体系中的萃取速度，铜的浓度增加会使速度下降，所以有时在萃铜的有机相中还添加动力学协萃剂。

至于萃取剂的选择性同样与其结构有关，例如 8-羟基喹啉能与 60 多种元素生成螯合物，如在羟基邻位引入 R，其空间效应使其成为对铜的选择性螯合剂，喹啉类的 Lix34 萃铜但不萃铁，而羟肟类的 SME529 萃取铜和铁，P-50 系列不萃镍、钴、铁。

3. 稀释剂

萃铜有机相中稀释剂的选择，更具有特殊重要地位，例如在合成 N_{530} 时，选择羟基邻位碳原子上的取代基 R 时发现，如 R 为正辛基，则萃取剂不溶于煤油而溶于极性强的二甲苯，如 R 为异辛基，萃取剂可溶于煤油，但萃取后萃合物易析出。如 R 为仲辛基，则萃取剂与萃合物均易溶于煤油，一般规律，萃取剂的烷基支链化程度的提高，萃取剂及萃合物的油溶性增加。但油溶性增加，分配比不一定增加，故稀释剂的选择应予综合考虑。

所有萃铜的工厂目前在操作中都是用芳香化合物的质量分数

第5章 溶剂萃取

为0~25%的煤油作稀释剂的。芳香性的增加可给萃取带来下列影响：①加快相分离的速度；②提高萃合物的溶解度；③增加稳定性；④平衡负荷降低；而且在芳香物含量高时，甚至会使饱和容量也降低；⑤使动力学速度降低；⑥反萃效率降低；⑦芳香化合物高时会削弱pH的影响；⑧减小对铁的选择性，但并非所有的萃取剂都会在这些性质方面受芳香物含量的影响。事实上，目前在萃取中所用的稀释剂中芳香物含量的变化，对萃取体系的影响并不很大。

曾经研究了一种新的稀释剂——全氯乙烯，它的优点比较突出，相分离快，对铁的选择性好，反萃效果好，动力学状况也好，又不易着火。但其水溶性及蒸发速度均比煤油大，且价格较贵。

4. 赞比亚恩昌加联合铜矿公司钦戈拉湿法炼铜厂的萃取工艺

其工艺流程如图5-36所示。

所用原料为浮选尾矿，铜的质量分数大约为0.5%，采用两次逆流浸出，第二次浸出使用浓硫酸；一次浸出液一般铜的质量浓度为3%~6g%L，pH 1.9~2.0送往萃取。

有四列萃取系统，其中3列用Lix64N其质量分数为22%，以Escaid 100煤油作稀释剂，而另一系列用SME529萃取系统，也用Escaid 100作稀释剂。每一系列萃取槽每小时大约处理700m^{3}的浸出液，萃取槽由衬不锈钢的混凝土制造，萃取段的流比是1∶1，而反萃段的流比是4∶1，但水相回流以控制反萃混合室中的实际相比，即1∶1。用电解槽排出之电解残液(铜的质量浓度为30g/L)作反萃剂，所得反萃取液中铜的质量浓度为50 g/L，硫酸的质量浓度为150~180 g/L，萃余液中铜的质量浓度为0.4~0.5 g/L。

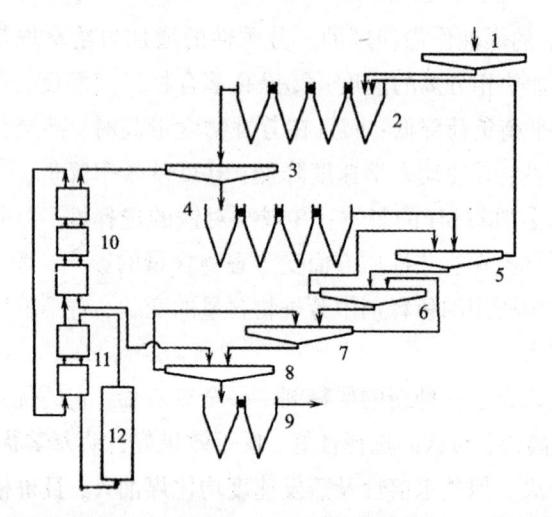

1. 预浸出槽；2. 一次浸出柱；3. 逆流倾析洗涤槽；4. 二次浸出槽；
5~8 逆流倾析洗涤槽；9. 中和柱；10. 萃取；11. 反萃柱；12. 储槽。

图 5-36　钦戈拉铜厂湿法炼铜工艺

与经典置换沉淀法相比，沉淀铜的纯度只有 83%，而萃取电解法的铜的纯度为 99.9%。典型产品的分析数据为：Cu99.9%，Ca0.004%，Fe0.0038%，Ni0.0004%，Zn0.0007%，Mg0.00001%。

5.4.2　稀土元素的溶剂萃取

稀土元素，由于其性质极为相似，故提取它们的单一元素非常困难，早期几乎全用离子交换色层法分离，现在已广泛使用溶剂萃取法。萃取稀土的水相可以是盐酸体系，也可以是硝酸和硫酸体系，目前大部分工厂均采用盐酸体系，使用最多的是酸性磷型萃取剂 $D_2EHPA(P_{204})$ 及 $HEHEHP(P_{507})$，中性萃取剂 TBP 及 P_{350} 也有应用，季胺萃取剂 Aliguat 336(N_{263}) 在分离提纯钇时获得了应用，但目前在我国由于环烷酸分离提纯氧化钇工艺的出现，Aliguat 336 已很少使用，而国外仍有应用；现在我国已能用萃取法分离全部稀土元素。但就高纯稀土而言，除镨外的重稀土元素尚须借用交换法。

萃取分离稀土的工艺，原则上是先将它们分成几个性质相近的元素组，然后再进一步分离，P_{204} 萃取分组是普遍采用的工艺，现在已有用 P_{507} 进行分组的实践，但原理是一样的。

5.4.2.1 P_{204} 萃取分组

(1) 稀土萃取分组原理

P_{204} 萃取稀土元素的分配比 D 随着原子序数的增加(即离子半径的减小)而增加。这样的萃取序列，叫做正序萃取。钇的位置在重稀土钬与铒之间(见表 5-11)。

表 5-11 P_{204} 萃取稀土元素 D 及 $\beta_{(z+1)/z}$ *

稀土	分配比 D*	lg D	分离系数 $\beta_{(z+1)/z}$
Y^{3+}	1.00	0.000	
La^{3+}	1.3×10^{-4}	$\overline{4}.114$	$\beta_{Ce/La} = 2.8$
Ce^{3+}	3.6×10^{-4}	$\overline{4}.556$	$\beta_{Pr/Ce} = 1.5$
Pr^{3+}	5.4×10^{-4}	$\overline{4}.732$	$\beta_{Pr/Nd} = 1.3$
Nd^{3+}	7.0×10^{-4}	$\overline{4}.845$	$\beta_{Pm/Nd} = 2.7$
Pm^{3+}	1.9×10^{-4}	$\overline{3}.279$	$\beta_{Sm/Pm} = 3.2$
Sm^{3+}	6.9×10^{-4}	$\overline{3}.770$	$\beta_{Eu/Sm} = 2.2$
Eu^{3+}	0.013	$\overline{2}.114$	$\beta_{Gd/Eu} = 1.5$
Gd^{3+}	0.019	$\overline{2}.278$	$\beta_{Tb/Gd} = 5.3$
Tb^{3+}	0.100	$\overline{1}.000$	$\beta_{Dy/Tb} = 2.8$
Dy^{3+}	0.280	$\overline{1}.448$	$\beta_{Ho/Dy} = 2.2$
Ho^{3+}	0.62	$\overline{1}.792$	$\beta_{Er/Ho} = 3.0$
Er^{3+}	1.4	0.146	$\beta_{Tm/Er} = 3.5$
Tm^{3+}	4.9	0.690	$\beta_{Yb/Tm} = 3.0$
Yb^{3+}	14.7	1.167	$\beta_{Lu/Yb} = 2.0$
Lu^{3+}	39.4	1.486	

* 底液为 $HClO_4$，以钇的 D 为 1.00 作基准

由表 5-11 可见，镥与镧之间的分离系数 $\beta_{Lu/La}$ 高达 3×10^5，相邻两元素的平均分离系数为 $\bar{\beta}=\sqrt[14]{3\times10^5}=2.46$。$P_{204}$-HCl 体系中 $\bar{\beta}_{(Z+1)/Z}=2.5$，在 P_{204}-HNO_3 体系中 $\bar{\beta}_{(Z+1)/Z}$ 要小一些。

影响萃取过程分配比及分离系数的因素服从酸性络合萃取体系的基本规律，因此酸度是一关键因素，如以 lgD 对 pH 作图，则得斜率为-3 的直线，如图 5-37 所示。

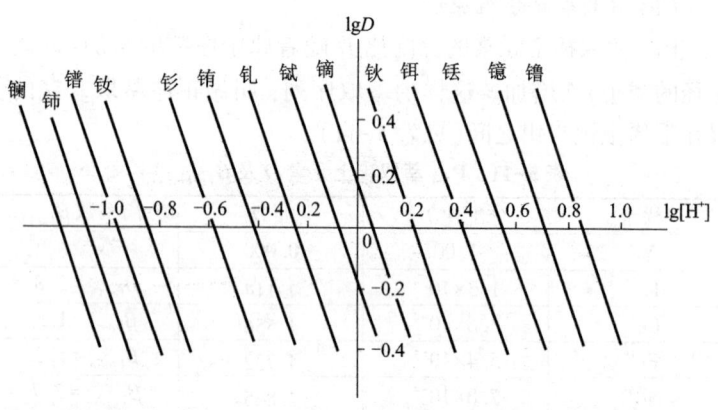

实验条件：$P_{204(1mol/L)}$——甲苯； 料液浓度：$RECl_3$ 为 0.05mol/L。

图 5-37 用 P_{204} 萃取各个稀土离子时 D 与氢离子浓度的关系

从图 5-37 可以看出，在同一水相酸度下，各稀土元素的分配比 D 差别较大，在图上可以找到各稀土元素分配比 D=1 时的水相酸度，如 $D_{Sm}=1$ 时，$lg[H^+]\approx-0.6$，即 $[H^+]=0.25$ mol/L，如选择大于 0.25 mol/L 盐酸度等进行萃取，则钐及钐以上的重稀土元素将优先萃入有机相，而钐以下的轻稀土元素则留在水相中。这样就可以在钐和钕之间分组，如选择别的酸度，则可在别的相邻稀土之间分组。

lg$D$ 并非随 pH 增加一直直线上升，当 pH 增加到金属离子发生水解时，lg$D$ 的增加便缓下来，这时直线上端开始弯曲。

水相中阴离子尽管不参与萃取反应，但对萃取过程也会发生影响，它们对分配比及分离系数的影响，主要通过对金属离子络合能力的强弱起作用。所以，在硝酸体系中萃取稀土元素时分配比及分离系数与盐酸体系中的并不一样，在盐酸体系中的分配比 D 甚至会小一些，但分离系数高一些，且盐酸比硝酸便宜。分组后的轻稀土氯化物可以直接浓缩结晶做产品，所以工业上均采用在盐酸介质中进行稀土分组。

萃取剂的酸性对分配比有重要影响，如果将 P_{204} 中一个 R—O 基团，用 R 取代，即将 2-二乙基已基磷酸变成 2-乙基已基膦酸单(2-乙基已基)酯(P_{507})，这时由于分子中酯氧原子电负性影响的削弱，导致它的酸性比 P_{204} 减弱，即萃取能力削弱，但是当它萃取中、重稀土元素时，所需水相酸度较低，反萃取液的酸度也较低，而且萃取稀土元素的平均分离系数 $\beta_{(z+1)/z}$ = 3.04(HCL = 0.05 mol/L)，比 P_{204} 的平均分离系数大，故在稀土元素分离中获得广泛的应用。

其他因素，如萃取剂浓度，稀释剂，甚至温度都会对萃取过程发生影响，这里就繁述了。

(2) P_{204} 萃取稀土分组

除去放射物质后的氯化稀土溶液。使之含 $RECl_3$ 1.0~1.2 mol/L，pH = 4~5，按图 5-38 所示流程分组，所用有机相为 1 mol/L 的 P_{204}-煤油。首先钐及中重稀土萃入有机相，以 0.8 mol/L 盐酸将进入有机相之轻稀土洗下，流比为 $V_{有}:V_{料}:V_{洗}$ = 2.5:1:0.5，含有中稀土及重稀土的有机相用 2 mol/L 盐酸反萃中稀土，并用 1mol/L 的 P_{204}-煤油捞重稀土，流比为 $V_{捞有}:V_{料有}:V_{水}$ = 0.25:2.0:0.25。由于是在低酸下萃取，所以要求稀土料液

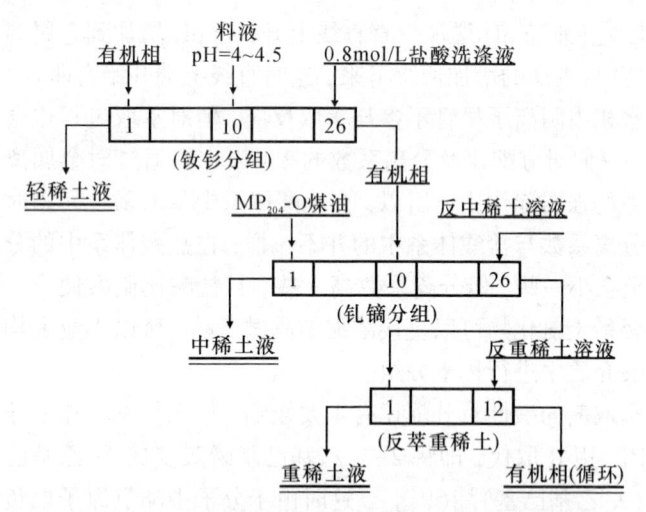

```
   有机相      料液            0.8mol/L盐酸洗涤液
            pH=4~4.5
    ┌─────┬─────┬─────┐
    │  1  │ 10  │ 26  │
    └──┬──┴─────┴──┬──┘
       │ (钕钐分组) │
       ▼           ▼有机相
    轻稀土液    MP₂₀₄-O煤油   反中稀土溶液
              ┌─────┬─────┬─────┐
              │  1  │ 10  │ 26  │
              └──┬──┴─────┴──┬──┘
                 │ (钆镝分组) │
                 ▼           ▼
              中稀土液      反重稀土溶液
                          ┌─────┬─────┐
                          │  1  │ 12  │
                          └──┬──┴──┬──┘
                             │(反萃重稀土)
                             ▼     ▼
                          重稀土液  有机相(循环)
```

图 5-38　P204-煤油-HCl 体系萃取分组稀土槽模型图

中杂质 Ti^{4+} 及 Fe^{3+} 含量较低，否则影响分相。如果往有机相中加入少量添加剂 TBP 或高碳醇，有利于改善分相效果。如果料液中的碱金属、碱土金属含量高，又由于它们基本上不被 P_{204} 萃取，所以将和轻稀土元素一起留在水相中，这会影响浓缩结晶的氯化稀土质量，故考虑采取先全萃再用反萃方法将稀土分组。所得的三组氯化稀土溶液处理成相应产品，或作进一步分离单一稀土元素的原料，重稀土溶液含酸浓度高，3.8~4.2mol/L 盐酸，因此可用渗析法回收盐酸，再进一步处理。

5.4.2.2　季胺萃取分离制取纯氧化钇

钇的分离原理是利用在不同萃取体系中它的分配比移位的特性。在正常情况下，钇的分配比与铒差不多，这与它的离子半径在钍铒之间是相应的，但在另一些萃取体系中，钇的分配比移向轻稀土或移出全部稀土序列之外。从图 5-39 所见，在 Aliguat-NO_3^- 体系中，萃取率随稀土元素原子序数的增加而降低，即成

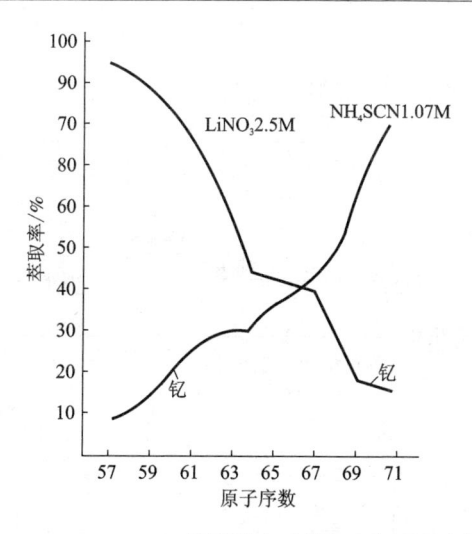

图 5-39 N_{263}-NO_3^--SCN^-萃取稀土时萃取率与原子序数的关系

"倒序"关系,此时钇的分配比的位置在铥镱之间,而在 Aliguat-SCN^-体系中,萃取率随稀土元素原子序数增加而增加,即成"正序"关系,此时钇的分配比的位置在镨附近。据此可以分两步萃取提纯。第一步用硝酸体系萃取,此时钇与重稀土留在萃余液中,再往其中加入硫氰酸盐,调整其组成,用季胺硝酸盐萃取重稀土。钇留在萃余水相。再将硝酸钇捞取进入有机相,实现钇与非稀土杂质的分离。用纯水反萃硝酸钇,用草酸沉淀与灼烧,得到纯的氧化钇。图 5-40 是利用这一原则提取纯氧化钇的原则工艺流程,萃取级数约 100 级,萃取槽采用不锈钢混合—沉清槽。控制维持准确的流比是过程控制的关键,钇在各工艺液流中的浓度控制是借助于在线分析仪上的 X 射线萤光探头来实现的。

挪威的 Megon 公司应用此流程建立了一个年产 30 t 氧化钇的工厂。它们所采用的原料 Y_2O_3 的质量分数为 60%,通过溶剂萃取,最后所得高纯 Y_2O_3 的典型分析结果见表 5-12。

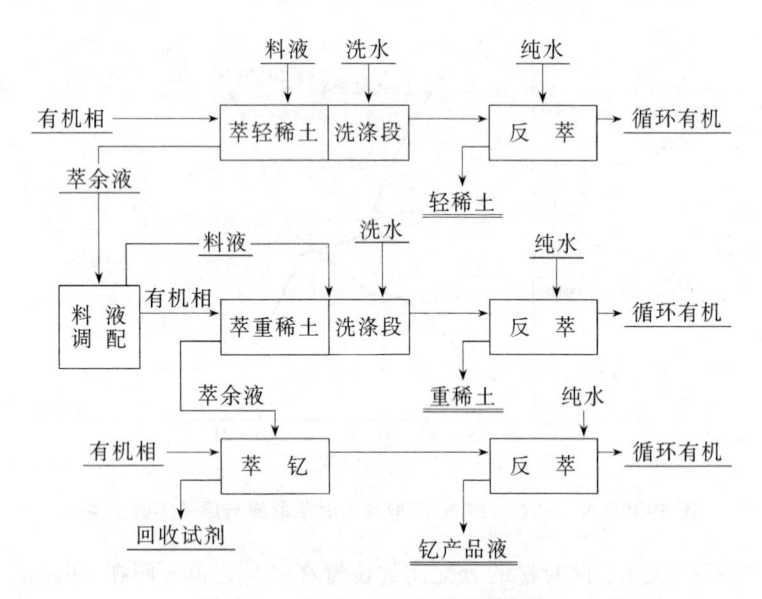

图 5-40 挪威 MEGON 提钇流程图

表 5-12 挪威 MEGON 公司的高纯 Y_2O_3 中杂质含量

La	Ce	Pr	Nd	Sm	Eu	Gd	Tb
0.1	0.04	<0.1	0.01	0.01	<0.005	0.15	<0.1
Dy	Ho	Er	Tm	Yb	Lu	Ag	Al
0.02	≤0.1	0.06	<0.1	0.08	<0.1	<1	<5
As	Ba	Be	Bi	Ca	Cd	Co	Cr
<10	<5	<1	<5	5	<5	<10	<1
Cu	Fe	Mg	Mn	Mo	Ni	Pb	Sb
<1	4	<5	<1	<5	<10	1	<1
Si	Sn	Sr	Ti	V	Zn	Zr	
<10	<1	<1	<5	<10	<10	<5	

注：杂质含量，质量分数乘以 10^{-6} 计

美国钼公司采用了另外一种两步法提纯钇的工艺。第一步用脂肪酸萃取,利用其"正序"规律将重稀土萃走;第二步用季胺-硝酸盐体系将轻稀土萃走,从而得到纯的氧化钇,这样避免了使用有毒的硫氰酸盐。

我国发展了与美国钼公司类似的工艺,第一步利用 N_{263}-硝酸盐体系将轻稀土萃走,第二步利用环烷酸萃取重稀土,直接从萃余水相得到 99.99% 的氧化钇。进一步的研究,完全取消了 N_{263}-硝酸盐体系,发展成为全环烷酸提纯 Y_2O_3 工艺。

5.4.3 钴镍溶剂萃取

钴、镍是一对性质相似的元素,在提取钴或镍的各种溶液中,它们往往以不同比例共存。因此溶剂萃取法在钴(镍)冶金中占有极重要的地位。除了用溶剂萃取技术分离钴与镍外,它还广泛用于从含钴(镍)的溶液中除去其他重金属杂质。

根据含钴(镍)溶液的不同性质,常见钴镍萃取体系有下列三类:

(1) P_{204} 或 P_{507}-H_2SO_4 体系;
(2) Lix 类萃取剂-氨性溶液体系;
(3) 胺类萃取剂-HCl 体系。

1. 溶剂萃取从含钴(镍)溶液中除去重金属杂质

工业上含钴(镍)的溶液一般来自于含钴矿物原料,或者含钴废料(例如合金,催化剂等…),也有一种来自于金属钴锭(粒)的浸出液,由于原始原料钴(镍)含量及比例不同,其他元素的含量也不同,因此浸出液的组成非常复杂,故制取纯钴(镍)化合物的工艺流程中有一个互不相同的予除杂阶段。在浸出阶段经过初步除杂净化处理的溶液,可能还含有少量有害杂质,因此在萃取车间有时还设有单独除杂工序。除杂方法除了常用的中和、沉淀、置换等方法外,常采用萃取法除去重金属杂质。

(1) 硫酸浸出液中用 P_{204} 萃取除杂

图 5-41 为 P_{204} 萃取某些金属离子的萃取率与水相平衡 pH

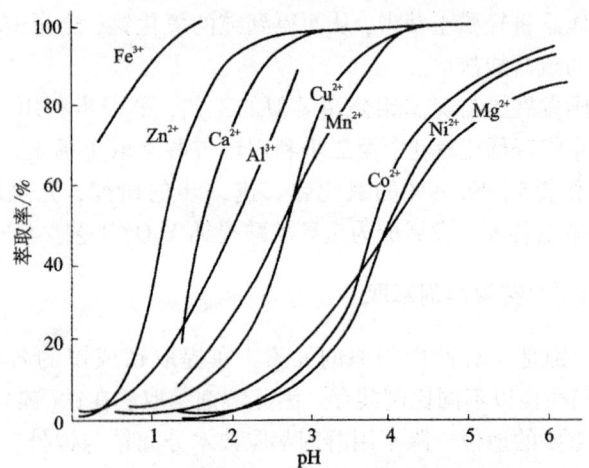

图 5-41 在硫酸盐溶液中 $D_2EHPA(P_{204})$ 对某些金属的萃取率与平衡 pH 的关系

的关系。由图 5-41 可以看出，P_{204} 萃取各金属的次序如下：

$$Fe^{3+} > Zn^{2+} > Cu^{2+} > Fe^{2+} > Mn^{2+} > Co^{2+} > Ni^{2+}$$

而 As^{5+} 不被萃取，As^{3+} 可部分被萃取。因此原则上我们可以控制水相平衡 pH，将锰以前的杂质元素先行萃取除去，尔后再进行 Co-Ni 分离。当溶液中有钙、镁离子时，由于镁的 q-pH 关系与 Co、Ni 的 q-pH 关系曲线交叉，因此不能用 P_{204} 萃取除镁，所以通常是在萃取除杂前先用 NaF 或 NH_4F 沉淀脱除钙、镁。

为了维持溶液的平衡 pH，P_{204} 在使用前通常以浓碱液（NaOH 的质量浓度为 500 g/L 溶液）予中和制皂。如前所述，此时 P_{204} 以微乳状液形式用于萃取。

由图 5-41 可见，如果仅用 P_{204} 萃取除铁、锌，由于它们的 q-pH 曲线与 Co、Ni 的 q-pH 曲线相距较远，故除杂时的有价金属损失很小,此时的主要问题是三价铁的反萃。由于三价铁与P_{204}结合相当稳固,即使用 5 mol/L 的硫酸也反萃不完全,而用 6 mol/L 的盐酸反萃则较好。

如用 P_{204} 萃取除铜、锰,则钴也有一部分被萃取到有机相中,此时可用稀硫酸洗钴,而铜、锰洗脱很少。某厂用 P_{204} 萃取除杂的效果见表 5-13。

表 5-13　P_{204} 萃取除杂效果　　　　浓度单位:g/L

元素	Co	Ni	Cu	Mn	Zn	Fe
料液浓度	27~37	5~6	0.1~0.2	2.0~2.5	1.5~2.5	<0.01
萃余液浓度	25~27	5~6	<0.06	0.01~痕量	0.05~0.1	<0.005

注:料液和萃余液的 pH 为 4.5~5

含少量钴的有机相用的 H_2SO_4 质量分数为 60 g/L 的水溶液洗涤,洗涤液再返回流程。

(2)硫酸溶液中用其他萃取剂除杂

脂肪酸已在工业上成功用于从 $CoSO_4$ 溶液中萃取除铜、铁。脂肪酸萃取金属离子的顺序与 P_{204} 不同,实际测定的萃取顺序为:

$Fe^{3+} > Cu^{2+} > Zn^{2+} > Ni^{2+} > Co^{2+} > Mn^{2+} > Ca^{2+} > Mg^{2+}$

因此用脂肪酸萃取除铜、铁是比较理想的。

工业实践是分阶段萃取除铁、铜,首先将铁离子氧化成三价。控制适当平衡 pH 萃取除铁,除铁后溶液再萃取除铜,铜、铁除去率均大于 99%,铁皂及铜皂有机相均用硫酸反萃,分别得到硫酸高铁及硫酸铜溶液,脂肪酸同时得以再生。为了保证续后钴镍分离作业的顺利进行,必须将残留在萃余液中的脂肪酸除去。除去的方法可采取调整萃余液 pH 为 1.5~2,以降低它在水溶液中的溶解度,尔后在另外的澄清槽中澄清分离酯肪酸。或者采用活性炭吸附法也能有效除去脂肪酸。也可以用环烷酸作萃取剂,除去铜、铁等杂质。

除此之外,利用羟肟或醛肟类萃取剂对铜的萃取选择性,也可以从硫酸钴(镍)的溶液中萃取除铜。

(3)盐酸溶液中萃取除铁

从含钴镍的盐酸溶液中也可以用萃取法除铁。所用的萃取剂可以是 P_{204},也可以用含氧萃取剂如 TBP、仲辛醇等,但萃取反应完全不同。

用 P_{204} 作萃取剂时,以阳离子交换反应形式将铁萃入有机相,因此料液酸度需较低。

而以 TBP 或仲辛醇作萃取剂时,按生成𨥥盐机理萃取铁的氯络阴离子,因此必须维持高的酸度或者添加盐析剂以维持高的氯离子浓度。萃取前应向溶液中通入氯气使二价铁离子充分氧化,在溶液 Cl^- 的质量浓度为 290 g/L 的情况下,如溶液中铁离子质量浓度为 25~40 g/L,通氯氧化至 Fe^{2+} 的质量浓度小于 0.1 g/L,以仲辛醇的煤油溶液萃取,可使溶液中铁离子的质量浓度小于 0.1 g/L,这表明三价铁离子可以定量萃取。一般质量分数为 50% 的仲辛醇煤油溶液对铁的饱和容量为 17g/L,因此是比较理想的从氯化物溶液中除铁的萃取剂。

2. 从硫酸盐溶液中用酸性磷型萃取剂(P_{204} 或 P_{507})分离钴镍

目前工业上用于分离钴镍的酸性磷型萃取剂有 P_{204}、P_{507} 及 Cyanex272。后者是美国氰化物公司生产的膦酸型萃取剂,我国尚无同类产品,在相同条件下,即萃取剂浓度 0.1 mol/L,稀释剂为 MSB 210,水相金属浓度 2.5×10^{-2} mol/L,pH=4,$t=25$℃,$V_O/V_A=1$,比较了他们对钴镍的分离系数,结果如下:

萃取剂	$\beta_{Co/Ni}$
P_{204}	14
P_{507}	280
Cyanex272	100

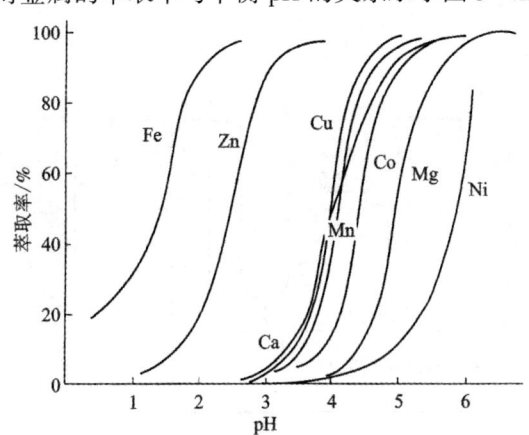

P_{507} 对金属的萃取率与平衡 pH 的关系示于图 5-42。

图 5-42　P_{507} 萃取金属萃取率与平衡 pH 关系

显而易见，钴镍两条曲线距离较大，但铜、钴两条曲线相距较近，它们之间的分离系数只有 P_{204} 的 1/2 至 1/3，因此目前有些工厂采用 P_{204} 除杂-P_{507} 萃取分离钴镍流程。特别是对于钴镍比接近，甚至镍高钴低的溶液，用 P_{204} 分离较困难，而用 P_{507} 却较易实现分离。

图 5-43 为加拿大国际镍公司的萃取流程。此流程的特点为：

1) 萃取与洗涤段采用不锈钢脉冲筛板塔，塔径 558 mm，高 12.2 m，筛板开孔率 30%，孔径 0.47 mm，筛板间距 50.8 mm。脉冲振幅 25.4~50.8 mm，频率 30~60 周/分。

2) 有机相预先用质量分数为 28% 的氨水或氨气皂化。

3) 反萃液部分回流用于洗涤负载有机相，洗下之富镍溶液返回到萃取段与料液合并。有机相的 P_{204} 的质量分数为 20%~30%，以 TBP 作相调节剂，要求分离程度高，则 P_{204} 质量分数为取低值(20%)。萃取温度 60~65℃，高的温度有利于钴镍分离。

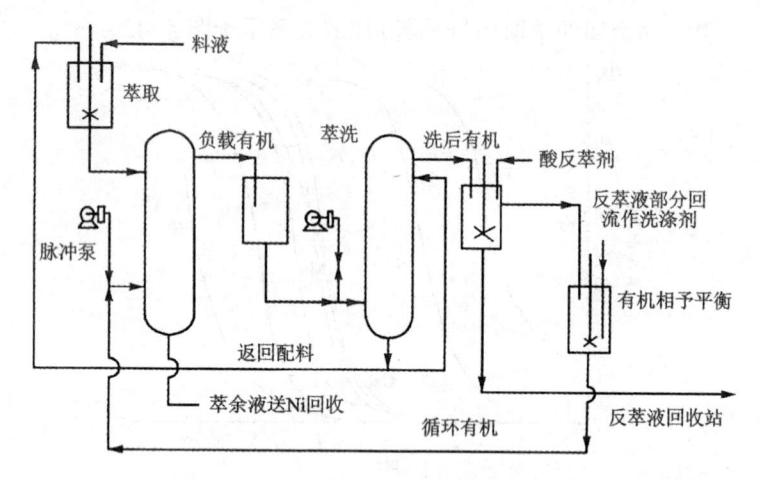

图 5-43　P_{204} 萃取分离钴、镍流程

相连续情况对 Co-Ni 分离程度有明显影响，当钴、镍量相等时，有机相连续有利，当 Ni 高 Co 低时，则必需采用有机相连续方式，当钴镍比高时，无论哪一相连续均可。而在洗涤段，则宁愿采用水相连续方式。

有趣的是塔径对钴镍分离也有影响，随塔径增加，洗后有机相中的钴镍比增加，即钴产品的纯度增加。

3. 从氯化物液中用叔胺萃取分离钴镍

从氯化物溶溶液中用萃取法分离钴镍所用的萃取剂，一般为叔胺（国外用三正辛胺或三异辛胺，国内用 N_{235}），也有用季胺萃取剂的。

水相体系为钴、镍的氯化物溶液，它们均以二价形式存在。由于钴可生成氯络阴离子，而镍不生成氯络阴离子，因此胺类萃取剂分离钴镍有极高的选择性，图 5-44 为氯离子浓度对金属萃取率的影响。可见，一般要求溶液中氯离子质量浓度大于 200 g/L，保证高氯离子浓度的办法可以是：

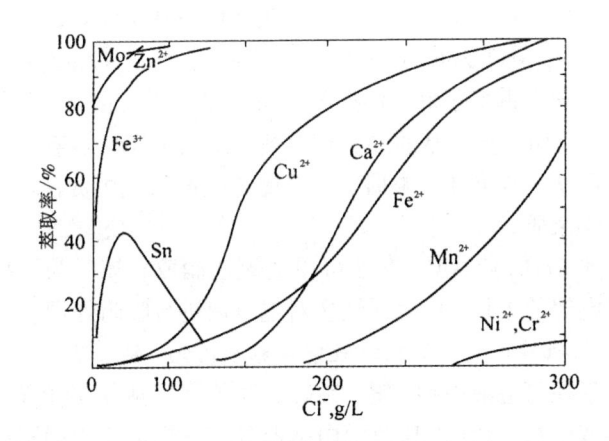

图 5-44 用 Alamine 336 质量分数为 25%，十二烷醇质量分数为 15%，煤油质量分数为 60%的溶液从 $CaCl_2$ 水溶液(含 Me^n 1g/L，pH=2)中萃取金属

(1)添加 $CaCl_2$ 作盐析剂，此法可在较低 pH 下萃取，但萃余液中有很多钙离子，故为了得到纯镍，尚需分离钙。

(2)在高盐酸浓度下萃取，但盐酸浓度太高，由于它本身竞争萃取入有机相，故使钴萃取率反而下降，高酸度萃余液也需设法回收盐酸。

(3)蒸发浓缩，这时高浓度的氯化镍本身成为钴的盐析剂。

萃取反应可表示为：

$$2R_3NHCl + H_2CoCl_4 \rightleftharpoons (R_3NH)_2CoCl_4 + 2HCl$$

可用自来水实现反萃取，此时萃合物解离：

$$(R_3NH)_2CoCl_4 \rightleftharpoons 2R_3N + CoCl_2 + 2HCl$$

游离出中性胺分子。

如图 5-44 所示，铁、镍等氯络离子较难反萃彻底，因此有机相经多次循环，需用 Na_2SO_4 洗涤除铁、锌，其反应如下：

$$2R_3NHFeCl_4 + Na_2SO_4 =\!=\!= [R_3NH]_2SO_4 + 2FeCl_3 + 2NaCl$$
$$[R_3NH]_2ZnCl_4 + Na_2SO_4 =\!=\!= [R_3NH]_2SO_4 + ZnCl_2 + 2NaCl$$

当料液中含有铜离子时，根据图5-44，也可将Cu、Co共萃入有机相，尔后用分步反萃的办法获得纯$CoCl_2$，$CuCl_2$溶液。

钴反萃液纯度还不够时，可用离子交换法或沉淀法，进一步除去非镍杂质。

一般$CoCl_2$或$NiCl_2$溶液可用电解法制取金属。为了排出有机物对电解的干扰，可用活性炭对电解液进行吸附处理。

4. 从硫酸铵或碳酸铵溶液中萃取分离铜、钴、镍

由于在氨溶液中铜、镍、钴等金属均可生成氨络离子，故可在氨溶液中在广泛的pH范围内萃取分离它们。所用的萃取剂有螯合萃取剂、P_{204}、异构羧酸。有铜存在的情况下，一般先用螯合萃取剂提铜，再分离钴、镍。金属离子的萃取顺序一般为Cu>Co>Ni，因此先在低pH下萃铜，随后用调pH的办法，再萃钴萃镍。

本体系的一重要特点是钴必须以三价形式存在，而二价钴一般不被萃取，故可利用这一性质，实现反萃。

除此之外，影响萃取率或分离系数的主要因素还有pH，硫铵或碳铵的浓度，溶液中的钴浓度及钴镍比。

5.5 液膜萃取与萃取色层分离法

5.5.1 液膜萃取

液膜萃取是将溶剂萃取和膜渗透两项技术结合起来的一种新的单元分离操作技术。它兼有两者之优点，而且和溶剂萃取有许多相似之处。

液膜萃取是用一个含有萃取剂的有机液膜将料液与反萃液分隔开来的一种特殊萃取，液膜中的萃取剂与料液中的金属离子反应生成萃合物，这种萃合物能立即渗透过液膜并与另一侧的反萃剂反应，使金属离子进入反萃液。再生的萃取剂又逆向渗透过膜与另一侧的金属离子发生萃取反应。如此反复进行，萃取剂实质起到一个迁移金属离子的载体的作用。如溶剂将反萃剂包于其中形成油包水型乳状液，以这种乳状液与萃取料液接触进行萃取的方式，称为乳化液膜萃取(图5-45a)，而借助毛细孔作用使溶剂的薄膜保持在薄的固体微孔聚合物支持体的孔隙中，反萃剂与料液置于带有溶液膜的支持体两侧的萃取方式称为支持液膜萃取(图5-45b)。由于液膜萃取具有能简化萃取流程，减少萃取工厂溶剂投入量的优点而受到人们的重视，一些国家已用这种技术处理镉、锌、铬的废水。用液膜萃取提取铜、稀土、铀、钴、镍也已完成了半工业试验。蠕动液膜(图5-45(c))是支持膜的改进，参见5.5.1.2节。

5.5.1.1 乳化液膜萃取

1. 基本原理

形成乳化液膜的有机相除了萃取剂(载体)及溶剂外，还必须添加有表面活性剂，以保持形成油包水的乳状液，即在高速搅拌的情况下，向装有这种膜相溶剂的容器中徐徐加入反萃剂，它被分散成微小液滴，膜相包封其外，形成稳定的乳状液，典型的乳状液滴直径约100 μm，实际上乳状液内常常由若干个液滴聚结成直径约1mm的聚集体(图5-45a)，液膜厚度约1~10μm。相当于其他人工膜厚的1/10，甚至还薄，又由于滴径甚小，接触表面很大，故溶质渗透速率比其他人工膜快得多。

显然单个乳状液滴必须由两相组成，即内相和包封内相的膜相，就萃取金属离子而言，内相一定是反萃剂，反萃产物不能反向渗透通过膜相，从而使内相中的溶质得到富集。膜相使用的溶

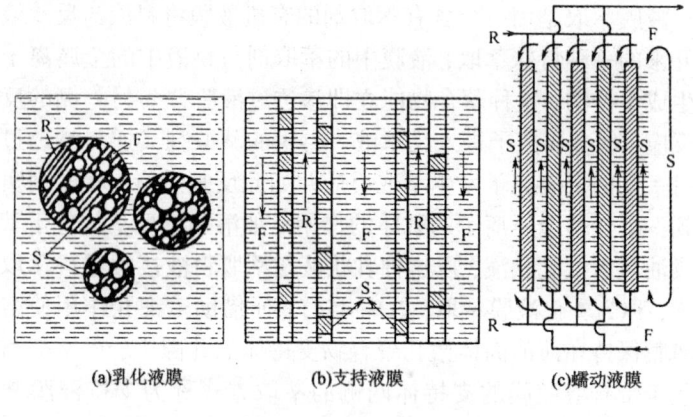

(a)乳化液膜　(b)支持液膜　(c)蠕动液膜

S—有机；F—料液；R—反萃剂。

图 5-45　液膜结构示意图

剂必须为不溶于内相和料液，无毒、不易挥发、密度小的碳氢化合物，其中最好是用 30~75 个碳原子的异烷烃，有时为了增加膜强度，还添加增稠剂。

液膜萃取分离金属是将制备好的乳状液与水相料液接触进行，因此，它的传质属于以油膜隔开的水—油—水多重乳状液的溶质迁移过程。带有化学反应的液膜过程的迁移机理有同向迁移和逆向迁移两种情况。

叔胺萃铀的膜萃取过程是典型的同向迁移过程。在液膜的料液一侧，水溶液呈酸性，有利于叔胺萃取硫酸铀酰和氢离子；萃合物溶解于膜相，并向膜内侧迁移，在液膜的内相一侧，反萃剂水与之作用，硫酸铀酰和氢离子从膜中被反萃下来，胺得以再生，并以游离胺形式逆向扩散回到液膜的料液一侧。这种迁移的特点是硫酸铀阴离子与氢离子以同一方向耦合流动。故称为同向迁移过程。过程的化学反应为：

$$4R_3N + 4H^+ + UO_2(SO_4)_3^{-4} \underset{反萃}{\overset{萃取}{\rightleftharpoons}} (R_3NH)_4UO_2(SO_4)_3$$

Lix64N 萃铜的膜萃取过程可作为反向迁移过程的例子，这时在膜相的料液的一侧发生萃取反应：

$$Cu^{2+}+2\overline{HR} \underset{反萃}{\overset{萃取}{\rightleftharpoons}} \overline{CuR_2}+2H^+$$

铜的萃合物迁移至膜内侧后，发生反萃反应，在内相得到硫酸铜，而内相中的氢离子与萃取剂的阳离子生成萃取剂分子，又反向迁移至膜相的料液一侧。这种迁移过程的特点是铜离子与氢离子的迁移方向相反，故称之为反向迁移过程。

但是不管是哪一种传质迁移，金属离子都是从低浓度一侧朝着高浓度的一侧迁移，而氢离子总是按照浓度梯度由高浓度侧向低浓度方向迁移，正是膜两侧的氢离子浓度梯度的推动力才有可能使金属离子从浓度低的一侧向高浓度侧迁移。所以有时候也称能促进被分离溶质迁移的某些溶质(如 H^+)为供能溶质。

2. 乳状液的基本性能

液膜萃取效率极大地依赖于乳状液的基本性能，也就是说制备一种选择性强，渗透性强，稳定性适中的乳状液是获得良好的经济指标的关键一步。

(1)液膜的选择性。选择性可用分离系数表示，其定义与溶剂萃取完全一致，只不过将有机相浓度换成膜相浓度而已。选择性大小主要依赖于载体的选择，载体选择原则完全按照萃取剂的选择原则进行。与溶剂萃取有所差别的是液膜的选择性还与内相溶液的组成有关。

(2)液膜的渗透性。一般认为液膜传质速率受膜内溶质扩散迁移的控制，因此，液膜的渗透性对传质速率的影响很大。

(3)液膜的稳定性。评价液膜萃取过程乳状液的稳定性的一个主要定量参数是乳状液的破碎率。其测定方法是将乳液倒入中性水中，并以一定速度搅拌，当停止搅拌静置分层后测量水中的酸碱度，按下式可求出膜破碎率：

$$膜破碎率 = \frac{膜外相中酸(碱)总量}{膜内相中原始酸(碱)的总量} \times 100\%$$

3. 影响液膜萃取的因素

(1)液膜乳液成分的影响。影响液膜萃取效果的关键因素是流动载体的选择。

液膜中表面活性剂的种类和浓度对液膜的稳定性、渗透性甚至萃取效果都有影响。含表面活性剂的油膜体积(V_o)与内相体积(V_i)之比称为油内比(R_{oi}),即 $R_{oi} = V_o/V_i$,R_{oi} 从 1 增至 2 时,膜变厚使膜稳定性增加,但渗透速度降低。

(2)混合强度的影响。搅拌强度过低,则乳液与料液不能充分地混合,而搅拌强度过高时,会使液膜破裂,两者都会使分离效果降低。

(3)接触时间的影响。由于液膜表面积大,所以溶质渗透过膜进入内相的速度很快。不必要延长接触时间,否则,由于液膜破裂,液膜提取率会反而下降。

(4)外相 pH(或酸度)的影响。与传统的萃取法相同,料液(即外相)的 pH(或酸度)对萃取效果有显著的影响。同时它对液膜稳定性也有影响。

(5)乳水比的影响 乳液体积(V_o)与料液体积(V_w)之比称为乳水比(R_{ow}),即 $R_{ow} = V_o/V_w$,R_{ow} 大,则接触面积大,当然有利于提高萃取效果,但乳液消耗大。故希望在提高萃取率情况下,R_{ow} 越低越经济有利。

(6)试剂比影响。内相试剂摩尔数(M_i)与外相中被萃物的摩尔数(M_w)之比称为试剂比(r),即 $r = M_i/M_w$。根据乳状液膜萃取原理,显然 r 越大,萃取效果越好。

(7)操作温度影响。因温度升高,膜的破碎率增加,故不利于萃取过程。

4. 液膜萃取工艺过程

液膜萃取工艺过程主要由三个特殊工序组成,即乳状液制备；乳状液与料液的接触和分离；破乳。如图5-46所示。

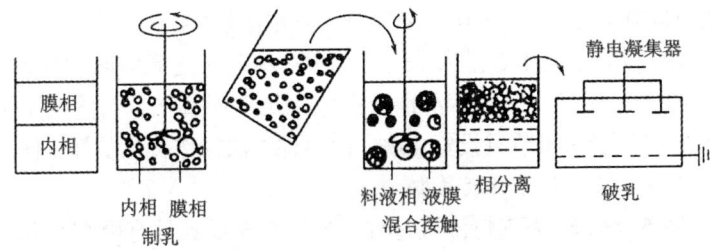

图5-46 液膜萃取的主要工序

（1）乳状液制备。将表面活性剂、萃取剂、有机溶剂（有时还有增稠剂）装入容器，以1000~2000r/min速度搅拌，并徐徐滴入内相溶液搅拌10~20min即制成油包水乳状液，搅拌设备以高速轴向均化器为好。

（2）乳状液与料液的接触和分离。与溶剂萃取过程一样，可以将乳状液与料液按规定的流动方式供入混合沉清器或萃取塔内进行接触。混合转速一般为200~400r/min。

用逆流方式接触时，同样也可用图解法求级数，只不过纵坐标改为内相浓度。

（3）破乳。为了从负荷乳状液中分离金属必须将其破坏，简称破乳。这是最困难又必不可少的一步。它与制备乳状液是两个互相矛盾的操作过程。破乳可用化学法与物理法。

化学法是借添加一种物质，破坏乳状液的稳定性而达到破乳的目的，显然它使溶剂的返回使用增加了麻烦。

物理破乳法包括加热、外加电场、离心分离、超声波及采用凝聚器等，高压电场法是目前最理想的方法，例如使用电压18 kV，电流0.8 mA，因电流很低，所以总能耗很低。

例如用液膜萃取提铜，膜相组成：质量分数为2%的高分子聚酰胺衍生物（相对分子质量2000），质量分数为10%的Lix64N，质量分数为88%的可异烷烃。制乳的相比$V_O/V_A=2/1$;反萃剂质量浓度Cu30g/L,$H_2SO_4$150g/L;料液,质量浓度Cu为2.5 g/L,pH为2.0。以乳水比1/2进入混合澄清槽,经四级逆流萃取,铜萃取率98%。采用静电破乳后富铜液送电积工序回收铜。与溶剂萃取法相比,液膜法可节省投资40%,但两种方法操作费几乎都一样。

5.5.1.2 支持液膜萃取

图5-46(b)为支持液膜过程,溶剂S充填到具有极细小孔的聚合物片或中孔纤维的孔隙中。聚合物的亲有机性质保持有机液体存在于孔穴中,这种液膜较厚,所以膜的稳定性比乳化液膜强,但溶质穿过液膜的迁移速度也较慢,此外充满孔穴中的有机液体溶解在两个水溶液流中,这意味着必须进行膜的某种再生处理,因此,在此基础上提出了一种改进的方法,即蠕动液膜法或液膜渗透法,如图5-45(c)所示。在此情况下料液与反萃液在多孔隙固体支持物中空纤维内流动,支持物以小间隔成交替次序排列。交替支持物间的狭窄间隙及整个容器空间均充满起媒介作用的有机相S。用一个外加的泵强制连续循环这种有机相。在这些条件下,涡流扩散担负着所有连续步骤的物质的迁移。虽然液体膜的厚度是在若干毫米范围之内,但这些流动的膜的传质性能只相当于微米厚的不动层流体膜。因此达到了既有膜的高稳定性又有良好的渗透特性的双重目的。

影响支持液膜性能的因素有:

1. 聚合物支持体

聚合物支持体是有机萃取剂的载体,用于支持液膜之大部分疏水材料,为协调能容纳有机相而排斥水的需要,都含有聚烯烃和聚氨脂,使这些材料变成多孔体的技术对支持体孔径的均匀性及孔分布,孔径大小与膜的稳定性有重要影响。

2. 萃取剂

对溶剂萃取相当重要的性质如金属负载容量和相分离性能,

对支撑液膜而言却没有意义,而反应速度和扩散速度则更为重要。另一方面,因为支持液膜能利用的水—有机界面面积有限,所以要求活性配位基团必须不为大的有机基团所包围。

3. 稀释剂

因为稀释剂象萃取剂一样,能溶于水相,而水也能溶于有机相,引起金属传输的破坏,且一旦超过水在稀释剂中的溶解度还能形成阻塞细孔的水滴。一般膜中稀释剂的损失取决于水溶性,一旦达到溶解度值,不会进一步损失。

稀释剂还会影响膜相的粘度,而粘度将直接影响迁移的传质速率。

此外,与溶剂萃取过程一样,萃取剂浓度,pH,温度等因素均对支持液膜过程有影响。

5.5.2 萃取色层分离法

1. 基本概念

自五十年代以来,随着溶剂萃取和离子交换色层方法的应用范围日益扩大,种种选择性良好的萃取剂不断出现,色层分离的理论和技术也有很大的发展,这些都促使人们努力将溶剂萃取的高选择性和色层分离的多级性这两个特点结合起来,于是研究出一种新的色层分离技术——萃取色层。所谓萃取色层就是将有机溶剂吸附在惰性支持体上作为固定相,被分离样品吸附到柱顶端,以某种水溶液(通常为酸、碱或盐的溶液)流过支持体作为流动相,被分离物质经过在两相中连续多次的分配而获得分离。

目前萃取色层技术在稀土分离方面已获得工业应用,在分离性质极为相似的元素方面,这种方法有着良好的工业应用前景。其原因在于:

(1)萃取色层以有机萃取剂为固定相,水溶液为流动相,比较容易选择合适的水相组分,以便使萃取分离的最佳条件有效地用于萃取色层。

（2）在萃取色层中，可用作固定相的萃取剂种类繁多。各种磷类、胺类、含氧的醚和酮类萃取剂，各种螯合萃取剂，乃至于混合萃取剂都已用于萃取色层，可以说一旦在溶剂萃取中出现了新的萃取剂，不久它就会被用于萃取色层。例如，发现用冠醚萃取分离碱金属离子后不久，以这类化合物作固定相用萃取色层分离碱金属就获得了良好的结果。

（3）萃取色层相当于级数很高的多级萃取，分离效率高，方法简便，能有效地分离性质相似的元素。

（4）与溶剂萃取相比，因萃取剂被固定在惰性支持体上，用量很少，一般不怕乳化现象，而且色层柱可反复使用。

这种方法的不足之处在于吸附容量较低，因此限制了大规模的应用。

在萃取色层法中，支持体的选择是十分重要的。目前广泛使用的支持体主要有三类：无机吸附剂、经硅烷化处理的憎水性吸附剂及有机高分子聚合物。性质优良的支持体，一般应满足下列要求。

1）支持体能保留较多的作为固定相的萃取剂，而且在淋洗过程中不易被流动相带走。

2）支持体要具有良好的化学惰性。它们既不能被固定相（有机萃取剂）所溶解，或者产生明显的溶胀现象，又不能被流动相（各种无机酸）所侵蚀。

3）支持体要具有良好的物理稳定性，有一定机械强度，不易破碎，不会变形，并有一定的热稳定性。

4）支持体要价格低廉，使用方便。

在萃取色层中对固定相的选择具有很大灵活性，一般而言固定相应具有下列基本特性：

①作为固定相的萃取剂能牢固地被支持体所滞留和吸附；

②它们本身以及它们与被分离金属形成的萃合物，必须在流

动相中的溶解度很小；

③它们必须具有良好的稳定性。

在稀土分离中应用的支持体有两类：一类是将萃取剂如 P_{507} 作固定相，将它吸附在经过硅烷化处理的硅胶粉末或活性硅球上；另一类是所谓的萃淋树脂，它是以苯乙烯—二乙烯苯为骨架、具有大孔结构和含有一种选择性萃取剂的共聚物。其特点是萃取剂质量分数可高达 62%，且结合较牢固，不易流失。这类树脂既具有萃取选择分离效果好的特点，又具备离子交换树脂操作比较简单的特点。其结构与大孔离子交换树脂基本上相同。现阶段在稀土分离中主要应用的是萃淋树脂。

2. 基本原理

由带有萃取剂的支持体装成的色层柱，可以看作为一系列盛有一定量有机相的小萃取器。在混合物分离过程中，被分离物质从柱顶逐渐随流动相向下移动时，它们将不断地在有机相和水相之间进行萃取和反萃取过程。像离子交换色层一样，如果分份收集流出液并分析相关物质的浓度，则可以得到以高斯分布为特征的，被分离组分的淋洗曲线。显然，两被分离组分的淋洗曲线越陡峭，其峰值相距越远，则分离效果越好，图 5-47 即为萃取色层法的典型淋洗曲线图。

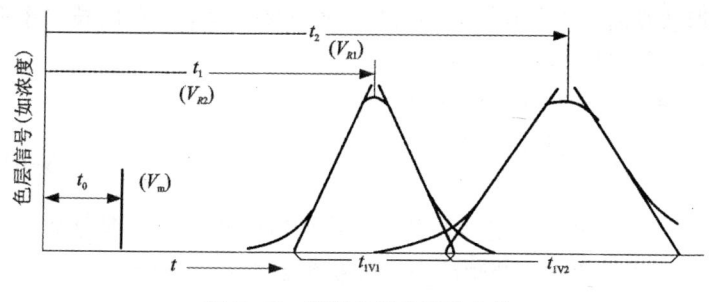

图 5-47 萃取色层的淋洗曲线

表征萃取色层分离效果的有关参数如下：

(1) 容量因子 k

$$k = \frac{n_s}{n_m} = \frac{\text{固定相中组分 X 的总摩尔数}}{\text{移动相中组分 X 的总摩尔数}} \qquad (5-57)$$

显然，k 相当于溶剂萃取中的萃取比 E。

(2) 分配比 D

$$k = \frac{n_s}{n_m} = \frac{C_s}{C_m} \times \frac{V_s}{V_m} = D \times \frac{V_s}{V_m} \qquad (5-58)$$

故分配比 $D = \frac{C_s}{C_m} = k \times \frac{V_m}{V_s}$ (5-59)

式中 C_s 及 C_m ——分别为 x 在固定相及流动相中的浓度；
V_s 及 V_m ——分别为固定相即有机相的体积及流动相即水相的体积。

(3) 分离系数 β

与溶剂萃取相同，β 定义为两被分离组分在相同条件下分配比 D 的比值，即：

$$\beta = \frac{D_1}{D_2} = k_1 \cdot \frac{V_m}{V_s} / k_2 \cdot \frac{V_m}{V_s} = \frac{k_1}{k_2} \qquad (5-60)$$

因为萃取色层尚保留有柱色层的优点，根据柱色层流出曲线的形状及曲线峰值距离可以看出分离效果，故萃取色层技术中有一专有的参数——分辨率。

(4) 分辨率（分离度）R_s

$$R_s = 2\left(\frac{V_{R2} - V_{R1}}{W_1 + W_2}\right) \qquad (5-61)$$

显然，R_s 大表两峰之间距离大，或两峰宽度较小，即分离效果好。R_s 小表两峰之间距离小，或两峰宽度较大，即分离效果差。

如 $k_1 \approx k_2$，取 $k = \frac{k_1 + k_2}{2}$ 则分辨率可表示为：

$$R_s = \frac{1}{4}\left(\frac{\beta-1}{\beta}\right)\sqrt{N}\left[\frac{k}{1+k}\right] \tag{5-62}$$

β 趋于 1 时,(5-62)式简化为以下形式:

$$R_s = \frac{1}{4}(\beta-1)\sqrt{N}\left[\frac{k}{1+k}\right] \tag{5-63}$$

式(5-62)及(5-63)两式均由三部分组成,即$\sqrt{N}$项、$k/(1+k)$项和$(\beta-1)$或$(\beta-1)/\beta$项构成。因此,凡影响 N、k 及 β 的因素均影响分离效果。故 R_s 是反映萃取色层分离效果的综合参数。

3. 影响分离效果的因素

(1) k 的影响

容量因子 k 太大,意味着分离时间很长,流出曲线峰较平,产品浓度很低, k 值范围为 $1 \leqslant k \leqslant 10$,一般常选在 2~3 之间。

调整 k 值的方法是选择适当的淋洗剂,淋洗剂的淋洗能力强则 n_s 减小, k 值也减小(式5-57),淋洗剂的能力弱,则 n_s 大, k 值也大。同样的道理,选择适当的萃取溶剂形成固定相,也可调整 k 值的大小。

(2) N 的影响

通常 N 越大表示柱效率越高,因为 $N=L/H$, H 为理论板当理高度 HETP。因此,增加 N 的有效办法是尽量降低 HETP。一般而言,当支撑体的粒度越小,淋洗线速度越小,则 HETP 越小;溶剂粘度小,操作温度高,同一色谱柱处理的样品量减少,均可使 HETP 减小。

当然在增加柱长也可使 N 增加,但在工程中柱长的增加是有一定限制的。

(3) β 影响

β 是一涉及相应溶剂萃取体系数体身分离能力的一个参数,则由(5-62)及(5-63)式知 β 增加 R_s 增加,因此设计一个萃取色层体系时,必须考虑萃取剂对待分离组分的萃取能力。根据(5-62)式, β 如由 1.1 增至 1.2,变化近 10%,则通过$(\beta-1/\beta)$项对 R_s 的贡献,

可使 R_s 大约增加 1 倍。对于选定的萃取色层体系而言,影响所选择萃取剂的分离系数 β 的因素,均对萃取色层的 R_s 造成影响。

4. 用萃淋树分离稀土元素

以 P_{507} 萃淋树脂为例,其粒径可在 0.044~0.2 mm 范围内任意选择,萃取剂质量分数可高达 62%(一般在 40%~55%),饱和容量可达约 0.6 mmol/L 干树脂,比表面积可达 193 m^2/g,萃取稀土的反应为:

$$RE^{3+} + 3HR \rightleftharpoons RER_3 + 3H^+$$

淋洗时,即反萃时,反应逆向进行。

与硅球作支持体的淋洗相比,萃淋树脂的淋洗峰陡而窄。工业上用于分离稀土的典型实例是高纯 Tb_4O_7 的制备。

原料成分　　　　Tb_4O_7　　质量分数 40%~80%

淋洗液盐酸浓度 0.6 mol/L,流速 0.65 ml/(cm^2·min)。

$t=50℃$,制得纯度大于 99.95% 的 Tb_4O_7,回收率>98%。

其简要工艺流程如图 5-48 所示:

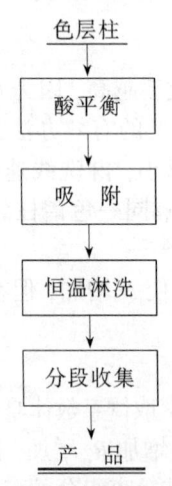

图 5-48　萃淋树脂分离稀土流程

参考文献

[1] 刘大星编. 萃取. 北京：冶金工业出版社, 1988
[2] 秦启宗等编. 化学分离法. 北京：原子能出版社, 1984
[3] 徐光宪, 袁承业编. 稀土的溶剂萃取. 北京：科学出版社, 1987
[4] 徐光宪等编. 萃取化学原理. 上海：上海科技出版社, 1983
[5] Teh C Lo. Malcolm H I. Handbook of Solvent Extraction. New York-Chichester-Brisbane, Toronto-Singpore：A Wiley-Interscience Publication JOHN WILEY & SONS, 1983.
[6] Ritcey G M, Ashbrook A W. Solvent Extraction. Amsterdan-Oxford-New York：Elsevier Scientific Publishing Company, 1979.
[7] F. 哈巴斯著. 黄桂桂. 易瑛译. 湿法冶金. 北京；冶金工业出版社, 1975
[8] D. S. FLett. Solvent extraction in copper hydlrometallurgy：a review. Transactions/Section of the Institution of Mining and Metallurgy Volunce 88, 1974
[9] Jackson E. Hydrometallurgical Extraction and Reclamation. Chichester-England：Elis Horwood Limited Publishers, 1986

第 6 章 还 原

6.1 概 述

湿法冶金中的还原过程是指利用还原剂将水溶液中的金属离子(或其络离子)由高价还原成低价或金属的过程。它是人们掌握最早、最成熟的冶金技术之一，根据史书记载，我国早在西汉以前就用铁屑置换(还原)法从含 $CuSO_4$ 的水溶液中回收金属铜。随着科学技术的发展，它在提取冶金及材料制备领域具有十分重要的地位。主要应用于：

1. 由水溶液中富集金属

某些稀有分散性金属或贵金属，其原料品位很低，相应地在溶液中其浓度和相对含量都很低，选用适当的还原剂可使其优先被还原进入固相，而将还原电势相对较负的杂质留在溶液中，例如某厂处理质量分数为 In 为 0.2%~0.6%，Zn 为 38%，Cd 为 2% 的物料回收铟时，将物料酸溶，使 In、Zn、Cd 均进入溶液，再用锌置换铟，使锌及比锌更负电性的金属均留在溶液中，而铟富集在固相。

2. 制取粗金属或某些化工产品

例如用锌还原法从含金、银的氰化物溶液中回收金银以及用

SO_2 还原法从 Na_3AsO_4 溶液中制取 As_2O_3 等。

3. 制取有一定化学成分及物理形态的金属粉末(包括复合粉和包覆粉)。

4. 进行化学镀

在特定物件表面制取金属镀层,例如在某些非金属材料表面制备镍、金、银的镀层并进而用化学镀的方法制备某些电子元件。

5. 将溶液净化除杂

如锌冶金中将 $ZnSO_4$ 溶液用锌粉置换法除铜、镉等。

6. 改变某些离子的价态,扩大某些相似元素性质的差异,相应地提高净化分离过程的效果

例如在稀土冶金的钐铕分离过程中,Eu^{3+} 与 Sm^{3+} 的性质相近,难以分离,但两者变成二价离子后,它们氧化还原电势就相差较大,$\varphi^{\theta}_{Eu^{3+}/Eu^{2+}}$ 为 -0.43 伏,$\varphi^{\theta}_{Sm^{3+}/Sm^{2+}}$ 为 -1.72 伏。因此采用锌粉作为还原剂,可使 Eu^{3+} 还原成 Eu^{2+},而 Sm^{3+} 基本不变,相应地钐和铕的水解沉淀性能以及在离子交换树脂上的吸附性能上的差异都大为扩大,其分离效果亦大为改善。

又如在硫酸法由钛铁矿精矿生产钛白粉的水解过程中,为防止溶液中的 Fe^{3+} 与 $TiOSO_4$ 同时水解沉淀,预先加入铁屑将 Fe^{3+} 还原成难以水解的 Fe^{2+},以保证水解沉淀物的质量。

因此,在湿法冶金中深入研究还原过程的理论和工艺具有重要的意义。

考虑到在水溶液中进行还原时,其还原剂的种类繁多,如单质的金属、变价元素的低价化合物(气体或水溶液状态),某些有机化合物等,但它们的原理及工艺均大同小异,本章将选其中有代表性的进行介绍。

6.2 金属还原剂还原法

金属还原剂还原法在冶金中一方面用于以较负电性的金属从溶液中还原较正电性金属的离子,直接得到金属,例如以 Zn ($\varphi_{Zn^{2+}/Zn}^{\ominus} = -0.762V$) 从含 Cu^{2+} ($\varphi_{Cu^{2+}/Cu}^{\ominus} = +0.345\ V$) 的溶液中沉积铜,另一方面用以将溶液中变价化合物由高价还原成低价,以改变其在水溶液中的物理化学性质。前者一般又称为置换沉积法,它在冶金中应用较广,现以置换沉积法为主介绍金属还原剂还原法的原理与工艺。

6.2.1 基本原理

6.2.1.1 置换反应的热力学

从热力学的角度考虑,任何金属(M_1)均可能按其在电势序(表 6-1)中的位置被更负电性的金属(M_2)从溶液中置换出来,置换反应的通式可表示为:

$$Z_2 M_1^{Z_1+} + Z_1 M_2 = Z_2 M_1 + Z_1 M_2^{Z_2+}$$

置换反应为典型的原电池反应,组成该原电池的两个电极反应为:

$$M_1^{Z_1+} + Z_1 e = M_1 \quad \text{(反应 6-1)}$$

$$M_2^{Z_2+} + Z_2 e = M_2 \quad \text{(反应 6-2)}$$

设两金属价数相同,即 $Z_1 = Z_2 = Z$,该置换反应可简化为 $M_1^{Z+} + M_2 = M_1 + M_2^{Z+}$,同时根据式 2-10 得此置换反应的平衡常数:

$$K = a_{M_2^{Z+}}/a_{M_1^{Z+}} = \exp\left[\frac{ZF}{RT} \times E^{\ominus}\right] = \exp\left[\frac{ZF}{RT}(\varphi_1^{\ominus} - \varphi_2^{\ominus})\right] \tag{6-1}$$

式中 $\varphi_1^{\ominus}$, $\varphi_2^{\ominus}$——分别为电极反应 6-1,6-2 的标准电极电势;

$a_{M_1^{Z+}}$, $a_{M_2^{Z+}}$——分别为 M_1^{Z+} 和 M_2^{Z+} 的平衡活度。

式 6-1 可作为置换沉积过程反应能否进行以及反应进行限度的判据。以锌(M_2)置换铜(M_1)为例,将它们各自在 25℃ 的标准电极电势值代入此式,则得:

$$\frac{a_{Zn^{2+}}}{a_{Cu^{2+}}} = \exp\left[\frac{ZF}{RT}(0.345+0.762)\right] = 2.88\times10^{37}$$

计算结果表明,25℃ 下反应平衡时溶液中 Zn^{2+} 的活度相当于 Cu^{2+} 活度的 2.88×10^{37} 倍,可见,用金属锌能够从溶液中将铜置换沉积出来,而且,其置换是相当彻底地的。

表 6-1 某些电极反应的标准电极电势(按电势顺序排列)

编号	电极反应	$\varphi^{\ominus}/V$
1	$Li^+ + e = Li$	-3.024
2	$Cs^+ + e = Cs$	-3.02
3	$Rb^+ + e = Rb$	-2.99
4	$K^+ + e = K$	-2.924
5	$Ra^{2+} + 2e = Ra$	-2.92
6	$Ca^{2+} + 2e = Ca$	-2.87
7	$Na^+ + e = Na$	-2.714
8	$Ce^{3+} + 3e = Ce$	-2.48
9	$Mg^{2+} + 2e = Mg$	-2.34
10	$Al^{3+} + 3e = Al$	-1.67
11	$HPO_3^{2-} + 2H_2O + 2e = H_2PO_2^- + 3OH^-$	-1.65
12	$ZnS + 2e = Zn + S^{2-}$	-1.44
13	$2SO_3^{2+} + 2H_2O + 2e = S_2O_4^{2-} + 4OH^-$	-1.4
14	$[Zn(CN)_4]^{2-} + 2e = Zn + 4CN^-$	-1.26
15	$CdS + 2e = Cd + S^{2+}$	-1.23

续表 6-1

编号	电极反应	$\varphi^\ominus/V$
16	$N_2+4H_2O+4e=N_2H_4+4OH^-$	-1.15
17	$PO_4^{3-}+2H_2O+2e=HPO_3^{2-}+3OH^-$	-1.05
18	$[Zn(NH_3)_4]^{2+}+2e=Zn+4NH_{3(aq)}$	-1.03
19	$SO_4^{2-}+H_2O+2e=SO_3^{2-}+2OH^-$	-0.90
20	$[Co(CN)_6]^{3-}+e=[Co(CN)_6]^{4-}$	-0.83
21	$[Ni(CN)_4]^{2-}+e=[Ni(CN)_3]^{2-}+CN^-$	-0.82
22	$Zn^{2+}+2e=Zn$	-0.762
23	$AsO_4^{3-}+2H_2O+2e=AsO_2^-+4OH^-$	-0.71
24	$AsO_2^-+2H_2O+3e=As+4OH^-$	-0.68
25	$SO_3^{2-}+3H_2O+6e=S^{2-}+6OH^-$	-0.61
26	$Au(CN)_2^-+e=Au+2CN^-$	-0.60
27	$[Cd(NH_3)_4]^{2+}+2e=Cd+4NH_{3(aq)}$	-0.597
28	$ReO_4^-+2H_2O+3e=ReO_2+4OH^-$	-0.594
29	$HCHO_{(aq)}+2H_2O+2e=CH_3OH_{(aq)}+2OH^-$	-0.59
30	$ReO_4^-+4H_2O+7e=Re+8OH^-$	-0.584
31	$2SO_3^{2-}+3H_2O+4e=S_2O_3^{2-}+6OH^-$	-0.58
32	$As+3H^++3e=AsH_3$	-0.54
33	$S_2^{2-}+2e=2S^{2-}$	-0.51
34	$[Ag(CN)_3]^{2-}+e=Ag+3CN^-$	-0.51
35	$H_3PO_3+3H^++3e=P+3H_2O$	-0.49
36	$2CO_2+2H^++2e=H_2C_2O_{4(aq)}$	-0.49
37	$[Ni(NH_3)_6]^{2+}+2e=Ni+6NH_{3(aq)}$	-0.48

续表 6-1

编号	电极反应	$\varphi^{\ominus}/V$
38	$In^{3+}+e=In^{2+}$	−0.45
39	$Fe^{2+}+2e=Fe$	−0.441
40	$[Cu(CN)_2]^-+e=Cu+2CN^-$	−0.43
41	$[Co(NH_3)_6]^{2+}+2e=Co+6NH_{3(aq)}$	−0.422
42	$Cr^{3+}+e=Cr^{2+}$	−0.41
43	$Cd^{2+}+2e=Cd$	−0.402
44	$SeO_3^{2-}+3H_2O+4e=Se+6OH^-$	−0.366
45	$In^{3+}=3e+In$	−0.34
46	$Tl^++e=Tl$	−0.338
47	$[Ag(CN)_2]^-+e=Ag+2CN^-$	−0.30
48	$Co^{2+}+2e=Co$	−0.277
49	$H_3PO_4+2H^++2e=H_3PO_3+H_2O$	−0.276
50	$Ni^{2+}+2e=Ni$	−0.250
51	$Sn^{2+}+2e=Sn$	−0.140
52	$CO_2+2H^++2e=HCOOH_{(aq)}$	−0.14
53	$CH_3COOH_{(aq)}+2H^++2e=CH_3CHO_{(aq)}+H_2O$	−0.13
54	$Pb^{2+}+2e=Pb$	−0.126
55	$[Cu(NH_3)_2]^++e=Cu+2NH_3$	−0.11
56	$[Cu(NH_3)_4]^{2+}+2e=Cu+4NH_{3(aq)}$	−0.05
57	$AgCN+e=Ag+CN^-$	−0.04
58	$Fe^{3+}+3e=Fe$	−0.036
59	$HCOOH_{(aq)}+2H^++2e=HCHO_{(aq)}+H_2O$	−0.01

续表 6-1

编号	电极反应	$\varphi^{\ominus}/V$
60	$[Cu(NH_3)_4]^{2+}+e=[Cu(NH_3)_2]^{+}+2NH_{3(aq)}$	0.00
61	$2H^{+}+2e=H_2$	0.0000
62	$[Co(NH_3)_6]^{3+}+e=[Co(NH_3)_6]^{2+}$	0.1
63	$Cu^{2+}+e=Cu^{+}$	0.167
64	$SO_4^{2-}+4H^{+}+2e=H_2SO_3+H_2O$	0.20
65	$2SO_4^{2-}+4H^{+}+2e=S_2O_6^{2-}+2H_2O$	0.20
66	$ReO_2+4H^{+}+4e=Re+2H_2O$	0.252
67	$Cu^{2+}+2e=Cu$	0.345
68	$Cu^{+}+e=Cu$	0.522
69	$O_2+2H^{+}+2e=H_2O_2$	0.682
70	$C_6H_4O_2+2H^{+}+2e=C_6H_6O_2$	0.699
71	$H_2SeO_3+4H^{+}+4e=Se+3H_2O$	0.740
72	$Fe^{3+}+e=Fe^{2+}$	0.770
73	$Ag^{+}+e=Ag$	0.799
74	$SeO_4^{2-}+4H^{+}+2e=H_2SeO_3+H_2O$	1.15
75	$O_2+4H^{+}+4e=2H_2O$	1.229
76	$Cl_2+2e=2Cl^{-}$	1.36
77	$ClO_3^{-}+6H^{+}+6e=Cl^{-}+3H_2O$	1.45
78	$Ce^{4+}+e=Ce^{3+}$	1.61
79	$Pb^{4+}+2e=Pb^{2+}$	1.69
80	$H_2O_2+2H^{+}+2e=2H_2O$	1.77

以上所述，只是一种简单分析置换沉积反应热力学的方法。事实上，在某些置换反应体系中，被置换的金属离子或置换金属溶解形成的离子，均有可能与溶液中其他组分(配位体)发生络合反应而使问题复杂化。例如，后述用锌粉从氰化物溶液中置换沉积金就属于这类复杂体系，此时金离子与 CN^- 形成一系列络合离子，溶解的锌离子亦然。为了比较确切地说明这种置换体系的平衡关系，必须借助有关金属—配位体—水系平衡的分析方法。

有络合剂 X 存在时，若 X 与 M^{n+} 形成络合物 MX_m^{n+}，其络合物积累稳定常数为 $K_{络}$，则当溶液中游离 X 浓度为 1 mol/L 时，25℃时，其标准电极电势可按下式计算：

$$\varphi^{\ominus}_{MX_m^{n+}/M} = \varphi^{\ominus}_{M^{n+}/M} - \frac{0.0591}{n} \lg K_{络}$$

式中 $\varphi^{\ominus}_{MX_m^{n+}/M}$ 为无络合剂存在时金属的标准电极电势。

例如已知25℃时，$\varphi^{\ominus}_{Cu^{2+}/Cu}$ 为 0.345 V，$Cu(NH_3)_4^{2+}$ 的积累稳定常数为 $10^{13.32}$，故：

$$\varphi^{\ominus}_{Cu(NH_3)_4^{2+}/Cu} = 0.345 - \frac{0.059}{2} \times 13.32 = -0.048V$$

6.2.1.2 置换过程的动力学

置换过程也称为内电解，其机理是沿着原电池理论的发展建立起来的。根据原电池的概念，可视置换金属的溶解即离子化为负极过程，而被置换金属的沉积为正极过程，也就是说，在与电解质溶液相接触金属表面上，进行着共轭的氧化还原电化学反应。当较负电性的金属放入含更正电性金属离子的溶液中时，在金属与溶液之间立即开始离子交换，并在金属表面上形成了被置换金属覆盖的表面区。随着反应的进行，电子将由置换金属流向被置换金属的正极区，而在负极区则是金属的离子化，如图 6-1 所示。

从反应机理上说，置换过程的速度，可能受电化学反应步骤控制，即受负极或正极反应速度控制，也可能受扩散传质步骤控制，用

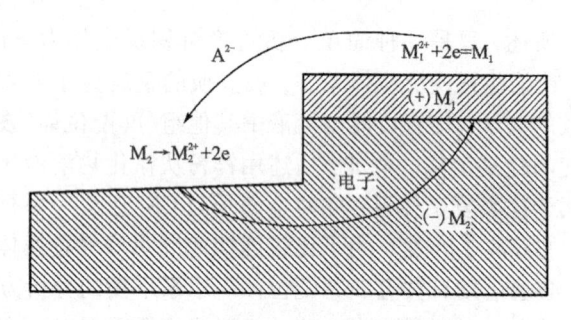

图 6-1 置换沉淀过程的示意图

电化学的研究方法进行测定所得结果表明：若过程受负极反应速度控制，在被置换金属表面上测得的电势是向更正的方向移动；相反，若过程受正极反应速度控制，则被置换金属的电势向更负值方向移动，并趋近于该原电池反应中负电性金属的电势。例如，镍置换铜时，铜的电势向更正值方向移动，说明置换过程受负极反应即镍的离子化控制，相反，在锌置换铜的过程中，铜的电势向负值方向移动，说明置换过程取决于正极反应即铜的沉积反应的速度。

至于整个置换过程的速度是受扩散步骤控制还是受电化学步骤控制则决定于一系列的因素，其中最重要是的决定于组成的原电池的标准电势，当标准电势足够大，则电化学反应步骤的速度大，即受扩散步骤控制。事实上绝大多数有实用价值的置换沉积体系，其标准电动势均较大，因此，绝大多数置换沉积过程的速度是受扩散传质步骤控制的。若是这样，便可基于扩散传质过程的速度方程，在反应表面积 S 大体不变的条件下，导出下列适用于绝大多数置换沉积过程的速度方程：

$$\lg \frac{C}{C_0} = \frac{-KS}{2.303\ V} t$$

式中 C_0 和 C ——分别为溶液中被置换金属离子的起始浓度和时间为 t 时的浓度，mol/L；

K——扩散速度常数，cm/min；
S——反应表面积，cm^2；
V——溶液体积，cm^3；
t——反应时间，min。

J. A. P Mathes 等将上述方程式扩展，用于描述整个置换过程的速度，当受扩散步骤控制时，K 值为扩散速度常数，当受电化学反应步骤控制时，则 K 值为电化学反应的速度常数，并用此方程式对其用旋转圆盘电极研究非络合银离子的锌置换和铁置换的数据进行了拟合，其初始速度常数与温度的关系如图 6-2 所示。从图可认为在具体的试验条件下，对锌置换而言，在常温或常温以上属扩散控制，对铁置换而言，则在常温下属混合控制。

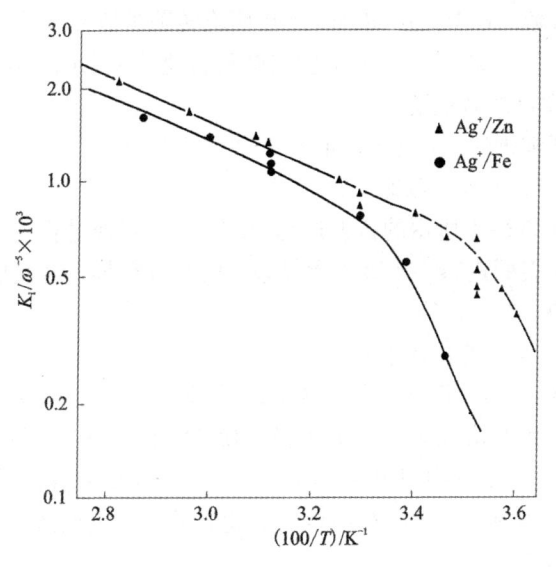

起始时 Ag$^+$ 质量浓度，10±0.1 mg/L；
根据 J. A. P. Mathes 的试验数据。

图 6-2　起始速度常数与温度的关系

由于置换沉积过程大多受扩散传质步骤的控制,因此,各种类型置换反应器的设计,均着力于强化溶液与置换金属之间的相对运动,以增强固-液相之间的传质过程。此外,从速度方程可以看出,采取措施以增大反应表面积,例如采用粒度尽可能小的金属粉末作为置换剂,就是提高置换沉积过程速度。

6.2.1.3 影响置换过程速度的因素

由于绝大多数置换过程都是由扩散步骤控制,因此影响传质速度的因素都会影响整个置换过程的速度,主要有:

1. 搅拌速度

置换过程属多相反应过程,加快搅拌,则溶液与固相表面(包括还原剂与置换产物的表面)的相对速度增加,有利于加大扩散速度常数。G. R. Chaudhury 等在用旋转圆盘研究锌从氨溶液中置换 Co、Ni、Cd 时,Cd 的浓度与圆盘转速的关系如图 6-3 所示。

2. 置换剂的粒度

粒度细则比表面增加,有利于加快置换速度。

3. 置换产物的形貌

根据图 6-1 所示的置换过程原理可知,置换过程主要在已沉积的金属表面进行,其形状愈复杂、表面愈粗糙,则置换过程的速度愈快。

4. 溶液中其他离子的影响

某些其他离子的存在,将对置换过程产生有利或不利的影响。J. A. P. Mathes 等在研究用锌置换非络合的 Ag^+ 时发现,溶液中 Na^+、K^+、Li^+ 能使析出的银表面粗糙,相应地使置换过程加快,如图 6-4 所示,而氧的存在生成氧化物膜,使表面致密,相应地降低置换速度。

G. R. Chandhury 等在研究用锌从氨溶液中置换铜、镉、钴时,发现有 Cu^{2+} 存在时,Ni、Co 被置换速度加快,对含 Cu 和 Co 质量分数为 $10×10^{-6}$ 和 $40×10^{-6}$ 的混合溶液而言,其中 Co 的置换速度

第6章 还 原

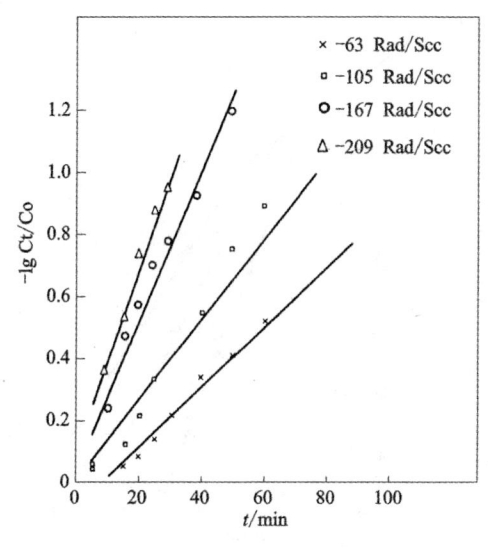

根据 G. R. Chaudhury 试验。

图 6-3 用 Zn 从氨溶液中置换 Cd 时 Cd 的浓度与旋转圆盘转速的关系

常数比纯 Co 溶液的大 4 倍左右。

5. 温度

温度适当升高，一般有利于加快置换速度。

此外，人们普遍发现，在反应的前期置换速度随时间的延长而加快，其原因之一可能是置换产生的生成物与置换剂形成了原电池，同时生成物的表面积逐步增大，因而加快了反应的速度。

6.2.1.4 置换沉积过程的副反应

在置换沉积法实际应用过程中，必须重视下述副反应：

1. 金属的氧化溶解反应

从金属-水系的电势-pH 图或表 6-1 可以看出，按热力学方面来说，氧完全有可能使置换金属溶解，甚至有可能使被置换沉积出来的金属返溶，从而造成置换金属的无益损耗。因此，有必要尽可

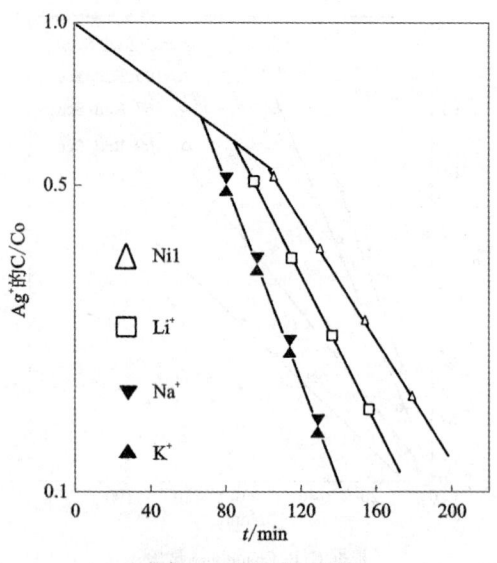

根据 J. A. P. Mathes 试验。

图 6-4　Na$^+$、K$^+$、Li$^+$ 对 Zn 置换 Ag$^+$ 速度的影响

能避免溶液与空气接触，或采取措施脱除溶液中被溶解的氧，例如，用锌粉从氰化物溶液中置换沉积金以前，将含金氰化物溶液进行真空脱气，已成为金冶炼工艺流程中一个十分重要的工序。

2. 氢的析出反应

从电势-pH 图可以看出，负电性金属置换剂也会与水反应析出氢。这类副反应同样会造成置换金属的无益损耗。

如果被置换的铊、铅、镍、钴、镉等金属，其电极电势比氢电极电势负，那么，置换沉积过程中便很有可能发生氢的析出反应，从热力学的角度考虑，为防止氢的析出，可以采取以下措施：一是尽可能提高溶液的 pH 以降低氢的电势；二是加入添加剂，使之与被置换的金属形成合金以提高这些金属的电势。例如，在锌湿法冶金中，用锌粉置换沉积钴时便可添加 As$_2$O$_3$ 以提高钴的电势，不添加 As_2O_3 时反应：

$$Co^{2+}+2e \longrightarrow Co$$

其标准电极电势 $\varphi^{\ominus}_{Co^{2+}/Co}=-0.277$ V，加入 As_2O_3 后可能发生的反应及相应的标准电极电势如下：

$$Co^{2+}+HAsO_2+3H^++5e \longrightarrow CoAs+2H_2O$$
$$\varphi^{\ominus}=0.1399 \text{ V}$$
$$2Co^{2+}+As_2O_3+6H^++10e \longrightarrow 2CoAs+3H_2O$$
$$\varphi^{\ominus}=0.133 \text{ V}$$
$$Co^{2+}+As_2O_3+6H^++8e \longrightarrow CoAs_2+3H_2O$$
$$\varphi^{\ominus}=0.232 \text{ V}$$

在分析氢的析出反应时，当然也应该注意到氢析出反应动力学所涉及的氢在金属上析出的超电势，氢析出的超电势越高，则析出的可能性越小。

如果被置换金属的电势太负以致无法避免置换沉积过程中氢的析出，进而造成置换金属的大量无益损耗，那么，这种置换沉积过程即使在技术上可行，但因经济上不合理而无法被采用。实际上，对诸如 Fe、Sn、In、Zn、Cr、Mn 等金属，一般就极少用置换法使之从溶液中沉积。

3. 砷化氢或锑化氢的析出反应

酸性溶液中含有砷或锑时，置换沉积过程中有可能发生析出极毒气体 AsH_3 或 SbH_3 的副反应，这些反应及25℃下相应的电极电势如下：

$$As+3H^++3e \longrightarrow AsH_3$$
$$\varphi=-0.38-0.0591 \text{ pH}-0.0197 \lg P_{AsH_3}$$
$$Sb+3H^++3e \longrightarrow SbH_3$$
$$\varphi=-0.51-0.0591 \text{ pH}-0.0197 \lg P_{SbH_3}$$
$$HAsO_2+6H^++6e \longrightarrow AsH_3+2H_2O$$

$$\varphi = -0.18 - 0.0591 \text{pH} - 0.00981 \lg P_{\text{AsH}_3} +$$
$$0.00981 \lg a_{\text{HAsO}_2}$$

$$\text{HSbO}_2 + 6\text{H}^+ + 6e \longrightarrow \text{SbH}_3 + 2\text{H}_2\text{O}$$

$$\varphi = -0.14 - 0.0591 \text{pH} - 0.00981 \lg P_{\text{SbH}_3} +$$
$$0.00981 \lg a_{\text{HSbO}_2}$$

从热力学上考虑，为防止上列有害副反应发生，可采取的主要措施是尽可能提高溶液的 pH；工业实践中，除非特殊需要添加锑或砷化合物（例如上述锌粉置换沉积钴需添加 As_2O_3），否则应在置换沉积过程进行之前尽可能脱除溶液中的砷和锑。此外，加强对 AsH_3 或 SbH_3 的监测及采取强有力的密封与排气安全措施是非常必要的。

6.2.2 置换沉积法在提取冶金中的应用

置换沉积法在提取冶金中既可用于金属的提取，也可用于浸出液的净化。

6.2.2.1 金属提取

在铜湿法冶金发展过程中，铁置换法作为从氧化铜矿硫酸浸出液中提取金属铜的方法，曾经起过重要的作用，但自从 60 年代后，由于高效的溶剂萃取技术的崛起，铁屑置换法已逐步被溶剂萃取—电积法替代。

当前，置换沉积法作为金属提取的有效方法仍然占有重要地位的应用实例，是用锌从含氰化物浸出液（又称母液）中置换沉积金和银。

锌从氰化物溶液中置换金，是一个复杂的反应体系，通常可用一个简化了的反应式

$$2\text{Au}(\text{CN})_2^- + \text{Zn} = 2\text{Au}\downarrow + \text{Zn}(\text{CN})_4^{2-}$$

来描述。

正如上节所介绍的,系统中同时存在一系列副反应造成锌的大量消耗,首先是锌的氧化溶解。虽然这一置换沉积过程是在碱性(pH=9~10)氰化物介质中进行,就氧的电势而言,似乎不如在酸性介质中那样高,但由于Zn^{2+}与CN^-之间的络合反应,使锌的氧化还原电势大幅度下降(从表6-1可知$\varphi^{\ominus}_{Zn^{2+}/Zn}=-0.762V$,而$\varphi^{\ominus}_{Zn(CN)_4^{2-}/Zn}$为$-1.26\ V$),同时也随着溶液pH升高而降低,结果,使下列锌的氧化反应在更大的电势差($\varphi^{\theta}_{O_2/H_2O}-\varphi^{\theta}_{Zn(CN)_4^{2-}/Zn}$)值推动下进行:

$$2Zn+8CN^-+O_2+2H_2O=2Zn(CN)_4^{2-}+4OH^-$$

若CN^-浓度不够而碱浓度又较高时,锌还会按反应

$$2Zn+4OH^-+O_2=2ZnO_2^{2-}+2H_2O$$

溶解,这两个反应均造成锌的大量无益消耗,此外,当碱浓度稍降低,所形成的ZnO_2^{2-}离子又会发生水解形成$Zn(OH)_2$沉淀:

$$ZnO_2^{2-}+2H_2O=Zn(OH)_2\downarrow+2OH^-$$

如果氰化物浓度不够,$Zn(OH)_2$又会与$Zn(CN)_4^{2-}$反应形成$Zn(CN)_2$沉淀:

$$Zn(OH)_2+Zn(CN)_4^{2-}=2Zn(CN)_2\downarrow+2OH^-$$

$Zn(OH)_2$和$Zn(CN)_2$这两种白色沉淀均会覆盖在锌表面从而严重地妨碍金和银置换沉积。为了防止白色沉淀的生成,置换过程必须在足够高的碱和氰化物浓度下进行,但是,上列反应表明,所有这些危害的根源皆在于氧的存在,因而将溶液进行预先脱氧才是最有效的措施。例如,不脱氧时,防止白色沉淀出现所需的氰化物和碱的质量分数为0.05%~0.08%,如果预先脱氧,则氰化物和碱的质量分数可降至0.02%~0.03%。

造成锌大量损耗的另一副反应是氢的析出:

$$Zn+4CN^-+2H_2O=Zn(CN)_4^{2-}+2OH^-+H_2\uparrow$$

$$Zn+2OH^-=ZnO_2^{2-}+H_2\uparrow$$

氧化溶解和氢的析出这两类副反应,在生产实践中使锌的消

湿法冶金学

耗量为置换沉积所需理论量的数十倍，其中又以氧化溶解反应所带来的危害最大，因此，溶液是否预先脱氧，是决定锌置换沉积金生产过程技术与经济效果的重要因素。

生产实践中，锌置换法又可分为锌丝置换法和锌粉置换法两种，而使用更广泛的是锌粉置换法。从反应速度方程可以看出，因为锌粉的比表面积比锌丝的大得多，因而，锌粉置换沉积金的效率自然比锌丝高得多。

图 6-5 所示的为一种的锌粉置换沉积金的设备系统图。锌粉置换沉积设备主要由混合槽 4 和置换沉淀器 6 组成，沉淀器是一锥形底圆槽，带有螺旋搅拌桨，在沉淀器的中部支架上，安装

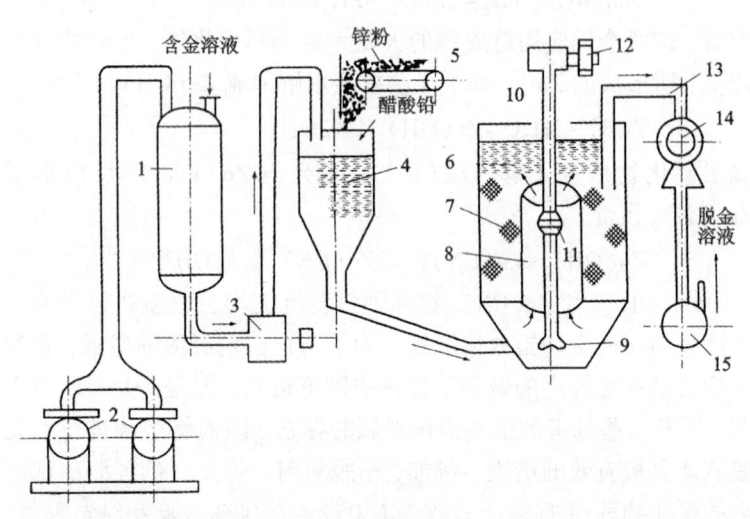

1—除气塔；2—真空泵；3—离心泵；4—混合槽；5—给粉器；6—置换沉淀器；7—布袋过滤片；8—中心管；9—螺旋桨；10—中心轴；11—小叶轮；12—传动机构；13—支管；14—总管和真空泵；15—离心泵。

图 6-5 锌粉置换设备系统图

有四个滤框，并与真空联接，已搅拌后的锌浆在真空泵 14 的抽力作用下过滤，滤液经管道 13 抽出，金泥和未反应的锌粉则沉积在滤布上，溶液经过沉积层时，其中的 $Au(CN)_2^-$ 进一步被沉积层中的锌还原。当滤布表面沉积层达到一定厚度时停车卸出，为了使作业不因卸出金泥而间断，可并联 2 个沉淀器，交替使用。我国的氰化法黄金冶炼厂广泛采用压滤机作为沉金设备，除锌粉沉淀器被滤机替代外，其他设备与图 6-5 所示大同小异，用压滤机作为沉金设备时，需先往压滤机内加入一层相当于最终沉淀层重量 50% 以上的锌粉，形成锌粉沉淀以确保金完全沉积。

如图 6-5 所示，在锌粉置换沉积金工艺中，通常要往混合槽中加入可溶性铅盐（醋酸铅或硝酸铅），其目的是希望在锌表面上置换出一层疏松的具有很大比表面的海绵铅，以加速金的沉积过程。

我国某厂锌粉置换沉积金的工艺条件及技术指标如下：

贵液中 CN^- 质量分数	0.04%~0.05%
氧化钙质量分数	0.02%~0.03%
醋酸铅质量分数	0.003%
悬浮物质量浓度	10~20 g/m^3
真空度	93~96 kPa
脱氧液中氧的质量浓度	<0.25 g/m^3
锌粉用量	80 g/m^3（溶液）
贵液流量	200~230 m^3/d
贵液含金（质量浓度）	10~18 g/m^3
贫液含金（质量浓度）	0.02~0.006 g/m^3
置换率	99.87%~99.90%
金泥品位（质量浓度）	15%~20% Au

提取金以后的溶液一部分返回氰化浸出系统，一部分经净化处理后排放，置换沉积出来的金泥含金一般不会很高，需进一步

用火法冶金或湿法冶金工艺处理提纯。不论是用火法或者湿法冶金工艺提纯金,其首道工序都是用稀硫酸(H_2SO_4 的质量分数为 10%~15%)将金泥中的可溶性成分尤其是残留的过剩锌粉溶解分离,酸溶前后金泥的成分列于表 6-2,为减少酸溶过程的酸耗量以及回收可返回利用的锌粉,酸溶前可用筛子将粗颗粒锌粉筛出。此外,若金泥中含砷,则酸溶过程有可能析出有毒气体 AsH_3,故作业宜在密封并附有排气烟罩的机械搅拌槽中进行。

作为金属提取方法,置换沉积法的优点是操作和所用设备都比较简单,易于组织生产,其经济合理性则因地而异;缺点是要在得到高置换率的同时很难获得足够高品位的金属产品。

表 6-2 金泥的成分(质量分数)

元素	Au	Ag	Pb	Cu	Zn	S	其他
酸溶前质量分数/%	19.30	1.88	8.74	0.47	48.17	4.19	余量
酸溶后质量分数/%	52.00	4.58	24.25	1.49	4.32	2.63	余量

6.2.2.2 溶液净化

在湿法冶金中,置换法仍然比较广泛地应用于溶液的净化。例如,镍冶金中用镍粉置换沉积铜,钴冶金中用铁置换沉积铜和用钴粉加硫磺沉积镍,锌冶金中用锌粉置换沉积铜、镉和钴等,均有生产规模应用实例。这里,以锌湿法冶金中浸出液的净化除铜、镉和钴为例介绍其典型工艺。

锌湿法冶金过程中,锌焙砂经浸出除铁后所得中性浸出液,因各工厂处理的原料不同,杂质元素铜、镉、钴、镍、砷、锑等的含量差别比较大,但大都超过锌电积的要求。此外,从综合利用的观点考虑,从浸出液中回收这些元素也是必要的。经置换沉积净化后,这些元素的质量浓度通常都降低到 1 mg/L 左右。

就铜、镉、钴这三个元素而言,不难理解,铜可以比较容易地用锌粉置换沉积下来，如果仅仅从各自的标准电极电势考虑（见表6-1），钴似乎比镉容易被锌置换，但事实上，钴是最难被置换沉积的，原因之一是钴的含量很低，其平衡电势本身就比其标准电势低得多；原因之二是钴在锌上析出的超电压比较高，因此，生产实践中，大多是用锌粉同时置换沉积铜和镉，然后在有添加剂存在下再用锌粉沉积钴，或者采用某种特殊试剂（如黄药、β-萘酚）除钴。由于各工厂所产浸出液成分不同，在净液工艺流程中也还有三段甚至四段分别除铜、镉和钴的实例。

影响锌粉置换沉积铜和镉的主要因素是：

(1) 锌粉的质量与用量。锌粉的纯度应该比较高，除了不应带入新的杂质外，应避免锌粉被氧化，氧化了的锌不会起置换作用，而只会增大锌粉的耗量，从增大比表面加速置换反应的观点考虑，锌粉的粒度固然越小越好，但如果粒度过小以致飘浮在溶液表面，显然也不利于锌粉的有效利用，如果一次加锌粉同时沉积铜和镉，则锌粉粒度一般为小于0.15 mm；如果按两段分别沉积铜和镉，则可先用较粗的锌粉沉积铜，再用较细的锌粉沉积镉。对铜的沉积而言，锌粉用量为理论量的1.2~1.5倍便足够了，但对镉来说，为了有效防止镉的返溶，需增加锌粉用量至理论量的3~6倍，当然，锌粉用量还与溶液成分、锌粉纯度与粒度有关，纯度低和粒度粗的锌粉，其消耗量显然更大些。

(2) 搅拌速度。置换过程是在搅拌槽中进行，用高搅拌速度以强化扩散传质从而加速置换反应显然是有利的，从这一点出发，流态化床净化技术具有优越性。我国湿法炼锌厂已成功地采用了连续流态化净液槽，其结构如图6-6所示。

(3) 温度。提高温度既有利于置换反应的加速，也会增进锌粉的溶解和镉的反溶，一般以控制60~70℃为宜，对镉的置换来说，温度低至40~50℃更好。

(4) 浸出液成分。浸出液中锌的浓度低些固然有利于锌粉表

沉降室

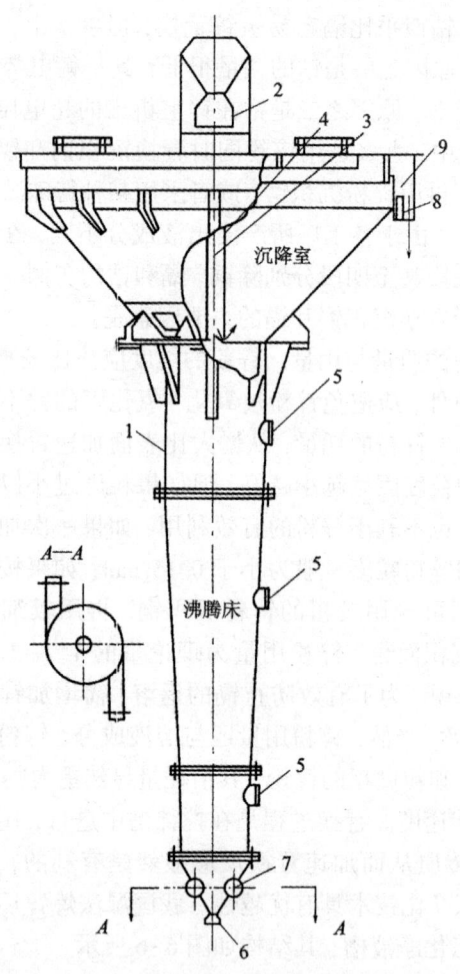

沸腾床

A—A

1—槽体；2—加料圆盘；3—搅拌机；4—下料圆筒；
5—窥视孔；6—放渣口；7—进液口；8—出液口；9—溢流沟。

图 6-6　流态化净液槽

面 Zn^{2+} 的扩散传质，但如果浓度过低，则因为增大了锌与氢之间的电势差而有利于 H_2 的析出，从而导致锌粉消耗量增大，故锌的质量浓度一般以 150~180 g/L 较为合适。溶液的 pH 越低越有利于 H_2 的析出，且有利于增大锌粉无益耗损和镉的返溶，在锌粉用量为理论量的 3 倍，要使溶液残余的铜和镉符合要求，溶液的 pH 应维持在 3 以上。如果溶液含铜高，需要优先沉积铜而保留镉，则可将中性浸出液酸化至含 H_2SO_4 的质量浓度为 0.1~0.2 g/L，以便活化锌表面，促进铜的沉积。前已述及，溶液中的砷和锑在置换过程中尤其在酸度较高情况下，可能会析出极毒气体 AsH_3 和 SbH_3，因此，应尽可能在中性浸出时将砷和锑沉淀完全。研究结果表明，单独用锌粉置换沉积镉时，Cu^{2+} 具有催化作用，铜的质量浓度以 0.20~0.25 g/L 为好。

锌粉置换沉积钴必须加入添加剂，目前许多工厂采用的添加剂是 As_2O_3，添加 As_2O_3 对置换沉积钴热力学方面的作用前面已经讨论过。研究结果表明，在锌粉加 As_2O_3 置换钴的过程中，$CuSO_4$ 的作用非常重要，原因是锌置换铜形成的 Zn-Cu 微电池，有利于 As_2O_3 和 Co^{2+} 在铜极上反应。为此，有的工厂在净化过程中的第一阶段就用锌粉并加入 As_2O_3 使铜和钴同时沉积下来。但是，采用这种方法沉积钴时，除了溶液必须含有一定量的铜以外，还需要在高温(80~95℃)下作用，以加速钴的沉积反应并同时使镉得以氧化溶解而留在溶液内。

近年来的工业实践表明，用 Sb_2O_3、Sb 粉或酒石酸锑钾等作为锌粉置换沉积钴的添加剂比 As_2O_3 更有效。此外，根据研究结果，采用含 Sb、Pb 的锌合金粉比纯锌粉具有更高的活性，据认为合金粉末中的锑可以有效地降低钴析出的超电势，而铅在合金粉上形成的凹凸面有利于防止钴的重新溶解，故出现了用合金化锌粉同时置换沉积铜、镉和钴的净化工艺。

综上所述，用置换沉积法可以有效地实现锌浸出液净化除铜、镉、钴的目的，但各工厂采用的工艺流程有所不同，主要取决于浸出液中这些有价元素和杂质的含量及实际经济效益，而后者则因地而异。

6.3 气体还原剂还原法

用气体还原剂可以直接从溶液中提取纯度高并适用于粉末冶金的金属粉末，因而得到较快的发展。目前工业上使用的气体还原剂主要是氢气和二氧化硫。

6.3.1 高压氢还原

6.3.1.1 基本原理
用氢从溶液中还原金属的反应如下：

$$M^{Z+} + \frac{Z}{2}H_2 = M + ZH^+$$

$$\varphi_{M^{Z+}/M} = \varphi^{\ominus}_{M^{Z+}/M} + \frac{2.303RT}{ZF}\lg a_{M^{Z+}}$$

$$H^+ + e = \frac{1}{2}H_2$$

$$\varphi_{H^+/H_2} = 0 - \frac{2.303RT}{F}pH - \frac{2.303RT}{2F}\lg P_{H_2}$$

显然，氢还原反应能够进行的热力学条件是：

$$\varphi_{M^{Z+}/M} > \varphi_{H^+/H_2}$$

两者电势差越大，则反应进行的可能性越大，或者说金属被还原的程度越高，因而提高氢的还原能力或金属离子被还原可能性的措施主要是：①提高溶液中金属离子的活度从而提高 $\varphi_{M^{Z+}/M}$ 值；②提高 H_2 的分压或提高溶液的 pH 以降低 φ_{H^+/H_2}。图6-7为

$\varphi_{M^{Z+}/M}$ 与金属离子浓度(这里用浓度代替活度)的关系及 φ_{H^+/H_2} 与 pH 及氢分压的关系。

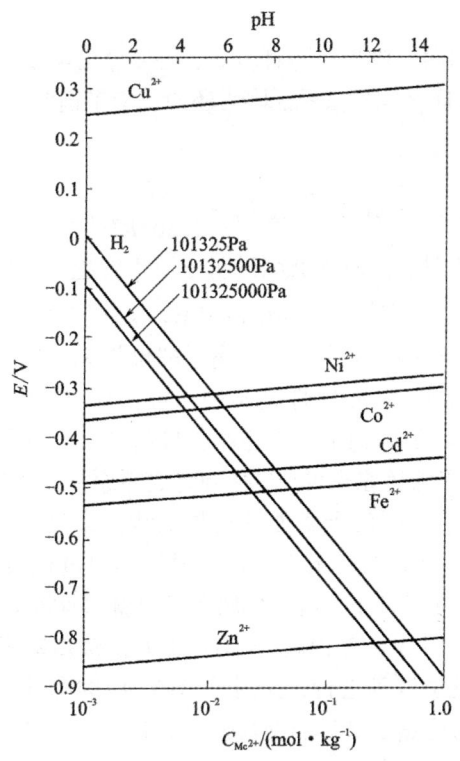

图 6-7 在 25℃下 $\varphi_{M^{Z+}/M}$ 与 M^{Z+} 离子浓度以及 φ_{H^+/H_2} 与溶液 pH 及氢分压的关系

从图 6-7 可以看出，提高金属离子浓度对提高 $\varphi_{M^{Z+}/M}$ 的作用毕竟是有限的，而相对于 H_2 的压力来说，提高溶液的 pH 对降低 φ_{H^+/H_2} 更为有效。从氢电极电势计算式也可看出，提高溶液 pH 一个单位便相当于提高 100 倍的 H_2 压力，因此为使还原过程顺利进行,除了在溶液中要保留一定的金属离子最终浓度以外,还必须尽量降低氢的电极电势,亦即在溶液中保持相应的pH,这个条件对标准电势比氢标准电势更低的金属的还原来说具有特别重要的意义。

根据上列两个电极电势计算式,可以导出金属还原完全程度与溶液最终pH之间的关系,因为还原反应平衡时 $\varphi_{M^{Z+}/M} = \varphi_{H^+/H_2}$,于是可得:

$$\lg a_{M^{Z+}} = -ZpH - \frac{Z}{2}\lg P_{H_2} - \frac{ZF}{2.303RT}\varphi^{\ominus}_{M^{Z+}/M}$$

反应平衡时 $a_{M^{Z+}}$ 值越低则说明还原程度越高,对某一种金属来说,$\varphi^{\ominus}_{M^{Z+}/M}$ 是个定值,于是在指定 H_2 压力下,$\lg a_{M^{Z+}}$ 与pH呈线性关系,直线的斜率决定于金属离子的价数 Z,如图6-8所示。

图6-8说明,对正电性金属例如银、铜、铋等来说,不管溶液pH如何,a_1 值都很低,即还原程度很高,对负电性金属诸如镍、钴、铅、镉的还原来说,要得到高的还原程度,就必须使溶液的pH维持较高,但对于诸如锌这种电势值太负的金属说来,要使之还原便十分困难甚至不可能,因为还原过程所需pH太高,在这样高的pH条件下,这些金属离子也就水解沉淀了。

为了维持溶液具有较高的pH,使诸如镍和钴等负电性金属的还原反应能够顺利进行,控制适当的pH的有效方法之一是加入氨,加氨的优点是氨呈弱碱性便于pH的调节,即使加氨过量,因为 Ni^{2+} 和 Co^{2+} 会与 NH_3 发生络合反应而不致于水解沉淀,但是在金属离子总浓度一定时,也正因为 Ni^{2+}、Co^{2+} 与 NH_3 反应形成了一系列配位数不同的络离子,使游离金属离子的浓度降低,而不利于金属的还原,也就是说,加氨产生了两种相反的效应:一是由于中和了还原过程产生的酸,降低了氢的电势,有利于还原反应的进行;二是由于络合反应降低了金属离子浓度,降低了金属的电势,从而又削弱了还原反应的推动力。因此必然有一个最

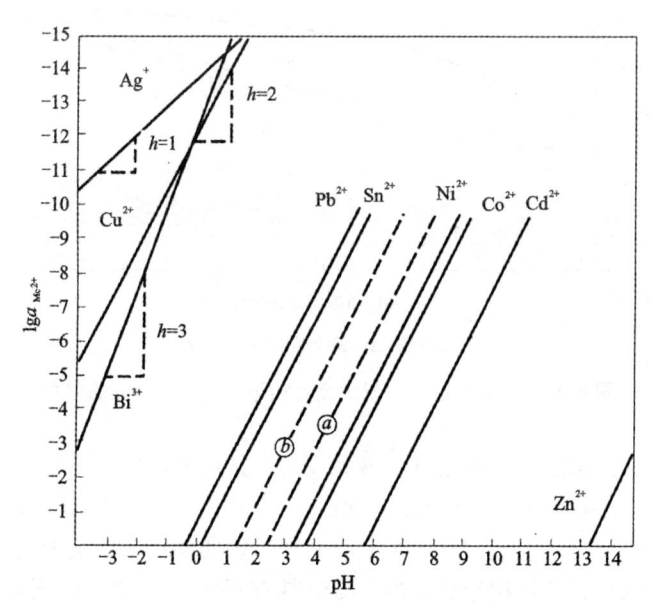

图6-8 在25℃及$P_{H_2}=0.1$ MPa的条件下用氢还原金属的可能完全程度(对镍来说还列举了$P_{H_2}=1$ MPa ⓐ 和10 MPa ⓑ 时的情况)

佳的氨加入量问题,根据有关金属-配位体-水系平衡计算方法,求出不同NH_3与金属浓度比值下氢、镍和钴的电势变化结果示于图6-9。

从图6-9可以看出,氢还原反应最大的电动势是在[NH_3]:[M]=2.0~2.5:1的范围内。事实上,在镍、钴氢还原的工业实践中,也是采用这个范围的氨与金属浓度的摩尔比。

目前,高压氢还原反应的动力学研究结果表明,不同的金属以及同一种金属在组成不同的溶液中,其反应机理也不尽相同,尚难用一个统一的模型来处理。这里,只能叙述有关氢还原反应动力学的某些共同特点:

1—氢电势；2—钴电势；3—镍电势。

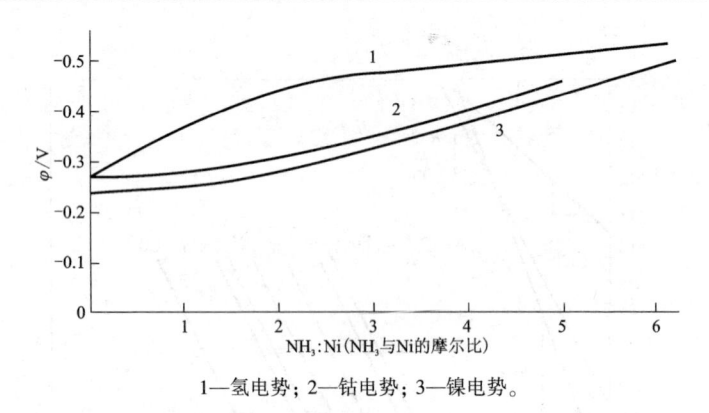

图 6-9　不同 NH_3 与金属浓度比值下，H_2，Ni，Co 的电势

（1）氢还原反应是气—液相反应，其反应产物又是固体金属相，这意味着反应开始便涉及到一个新相的形成，新相的形成需要比较大的自由能，为此通常加入产品金属的粉末作为晶种。

（2）氢气是相当稳定的，反应具有很大的惰性。据测定，每摩尔氢分子解离为氢原子所需的能量高达 430 kJ，这意味着氢还原反应要求很高的活化能，要使反应更快进行，必须提高温度。实践表明，随着温度升高反应速度大为加快；另一方面，为了加快反应的进行，可采用催化剂以降低反应的活化能。研究表明，高压氢还原过程可采用的催化剂有镍、钴、铁、铂、钯等金属，铁、铜、锌、铬的氧化物或盐类，以及某些有机试剂。有的研究者甚至认为，反应容器的器壁也会起催化作用，这样一来，当用氢还原法制取镍、钴时，既然反应本身的产物金属镍或钴可以起催化反应，故可以把氢还原反应看作是一种自动催化反应，或者说这种反应具有自动催化的特征。

（3）根据反应中加入晶种或固体催化剂后，这些固体添加剂面积对反应速度的影响程度，有人将氢还原过程区分为"多相沉淀"过程和"均相沉淀"过程，所谓均相沉淀过程指的是添加剂的表面积对反应速度影响不大,影响反应速度的主要因素是金属离子的起始浓度。但是,还原反应具有自动催化的特点,而且反应器壁的催化作用也不容忽视,那么,氢还原反应过程最终可以认为就是一种多相沉淀过程,添加剂表面积对反应速度的影响只是程度有所差别而已。

(4) 无论哪一种金属的还原过程,提高氢气的压力均有利于反应的加速。

6.3.1.2 高压氢还原法在提取冶金中的应用

工业实践中,高压氢还原过程大都是在不锈钢卧式高压容器内进行。这种反应器安装有搅拌桨、盖板、加热和冷却管、加料管及进出气管,其结构与图2-56所示的卧式浸出槽相似,但内部无隔板。氢还原过程的操作为周期性作业,目前,高压氢还原法主要用于生产镍、钴和铜粉。

1. 镍粉和钴粉的生产

氢还原法广泛用于从镍、钴氨络盐 [Ni (NH_3)$_n$ SO_4、Co(NH_3)$_n$ SO_4 等]的溶液中制取金属镍、钴。现以加拿大某厂从硫化矿氨浸出液中制取镍和钴粉为例,介绍其工艺,其流程如图6-10所示。浸出液经净化后各成分的质量浓度分别为: Ni 45 g/L、Co 1 g/L、(NH_4)$_2$ SO_4 350 g/L,并补加氨使溶液中游离氨与镍加钴的比值为2:1,再首先在200℃、2.5~3.2 MPa压力下优先选择性还原沉积镍,还原过程是周期性作业,包括晶种制备、镍粉长大和结疤浸出三个步骤。

(1) 晶种制备。将第一批溶液装入高压釜内,用氨气使釜内气氛中的氧的质量分数低于2%后再用氢换气,换气后往釜内加入作为催化剂的硫酸亚铁溶液,当氢气压力达2.5 MPa,溶液温度达到120℃左右时,大量的微细金属镍粉被还原出来。还原结束,停止搅拌,让作为晶种的镍粉沉淀下来,然后开启排料闸门将上清还原尾液排出。

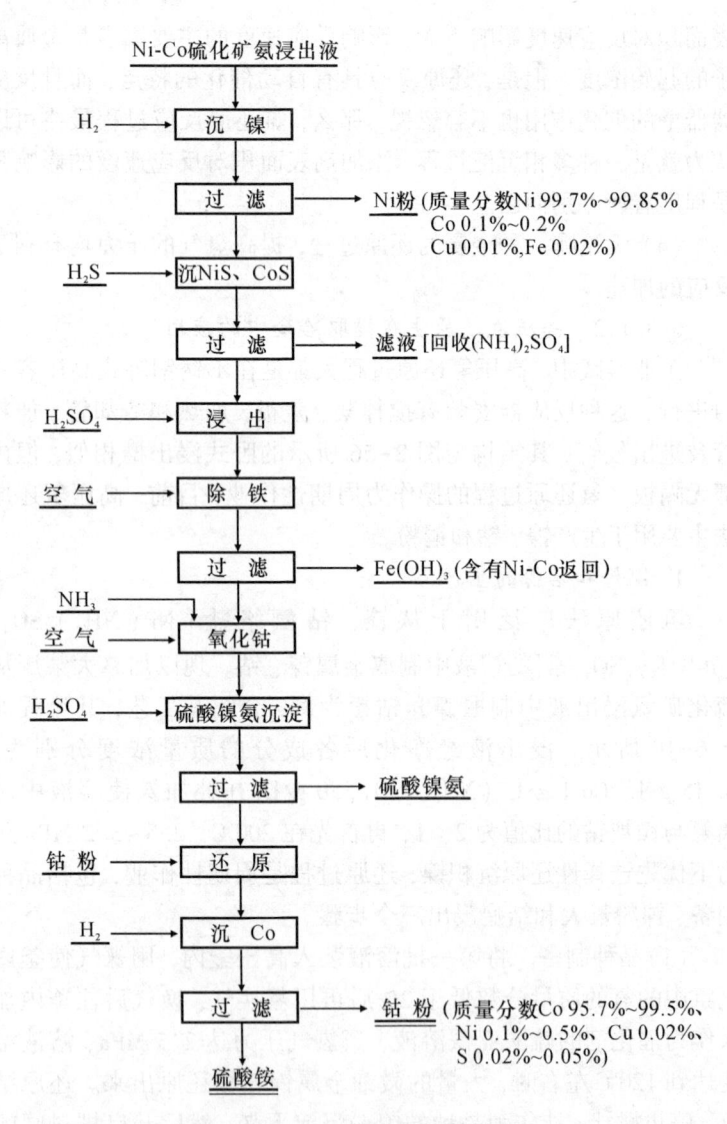

图 6-10　用高压氢还原沉淀法回收和分离镍钴的原则流程

(2)镍粉长大。将净化后的溶液压入存有晶种的高压釜中,边搅拌边通入氢气,在温度为200℃及压力为2.5~3.2 MPa条件下,被还原出来的镍沉积在晶种上,晶粒逐渐长大。30~45 min后还原反应便告结束。停止搅拌,澄清后将上清液排出,接着加入新的一批料液,如此反复进行40~45次。为了减轻搅拌负荷,在镍粉长大到20~25次后,每隔几次排出部分镍粉。镍粉长大作业完成后在开动搅拌机的情况下将镍粉和尾液一起排出,经过滤分离洗涤后将镍粉送往干燥。干燥后的镍粉纯度(质量分数)约为99.7%~99.85%。

(3)结疤浸出。随着还原作业的进行,会有少量镍粉沉积在高压釜内壁上形成结疤。结疤浸出是用含硫酸铵的废液在加温(90℃以上)鼓入压缩空气(压力约为1.4 MPa)的条件下进行。经6~7 h浸出后可将结疤清除干净,浸出操作一般是在两次还原作业后进行一次。

镍粉还原后所得溶液中 Ni 的质量浓度为 1 g/L、Co 为 1.5 g/L,在常压及80℃下用 H_2S 作沉淀剂并用氨中和,产出镍钴硫化物,滤后的滤液经蒸发结晶产出可作农肥的 $(NH_4)_2SO_4$。镍钴硫化物在120℃、0.68 MPa 左右的压力下加硫酸进行高压氧浸出,使之变成 $NiSO_4$ 和 $CoSO_4$,浸出终了的 pH 为 1.5~2.5。浸出液加氨调高 pH 至 4.5,喷入空气氧化除铁,除铁后的溶液在70℃和有过剩氨存在的条件下用 0.68 MPa 压力的空气使 Co^{2+} 氧化为三价:

$$2CoSO_4 + (NH_4)_2SO_4 + 8NH_3 + \frac{1}{2}O_2 =$$
$$[Co(NH_3)_5]_2(SO_4)_3 + H_2O$$

再将溶液酸化至 pH=2.6,使镍呈镍铵盐沉淀析出,其成分为 Ni 的质量分数 14.5%、Co 2%,送往回收镍。这种镍-钴分离法称为可溶高钴五氨法。

溶液中存在的三价钴，必须再还原为二价，否则会在加热过程中形成黑色的 Co(OH)$_3$ 沉淀。还原过程用钴粉作为还原剂，在 65℃ 及用酸调整使溶液中游离氨与钴的摩尔比为 2.6:1，反应如下：

$$[Co(NH_3)_5]_2(SO_4)_3 + Co = 3Co(NH_3)_2SO_4 + 4NH_3$$

还原后的含钴溶液，在 175℃、P_{H_2} = 2 MPa 并添加钴粉的条件下还原沉积出金属钴粉：

$$Co(NH_3)_2SO_4 + H_2 = Co\downarrow + (NH_4)_2SO_4$$

还原过程采用的设备及作业方式与上述镍粉生产过程相类似，所得钴粉(质量分数)为 95.7%~99.6%，废液经蒸发结晶产出 (NH$_4$)$_2$SO$_4$。

2. 铜粉的生产

采用高压氢还原法也可以从浸出液中生产铜粉。但是，从上述镍粉和钴粉生产过程可以看出，高压氢还原法所用设备及作业过程是比较复杂的，生产成本比较高，如果说用氢还原生产镍或钴粉在经济上还合理的话，对铜粉生产来说就不一定了。因此，氢还原法用于生产铜粉在提取冶金中的地位不如用于生产镍粉或钴粉那样重要。

以废杂铜为原料生产铜粉时，可用氨-碳酸铵溶液浸出，浸出作业可在 49~64℃ 常压充氧条件下进行，使铜以铜氨络离子状态进入溶液。浸出液中铜的质量浓度为 140~160 g/L，其中 Cu 的质量浓度约 50 g/L，浸出液经净化后在还原高压釜内于 202℃ 及 6.3 MPa 压力下用氢还原，铜的还原不需要添加晶种，但加入少量聚丙烯酸防止铜粉在高压釜内壁结疤。还原后尾液中 Cu$^+$ 的质量浓度为 1.5 g/L，Zn 为 10 g/L。经煮沸回收氨和二氧化碳，返回浸出。煮沸过程中，会有碱式碳酸锌沉淀出来，经过滤、洗涤、干燥后，作为副产品出售。还原过程中所得铜粉经离心分离、洗涤后进行干燥，干燥后的铜粉尚含质量分数约 0.07% 的碳和质量分数约 2.5% 的氧,在烧结炉中氢气气氛下于 590~610℃下烧结,使碳的质量分数降低到 0.02%,氧的质量分数低于 1%,经磨细、筛分后产出不同级别的铜粉。

露天铜矿堆浸所得溶液经铁屑置换产出的铜泥(含 Cu 质量分数约 80%),亦可作为氢还原法生产铜粉的原料。铜泥的浸出可用硫酸(质量浓度为 108 g/L)-硫酸铵(质量浓度为 200 g/L)溶液在 80℃、以空气作氧化剂,机械搅拌条件下进行,浸出液中 Cu 的质量浓度为 65 g/L、游离硫酸为 1.24 g/L、$(NH_4)_2SO_4$ 为 100 g/L,在高压釜中于 150℃,P_{H_2} = 2.45 MPa 条件下进行还原。还原过程加入聚丙烯酸(加入量为 0.01~0.02 kg/kg Cu)防止铜粉结疤并有助于铜粉粒度的控制,聚丙烯酸的加入以及还原作业完成后停止搅拌的沉降过程,有利于粒度过小的铜粉致密化。还原铜粉的后续处理与上述以废杂铜为原料时相类似。

据报道,加拿大最近以铜锌硫化精矿为原料用氢还原法分离铜、锌并生产铜粉,其原则流程图如图 6-11 所示。

铜锌硫化精矿在 90℃ 及 0.68 MPa 压力下进行氧氨浸出,铜、锌进入溶液,铁则以氢氧化物形态进入残渣,过滤后,浸出液在高温(230℃)高压(3.5 MPa)下用空气氧化,随后加硫酸将氨铜比降低至 3:1,并加入少量聚丙烯酰胺进行高压还原产出金属铜粉。还原后的溶液在 37℃ 及 0.68 MPa 压力下用 CO_2 使其中的锌转变为碱式碳酸锌:

$$2Zn(NH_3)_2SO_4 + CO_2 + 3H_2O =\!=\!=$$
$$Zn(OH)_2 \cdot ZnCO_3 + 2(NH_4)_2SO_4$$

产出的碱式碳酸锌沉淀用硫酸(锌电积废液)溶解,然后进行电积产出金属锌。

湿法冶金学

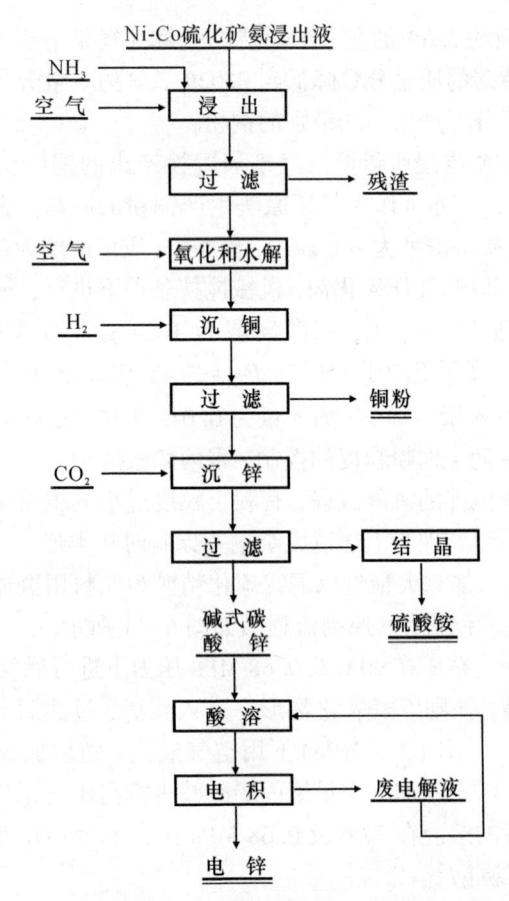

```
              Ni-Co硫化矿氨浸出液
                      ↓
    NH₃ →
    空气 →      浸  出
                      ↓
                   过  滤  → 残渣
                      ↓
    空气 →      氧化和水解
                      ↓
    H₂  →        沉  铜
                      ↓
                   过  滤  → 铜粉
                      ↓
    CO₂ →        沉  锌
                      ↓
                   过  滤  → 结  晶
                      ↓              ↓
                 碱式碳          硫酸铵
                 酸  锌
                      ↓
                   酸  溶  ←─────┐
                      ↓              │
                   电  积  → 废电解液
                      ↓
                   电  锌
```

图 6-11　用高压氢还原沉淀法分离并回收铜和锌的原则流程

6.3.2　二氧化硫还原法

6.3.2.1　基本原理

二氧化硫分子中 S 的价数为+4，既有可能升高，也有可能降低。因此，SO_2 既有还原性也有氧化性，其中，还原性是主要的。二氧化硫易溶于水，常温下，在 1 L 水中可溶解约 40 L 的 SO_2，在

474

水溶液中，SO_2 的还原性表现为 S 的价数由 +4 升高至 +6 价，即转变为 SO_4^{2-}。电极反应：

$$SO_4^{2-} + 4H^+ + 2e \longrightarrow SO_{2(aq)} + 2H_2O$$

在 25℃ 下的电极电势为：

$$\varphi_{SO_4^{2-}/SO_4} = 0.170 - 0.1182\ pH + 0.0295\ \lg \frac{a_{SO_4^{2-}}}{a_{SO_{2(aq)}}}$$

二氧化硫的水溶液称为"亚硫酸"，其电离反应平衡常数如下：

$$SO_2 + H_2O \rightleftharpoons H^+ + HSO_3^-$$

$$K_1 = [H^+][HSO_3^-]/[SO_2] = 1.26 \times 10^{-2}$$

$$HSO_3^- \rightleftharpoons H^+ + SO_3^{2-}$$

$$K_2 = [H^+][SO_3^{2-}]/[HSO_3^-] = 8.31 \times 10^{-6}$$

反应形成的 SO_3^{2-} 同样具有还原性，电极反应：

$$SO_4^{2-} + 2H^+ + 2e \longrightarrow SO_3^{2-} + H_2O$$

在 25℃ 下的电极电势为：

$$\varphi_{SO_4^{2-}/SO_3^{2-}} = -0.040 - 0.0591\ pH + 0.0295\ \lg \frac{a_{SO_4^{2-}}}{a_{SO_3^{2-}}}$$

无论 $\varphi_{SO_4^{2-}/SO_{2(aq)}}$ 或 $\varphi_{SO_4^{2-}/SO_3^{2-}}$ 均随着溶液中 SO_4^{2-} 活度的增大而增大，随着 pH 升高而降低，亦即溶液中 SO_4^{2-} 及 H^+ 值对 SO_3^{2-} 的还原能力具有抑制作用；提高溶液的 pH 有利于提高 SO_2 的还原能力。但是，随着溶液 pH 的提高及溶液中 SO_3^{2-} 的浓度增大，如果溶液中有金属阳离子存在，则会发生金属离子的水解，或与 SO_3^{2-} 反应生成亚硫酸盐。除碱金属的亚硫酸盐如 Na_2SO_3、$NaHSO_3$ 外，其余的亚硫酸盐几乎都不溶于水。因此，用 SO_2 作为还原剂从溶液中提取金属时，基本上是在酸性介质中进行。

工业实践中，如无气体二氧化硫来源或为了操作方便，有时采用 Na_2SO_3 或 $NaHSO_3$ 作为试剂，这两种盐在酸作用下会分解

产生 SO_2：

$$Na_2SO_3 + 2HCl = 2NaCl + H_2O + SO_2\uparrow$$
$$NaHSO_3 + HCl = NaCl + H_2O + SO_2\uparrow$$

因此，用 Na_2SO_3 或 $NaHSO_3$ 作还原剂的还原沉积过程，实质上也属于二氧化硫还原。

6.3.2.2 二氧化硫还原法在有色冶金中的应用

工业生产中，SO_2 还原沉积法被广泛应用于金和稀散元素硒的提取。具体应用实例如下。

1. 金泥的提纯

前述用锌粉从氰化物溶液中置换沉积金所产生出的金泥，其纯度很低，虽经酸洗仍远远达不到商品金的要求（见表6-2）。传统的金泥提纯方法是火法冶金方法，即在600℃左右温度下，将酸洗金泥进行氧化焙烧，继而加熔剂产出金银合金，然后进一步精炼。这种方法的主要缺点是熔炼过程不能得到纯金。因此，人们对提纯金的湿法冶金工艺感兴趣。

从金泥中提纯金的湿法冶金工艺的主要过程是：金泥酸洗后，矿浆不过滤直接用氯气进行浸出；银以氯化银形态进入浸出渣，过滤后渣用高质量分数(5%)的氰化钠溶液浸出，浸出液用电积法提取银；氯气浸出过程中，质量分数为99.8%的金按以下反应进入溶液：

$$2Au + 3Cl_2 + 2Cl^- = 2AuCl_4^-$$

浸出液过滤后用 SO_2 气体还原：

$$2AuCl_4^- + 3SO_2 + 6H_2O = 2Au\downarrow + 12H^+ + 8Cl^- + 3SO_4^{2-}$$

所得金粉可直接熔成金锭，纯度(质量分数)高达99.95%，一般场合下无须精炼。作为此湿法冶金工艺中一个主要工序是 SO_2 还原过程，操作和所用设备都比较简单，还原过程是在常温常压下进行；用一般机械搅拌或直接用 SO_2 气体搅拌，以保证 SO_2 在槽内有足够的停留时间，使其具有足够高的利用率，当然，从环境保护安全卫生的角度考虑，有必要附设良好的废气排放设施。

2. 从铜阳极泥中提金

铜阳极泥是金的重要来源之一，如同金泥提纯一样，处理阳极泥的方法亦有火法和湿法之分。湿法冶金方法处理阳极泥的方案之一，如图6-12所示。首先加入浓硫酸混合后，用低温硫酸化焙烧使阳极泥中的硒挥发，继而用稀硫酸空气氧化浸出法从焙砂中脱铜，由于浸出时加入一定量的氯化钠，浸出脱铜过程中银以氯化银形态留在浸出渣中。

从脱铜浸出渣中提取银是采用氨浸法，使银以银氨络合离子形态溶出。氨浸渣再用硝酸溶出其中的铅以后，所得浸出渣便是一种质量分数高达60%~80%的金精矿。从这种金精矿中提取金，本流程采用固体氯酸钠 $NaClO_3$ 作为氧化剂在盐酸介质中浸出，浸出率可达99%以上。这一浸出过程与上述金泥提纯所采用的方法相同，目的都是使金以 $AuCl_4^-$ 形态进入溶液，只不过所用的氧化剂是氯酸钠而不是氯气，浸出液中金的质量浓度约200 g/L，采用 SO_2 还原法沉积金，还原反应及作业条件与上述金泥提纯的情况相同。此法的优点是可以直接获得纯度(质量分数)高达99.9%以上的金粉。由于还原过程是在浓度为1 mol/L以上的酸度下进行，不仅重金属离子而且阳极泥中所含的铂族金属离子也不会被还原，仍然留在溶液内便于进一步提取回收。

3. 从含金废料中提取金

含金废料种类繁多，是金的重要二次资源，从固体含金废料中回收金，常用王水将金溶脱下来。此外，在电子元件生产过程中，也常会产生一种含金的废王水，为从含金王水中提取金，SO_2 还原法也是一种常用而有效的方法，这里介绍的是 Na_2SO_3 和 $NaHSO_3$ 还原法，如上所述，这两种方法的实质也是 SO_2 还原法。

用 Na_2SO_3 作还原剂时，为了防止沉积出来的金重溶，还原前必须将溶液加热煮沸以驱赶干净溶液中游离的硝酸和硝酸根，

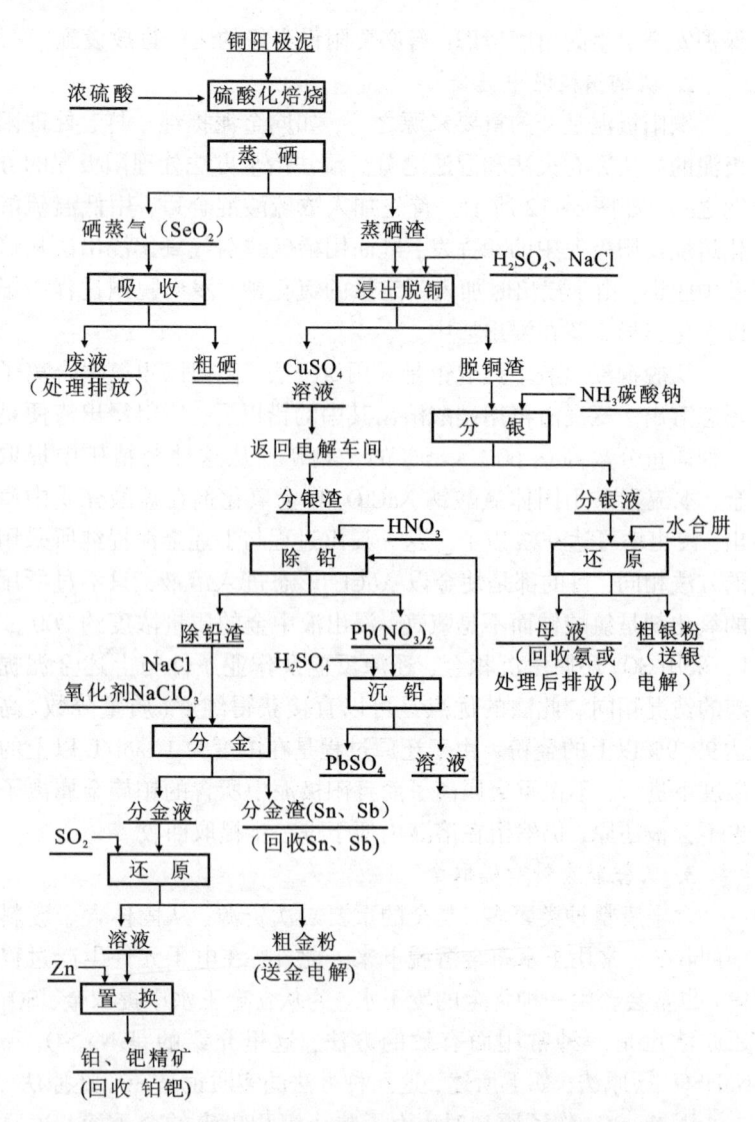

图 6-12 铜阳极泥硫酸化焙烧-湿法提取硒与金银的原则流程图

还原过程宜适当加热,以利于大颗粒海绵金析出,也可往溶液中加入少量聚乙烯酸作为絮凝剂,以利于飘浮金粉沉降。

4. 硒的提取

铜阳极泥是稀散元素硒的重要资源之一。如图6-12所示,当阳极泥在450~500℃下进行硫酸化焙烧时,硒以易挥发的SeO_2形态挥发出来,而SeO_2又极易溶解于水生成亚硒酸:

$$SeO_2 + H_2O = H_2SeO_3$$

而SeO_3^{2-}按下反应

$$SeO_3^{2-} + 3H_2O + 4e = Se + 6OH^-$$

还原成Se时,其电极电势

$$\varphi = \varphi^{\ominus} + \frac{RT}{4F}\ln\frac{a_{SeO_3^{2-}}}{a_{OH^-}^6} =$$

$$\varphi^{\ominus} + 0.0148(\lg a SeO_3^{2-} - 6\lg a_{OH^-})$$

在酸性溶液中当H^+活度为OH^-时,则$a_{OH^-} = 10^{-14}$,并设$aSeO_3^{2-}$为1,且已知25℃时,$\varphi^{\ominus} = -0.366V$

则 $\varphi = \varphi^{\ominus} + 0.0148 \times 6 \times 14 = -0.366 + 1.24 = 1.074V$。

故在酸性溶液中SeO_3^{2-}很容易被SO_2还原成元素,硒。

工业实践中常用盛水的多级串联吸收塔吸收SeO_2,吸收塔温度低于70℃时,硒的吸收率可达90%以上。由于烟气中除SeO_2外本身还有SO_2气体,因而所生成的H_2SeO_3会立即被SO_2还原沉积出单质Se,反应为:

$$H_2SeO_3 + 2SO_2 + H_2O = Se + 2H_2SO_4$$

因此,吸收与还原过程实际上是在同一作业、同一设备(吸收塔)内完成。

前面述及,SO_4^{2-}会降低SO_2的还原力,对硒的还原过程来说,也是如此,随着吸收液中硫酸浓度的增高,硒的还原效率下降。因此,工业实践中常常控制吸收液中硫酸的质量分数在10%

~48%范围内。用此法沉积出来的硒,纯度为(质量分数)96%~97%,可用蒸馏法进一步提纯。

处理铜阳极泥的工艺方案虽有多种,但从所得含硒的各种中间溶液中提取硒,大多采用二氧化硫的法。

此外,SO_2还原法还用以制取某些化工产品,例如,Tomita等曾报道从含As(V)溶液中用SO_2还原法制取As_2O_3的工业实践,即将含砷的废料、中间产品或副产品首先进行氧化使之成为易溶的五价砷化合物,然后将含As(V)的溶液用SO_2还原,得As_2O_3析出,这种工艺有效地解决了火法带来的气相污染问题。

6.4 有机物还原法

许多有机物,如联胺、甲醛、草酸等,都可作为还原剂,目前主要应用于贵金属的提纯,也常用于化学镀过程。

6.4.1 联胺还原法

联胺是含氮有机化合物,结构式为H_2N-NH_2,商品联胺为联胺含量不等的水合联胺,亦称水合肼,联胺还原时被氧化为N_2,在碱性价质中反应为:

$$N_2 + 4H_2O + 4e \Longrightarrow N_2H_4 + 4OH^-$$
$$\varphi^\ominus = -1.150 \text{ V}$$

酸性介质中反应为:

$$N_2 + 4H^+ + 4e \Longrightarrow N_2H_4$$
$$\varphi^\ominus = -0.3326 \text{ V}$$

联胺的还原能力相当强,而且随着溶液pH升高而增大,目前多用于还原沉积银。用联胺从硝酸银和银氨溶液中还原沉积银的反应可表示如下:

$$AgNO_3 + N_2H_4 =\!=\!= Ag\downarrow + NH_4NO_3 + \frac{1}{2}N_2$$

$$4Ag(NH_3)_2^+ + N_2H_4 + 4OH^- =\!=\!=$$
$$4Ag\downarrow + 8NH_3 + 4H_2O + N_2$$

联胺还可以用来从固体 AgCl 浆料中还原沉积银：

$$4AgCl + N_2H_4 + 4OH^- = 4Ag\downarrow + 4Cl^- + 4H_2O + N_2$$

如果硝酸银或银氨溶液中含有其他可被还原的杂质，则可先加入盐酸使银呈难溶 AgCl 沉淀下来，而杂质元素仍保留在溶液内，从而达到银与杂质分离的目的，所得 AgCl 沉淀经洗涤、浆化继而还原，便可获得纯高的银粉。

例如，图 6-12 所示的工艺流程中，脱铜浸出渣是用氨浸法溶出银，所得氨浸液尚含有少量重金属离子，若直接用水合肼从这种溶液中还原沉积银，则所得银粉的纯度(质量分数)仅为 98%左右，需要进一步用电解精炼法提纯，但是，如果先加盐酸将氨浸出液中的银转化为 AgCl 沉淀，继而洗涤、浆化、还原，则可获得纯度(质量分数)高达 99.9%的银粉。联胺还原的最佳条件是：溶液 pH=8~10，联胺用量为理论量的 2 倍，AgCl 的质量浓度为 5~100 g/L，在一般的机械搅拌槽中于常温常压下进行，在搅拌良好的情况下还原 30 min 以上，银的还原率可高于 99%。

在铂族元素铂与铑、铱分离过程中，也常用联胺还原法从净化后所得氯铂酸盐溶液中提取金属铂，反应如下：

$$Na_2PtCl_6 + 4N_2H_4 =\!=\!= Pt\downarrow + 2NaCl + 4NH_4Cl + 2N_2$$

6.4.2 甲醛还原法

甲醛是一种羰基化合物，结构式为 HCHO，甲醛既有氧化性也有还原性，即可被还原为甲醇：

$$HCHO + 2H_2O + 2e =\!=\!= CH_3OH + 2OH^-$$
$$\varphi^\ominus = -0.59\text{ V}$$

也可被氧化为 H_2CO_3、HCO_3^- 或 CO_3^{2-}：

$$H_2CO_3+4H^++4e =\!=\!= HCHO+2H_2O;$$
$$\varphi^\ominus = -0.05 \text{ V}$$
$$HCO_3^-+5H^++4e =\!=\!= HCHO+2H_2O$$
$$\varphi^\ominus = -0.044 \text{ V}$$
$$CO_3^{2-}+6H^++4e =\!=\!= HCHO+2H_2O$$
$$\varphi^\ominus = -0.197 \text{ V}$$

从标准电极电势值可以看出，甲醛的还原能力弱于联胺，随着溶液 pH 增高其还原能力增强，目前，甲醛还原法多用来提取银。

有的工厂从铜阳极泥中回收有价金属的原则流程如图 6-13 所示。先将阳极泥进行低温氧化焙烧，然后用硫酸加氯化钠溶液浸出铜、硒和碲，浸出渣以氯酸钠作氧化剂用硫酸加氯化钠溶液浸出金和铂族金属，此时银以氯化银形态留在浸出渣内。为从含 AgCl 的浸出渣中提取银，采用的方法是 Na_2SO_3 溶液浸出法，因为银会与 SO_3^{2-} 发生络合反应以 $Ag(SO_3)_2^{3-}$ 形态进入溶液。

从 Na_2SO_3 浸出液中提取银采用了甲醛还原法，其反应为：

$$4Ag(SO_3)_2^{3-}+HCHO+5OH^- =\!=\!=$$
$$4Ag\downarrow +8SO_3^{2-}+3H_2O+HCO_3^-$$

还原过程产出的含 SO_3^{2-} 母液，可返回用于银的浸出工序。

甲醛还原沉积银，通常是在一般机械搅拌槽中于室温及 pH>8 的条件下进行，甲醛消耗量为理论量的 1.3 倍，从上列反应可以看出，1 mol 的 HCHO 可以还原出 4 mol 的银，而 HCHO 的摩尔质量仅 32，故甲醛的用量相当少，这是甲醛还原法的重要优点。上述用联胺从氯化银浆液中还原沉积银也具有这种优点。

6.4.3 草酸还原法

草酸是一种羧酸，其结构式为 HOOC—COOH，学名为乙二酸。

第6章 还 原

草酸的还原能力相当强, 其氧化产物为 CO_2:

$$2CO_2 + 2H^+ + 2e \Longrightarrow H_2C_2O_4$$

$$\varphi^\theta = -0.49 \text{ V}$$

目前, 草酸还原法主要用于从氧化性较强的溶液中提取金。如图 6-13 所示工艺流程中, 从 $NaClO_3$-H_2SO_4-$NaCl$ 溶液浸出金

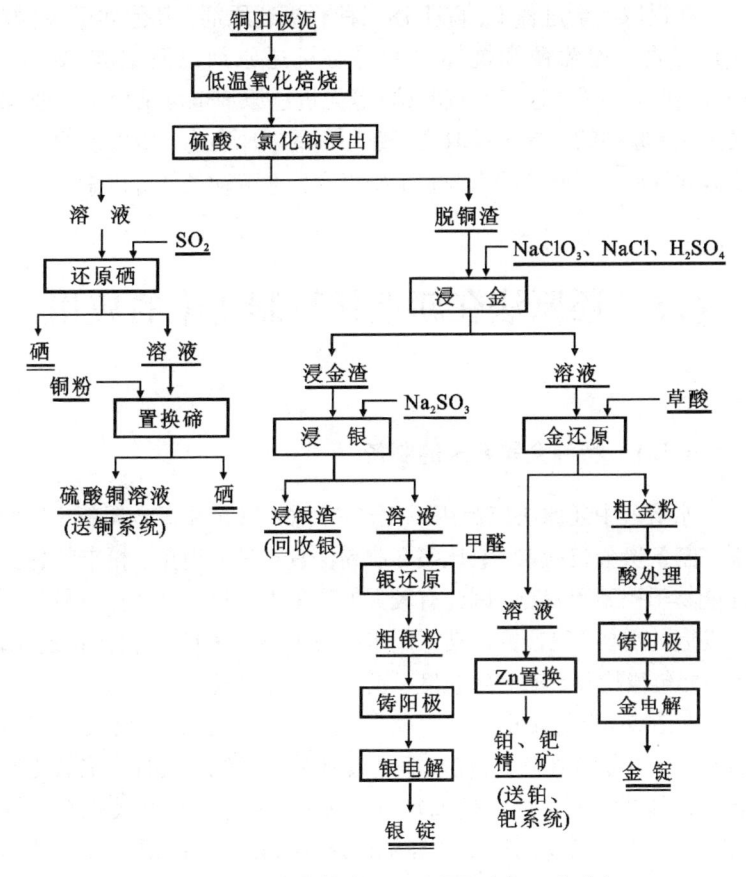

图 6-13 低温氧化焙烧—湿法提取金银工艺流程

所得浸出液提取金，采用的方法就是草酸还原法，其反应可一般地表示为：

$$2HAuCl_4+3H_2C_2O_4 = 2Au\downarrow +8HCl+6CO_2$$

还原过程是在 pH 为 2~3 的条件下进行，溶液中的铂和钯可不被草酸还原，随后可用锌粉置换法产出铂钯精矿。

在提取冶金过程中，除上述三种有机还原剂，其他如甲酸(蚁酸)、乙醇、葡萄糖和抗坏血酸等有机还原剂以及诸如 $FeSO_4$、$FeCl_2$ 和 $Na_2S_2O_4$(连二亚硫酸钠)等无机还原剂也可采用。工业实践中，还原剂的选择主要决于还原剂的还原能力、所处理的溶液成分和性质、还原剂的来源和价格以及作业劳动条件等因素。

6.5 还原法在新型材料制备中的应用

6.5.1 特种金属粉末的制备

水溶液中还原法广泛用以生产 Ni、Co、Cu 及贵金属粉末，特别是制备贵金属粉末，它比喷雾制粉法具有过程简单、粉末的物理性能易于控制等特点，因此有较大的竞争力。近年来为适应科学技术发展的需要，已研究成功了用水溶液中还原法制取各种特种金属粉，如包覆粉及具有一定粒度、粒形及粒度组成的粉末等。

早在 20 世纪中期，人们就发现在粉末的表面包覆某些其他材料(例如金属材料)便能显著地改善其压型烧结性能、抗氧化抗腐蚀性能或耐磨性能。例如在石墨或 WC 粉末表面包覆以金属镍层，则赋予了其镍的压制和烧结性能，因此人们广泛研究包覆粉的生产工艺。

水溶液中还原法是生产金属包覆粉的主要方法之一。例如在

6.3.1.2 节所述的氢还原法制取镍或钴粉的过程中,如果在溶液中同时加入作为核心的固体粉末,同时采用搅拌等措施使粉末均匀悬浮于溶液中,则镍或钴将在其表面还原析出,并形成相应的包覆粉。但是应当指出,为保证金属在固体核心表面均匀生长而不至于彼此分离,作为核心的固体表面应对还原过程有催化活性,对没有这种活性的固体核心物应预先进行活化处理。在生产镍、钴包覆粉时,对固体核心物进行活化处理的有效方法为用氯化钯溶液进行处理,使惰性固体核心物表面吸附微量钯离子,在氢还原时,后者首先被还原成金属钯,金属钯对氢还原过程有很强的催化性能。因而保证溶液中的镍离子能在固体核心物表面还原,并形成良好的包覆层。根据报道,蒽醌及其衍生物亦有良好的催化作用,因而可用以代替昂贵的钯盐。

一般为生产镍包覆粉,其技术参数随被包覆的核心物质的不同而略有差异,其大致条件为 Ni 的质量浓度为 10~60 g/L、$(NH_4)_2SO_4$ 的质量浓度为 50~400 g/L、氢分压为 2~3 MPa、温度 120~200 ℃。

在水溶液中除用氢还原制取包覆粉外,亦可用其他还原剂如水合肼等。柴立元等从 $CuSO_4$-$NiSO_4$ 溶液中以酒石酸铵为络合剂,水合肼为还原剂,并用 NaOH 调节溶液的 pH,则在 Ni^{2+}+Cu^{2+} 质量浓度为 80 g/L、$(NH_4)_2C_4H_4O_6$ 质量浓度为 50 g/L、NaOH 质量浓度为 50 g/L、$N_2H_4 \cdot H_2O$ 质量分数为 60% 及温度为 85℃ 的条件下,搅拌 30 min,由于铜氨络离子的标准电极电势比相应的镍氨络离子大 0.43 V,故优先被还原成铜粉,接着镍离子以铜粉为核心还原长大形成 Ni/Cu 的包覆粉。其平均粒径为 50 nm 左右,同时控制起始溶液中 Ni^{2+} 与 Cu^{2+} 摩尔比,可得到不同成分的包覆粉。这种纳米级 Ni/Cu 复合粉代替 Ni/Cu 用于喷涂,可简化工艺。与上述相似,孙常焯亦用水合肼或甲醛还原法在工业规模下制得了 Ag-WC-C 包覆粉,将一定比例的 WC 和石墨粉末进行表面处理后悬浮于银氨络离子溶液中,充分搅拌,使粉末表面被溶液完全润湿,然后在搅拌条件下缓慢加入还原剂溶液,将银还原并包覆在 WC、C 的表面形成包覆粉。实践证明这种粉末用于制造电触头时,其密度可达 9.6 g/cm^3,硬度可达 HB 715,均超过国际要求,而电阻率却比国际要求低,大大地提高了产品质量。此外,水合肼等还原剂亦可用以从水溶液中制备其他包覆粉,例如制备 Pt/ZrO$_2$ 包覆粉等。

除制取包覆粉外,利用在水溶液中各种参数易于控制,溶液成分及还原剂的种类和配比易于调整等特点,可在还原的过程中制取各种粒度、粒度组成以及形貌的粉末或复合粉,其粒度可达纳米级,甚至可制备同时兼有多种形貌的粉末的混合体。瑞士某公司制备的兼有球形和片状的金粉的照片如图 6-14 所示。制备这种兼有两种形貌粉末的一种有效方法是采用两种还原剂的混合物进行还原。例如 O. A. Short 等从 AuCl$_3$ 溶液中还原制取金粉时,以草酸和氢醌的混合物作为还原剂,就可得到球形/片状的复合粉。

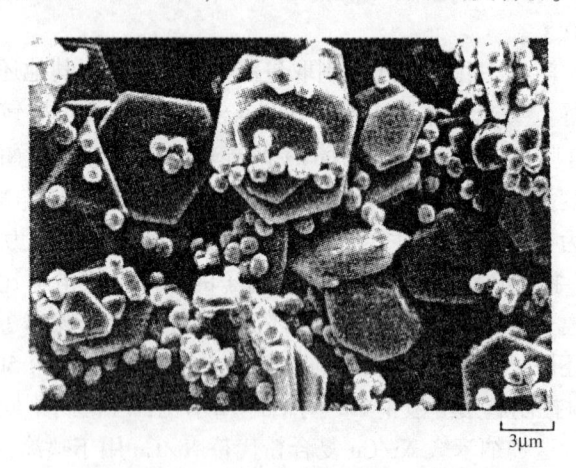

图 6-14 具有片状和球状形貌的金粉

采用水溶液中还原法制取金属粉末时,由于粉末的物理化学性能易于调节和控制,这对生产特种贵金属粉末具有更大的意义。在贵金属粉末应用上不同用户对其性能有不同的要求,在化学工业中往往要求它有大的比表面积和催化活性,而在微电子工中则要求它粒度细、粒度均匀,且不团聚,而控制不同参数则能满足不同用户的要求,因而水溶液中还原法已成为制取贵金属粉末的主要方法。

为从水溶液中制取各种粒度的(特别是超细的)金属粉或合金粉,亦可应用 3.5.2 节介绍的乳化型的液膜技术或"微型反应器"技术。用液膜技术还原制粉的实质是,将含还原剂的水溶液与含有适当萃取剂和表面活性剂的有机相混合,形成油包水型的乳浊液,此乳浊液再与含待还原的金属盐的水溶液(膜外相)接触,此时,膜外相的金属盐被有机相萃取进而反萃进入膜内相,在乳滴内与还原剂混合而被还原。所得的粉末的粒度决定于每个液滴内的还原条件,由于此乳浊液中每个液滴的大小和成分基本相同,金属盐通过液膜的速度亦大体相同,因而能得到均匀的细粉末。将已完成还原反应的乳浊液与膜外相分离,破乳后再将粉末与有机相分离,即得所要求的产品。Hiroshi 和 Majima 等在实验室规模下应用上述原理研究了 Au、Pt、Pd 粉末的制备,对制备金粉而言,所用的萃取剂为 MIBK 或二丁基卡必醇(dibutyl Carbitol),表面活性剂为 Span 80 和煤油,所用还原剂为 H_2SO_4 或 HCHO 或 $(COOH)_2$ 或 $FeCl_2$,所用的金盐为 $HAuCl_4$,过程中膜内相:有机相:膜外相的体积比为 1:1:20,结果表明适当控制过程的参数如 Au(Ⅲ)的浓度,还原剂的种类和 pH,可得粒度为 1~0.01 μm、粒度分布均匀的金粉,并发现 Au(Ⅲ)浓度愈小,则粒度愈细,在以 MIBK 为萃取剂,H_2SO_4 为还原剂的条件下,当 Au(Ⅲ)质量浓度分别 1 g/L 和 0.1 g/L,则金粉粒度分别为 1~3 μm 和 0.05~0.3 μm。Au(Ⅲ)质量浓度为 0.01 g/L,粒度最细,同时发现萃取剂 MIBK 的浓度降低,则金粉的平均粒度也降低。

他们应用上述工艺也研究了铂、钯粉的制备，所用的萃取剂为三正辛胺(Tri-n-octylamin)，还原剂为 $NaBH_4$，其他条件大同小异，制得的铂粉粒度小于 0.2 μm。

除上述液膜萃取法以外，亦可应用将两种分别含还原剂和待还原溶液的乳浊液混合的方法制取纳米级的金属粉或合金粉，LiMin Qi 等曾分别将含 $CuCl_2$ 浓度为 0.2 mol/L 和含 $NaBH_4$ 浓度由 0.4 mol/L 的水溶液加入由 TX-100、n-已醇、环已烷组成的有机相，有机相中 TX-100 的浓度为 0.126 mol/L，TX-100 与 n-已醇的重量比为 4:1，分别形成两种乳浊液，将两种乳浊液按等体积迅速混合，则 $CuCl_2$ 被 $NaBH_4$ 还原而得铜粉，该铜粉为均匀分散颗粒，粒度为纳米级。

M. A. Lopez-Quintela 分别将浓度为 0.1 mol/L 的 $NiCl_2$ 和浓度为 0.2 mol/L $NaBH_4$ 的两种水溶液与正庚烷和 AOT 组成的有机相混合，形成两种乳浊液，再将两种浮浊液混合后制得了镍粉。同时用类似的方法采用不同的浮浊液体系制得了粒度为 30 nm 的 FeNi 合金粉。

6.5.2 化学镀

化学镀是将含待还原金属离子和还原剂的溶液与具有催化活性的固体表面接触，在该表面的催化下，进行还原反应得金属并进一步在该表面上沉积，形成镀层。相对于电镀而言，化学镀有一系列的优点，主要是：

(1) 不仅可在导体表面而且还可在绝缘体材料(如陶瓷、塑料等)和半导体材料表面施镀；

(2) 对镀件的形状没有严格要求；

(3) 化学镀所得的镀膜致密，孔隙率低，厚度均匀；

(4) 可大量进行生产，成本低。

因此化学镀在电子、机械等领域得到广泛应用，而且近年来有关技术得到迅速发展。

6.5.2.1 基本原理

化学镀过程中还原反应的原理与 6.4 节所述的用还原法制取金属的原理相同,但对化学镀而言,为使其正常进行,还原应保证待镀的基底对还原反应有良好的催化活性,保证镀液有适当的成分。

1. 表面催化作用

在镀液中虽然待还原的金属离子与还原剂同时存在,从热力学上看,反应有可能在溶液中自动进行,但适当控制镀液的成分,可使镀液中缺乏足够的动力条件,从而镀液内部不进行还原反应,而浸入镀液的基底表面若对还原反应有催化性能,则还原反应将在其表面进行,产生的金属则在其表面形成镀层。

一般对镍、钴、锡、金、银、铂、钯等金属而言,它们对还原过程都有催化作用,因此一旦在基底材料表面有该金属存在,则化学镀过程将不断进行下去,这种情况叫自催化作用。一般说来,当在电势较负的金属基底上镀电势相对较正、而且本身又有自催化性能的金属镀层时,开始由于置换作用将在基底上自动产生少量的镀层,后者将作为催化表面而使下一步的化学镀过程得以启动并不断进行。但是,由于自催化作用不仅与金属层性质有关,同时与镀液体系有关,例如,Pragst 就发现在铵镍盐用水合肼及其衍生物作还原剂时,催化了的表面被镍镀层覆盖后,进一步镀镍就很困难。这是值得注意的。

若在绝缘体上进行化学镀,则应对其表面进行活化,即首先将其表面进行一系列清洁处理及用酸液腐蚀使之亲水化,再进行敏化处理,敏化处理的目的是使之表面吸附少量还原剂,如浸入 $SnCl_2$ 溶液使表面吸附 Sn^{2+}。敏化处理后进行活化处理,即浸入 $PdCl_2$ 或 $AuCl_3$ 的酸性溶液,此时,在表面发生以下还原反应:

$$SnCl_{2(ads)} + PdCl_{2(aq)} \rightleftharpoons SnCl_{4(aq)} + Pd$$

金属钯在表面上成为启动化学镀的催化中心,使化学镀过程在绝缘体表面能顺利进行。

近年来，随着激光技术的进步，A. G. Schrott 等研究了利用激光在绝缘体材料聚酰亚胺上产生钯的核心，从而使其表面得到活化，省去了上述敏化等一系列过程，过程的实质是将聚酰亚胺材料放在对激光是透明的质量浓度为 0.1g($PdCl_2$)/L、98 g(H_2SO_4)/L 溶液中，用波长为 248 和 308 nm 的激光进行照射，使材料表面电子被激活成自由电子进入溶液，进而与 Pd^{2+} 作用变成金属钯，附着在材料表面，实现了使其表面活化的目的。在这种方法活化后的聚酰亚胺表面，成功地用化学镀沉积了均匀的 Cu 或 Co 膜。

2. 镀液的组成

镀液中应含：

(1)待镀的金属盐，一般用其无机盐，以离解产生金属离子，如镀镍时用 $NiSO_4$ 或 $NiCl_2$ 等。

(2)还原剂。

(3)络合剂。络合剂是镀液中重要组分之一，其作用主要是将镀液中某些金属离子络合，降低其活度，一方面可防止产生金属氢氧化物或其他形式难溶化合物的沉淀，另一方面，也可改变某些电极反应的氧化还原电势，为化学镀过程创造有利条件，例如在铜基上镀锡时，由于 $\varphi^{\ominus}_{Sn^{2+}/Sn}$ 为 -0.14 V，$\varphi^{\ominus}_{Cu^{2+}/Cu}$ 为 +0.345 V，因此在标准状态下，基底上的铜不可能置换锡以形成有催化作用的锡层，但加入硫脲为络合剂，使铜离子活度降低，从而使其电极电势降低到 -0.39 V，相应地使起始的置换过程成为可能，进而使表面催化活化。此外，当旨在制取多组分的复合镀层时，为控制各组分的相对沉积速度，也往往添加适当的络合剂。

(4)稳定剂。镀液中同时有待还原的金属离子和还原剂，因此是一种介安体系，当溶液中有催化活性的核心(如金属微粒等)存在时，将发生溶液的自动分解，缩短镀液的寿命，为此应加入稳定剂，稳定剂一般为无机化合物(如镀镍时的 Pb^{2+}、MoO_4^{2-}、硫化物、硒化物，镀铜时的可溶性无机硅酸盐化合物、锗化合物等)

或有机化合物(如镀镍时的硫脲、镀铜时的聚乙二醇等),其作用机理可能是通过化学反应或吸附过程而在催化中心上沉积,因而对催化中心起着屏蔽作用,例如在镀镍时,镀液中微量的 Pb^{2+} 将与催化中心的 Ni 作用生成 Pb 而将其屏蔽

$$Pb^{2+}+Ni =\!=\!= Pb+Ni^{2+}$$

硫脲则可能吸附于催化中心上使之失去活性。

(5)pH 调节剂及缓冲剂。化学镀过程中,镀液 pH 的大小对其性质有很大影响,例如以甲醛为还原剂时,溶液 pH 不同则标准电极电势值相差很大:

在 pH=14 时,反应为

$$HCOO^- + 2H_2O + 2e =\!=\!= HCHO + 3OH^-$$

的标准电势为

$$\varphi^{\ominus} = -1.07 \text{ V}$$

在 pH=0 时,反应为

$$HCOOH + 2H^+ + 2e =\!=\!= HCHO + H_2O$$

的标准电势为

$$\varphi^{\ominus} = +0.01 \text{ V}$$

因此,在碱性溶液中,HCHO 是强还原剂,而在酸性溶液中,其还原性能很差,故应根据实际情况调节适当的 pH。pH 调节剂一般为 NaOH 或 NH_4OH。

另外,为稳定溶液的 pH(特别是当化学镀反应产生 H^+ 或 OH^- 时),还应加入缓冲剂,如 NaAc 等。

此外,对某些镀液而言,还往往加入加速剂以加快镀速,加入光亮剂以改善镀层的光洁度,加入其他试剂,改善镀层的机械性能,这些都因实际情况和需要而异。

6.5.2.2　化学镀镍

1. 主要性能及应用领域

a. Ni-P 镀层

化学镀制备的 Ni-P 合金镀层，有硬度高、耐磨性好、耐腐蚀性好、结构致密的特点，据孙克宁等研究，未经热处理的 Ni-P 合金镀层硬度 Hv 达 500，与硬化合金钢相近，400℃热处理后 Hv 值达 1030，其耐磨性能与硬铬相当，耐腐蚀性则优于不锈钢。因此，常镀覆于铝及铝合金、钛及钛合金以及金刚石表面，以增加其硬度及耐磨性能、抗氧化性能。Ni-P 镀于金刚石表面，由于对金刚石表面的裂纹有愈合作用，使其强度、热稳定性能大幅度提高，同时抗氧化温度可提高到 170℃，因而用镀 Ni-P 金刚石制成的砂轮，其寿命比未镀 Ni-P 的金刚石砂轮高 30%~200%。

b. 耐磨镀层

复合镀层 Ni-P-SiC、Ni-B-SiC、Ni-P-Si_3N_4、Ni-B-Al_2O_3 等的硬度比 Ni-P 镀层更高，经热处理后 Hv 值达 1100~1400，Ni-P-SiC 复合镀层的耐磨性比普通 Ni-P 镀层高 3~4 倍，故复合镀层广泛用于模具、钻头、气缸套、活塞环等的表面强化。

c. 自润滑镀层

Ni-P-PTFE(聚四氟乙烯)等的复合镀层具有摩擦系数小和自润滑性能，据测定，若把钢的摩擦系数定为 1.0，则含 P(质量分数为 13%)的 Ni-P 镀层的摩擦系数为 0.6，而 Ni-P-PTFE 的仅为 0.2，所以，常把这些镀层用于轴承和模具等部件上。

d. 非晶态薄膜电阻

Ni-W-P、Ni-Mo-P 等复合镀层膜具有大的比电阻，同时电阻的温度系数小，因此为理想的薄膜电阻材料。

此外，由于其高的耐腐蚀性能，可用于石油化工领域。Ni-Cu-P 合金层还可用于计算机硬盘磁记忆底层、电磁波屏蔽层。Ni-B 镀层兼有较好的耐磨性、较好的耐蚀性和良好的熔焊性能，可用于电子、航天的某些零部件。

2. 化学镀镍的反应机理

关于化学镀镍的反应机理目前尚无统一的说法，对以次磷酸钠为还原剂的体系而言，D. 辛普金斯认为，首先在催化表面次磷酸盐反应产生吸附态的原子氢、进而对 Ni^{2+} 及 $H_2PO_2^-$ 发生还原作用

$$H_2PO_2^- + H_2O \Longrightarrow HPO_3^{2-} + H^+ + 2H_{(ads)}$$

$$Ni^{2+} + 2H_{(ads)} \Longrightarrow Ni + 2H^+$$

$$H_2PO_2^- + H_{(ads)} \Longrightarrow H_2O + OH^- + P$$

$$2H_{(ads)} \Longrightarrow H_2 \uparrow$$

据测定，用于将 Ni^{2+} 还原的 $H_{(ads)}$，约占其总数的37%左右。

还原产生的磷将进入镀层形成 Ni-P 合金，控制不同条件，镀层中含磷的质量分数为4%~16%。

对以硼氢化物为还原剂的体系而言，人们认为反应机理为：

$$BH_4^- + 4Ni^{2+} + 8OH^- \xrightarrow{催化} 4Ni + BO_2^- + 6H_2O$$

$$2BH_4^- + 4Ni^{2+} + 6OH^- \xrightarrow{催化} 2Ni_2B + 6H_2O + H_2 \uparrow$$

$$BH_4^- + 2H_2O \longrightarrow BO_2^- + 4H_2 \uparrow$$

生成的 Ni 及 Ni_2B 形成 Ni-B 镀层。

3. 化学镀镍的镀液

化学镀镍镀液中的镍盐通常采用 $NiSO_4 \cdot 6H_2O$ 或 $NiCl_2 \cdot 6H_2O$，其质量浓度 20~35 g/L。

化学镀镍的还原剂通常为 NaH_2PO_2、硼氢化物或其衍生物 N-二甲基硼胺烷、水合肼等。

所用的络合剂对 Ni-P 体系而言为柠檬酸钠、乳酸、苹果酸等，柠檬酸钠用量为 5~10 g/L。

镀镍镀液中的稳定剂，一般有以下几类：

Ⅰ 无机重金属离子，如 Pb^{2+}、Sn^{2+}、Sb^{3+} 等；

Ⅱ 含碘化合物和氧化物，如 KI 和 KIO_3 等；

Ⅲ 第四族元素 S、Se、Fe 化合物，如 HS^- 等；

Ⅳ 有机含硫化合物如硫脲、丙烯基硫脲等。

稳定剂在镀液中浓度都较小，如 HS^- 在质量浓度为 0.1 mg/L

时对镀液就起着有效的稳定作用。

此外，为加快沉积速度，可加某些有机酸作为加速剂如琥珀酸等。

6.5.2.3 化学镀铜

化学镀铜是电子工业中制造印制板的最重要的工艺之一，一般要求所得的铜镀层有较大的抗拉强度和延伸率。

化学镀铜的效果主要决定于镀液的成分。镀液中铜盐主要采用 $CuSO_4 \cdot 5H_2O$，其质量浓度以含 Cu^{2+} 为 2~6 g/L 为宜；络合剂通常为 EDTA 的钠盐或酒石酸钾钠($KNaC_4H_4O_6$)或三乙醇胺，质量浓度为 20~50 g/L；还原剂通常为 HCHO，其体积浓度为 10~30 ml/L(对含 HCHO 质量分数为 37% 的原料而言)。对弱碱性的镀液(pH 7~8)，亦有人用四丁基氢硼化铵[$(C_4H_9)_4BNH_4$]或二甲基胺硼烷[$(CH_3)_2NHBH_3$]为还原剂，取代 HCHO，以防止其对环境可能带来的污染，工作 pH 一般为 12.5~12.8(用 NaOH 调节)，但有人发现在较低的 pH(11.7~11.9)下，镀层中铁含量很低，有利于提高其延伸率，因此亦有在 pH11.7~11.9 下进行。工作温度一般为 60~70℃。

为保证镀液的稳定性，常加入稳定剂，作为稳定剂的有：可溶性的无机硅化合物或锗化合物(质量浓度为 25~100 mg/L，以 Si 或 Ge 计)，聚二乙醇(聚二乙醇的代号为 PEG，其的摩尔质量一般为 250~15000，以其中 600~2000 的为宜，质量浓度以 0.5~4 g/L 为宜)，L-精氨酸，α, α′-联吡啶，硫脲等。一般稳定剂浓度过高或过低都有不利的影响，以 Ge 为例，当其质量浓度小于 25 mg/L，则镀液稳定性显著变差，当其质量浓度超过 100 mg/L 时，则使沉积速度降低。

为提高化学镀铜层的光滑度和延展性，可加入钒化合物，其表面粗糙度可小于 1 μm，其延伸率较未加钒时会高 50%~100%，钒化合物质量浓度一般为 0.5~2.5 mg/L(按 V_2O_5 计)为宜。另外，考虑到当镀液中铁含量高于 10 mg/mol Cu 时，铁将会进入镀层使镀层延伸率下降，为了防止这种现象，常加入铁的络合剂 NN′-二乙醇甘氨酸，以抑制铁的沉积，其质量浓度为 0.5~1.0 g/L。近年来适合制造印制板的镀液配方较多，仅举一例如下：$CuSO_4 \cdot 5H_2O$ 的质量浓度 10 g/L，EDTA 的为 45 g/L，HCHO（37%）的为 10 mg/L，L-精氨酸的为 0.5 mg/L，α, α′-联吡啶的为 30 mg/L，pH 11.8~13.0，工作温度 60℃。在上述槽液中，沉铜速度可达 2.46 μm/h，铜镀层延伸率达 9.2%，抗拉强度达 330 MPa。

化学镀铜一般在空气搅拌下进行，以提高镀铜的速度。鼓入空气速度一般为 0.04~3（L/min）/L 镀液。

参考文献

1. Mathes J A P. Hydrometallurgy. 1985. 14：1
2. Chaudhury G R etal. Metallurgical Transaction B. 1989. 20B. 8：547
3. Li Nan etal. Hydrometallurgy. 1989. 22：339
4. 柴立元等．中南工业大学学报，1997，10：470
5. 孙常焯．粉末冶金技术．1992. 2：103
6. HIROSHI MAJIMA, etal. Metallurgical Transction B. 1991. 22B：397
7. Mooiman M B etal. JOM. 1997, 6：18~28
8. Lopez M A. J Colloid and Interface Science. 1993, 158：446
9. 翟金坤等编译．化学镀镍．北京：北京航空学院出版社，1987
10. Schrott A G etal. J Electrochem Soc，1995，V. 142. 3：944
11. 郭忠诚等．电镀与环保，1996(5)：8
12. 蔡积庆．电镀与环保，1996(3)：11
13. 王丽丽．电镀与精饰，1996(3)：38
14. 孙克宁．电镀与环保，1998(3)：18
15. Limin Qi. J of Colloid and Interface science, 1997, 186：498

图书在版编目(CIP)数据

湿法冶金学／李洪桂等编著. —长沙：中南大学出版社，2002.4(2022.8重印)
ISBN 978-7-81061-492-4

Ⅰ.①湿… Ⅱ.①李… Ⅲ.①湿法冶金 Ⅳ.①TF111.3

中国版本图书馆CIP数据核字(2022)第141436号

湿法冶金学
SHIFA YEJINXUE

李洪桂 等编著

□责任编辑	刘 辉
□责任印制	唐 曦
□出版发行	中南大学出版社
	社址：长沙市麓山南路　　邮编：410083
	发行科电话：0731-88876770　　传真：0731-88710482
□印　　装	长沙市宏发印刷有限公司

□开　本	880 mm×1230 mm 1/32	□印张 16	□字数 398 千字
□版　次	2002年4月第1版	□印次 2022年8月第5次印刷	
□书　号	ISBN 978-7-81061-492-4		
□定　价	54.00元		

图书出现印装问题，请与经销商调换